MÉTODOS ESTATÍSTICOS PARA
GEOGRAFIA

Sobre o autor

Peter A. Rogerson é professor de geografia e professor convidado do Departamento de Bioestatística, na University at Buffalo, USA.

R724m Rogerson, Peter A.
　　　　Métodos estatísticos para geografia : um guia para o estudante / Peter A. Rogerson ; tradução técnica: Paulo Fernando Braga Carvalho, José Irineu Rangel Rigotti. – 3. ed. – Porto Alegre : Bookman, 2012.
　　　　xvii, 348 p. : il. ; 25 cm.

　　　　ISBN 978-85-7780-967-7

　　　　1. Métodos estatísticos. 2. Geografia. I. Título.

　　　　　　　　　　　　　　　　　　　　CDU 519.23:911

Catalogação na publicação: Fernanda B. Handke dos Santos – CRB 10/2107

PETER A. ROGERSON

MÉTODOS ESTATÍSTICOS PARA
GEOGRAFIA

UM GUIA PARA O ESTUDANTE

3ª Edição

Tradução Técnica:
Paulo Fernando Braga Carvalho
Doutor em Geografia – Tratamento da Informação Espacial pela PUC Minas
Professor dos Departamentos de Matemática e Geografia da PUC Minas

José Irineu Rangel Rigotti
Doutor em Demografia pela UFMG
Professor Adjunto do Departamento de Demografia da UFMG

bookman

2012

Obra originalmente publicada sob o título
Statistical Methods for Geography: A Student's Guide, 3rd Edition.
ISBN 9781848600034

English language edition published by SAGE Publications of London, Thousand Oaks, New Delhi and Singapore
Copyright © Peter A. Rogerson, 2010.

Capa: *VS Digital (arte sobre capa original)*

Preparação de original: *Isabela Beraldi Esperandio*

Editora Sênior: *Denise Weber Nowaczyk*

Editoração eletrônica: *Techbooks*

Reservados todos os direitos de publicação, em língua portuguesa, à
BOOKMAN® COMPANHIA EDITORA Ltda., uma divisão do Grupo A Educação S. A.
Av. Jerônimo de Ornelas, 670 – Santana
90040-340 – Porto Alegre – RS
Fone: (51) 3027-7000   Fax: (51) 3027-7070

É proibida a duplicação ou reprodução deste volume, no todo ou em parte, sob quaisquer formas ou por quaisquer meios (eletrônico, mecânico, gravação, fotocópia, distribuição na Web e outros), sem permissão expressa da Editora.

Unidade São Paulo
Av. Embaixador Macedo Soares, 10.735 – Pavilhão 5 – Cond. Espace Center
Vila Anastácio – 05095-035 – São Paulo – SP
Fone: (11) 3665-1100   Fax: (11) 3667-1333

SAC 0800 703-3444 – www.grupoa.com.br

IMPRESSO NO BRASIL
PRINTED IN BRAZIL

Prefácio

O desenvolvimento do GIS (sistemas de informação geográfica), a crescente disponibilização de dados espaciais e os avanços recentes nas técnicas metodológicas estão contribuindo para tornar o estudo dos problemas geográficos muito estimulante. No final dos anos 1970 e durante os anos 1980, houve frustração e questionamento dos métodos desenvolvidos durante a revolução quantitativa dos anos 1950 e 1960. Talvez isso tenha sido reflexo de expectativas iniciais muito altas – muitos pensavam que o poder da computação pura associado à sofisticada modelagem resolveria muitos dos problemas sociais enfrentados nas regiões urbanas e rurais. Mas parte do baixo desempenho da análise espacial foi creditada à capacidade limitada de acesso, exibição e análise dos dados geográficos. Durante a última década, os sistemas de informação geográfica contribuíram não apenas proporcionando o armazenamento e a exibição de informação, como também estimulando a alimentação de conjunto de dados e o desenvolvimento de métodos apropriados de análise quantitativa. Na verdade, a revolução do GIS serviu para nos alertar sobre a importância da análise espacial. Os sistemas de informação geográfica não utilizarão todo o seu potencial se não forem capazes de executar métodos de análise estatística e espacial, e a valorização desta dependência contribuiu para o renascimento da área.

A geografia quantitativa avançou significativamente durante a última década, e agora os geógrafos têm as ferramentas e os métodos para fazer contribuições valiosas em campos tão diversos como a medicina, a justiça criminal e o meio ambiente. Esses recursos têm sido reconhecidos por profissionais dessas outras áreas, e agora os geógrafos são chamados rotineiramente para integrar equipes interdisciplinares que estudam problemas complexos. Melhorias na tecnologia da informática e da computação levaram a geografia quantitativa para novas direções. Por exemplo, o novo campo da geocomputação (ver, por exemplo, Longley *et al.* 1998) situa-se no cruzamento da ciência da computação, da geografia, da ciência da informação, da matemática e da estatística. O livro recente de Fotheringham *et al.* (2000) também resume muitas das novas fronteiras de investigação em geografia quantitativa.

O objetivo deste livro é oferecer aos estudantes dos cursos de graduação e do início da pós-graduação o conhecimento e o embasamento necessários à preparação para a análise espacial nesta nova era. Adotei intencionalmente uma abordagem tradicional de análise estatística junto com várias diferenças notáveis. Primeiro, tentei condensar muito do material encontrado no início de textos introdutórios sobre o assunto, para que haja uma oportunidade de progredir em áreas importantes, como a análise de regressão e a análise de padrões geográficos ao longo de um semestre. Regressão é o método mais utilizado na análise geográfica, e é lamentável que muitas vezes seja deixado para ser abordado superficialmente no final de um curso de Estatística em Geografia.

O nível do material destina-se a estudantes no final da graduação e no início da pós-graduação. Tentei estruturar o livro a fim de que ele possa ser utilizado como um texto introdutório, por alunos que já possuem algum conhecimento em conceitos de estatística, servindo como uma revisão, como por alunos que estão tendo o primeiro contato com a estatística em Geografia.

Ao escrever este texto, tive várias metas. A primeira foi fornecer o material básico associado aos métodos estatísticos utilizados com mais frequência pelos geógrafos. Uma vez que inúmeros livros didáticos incluem essa informação básica, procurei também distingui-lo de várias maneiras. Tentei fornecer grande quantidade de exercícios. Alguns para ser feitos à mão (com a convicção de que é sempre uma boa experiência de aprendizagem realizar alguns exercícios à mão, mesmo que isso possa ser visto como um trabalho penoso!) e outros que exigem computador. Mesmo que ensinar como usar um software de análise estatística não seja um dos objetivos específicos deste livro, são fornecidas algumas orientações sobre a utilização do SPSS for Windows. É importante que os alunos se familiarizarem com *alguns* dos pacotes de software capazes de executar análise estatística. Uma habilidade fundamental é a capacidade de examinar a saída e escolher o que é importante e o que não é. Softwares diferentes produzem resultados em diferentes formas, e também é importante ser capaz de coletar informações relevantes qualquer que seja o arranjo do resultado.

Além disso, tentei destacar questões especiais e problemas suscitados pela utilização de dados geográficos. A aplicação direta dos métodos padrões ignora a natureza especial dos dados espaciais, podendo levar a resultados enganosos. Tópicos como a autocorrelação espacial e o problema da unidade de área modificável são introduzidos para fornecer uma boa consciência dessas questões, suas consequências e possíveis soluções. Uma vez que um tratamento completo desses tópicos exigiria um maior nível de sofisticação matemática, eles não são totalmente cobertos aqui, embora remetam a outros trabalhos mais avançados e sejam fornecidos exemplos.

Outro objetivo foi fornecer alguns exemplos de análise estatística que aparecem na literatura recente em Geografia. Isso deve ajudar a esclarecer a relevância e a adequabilidade dos métodos. Por fim, tentei apontar algumas das limitações de uma perspectiva estatística confirmatória e remeti o aluno a alguns textos mais recentes de análise exploratória de dados espaciais. Apesar da popularidade e da importância dos métodos exploratórios, métodos estatísticos inferenciais permanecem absolutamente essenciais para a avaliação das hipóteses. Este livro tem como objetivo fornecer um embasamento para esses métodos estatísticos e ilustrar a natureza especial dos dados geográficos.

Uma bolsa Guggenheim ofereceu-me a oportunidade de concluir o manuscrito durante um período sabático na Inglaterra. Gostaria de agradecer a Paul Longley por sua leitura atenta de um rascunho do livro. Suas excelentes sugestões de revisão levaram a um resultado final melhor. Sun Yifei e Ge Lin também forneceram comentários que foram muito úteis na revisão de projetos anteriores. Art Getis, Stewart Fotheringham, Chris Brunsdon, Martin Charlton e Ikuho Yamada sugeriram alterações em determinadas seções, e eu sou grato por sua ajuda. Emil Boasson e minha filha, Bethany Rogerson, auxiliaram com a produção das figuras. Sou grato ao trabalho cuidadoso realizado por Richard Cook na editoração do manuscrito. Finalmente, gostaria de agradecer a Robert Rojek da SAGE Publications por seu incentivo e sua orientação.

Prefácio à segunda edição

Na primeira edição de *Statistical Methods for Geography*, um dos principais objetivos era garantir o tratamento introdutório adequado de regressão e a análise estatística de padrões geográficos. Esses tópicos são primordiais aos geógrafos, e muitas vezes não há tempo em um primeiro curso sobre métodos quantitativos para dar-lhes a atenção que merecem. O principal objetivo desta segunda edição foi dar mais espaço para tópicos introdutórios em probabilidade e estatística; por conseguinte, a apresentação deste importante material básico não é tão condensada como era na edição anterior. Como resultado, tenho esperança de que agora o livro seja mais atraente como escolha tanto para quem está iniciando no assunto, quanto para quem já tem algum conhecimento.

Em especial, foi adicionado mais material introdutório ao primeiro capítulo. Grande parte do segundo capítulo, sobre estatística descritiva, é inteiramente novo. Foi acrescentado material sobre distribuições de probabilidade para aqueles que agora são os Capítulos 3 e 4. Além disso, aumentou o número de exercícios, e a implementação de métodos é descrita para os usuários do Excel, bem como para os usuários do SPSS. Alguns dos exercícios adicionados foram construídos em torno de dois novos conjuntos de dados – um constituído por medidas da potência de sinal de telefones celulares ou móveis, para mais de 200 localidades geográficas perto de Buffalo, Nova York, e o outro consistindo no preço de venda de mais de 500 casas, juntamente com características associadas às casas e seus bairros em Tyne e Wear.

Alguns dos materiais mais técnicos e secundários da primeira edição foram removidos e uma maior ênfase foi dedicada à interpretação. Por exemplo, detalhes operacionais para testes estatísticos dos pressupostos de homocedasticidade e normalidade foram descartados, e agora há uma discussão mais extensa sobre as consequências da quebra de pressupostos de vários testes. Em especial, foi dada ainda mais ênfase à hipótese de dependência estatística.

O desenvolvimento desta segunda edição foi beneficiado por muitas sugestões construtivas feitas por revisores anônimos, a quem solicitamos comentários sobre a primeira edição e ideias para a segunda. Barry Salomão e outros apontaram erros de digitação na primeira edição e reconheço com gratidão a sua contribuição. Poon de Jessie sugeriu uma variedade de artigos recentes e relevantes. Daejoing Kim auxiliou com a produção de várias figuras, e Gyoungju Lee forneceu comentários úteis. Agradeço Stewart Fotheringham pelo fornecimento dos dados de habitações de Tyne e Wear.

Agradeço Vanessa Harwood, da Sage, pelos seus excelentes esforços na produção do manuscrito. Também agradeço Anjana Narayanan e Frances Morgan do grupo Keyword Group pelo trabalho com o manuscrito. Finalmente, mais uma vez gostaria de agradecer a Robert Rojek, da SAGE, por seus esforços e conselhos. Não é raro para o ciclo de vida de um livro experimentar vários editores diferentes (que diz algo sobre o tempo necessário para desenvolver um livro e/ou a taxa de rotatividade dos editores!); tenho sorte de ter a orientação constante de um editor de primeira qualidade para ambas as edições.

Prefácio à terceira edição

Dois dos principais objetivos nesta terceira edição foram (a) adicionar exercícios ilustrativos, trabalhados no final de cada capítulo e (b) dar atenção extra à implementação da regressão espacial (a partir do uso do software livre e amplamente utilizado, GeoDa). Em relação ao primeiro, os exercícios trabalhados pretendem completar tanto as ilustrações que já aparecem dentro do texto quanto os exercícios que aparecem ao final de cada capítulo. Eles são o que se pode considerar "exercícios mistos"; diferentemente dos exemplos que são introduzidos com cada conceito, estes exigem que o leitor pense sobre o conjunto de ideias introduzido no capítulo. No que diz respeito ao segundo, é essencial que os geógrafos estejam cientes dos efeitos da dependência espacial sobre as análises estatísticas e que eles possam utilizar ferramentas elaboradas para descobrir padrões geográficos, e complementações nesta edição deveriam ajudar nesse sentido.

A terceira edição se beneficiou de sugestões construtivas feitas por revisores anônimos, que foram solicitados pela SAGE para fornecer comentários sobre a segunda edição e ideias para a terceira. Gostaria de agradecer a Jared Aldstadt, Greg Aleksandrovs, Richard Brandt Jerry Davis, Tom Pamczykowski, Gregory Taff e Enki Yoo por apontarem erros de digitação e inconsistências na segunda edição; e gostaria de reconhecer a contribuição a esta edição feita por Raymond Greene - Departamento de Geografia, Western Illinois University - que preparou os produtos auxiliares do capítulo no *site* do livro (www.sagepub.co.uk/rogerson). Agradeço a Sarah-Jayne Boyd, da SAGE, por sua ajuda com o manuscrito. Finalmente, gostaria de agradecer pela terceira vez a Katherine Haw, e Robert Rojek, da SAGE, pela atenciosa orientação.

Sumário

1 Introdução aos Métodos Estatísticos para Geografia   1
    1.1   Introdução   1
    1.2   O método científico   2
    1.3   Abordagens exploratória e confirmatória na geografia   4
    1.4   Probabilidade e estatística   4
       1.4.1   Probabilidade   4
       1.4.2   Estatística   5
       1.4.3   Paradoxos da probabilidade   6
       1.4.4   Aplicações geográficas de probabilidade e estatística   9
    1.5   Métodos descritivos e inferenciais   13
    1.6   A natureza do pensamento estatístico   15
    1.7   Considerações especiais sobre dado espacial   16
       1.7.1   O problema da unidade de área modificável   16
       1.7.2   Problemas de fronteira   17
       1.7.3   Procedimentos de amostragem espacial   17
       1.7.4   Autocorrelação espacial   18
    1.8   A estrutura do livro   18
    1.9   Bancos de dados   19
       1.9.1   A força do sinal de telefone celular no condado de Erie, Nova York, EUA   19
       1.9.2   Venda de casas em Tyne and Wear   20
       1.9.3   Dados do censo de 1990 para o condado de Erie, Nova York   23

2 Estatística Descritiva   24
    2.1   Tipos de dados   24
    2.2   Métodos descritivos visuais   25
    2.3   Medidas de tendência central   28
    2.4   Medidas de variabilidade   30
    2.5   Outras medidas numéricas para a descrição de dados   32
       2.5.1   Coeficiente de variação   32
       2.5.2   Assimetria   32
       2.5.3   Curtose   33
       2.5.4   Escores padronizados   34

2.6	Estatística descritiva espacial		35
	2.6.1	Centro médio	35
	2.6.2	Centro mediano	36
	2.6.3	Distância padrão	38
	2.6.4	Distância relativa	38
	2.6.5	Ilustração de medidas espaciais de tendência central e de dispersão	39
	2.6.6	Dado angular	40
2.7	Estatística descritiva no SPSS 16.0 for Windows		43
	2.7.1	Entrada de dados	43
	2.7.2	Análise descritiva	43
Exercícios resolvidos			44
Exercícios			47

3 Probabilidade e Distribuições de Probabilidade Discreta — 53

3.1	Introdução		53
3.2	Espaços amostrais, variáveis aleatórias e probabilidades		53
3.3	Processos binomiais e a distribuição binomial		55
3.4	A distribuição geométrica		59
3.5	A distribuição de Poisson		61
3.6	A distribuição hipergeométrica		65
	3.6.1	Aplicação à segregação residencial	67
	3.6.2	Aplicação ao agrupamento espaço-temporal da doença	67
3.7	Testes binomiais no SPSS 16.0 for Windows		69
Exercícios resolvidos			69
Exercícios			74

4 Distribuições de Probabilidade Contínuas e Modelos de Probabilidade — 80

4.1	Introdução		80
4.2	A distribuição uniforme ou retangular		80
4.3	A distribuição normal		83
4.4	A distribuição exponencial		89
4.5	Resumo das distribuições discretas e contínuas		93
4.6	Modelos de probabilidade		94
	4.6.1	O modelo de oportunidades intervenientes	95
	4.6.2	Um modelo de migração	99
	4.6.3	O futuro da população humana	101
Exercícios resolvidos			102
Exercícios			105

5 Estatística Inferencial: Intervalos de Confiança, Testes de Hipótese e Amostragem — 107

- 5.1 Introdução à estatística inferencial — 107
- 5.2 Intervalos de confiança — 107
  - 5.2.1 Intervalos de confiança para a média — 107
  - 5.2.2 Intervalos de confiança para a média quando o tamanho da amostra é pequeno — 110
  - 5.2.3 Intervalos de confiança para a diferença entre duas médias — 111
  - 5.2.4 Intervalos de confiança para proporções — 112
- 5.3 Teste de hipóteses — 113
  - 5.3.1 Teste de hipótese e teste z da média de uma única amostra — 113
  - 5.3.2 Testes t de uma única amostra — 117
  - 5.3.3 Testes para proporções de uma única amostra — 119
  - 5.3.4 Testes de duas amostras: diferenças nas médias — 121
  - 5.3.5 Testes de duas amostras: diferenças em proporções — 125
- 5.4 Distribuições da variável aleatória e distribuições da estatística de teste — 126
- 5.5 Dados espaciais e as implicações da não independência — 127
- 5.6 Discussão adicional sobre os efeitos dos desvios em relação aos pressupostos — 129
  - 5.6.1 Teste de proporções de uma única amostra: distribuição binomial – pressuposto da probabilidade constante ou igualdade das probabilidades de sucesso — 129
  - 5.6.2 Teste de proporções de uma única amostra: distribuição binomial – pressuposto da independência — 130
  - 5.6.3 Diferença do teste de médias de duas amostras: pressuposto de observações independentes — 132
  - 5.6.4 Diferença do teste das médias de duas amostras: pressuposto da homogeneidade — 134
- 5.7 Amostragem — 134
  - 5.7.1 Amostragem espacial — 135
  - 5.7.2 Considerações sobre o tamanho da amostra — 136
- 5.8 Alguns testes para medidas espaciais de tendência central e de variabilidade — 139
- 5.9 Testes das médias de uma amostra no SPSS 16.0 para Windows — 141
  - 5.9.1 Interpretação — 141
- 5.10 Testes t de duas amostras no SPSS 16.0 para Windows — 142
  - 5.10.1 Entrada de dados — 142
  - 5.10.2 Executando o teste t — 142
- 5.11 Testes t de duas amostras no Excel — 143
- Exercícios resolvidos — 145
- Exercícios — 153

6	**Análise de Variância**	**157**
6.1	Introdução	157
	6.1.1 Uma nota sobre o uso de tabelas F	160
6.2	Ilustrações	160
	6.2.1 Dados hipotéticos de frequência de prática de natação	160
	6.2.2 Variação diurna na precipitação	161
6.3	Análise de variância com duas categorias	163
6.4	Testando as hipóteses	164
6.5	Consequências do não cumprimento dos pressupostos	164
6.6	Implicações para testes de hipótese quando os pressupostos não são atendidos	164
	6.6.1 Normalidade	165
	6.6.2 Homocedasticidade	165
	6.6.3 Independência de observações	166
6.7	O teste não paramétrico de Kruskal–Wallis	167
	6.7.1 Ilustração: Variação diurna de precipitação	167
	6.7.2 Mais informações sobre o teste de Kruskal-Wallis	168
6.8	O teste não paramétrico da mediana	169
	6.8.1 Ilustração	169
6.9	Contrastes	170
	6.9.1 Contrastes a priori	172
6.10	ANOVA fator único no SPSS 16.0 for Windows	172
	6.10.1 Entrada de dados	172
	6.10.2 Análise de dados e interpretação	173
6.11	ANOVA fator único no Excel	174
Exercícios resolvidos		175
Exercícios		177
7	**Correlação**	**183**
7.1	Introdução e exemplos de correlação	183
7.2	Mais ilustrações	186
	7.2.1 Mobilidade e tamanho da coorte	186
	7.2.2 Taxas estaduais de mortalidade infantil e renda	186
7.3	Teste de significância para r	189
	7.3.1 Ilustração	189
7.4	O coeficiente de correlação e o tamanho da amostra	189
7.5	Coeficiente de correlação por postos de Spearman	191
7.6	Tópicos adicionais	192
	7.6.1 O efeito da dependência espacial em testes de significância para coeficientes de correlação	192
	7.6.2 O problema da unidade de área modificável e a agregação espacial	194

7.7	Correlação no SPSS 16.0 for Windows	195
	7.7.1 Ilustração	195
7.8	Correlação no Excel	197
Exercícios resolvidos		197
Exercícios		198

8 Introdução à Análise de Regressão — 201

8.1	Introdução	201
8.2	Ajuste de uma reta de regressão a um conjunto bivariado de dados	204
	8.2.1 Ilustração: níveis de renda e despesas do consumidor	206
8.3	A regressão em termos das somas dos quadrados explicadas e não explicadas	207
	8.3.1 Ilustração	211
8.4	Pressupostos da regressão	211
8.5	Erro padrão da estimativa	212
8.6	Testes de beta	212
	8.6.1 Ilustração	212
8.7	Ilustração: subsídio estatal às escolas secundárias	213
8.8	Modelo linear *versus* modelo não linear	215
8.9	Regressão no SPSS 16.0 for Windows	217
	8.9.1 Entrada de dados	217
	8.9.2 Análise	217
	8.9.3 Opções	217
	8.9.4 Saída	218
8.10	Regressão no Excel	218
	8.10.1 Entrada de dados	218
	8.10.2 Análise	218
Exercícios resolvidos		220
Exercícios		222

9 Mais sobre Regressão — 225

9.1	Regressão múltipla	225
	9.1.1 Multicolinearidade	226
	9.1.2 Interpretação dos coeficientes na regressão múltipla	227
9.2	Erro de especificação	227
9.3	Variáveis *dummy*	229
	9.3.1 Variável *dummy* de regressão em um exemplo de planejamento de recreação	231
9.4	Ilustração de regressão múltipla: espécies nas ilhas Galápagos	233
	9.4.1 Modelo 1: A abordagem *kitchen-sink*	233
	9.4.2 Valores faltantes	235
	9.4.3 Valores discrepantes e multicolinearidade	237

		9.4.4	Modelo 2	238
		9.4.5	Modelo 3	238
		9.4.6	Modelo 4	241
	9.5	Seleção de variáveis		241
	9.6	Variável categórica dependente		242
		9.6.1	Resposta binária	243
	9.7	Um resumo de alguns problemas que podem aparecer na análise de regressão		247
	9.8	Regressão múltipla e regressão logística no SPSS 16.0 for Windows		247
		9.8.1	Regressão múltipla	247
		9.8.2	Regressão logística	249
	Exercícios			252
10	**Padrões Espaciais**			**257**
	10.1	Introdução		257
	10.2	A análise de padrões de pontos		258
		10.2.1	Análise *quadrat*	259
		10.2.2	Análise do vizinho mais próximo	263
	10.3	Padrões geográficos em dados de área		266
		10.3.1	Um exemplo usando um teste qui-quadrado	266
		10.3.2	O índice de Moran	268
	10.4	Estatísticas locais		274
		10.4.1	Introdução	274
		10.4.2	Estatística de Moran local	275
		10.4.3	Estatística G_i de Getis	275
	10.5	Encontrando o índice de Moran usando o SPSS 16.0 for Windows		276
	10.6	Encontrando o índice de Moran usando o GeoDa		277
	Exercícios			278
11	**Alguns Aspectos Espaciais da Análise de Regressão**			**281**
	11.1	Introdução		281
	11.2	Gráficos das variáveis adicionadas		282
	11.3	Regressão espacial: erros autocorrelacionados		283
	11.4	Parâmetros variáveis espacialmente		284
		11.4.1	O método de expansão	284
		11.4.2	Regressão geograficamente ponderada	285
	11.5	Ilustração		286
		11.5.1	Mínimos quadrados ordinários	287
		11.5.2	Gráficos das variáveis adicionadas	288
		11.5.3	Regressão espacial: erros autocorrelacionados	290

	11.5.4 Método de expansão	291
	11.5.5 Regressão ponderada geograficamente	293
11.6	Regressão espacial com GeoDa 0.9.5-i	293
Exercícios		295

12 Redução de Dados: Análise Fatorial e Análise de Agrupamentos 297

12.1 Introdução 297
12.2 Análise fatorial e análise de componentes principais 297
    12.2.1 Ilustração: dados do censo de 1990 para Erie County, Nova York 298
    12.2.2 Os escores na análise de regressão 302
12.3 Análise de agrupamentos 303
    12.3.1 Mais sobre métodos aglomerativos 306
    12.3.2 Ilustração: dados do censo de 1990 para Erie County, Nova York 306
12.4 Métodos de redução de dados no SPSS 16.0 for Windows 311
    12.4.1 Análise fatorial 311
    12.4.2 Análise de agrupamentos 311
Exercícios 313

Epílogo 317

Apêndice A 319

Apêndice B: Convenções Matemáticas e Notações 329
    B.1 Convenções matemáticas 329
    B.2 Notação matemática 331

Apêndice C: Revisão e Extensão da Teoria da Probabilidade 335
    C.1 Valores esperados 335
    C.2 Variância de uma variável aleatória 337
    C.3 Covariância de variáveis aleatórias 337

Referências 339

Índice 343

Introdução aos Métodos Estatísticos para Geografia 1

1.1 Introdução

O estudo de fenômenos geográficos normalmente requer a aplicação de métodos estatísticos para produzir uma nova compreensão. As questões a seguir servem para ilustrar a grande variedade de áreas nas quais a análise estatística tem sido aplicada a problemas geográficos:

1. Como se dá a variação dos níveis de chumbo no sangue de crianças no espaço? Os níveis estão espalhados de forma aleatória pela cidade, ou existe um padrão geográfico discernível? Como os padrões estão relacionados às características da residência e dos moradores? (Griffith *et al*.1998)
2. É possível descrever a difusão geográfica da democracia que ocorreu no período pós Segunda Guerra Mundial como um processo contínuo ao longo do tempo, ou ela ocorreu em ondas, ou mesmo, teve breves períodos de difusão, intermitentes, que ocorreram em determinados períodos de tempo? (O'Loughlih *et al.* 1998)
3. Quais são os efeitos do aquecimento global na distribuição geográfica das espécies? Por exemplo, que mudanças ocorrerão nos tipos e na distribuição espacial das espécies de árvores em áreas específicas? (MacDonald *et al.* 1998)
4. Quais são os efeitos de diferentes estratégias de marketing no desempenho do produto? Por exemplo, as estratégias de marketing de massa são eficazes, apesar de localizadas mais distantes de seus mercados? (Cornish, 1997)

Todos esses estudos fazem uso da análise estatística para chegar às suas conclusões. Métodos de análise estatística têm papel central no estudo de problemas geográficos – em uma pesquisa sobre artigos que tinham um foco geográfico, Slocum (1990) descobriu que 53% desses fizeram uso de, pelo menos, um método quantitativo tradicional. O papel da análise quantitativa na geografia pode ser visto dentro de um contexto mais amplo através de sua ligação com o "método científico", que proporciona uma estrutura mais geral para o estudo dos problemas geográficos.

1.2 O método científico

Os cientistas sociais, assim como os cientistas físicos, geralmente fazem uso do *método científico* nas suas tentativas de compreender o mundo. A Figura 1.1 ilustra esse método, a partir de tentativas iniciais de organizar as ideias sobre um assunto, para a construção de uma teoria.

Suponha que estamos interessados em descrever e explicar o padrão espacial dos casos de câncer em uma área metropolitana. Podemos começar registrando as incidências recentes sobre um mapa. Tais exercícios descritivos muitas vezes levam a um resultado inesperado – na Figura 1.2, podemos identificar dois grupos bastante distintos de casos. Os surpreendentes resultados gerados através do processo de descrição naturalmente nos levam para o próximo passo na rota para a explicação, forçando-nos a gerar hipóteses sobre o processo subjacente. Uma definição "rigorosa" do termo *hipótese* é de uma proposição cuja verdade ou falsidade é suscetível de ser testada. Também podemos pensar em hipóteses como possíveis respostas para nossa surpresa inicial. Por exemplo, uma hipótese neste exemplo é que o padrão de casos de câncer está relacionado à distância das usinas de energia locais.

Para testar a hipótese, precisamos de um *modelo*, que é um dispositivo destinado a simplificar a realidade para que a relação entre as variáveis possa ser melhor estudada. Enquanto a hipótese pode sugerir uma relação entre duas variáveis, um modelo é mais detalhado, pois sugere a natureza da relação entre as variáveis. No nosso exemplo, podemos especular que o risco de câncer diminui com o aumento da distância até uma usina de energia. Para testar esse modelo, poderíamos representar graficamente

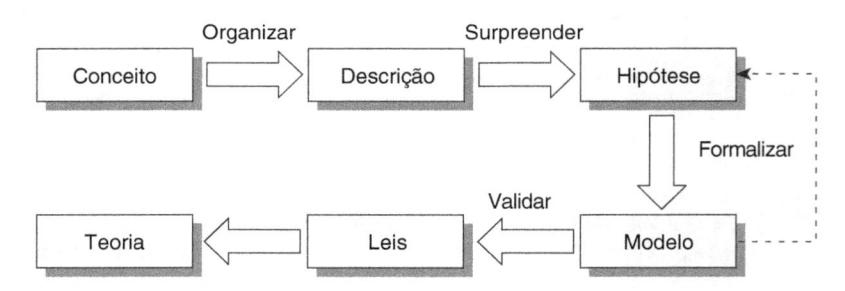

FIGURA 1.1 **O método científico.**

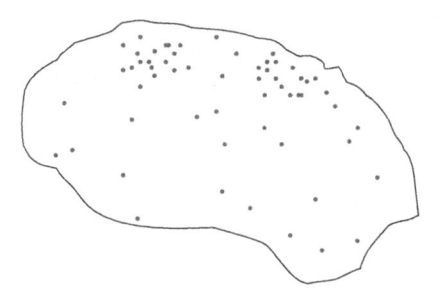

FIGURA 1.2 **Distribuição dos casos de câncer.**

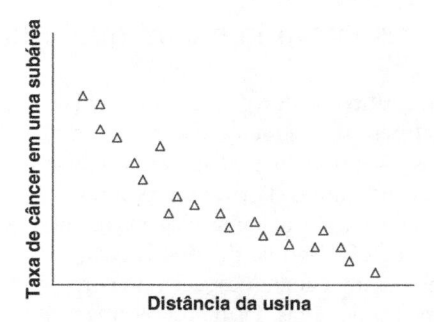

FIGURA 1.3 Taxa de câncer *versus* distância da usina.

as taxas de câncer para uma subárea *versus* a distância que o centroide da subárea está de uma usina. Se observarmos uma curva de inclinação descendente, teremos algum subsídio para nossa hipótese (ver Figura 1.3).

Os modelos são validados pela comparação de dados observados com o que se espera. Se o modelo é uma boa representação da realidade, haverá uma correspondência entre os dois. Se as observações e as expectativas são muito distantes, precisamos "voltar à prancheta" e apresentar uma nova hipótese. Pode ser o caso, por exemplo, que o padrão na Figura 1.2 deve-se simplesmente ao fato de a própria população estar agrupada. Se esta nova hipótese for verdadeira, ou se houver evidência a seu favor, o padrão espacial de câncer, então, torna-se incompreensível; uma taxa semelhante em toda a população produz aparente aglomeração de câncer por causa da distribuição espacial da população.

Embora os modelos frequentemente sejam utilizados para entender situações particulares, mais frequentemente ainda queremos aprender sobre o processo subjacente que levou a elas. Gostaríamos de ser capazes de *generalizar*, a partir de um estudo, afirmações sobre outras situações. Uma razão para o estudo do padrão espacial dos casos de câncer é determinar se existe uma relação entre as taxas de câncer e as distâncias a usinas *específicas*; um objetivo mais geral é conhecer a relação entre as taxas de câncer e a distância a *qualquer* usina. Uma forma de fazer tais generalizações é acumular muitas evidências. Se fôssemos repetir a nossa análise em vários locais pelo país, e se os nossos resultados fossem semelhantes em todos os casos, poderíamos ter descoberto uma generalização empírica. Em um sentido estrito, as *leis* são, por vezes, definidas como declarações universais de alcance ilimitado. No nosso exemplo, nossa generalização não teria alcance ilimitado, e poderíamos querer, por exemplo, limitar a nossa generalização ou lei empírica para usinas de energia e casos de câncer no país de interesse.

Einstein chamou teorias de "criações livres da mente humana". No contexto do nosso diagrama, podemos pensar em teorias como conjuntos de generalizações ou leis. O todo é maior que a soma de suas partes no sentido que lhe dá maior discernimento do que o produzido pelas generalizações ou leis isoladas. Se, por exemplo, geramos outras leis empíricas que relacionam as taxas de câncer a outros fatores, como dieta, começamos a construir uma teoria da variação espacial nas taxas de câncer.

Os métodos estatísticos ocupam um papel central no método científico, como retratado na Figura 1.1, pois nos permitem sugerir e testar hipóteses usando modelos. Na próxima seção, vamos rever alguns importantes tipos de abordagens estatísticas na geografia.

1.3 Abordagens exploratória e confirmatória na geografia

O método científico nos proporciona uma abordagem estruturada para responder as questões de interesse. No cerne do método está o desejo de formar e testar *hipóteses*. Como vimos, as hipóteses podem ser pensadas vagamente como respostas com potencial para as perguntas. Por exemplo, um mapa de nevasca pode sugerir a hipótese de que a distância do local até um lago próximo pode desempenhar um papel importante na distribuição de quantidades de neve.

Geógrafos usam a análise espacial no contexto do método científico, pelo menos, de duas maneiras distintas. Os métodos *exploratórios* de análise são usados para *sugerir* hipóteses; métodos *confirmatórios* são, como sugere o nome, usados para ajudar a confirmar as hipóteses. Um método de visualização ou descrição que levou à descoberta de agrupamentos na Figura 1.2 pode ser um método exploratório, enquanto um método estatístico que confirmou que tal arranjo de pontos seria improvável de ocorrer acidentalmente seria um método confirmatório. Neste livro, vamos nos concentrar principalmente nos métodos confirmatórios.

Devemos observar aqui dois pontos importantes. Primeiro, os métodos confirmatórios nem sempre confirmam ou refutam hipóteses – o mundo é um lugar muito complicado, e os métodos geralmente têm limitações importantes que impedem essa confirmação e refutação. No entanto, eles são importantes na estruturação de nosso pensamento e na escolha de uma abordagem rigorosa e científica para responder às perguntas. Segundo, o uso de métodos exploratórios nos últimos anos tem aumentado rapidamente. Isso tem ocorrido como resultado de uma combinação da disponibilidade de grandes bases de dados e de softwares sofisticados (incluindo SIG) e um reconhecimento de que os métodos estatísticos confirmatórios são adequados em determinadas situações e em outras, não. Ao longo deste livro, vamos manter o leitor ciente desses pontos indicando algumas das limitações da análise confirmatória.

1.4 Probabilidade e estatística

1.4.1 Probabilidade

A probabilidade pode ser pensada como uma medida de incerteza, assumindo valor que varia de zero a um. Experimentos e processos muitas vezes têm vários resultados possíveis, e um resultado específico é incerto até que seja observado. Se sabemos que um resultado particular com certeza não ocorrerá, diz-se que esse resultado tem probabilidade igual a zero. No outro extremo, se sabemos que um resultado *vai* ocorrer, diz-se que tem probabilidade igual a um. O foco principal do estudo da probabilidade é o estudo das possibilidades dos vários resultados. O quanto é possível ou provável uma cidade ser atingida por dois furacões em uma temporada? Qual é a probabilidade de um morador de determinada comunidade, que mora a 4 km de distância de um novo supermercado, se tornar um novo cliente?

As probabilidades podem ser obtidas de diferentes maneiras, que vão desde crenças subjetivas até o uso de frequências relativas de eventos passados. Quando quiser adivinhar se uma moeda retornará cara quando lançada, você pode optar por acreditar que a probabilidade é de 0,5, ou pode efetivamente jogar a moeda inúmeras vezes para determinar a proporção de vezes que o resultado é cara. Se você jogou a moeda mil vezes, e apareceu cara 623 vezes, uma estimativa da probabilidade de cara sugerida pela frequência relativa é de $623/1000 = 0,623$.

O estudo da probabilidade tem as suas origens, pelo menos em algum grau, nas questões de jogos de azar que surgiram no século 17. Em particular, nas correspondências entre Pascal e DeMere, em 1651, interessados na maneira correta de definir um jogo de azar que teve de ser encerrado antes da sua conclusão. Suponha que o primeiro jogador com três vitórias é declarado o vencedor e possa reivindicar o prêmio de 64 euros. DeMere e Pascal debateram sobre como dividir os euros, dado que o jogo tinha que ser encerrado, e dado que DeMere tinha duas vitórias e Pascal tinha uma vitória. Pascal argumentou que DeMere deveria receber dois terços dos euros (2/3 de 64 é 42,67); Pascal receberia os restantes 21,33 euros.

DeMere argumentou que eles deveriam considerar o que poderia acontecer se eles continuassem. Com probabilidade igual a ½, Pascal poderia ganhar a próxima rodada, e eles, então, dividiriam o montante de dinheiro (cada um recebendo 32 euros), pois teriam chances iguais de vitória na disputa. Com probabilidade também igual a ½, DeMere poderia ganhar a próxima rodada e consequentemente o prêmio total de 64 euros. Ele argumentou que sua cota era a média destes dois resultados $(32 + 64)/2 = 48$ (e não 42,67, como Pascal havia sugerido). O raciocínio de DeMere, baseado em probabilidades e possibilidades dos resultados, constitui a base da probabilidade moderna.

Qual é a diferença entre *probabilidade* e *estatística*? O campo da probabilidade fornece a base matemática para aplicações estatísticas. Cursos anuais de probabilidade e estatística normalmente são divididos em um curso de probabilidade no primeiro semestre e, um curso de estatística no segundo semestre. A Probabilidade é discutida nos Capítulos 3 e 4; na próxima seção, descrevemos em detalhes o campo da estatística.

1.4.2 Estatística

Historicamente, *statist* era uma palavra relacionada a um político e *statistics* era "o ramo das ciências políticas relacionado com a coleta, classificação e discussão dos fatos envolvidos na condição de um estado ou comunidade" (Hammnond and McCullagh, 1978). Um bom exemplo deste uso que vigora até hoje é o termo "estatística vital" – usado para descrever a coleta e tabulação de informações dos indicadores de uma região e os números de nascimentos e mortes.

McGrew e Monroe (2000) definem estatística como "a coleta, classificação, apresentação e análise de dados numéricos". Observe que essa definição contém tanto as funções históricas de coleta, classificação e apresentação, mas também a *análise* de dados. As definições modernas têm em comum o objetivo de inferir, a partir de uma amostra, a natureza dos dados de uma população maior do que a amostra extraída. Em geral, a estatística subdivide-se em duas áreas gerais: *estatística descritiva*, usada para resumir e apresentar informações, e isso está em consonância com a definição mais histórica da área, e *estatística inferencial*, que como o nome indica, permite a inferência sobre uma população maior a partir de uma amostra.

1.4.3 Paradoxos da probabilidade

Os seguintes paradoxos são descritos tanto por curiosidade quanto para mostrar que, embora o uso da probabilidade para responder perguntas possa levar a resultados intuitivos, é necessário cuidado ao pensar sobre resultados aparentemente não intuitivos.

1.4.3.1 Um paradoxo espacial: movimento aleatório em várias dimensões Este paradoxo foi retirado de Karlin e Taylor (1975). Considere uma linha numerada como na Figura 1.4, e suponha que nossa posição inicial esteja na origem. Lançamos uma moeda para determinar o nosso movimento; se for cara nos movemos para a direita, se for coroa nos movemos para a esquerda. Se jogarmos a moeda muitas vezes, é certo que, em algum momento, retornaremos para a origem (implicando que, naquele momento, o número total de caras é igual ao número total de coroas). Isso não deveria ser surpresa – está de acordo com a nossa intuição de que os números de caras e coroas observados ao lançar uma moeda deveriam ser aproximadamente iguais.

Agora, considere a generalização do experimento para duas dimensões (Figura 1.5), no qual o resultado do lançamento de duas moedas determina o movimento na grade bidimensional. Uma moeda rege o movimento na direção vertical e outra na direção horizontal (por exemplo, ir para cima e à direita se as duas moedas são caras, e para baixo e à esquerda, se ambas são coroas). Novamente, é possível mostrar que, embora o caminho possa vagar pelo espaço bidimensional, é certo que haverá um retorno à origem.

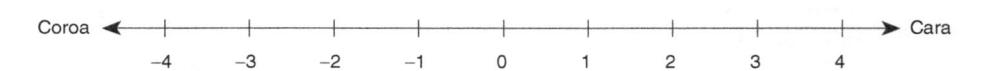

FIGURA 1.4 Espaço unidimensional para movimento aleatório.

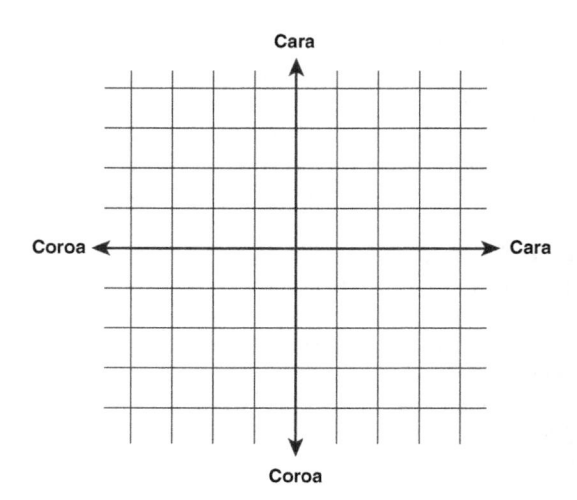

FIGURA 1.5 Espaço bidimensional para caminho aleatório.

Finalmente, amplie o procedimento para três dimensões; cada uma das três moedas determina o movimento em uma das três dimensões. O movimento começa na origem e continua nos pontos de uma grade dentro de um cubo. Verifica-se, agora, que um retorno à origem não é garantido! Ou seja, há uma probabilidade maior que zero de que o caminho aleatório vagará para longe da origem e nunca mais voltará! Esta conclusão também é verdadeira para caminhos aleatórios em todas as dimensões maiores que três. Este é um exemplo no qual o processo de indução falha – o que é verdadeiro em uma e duas dimensões não pode ser generalizado para dimensões superiores. Além disso, ele destaca o fato de que, embora a nossa intuição frequentemente seja boa, ela não é perfeita. Precisamos confiar não apenas em nossa intuição sobre a probabilidade, mas em uma base teórica mais consistente da teoria da probabilidade.

1.4.3.2 Um paradoxo não espacial: qualidade da torta Este paradoxo da probabilidade foi extraído da seção de Jogos Matemáticos da *Scientific American*.

Considere um indivíduo que vai a um restaurante todo dia para comer um pedaço de torta. O restaurante sempre tem torta de maçã e de cereja, e às vezes torta de mirtilo. A qualidade das tortas é avaliada numa escala de um (péssima) a seis (excelente), e a variabilidade diária da qualidade de cada uma é resumida na Figura 1.6. Por exemplo, a torta de cereja ou é muito boa (ela tem avaliação cinco em 49% das vezes) ou pouco saborosa (ela tem avaliação um em 51% das vezes). O cliente pretende fazer uma escolha, de modo a maximizar a proporção de vezes que escolhe a melhor torta. (É claro que a pessoa não conhece a qualidade da torta antes de solicitá-la!)

Inicialmente, considere a decisão enfrentada pelo cliente nos dias em que não há torta de mirtilo. As possibilidades são apresentadas na Tabela 1.1 (a melhor escolha para o dia está em negrito).

As probabilidades representam as proporções de vezes que determinadas combinações das qualidades das tortas irão ocorrer. Se os clientes escolherem a torta de maçã, vão escolher a melhor torta que o restaurante tem para oferecer em cerca de 62% das vezes (0,1078 + 0,1122 + 0,1122 + 0,2856 = 0,6178). Se eles optarem pela de cereja, vão escolher a melhor torta em apenas 38% das vezes (0,1078 + 0,2744 = 0,3822). A escolha é clara – torta de maçã.

Agora vamos examinar o que acontece quando o restaurante também tem a torta de mirtilo. As possibilidades são apresentadas na Tabela 1.2. Aqui, a torta de maçã é melhor

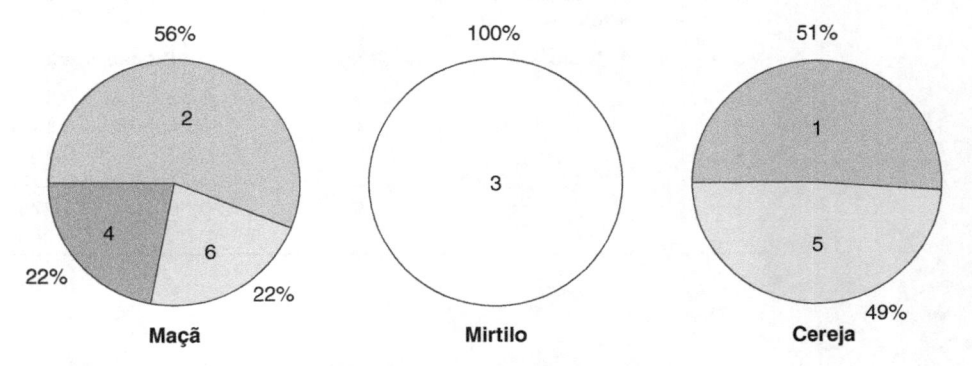

FIGURA 1.6 Frequência relativa da qualidade das tortas.

em 33% das vezes (0,1078 + 0,1122 + 0,1122 = 0,3322), a de cereja é melhor em cerca de 38% das vezes (0,1078 + 0,2744 = 0,3822) e a de mirtilo é melhor em quase 29% das vezes (ela é a melhor torta apenas nos dias em que a de maçã tem avaliação dois e a de cereja, avaliação um – o que ocorre 28,56% das vezes).

Agora a melhor escolha é a torta de cereja. Assim, temos um cenário surreal. A estratégia ótima deve ser o indivíduo perguntar se tem torta de mirtilo, se não tiver, a pessoa deve escolher a torta de maçã, e se tiver, a pessoa deve escolher a torta de cereja!

Lembre-se de que o objetivo aqui foi o de maximizar o número de vezes que uma pessoa poderia escolher a melhor torta. Um objetivo mais comum, utilizado na teoria econômica, é maximizar a vantagem esperada, que, neste caso, significaria fazer uma escolha para maximizar a média da qualidade da torta. A de maçã tem uma qualidade média de $(6 \times 0,22) + (4 \times 0,22) + (2 \times 0,56) = 3,32$. A torta de cereja tem uma qualidade média de $(5 \times 0,49) + (1 \times 0,51) = 2,96$, e a de mirtilo tem uma qualidade média de 3. Usando esse objetivo, deve-se escolher a de maçã se eles não têm a de mirtilo (como antes); se tiverem a torta de mirtilo, deve-se ainda escolher a de maçã, já que tem a melhor qualidade média. O objetivo do economista de maximizar leva a resultados consistentes; outros objetivos podem possivelmente levar a resultados não intuitivos.

Como apontado no artigo original, o exemplo com tortas é interessante, mas assume maior importância se considerarmos as informações na Figura 1.6 representando a eficácia de três substâncias alternativas no tratamento de uma doença.

TABELA 1.1 Qualidades e probabilidades das tortas de maçã e de cereja

Maçã	Cereja	Probabilidade
6	5	$0,22 \times 0,49 = 0,1078$
6	1	$0,22 \times 0,51 = 0,1122$
4	5	$0,22 \times 0,49 = 0,1078$
4	1	$0,22 \times 0,51 = 0,1122$
2	5	$0,56 \times 0,49 = 0,2744$
2	1	$0,56 \times 0,51 = 0,2856$

TABELA 1.2 Qualidades e probabilidades das tortas de maçã, de mirtilo e de cereja

Maçã	Mirtilo	Cereja	Probabilidade
6	3	5	$0,22 \times 0,49 = 0,1078$
6	3	1	$0,22 \times 0,51 = 0,1122$
4	3	5	$0,22 \times 0,49 = 0,1078$
4	3	1	$0,22 \times 0,51 = 0,1122$
2	3	5	$0,56 \times 0,49 = 0,2744$
2	3	1	$0,56 \times 0,51 = 0,2856$

1.4.4 Aplicações geográficas de probabilidade e estatística

Esta seção fornece exemplos de aplicações geográficas de probabilidade e estatística. Os dois primeiros podem ser descritos como tradicionais, aplicações comuns, do tipo que iremos abordar mais tarde no livro. Os outros dois são ilustrativos das formas únicas e inovadoras em que a probabilidade e a estatística podem ser utilizadas para resolver questões geográficas.

1.4.4.1 Agulha de Buffon e as distâncias de migração Existem pouquíssimos dados coletados nos Estados Unidos sobre as distâncias percorridas pelas pessoas quando mudam de endereço residencial. No entanto, esta é uma medida básica pertencente a um importante fenômeno geográfico. Como são coletadas informações sobre a proporção de pessoas que mudam seu município de residência, isso pode ser usado, juntamente com os conceitos de probabilidade, para estimar a distância de migração.

Começamos com o trabalho de Buffon, um naturalista do século 17. Buffon tinha interesse em muitos assuntos, desde temas da botânica até a resistência de navios no mar. Ele também se interessava por probabilidade e, incorporada a um anexo para o quarto volume de seu tratado de 24 volumes sobre história natural, está a seguinte pergunta.

Suponha que temos um conjunto de várias linhas paralelas, separadas por uma distância constante, s. Agora, lance uma agulha de comprimento L sobre o conjunto de linhas paralelas (veja Figura 1.7). Qual é a probabilidade de a agulha cruzar uma linha? Claramente, esta probabilidade será maior à medida que o comprimento da agulha cresça, e a medida que a distância entre as linhas paralelas diminua. Buffon concluiu que a probabilidade (p) de uma agulha lançada aleatoriamente cruzar as linhas era $p = 2L/(\pi s)$. A agulha de Buffon, na realidade, era usada, nesta época, para estimar π; se uma agulha de comprimento conhecido é jogada muitas vezes sobre um conjunto de linhas paralelas separadas por uma distância conhecida, pode-se calcular p como a razão entre o número de cruzamentos e o número de lançamentos. O elemento desconhecido que resta na equação é π. Beckmann (1971), por exemplo, se refere a um Capitão Fox, que passou pelo menos uma parte de seu tempo neste assunto enquanto se recuperava de ferimentos sofridos na Guerra Civil dos Estados Unidos. A agulha deve ser lançada um número muito grande de vezes para estimar, com um nível de precisão razoável, o valor de π, mas, infelizmente, o lançamento de agulhas nunca se desenvolveu como um passatempo popular.

FIGURA 1.7   Agulha de Buffon em um conjunto de linhas paralelas.

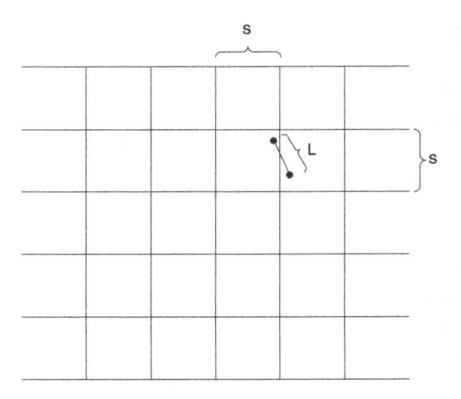

FIGURA 1.8 Agulha de Buffon em uma grade quadrada.

Laplace generalizou a questão para o caso de uma grade quadrada (veja Figura 1.8). Quando o lado de um quadrado é igual a s (e $L<s$), a probabilidade de cruzar uma linha é, assim, igual a $p = (4Ls - L^2)/(\pi s^2)$.

Vamos voltar para a conexão com a estimativa da distância de migração. Defina as extremidades da agulha como a origem e o destino de um migrante; queremos estimar esse comprimento desconhecido da agulha (L), que corresponde à distância de migração. Adotaremos a hipótese de que os municípios são aproximadamente quadrados do mesmo tamanho (ou seja, um mapa da região ficará mais ou menos como uma grade quadrada). Podemos estimar o lado de um quadrado, s, como a raiz quadrada da área média dos municípios. Também podemos estimar p usando os dados coletados sobre a proporção de todos os migrantes que trocam de município de residência, quando se mudam. Finalmente, é claro que já sabemos o valor de π. Podemos resolver a equação de Laplace para a distância desconhecida de migração:

$$L = 2s - s\sqrt{4 - p\pi}$$

Usando dados dos Estados Unidos, $p = 0,35$ e $s = 33$ milhas, então, estimamos L como aproximadamente 10 milhas. Apesar da percepção de que o movimento de longa distância talvez seja a regra, a maioria dos indivíduos move uma curta distância quando se mudam.

Embora a hipótese de municípios quadrados de tamanhos iguais seja claramente irracional, o objetivo primário de um modelo é simplificar a realidade. Não supomos nem afirmamos que os municípios sejam quadrados de tamanhos iguais. Poderíamos ser mais exatos realizando um experimento onde jogamos agulhas de um determinado tamanho sobre um mapa dos municípios norte-americanos; tentando diferentes tamanhos de agulha, acabaremos por encontrar uma que nos forneça a probabilidade de movimento intermunicipal equivalente ao valor aproximado de p. Nós não avaliamos esta hipótese mais profundamente aqui, mas a suposição de municípios quadrados de tamanhos iguais é relativamente *robusta* – a conclusão não muda muito quando a hipótese não se mantém constante. Em vez disso, essa hipótese nos permite obter uma estimativa razoável da distância de migração.

TABELA 1.3 Leituras hipotéticas de 10 PM (a unidade é micrograma por metro cúbico)

Cidade A	Cidade B
40	45
38	41
52	59
35	34
26	25
Amostra média	Amostra média
38,2	40,8

1.4.4.2 Dois lugares diferentes em termos de qualidade do ar? Suponha que estamos interessados em comparar as quantidades de partículas suspensas no ar em duas cidades. Diariamente coletamos dados de 10PM (partículas de 10 micrômetros ou menores). Suponha que coletamos cinco amostras por dia na cidade A e cinco na cidade B, e essas sejam concebidas para estimar a "verdadeira" média em cada cidade. A Tabela 1.3 apresenta os resultados.

A média amostral na cidade B é claramente superior à da cidade A. Mas tenha em mente que coletamos apenas uma amostra; certamente existe uma flutuação de um dia para outro, e assim a "verdadeira" média poderia ser a mesma (isto é, se nós tomássemos uma grande amostra ao longo de um grande número de dias, as médias poderiam ser iguais).

Não devemos concluir imediatamente que a cidade B tem uma média "verdadeira" da contagem de partículas suspensas no ar maior; nossos resultados poderiam ser decorrentes das flutuações das amostragem. Em vez disso, precisamos dar atenção à diferença observada entre as médias amostrais frente à diferença entre as médias amostrais que podemos esperar, tão somente, por variações das amostragens (quando as médias verdadeiras são iguais). Se essas diferenças são pequenas em relação à diferença que se poderia esperar, mesmo quando as verdadeiras médias são iguais, vamos aceitar a possibilidade de que as verdadeiras médias são iguais. Por outro lado, se a diferença observada para as médias amostrais é maior do que a diferença esperada para tais flutuações na amostragem, concluímos que as duas cidades têm diferentes níveis de quantidades de partículas. Detalhes de problemas como este (incluindo os limiares de diferença que devem ser definidos para distinguir entre aceitação e rejeição da ideia de que as médias são iguais) são abordados no Capítulo 5, que trata de questões de inferência estatística.

1.4.4.3 Os preços dos imóveis residenciais são mais baixos nas proximidades dos aeroportos? Um importante objetivo em geografia urbana é compreender a variação espacial dos preços dos imóveis residenciais. Características como o tamanho do lote, a quantidade de quartos e a idade do imóvel, têm uma clara influência sobre o preço de venda. Características da vizinhança também podem influenciar os preços:

se uma casa está situada próxima a um parque industrial ou de recreação é provável que cause um efeito evidente sobre o preço!

Um aeroporto próximo poderia ter um impacto positivo sobre os preços, uma vez que a acessibilidade é um aspecto desejável. No entanto, possuir uma casa na trajetória de voo de um aeroporto pode não ser algo positivo quando o nível de ruído é levado em consideração. Poderíamos tomar uma amostra de casas próximas do aeroporto em questão; também poderíamos encontrar uma amostra de casas que não estejam próximas do aeroporto e com características similares (por exemplo, número semelhante de quartos, espaço, tamanho do lote, etc.). Suponha que descobrimos que as casas próximas do aeroporto têm um preço médio de venda inferior ao das casas que não estão localizadas próximas do aeroporto. Precisamos decidir se (a) a amostra reflete uma diferença "verdadeira" entre os preços dos imóveis, baseado na localização em relação ao aeroporto, ou (b) a diferença entre os dois locais não é significativa, e a diferença amostral observada nos preços é resultado de flutuações da amostragem (tenha em mente que as nossas amostras representam uma pequena fração das casas que poderiam potencialmente ser vendidas; se nós saíssemos e coletássemos mais dados, a diferença média de preço de venda provavelmente seria diferente).

Este é, novamente, um problema de estatística inferencial, com base em um desejo de fazer uma inferência a partir de uma amostra. Voltaremos a este problema mais tarde, e vamos discutir como um limiar crítico de diferença pode ser definido; se a diferença observada é inferior a este limite, podemos tomar como conclusão (b); se a diferença estiver acima do limite, temos que decidir pela opção (a).

1.4.4.4 Por que o tráfego se move mais rápido na outra pista?
Quase todos concordam que o tráfego parece sempre andar mais rápido na outra pista. Recentemente, tem havido várias explicações estatísticas para esta questão. Essas explicações incluem:

(a) Redelmeier e Tibshirani (2000) criaram uma simulação em que duas faixas tinham características idênticas, em termos do número de veículos e de suas velocidades médias. A única diferença entre as duas pistas era o espaçamento inicial entre os veículos. Na simulação, os veículos hipotéticos poderiam acelerar quando viajavam lentamente, e poderiam desacelerar quando se aproximavam muito do veículo da frente. Não surpreendentemente, enquanto se moviam rapidamente, os veículos ficavam relativamente distantes um do outro, enquanto quando se moviam lentamente, ficavam mais próximos. Como as velocidades médias em cada pista eram semelhantes, e o número de carros em cada pista era idêntico, cada veículo era ultrapassado pelo mesmo número de veículos que tinha ultrapassado. No entanto, o número de intervalos de tempo de um segundo em que o veículo era ultrapassado foi maior do que o número de intervalos em que o veículo ultrapassa outro veículo. Assim, mais tempo é gasto sendo ultrapassado por outros veículos do que é gasto na ultrapassagem de veículos (carros velozes estão dispersos, e são os únicos ultrapassando... você está ultrapassando os carros lentos, que estão agrupados, de modo que não leva muito tempo para fazê-lo).

(b) Bostrom (2001) tem, superficialmente, uma simples resposta à pergunta – os carros da outra pista *estão* se movendo mais rápido! Se os carros na via rápida estão mais espalhados, a densidade de veículos será maior na pista lenta. Agora, se você escolher aleatoriamente um carro a qualquer momento, existe uma probabilidade relativamente elevada que será da pista lenta, já que é onde a densidade de carros é maior. Assim, em qualquer dado momento, a maioria dos motoristas estão, na verdade, na pista lenta, e os carros na outra pista *estão*, de fato, se movendo mais rápido.

(c) Dawson e Riggs (2004) observam que, se você está viajando um pouco acima ou um pouco abaixo do limite de velocidade, e se você observar atentamente as velocidades dos veículos que o ultrapassam assim como a velocidade dos veículos que você está ultrapassando, haverá um erro na percepção da velocidade média verdadeira. Em particular, os motoristas que viajam um pouco abaixo da velocidade média perceberão o tráfego de forma mais rápida do que realmente está, enquanto os motoristas que viajam um pouco acima da velocidade média sentirão o tráfego mais lento do que ele realmente está. A razão tem a ver com a seleção de veículos cujas velocidades estão sendo observadas – esta amostra será tendenciosa porque irá incluir muitos veículos dos muito rápidos e dos muito lentos, mas poucos dos veículos indo à sua própria velocidade. Apesar de Dawson e Riggs não mencionarem isso, se a distribuição de velocidades é distorcida de tal forma que mais da metade dos veículos está andando mais lentamente do que a velocidade média (hipótese provável), então, mais da metade dos veículos vai perceber o tráfego mais rápido do que ele realmente está.

1.5 Métodos descritivos e inferenciais

Uma característica fundamental dos dados geográficos que traz a necessidade de análise estatística é que frequentemente eles podem ser considerados como uma amostra de uma população maior. A análise estatística *descritiva* se refere ao uso de determinados métodos que são aplicados para descrever e resumir as características da amostra, enquanto a análise estatística *inferencial* refere-se aos métodos utilizados para inferir algo sobre a população da amostra. Métodos descritivos estão inseridos na classe de técnicas exploratórias, enquanto a estatística inferencial encontra-se na classe dos métodos confirmatórios. Sumários descritivos dos dados podem ser visuais (por exemplo, na forma de gráficos e mapas) ou numéricos; a média e a mediana são exemplos deste último caso.

Para começar a entender melhor a natureza da estatística inferencial, suponha que lhe é entregue uma moeda e é pedido para determinar se ela é "honesta" (isto é, a probabilidade de ser "cara" é a mesma probabilidade de ser "coroa"). Um caminho natural para coletar algumas informações seria jogar a moeda várias vezes. Suponha que você joga a moeda dez vezes e observa caras em oito vezes. Um exemplo de estatística descritiva é a proporção de caras observada – neste caso, $8/10 = 0,8$. Entramos no domínio da estatística inferencial quando tentamos julgar se a moeda é "honesta". Planejamos fazer isso *inferindo* se a moeda é honesta, com base nos resultados da amostra. Oito caras é mais do que quatro, cinco ou seis que poderiam nos deixar mais confortáveis em uma declaração de que a moeda é honesta, mas oito caras realmente é o suficiente para dizer que a moeda *não* é honesta?

Há pelo menos dois caminhos a percorrer para responder à questão de saber se a moeda é honesta. Uma é perguntar o que *aconteceria* se a moeda *fosse* honesta, e simular uma série de experiências idênticas às que acabamos de realizar. Ou seja, se pudéssemos jogar repetidamente uma moeda honesta conhecida dez vezes e, a cada vez, registrar o número de caras, saberíamos exatamente o quão incomum realmente era um total de oito caras. Se oito caras aparece com bastante frequência com a moeda honesta, julgaremos a nossa moeda original como sendo honesta. Por outro lado, se oito caras é um evento extremamente raro para uma moeda honesta, vamos concluir que nossa moeda original não é honesta.

Mantendo essa ideia, suponha que você se propõe a realizar tal experimento 100 vezes. Por exemplo, poderíamos ter 100 alunos de uma turma grande, cada um lançando uma moeda, sabidamente honesta, dez vezes. Após a organização dos resultados, suponha que você encontre os resultados mostrados na Tabela 1.4. Notamos que oito caras ocorreu 8% das vezes. Ainda precisamos de uma diretriz para nos dizer se o resultado observado de oito caras deve levar-nos à conclusão de que a moeda é (ou não) honesta. A diretriz usual é perguntar qual a probabilidade de o resultado ser igual ou maior do que o observado, *se* a nossa hipótese inicial de que possuímos uma moeda honesta (chamada de hipótese *nula*) é verdadeira. A prática comum é aceitar a hipótese nula se a probabilidade de um resultado tão extremo como o que observamos for maior do que 5%. Assim, aceitaríamos a hipótese nula de uma moeda honesta, se a nossa experiência tiver mostrado que oito ou mais caras não é incomum e de fato tendem a ocorrer mais do que 5% das vezes.

Por outro lado, vamos rejeitar a hipótese nula de que a nossa moeda original é honesta se os resultados do nosso experimento indicam que oito ou mais caras, em dez, é um evento raro para moedas honestas. Se as moedas honestas derem como resultado oito ou mais caras em menos de 5% das vezes, decidimos rejeitar a hipótese nula e concluimos que nossa moeda não é honesta.

Neste exemplo, oito ou mais caras ocorreu 12 vezes em 100, quando uma moeda honesta foi lançada dez vezes. O fato de que eventos tão extremos, ou mais extremos do que o observado, ocorrerão 12% das vezes com uma moeda *honesta* nos leva a aceitar a inferência de que a nossa moeda original é honesta. Se tivéssemos observado nove caras com a nossa moeda original, teríamos que julgá-la desonesta, já que

TABELA 1.4 Resultados hipotéticos de 100 lançamentos de 10 moedas cada

Número de caras	Frequência de ocorrências
0	0
1	1
2	4
3	8
4	15
5	22
6	30
7	8
8	8
9	3
10	1

eventos tão raros ou mais raros que este (isto é, quando o número de caras é igual a 9 ou 10) ocorreram apenas quatro vezes nos 100 testes com uma moeda honesta. Observe, também, que o resultado observado não prova que a moeda *é* imparcial. Ela ainda *poderia* ser desonesta; não há, no entanto, evidências suficientes para apoiar a alegação.

A abordagem descrita é um exemplo do *método de Monte Carlo*, e vários exemplos da sua utilização são dados no Capítulo 10. Uma segunda maneira de responder ao problema inferencial é fazer uso do fato de que este é um experimento binomial; no Capítulo 3, vamos aprender a usar essa abordagem.

1.6 A natureza do pensamento estatístico

A American Statistical Association (1993, citada em Mallows, 1998) observa que o pensamento estatístico é:

(a) a avaliação da incerteza e da variabilidade dos dados, e seu impacto na tomada de decisão, e
(b) o uso do método científico na abordagem de questões e problemas.

Mallows (1998), em seu Discurso Presidencial à American Statistical Association, argumenta que o pensamento estatístico não é simplesmente o senso comum, nem é simplesmente o método científico. Em vez disso, ele sugere que os estatísticos deem mais atenção às questões que surgem no início do estudo de um problema ou questão. Em particular, Mallows argumenta que os estatísticos devem: (a) avaliar quais dados são relevantes para o problema, (b) considerar como os dados relevantes podem ser obtidos, (c) esclarecer as bases de todas as hipóteses, (d) expor os argumentos de todos os lados da questão, e só então (e) formular as questões que podem ser tratadas por métodos estatísticos. Ele tem a sensação de que os estatísticos muitas vezes confiam demais em (e), bem como na real utilização dos métodos que se seguem. Suas ideias servem para nos lembrar que a análise estatística é um exercício completo – que não consiste simplesmente de "ligar os números a uma fórmula" e relatar um resultado. Em vez disso, requer uma avaliação abrangente de questões, perspectivas alternativas, dados, hipóteses, análises e interpretações.

Mallows define o pensamento estatístico como aquele que "considera a relação do dado quantitativo com um problema do mundo real, muitas vezes na presença da incerteza e da variabilidade. Ele tenta tornar preciso e explícito o que os dados têm a dizer sobre o problema de interesse". Ao longo deste livro, vamos aprender vários métodos que são usados e implementados, mas também vamos aprender a interpretar os resultados e compreender suas limitações. Muitas vezes, estudantes trabalhando com problemas geográficos têm apenas a consciência de que "precisam da estatística", e sua resposta é procurar um especialista em estatística em busca de conselhos sobre como começar. A primeira resposta do estatístico deveria ser dada na forma de perguntas: (1) Qual é o problema? (2) Quais os dados que você tem, e quais são as suas limitações? (3) A análise estatística é relevante, ou algum outro método de análise é mais adequado? É importante que o estudante pense primeiro sobre essas questões. Talvez uma descrição simples será suficiente para alcançar o objetivo. Talvez alguma análise inferencial sofisticada será necessária. Mas, o desenrolar subsequente dos acontecimentos deve ser guiado pelos problemas significativos e pelas questões de interesse, como a restrição na disponibilidade e a qualidade dos dados. Não deve ser conduzido por um sentimento de que é preciso usar análise estatística, simplesmente por uma questão de usá-la.

1.7 Considerações especiais sobre dado espacial

Fotheringham e Rogerson (1993) classificam e discutem uma série de problemas gerais e características associadas a problemas de análise espacial. É essencial que aqueles que trabalham com dado espacial tenham consciência dessas questões. Apesar de todas as suas classificações serem relevantes para a análise *estatística* espacial, as mais pertinentes são:

(a) o problema da unidade de área modificável;
(b) problemas de fronteira;
(c) procedimentos de amostragem espacial;
(d) a autocorrelação espacial ou dependência espacial.

1.7.1 O problema da unidade de área modificável

O problema da unidade de área modificável se refere ao fato de os resultados das análises estatísticas serem sensíveis ao sistema de zoneamento utilizado para informar sobre os dados agregados. Muitos conjuntos de dados espaciais são agregados em zonas, e a natureza da configuração zonal pode influenciar fortemente a interpretação. O ponto inicial de uma seta representa a origem de um migrante e a extremidade representa o seu destino. O painel (a), da Figura 1.9, mostra um sistema de zoneamento e o painel (b) outro. As setas representam os fluxos migratórios dos indivíduos, e eles são idênticos em cada painel. No painel (a), nenhuma migração interzonal é registrada, enquanto uma interpretação do painel (b) levaria à conclusão de que houve um forte movimento para o sul, desde que cinco migrações de uma zona para outra poderiam ser relatadas. Em termos mais gerais, muitas das ferramentas estatísticas descritas nos capítulos seguintes produziriam resultados diferentes com a adoção de diferentes sistemas de zoneamento.

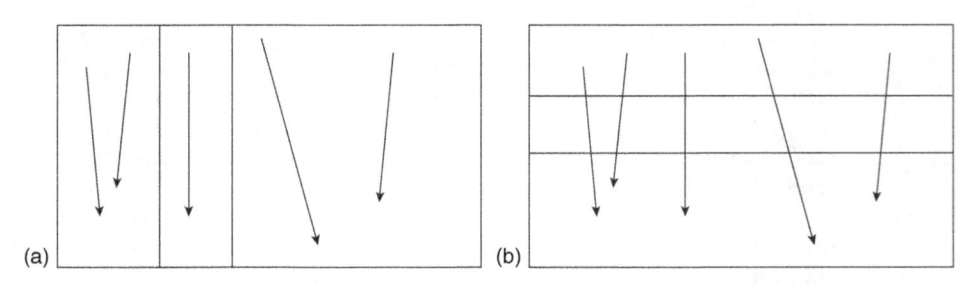

FIGURA 1.9 Dois sistemas de zoneamento diferentes para dados de migração (observação: as setas mostram a origem e o destino dos migrantes).

O problema da unidade de área modificável tem dois diferentes aspectos que devem ser avaliados. O primeiro está relacionado com a colocação de limites zonais, para zonas ou sub-regiões de um determinado tamanho. Se fôssemos medir as taxas de mobilidade, poderíamos sobrepor uma grade de células quadradas na área de estudo. A grade poderia ser colocada, girada e orientada de muitas maneiras diferentes sobre a área de estudo. O segundo aspecto refere-se à escala geográfica. Se substituirmos a grade por outra com células quadradas maiores, os resultados da análise seriam diferentes. Migrantes, por exemplo, são menos propensos a cruzar células da grade maior do que são na grade menor.

Como Fotheringham e Rogerson observam (1993), a tecnologia SIG agora facilita a análise de dados usando sistemas alternativos de zoneamento, e deve se tornar mais rotineiro examinar a sensibilidade dos resultados para unidades de área modificáveis.

1.7.2 Problemas de fronteira

As áreas de estudo são delimitadas, e é importante reconhecer que os eventos fora da área de estudo podem afetar aqueles no interior da mesma. Se estamos investigando as áreas de mercado dos *shopping centers* em um município, seria um erro negligenciar a influência de um grande *shopping center* situado imediatamente fora dos limites do município. Uma solução é delimitar uma região ao redor da área de estudo para incluir feições que afetam a análise dentro da área primária de interesse. Um exemplo do uso de tais regiões em análise do padrão de pontos é dado no Capítulo 10.

Tanto o tamanho como a forma das áreas podem afetar a medição e a interpretação. Existem muitos migrantes deixando Rhode Island a cada ano, mas isso é parcialmente devido ao pequeno tamanho do estado – quase todo o movimento será um passo para fora do estado! De modo semelhante, Tennessee observa mais emigrantes que outros estados com a mesma área de territorial em parte devido à sua forma retangular estreita. Isso ocorre porque os indivíduos em Tennessee vivem, em média, mais próximos da fronteira do que os indivíduos em outros estados com a mesma área. Um movimento de determinado comprimento em uma direção aleatória é, assim, mais provável de levar um indivíduo do Tennessee para fora do Estado.

1.7.3 Procedimentos de amostragem espacial

A análise estatística é baseada em dados amostrais. Geralmente, supõe-se que as observações da amostra são colhidas aleatoriamente de alguma grande população de interesse. Se estamos interessados na localização de pontos de amostragem para coleta de dados sobre vegetação ou solo, por exemplo, existem muitas maneiras de se fazer isso. Pode-se escolher as coordenadas x e y de forma aleatória; isto é conhecido como uma *amostra aleatória simples*. Outra alternativa seria escolher uma amostra espacial *estratificada*, certificando-se de que escolhemos um número predeterminado de observações de cada uma das várias sub-regiões, com uma amostragem aleatória simples dentro das sub-regiões. Métodos alternativos de amostragem são discutidos em mais detalhes na Seção 5.7.

1.7.4 Autocorrelação espacial

A autocorrelação espacial refere-se à relação entre o valor de uma variável em um ponto no espaço e o valor dessa mesma variável em uma localidade próxima. O comportamento quanto ao modo de viagem dos moradores de uma casa provavelmente está relacionado ao comportamento dos residentes em casas próximas, pois ambas as famílias têm acessibilidades semelhantes para outros locais. Assim, as observações de duas famílias, provavelmente, não são independentes, apesar da exigência de independência estatística para a análise estatística padrão. Autocorrelação espacial (ou dependência espacial) pode, portanto, causar sérios efeitos sobre a análise estatística e, portanto, conduzir a interpretações erradas. Isto é tratado mais detalhadamente nos Capítulos 5 e 10.

1.8 A estrutura do livro

O Capítulo 2 trata de métodos de estatística descritiva – são estudadas as abordagens visual e numérica para descrição de dados. Os Capítulos 3 e 4 fornecem o importante embasamento sobre probabilidade que facilita a compreensão da estatística inferencial. A inferência sobre uma população a partir de uma amostra é feita, pela primeira vez, usando a amostra para fazer estimativas das características da população. Por exemplo, uma amostra de indivíduos pode resultar em dados sobre o rendimento; a média amostral fornece uma estimativa da renda média desconhecida de toda a população em estudo. O Capítulo 5 fornece detalhes sobre como essas estimativas da amostra podem ser utilizadas – tanto para construir intervalos de confiança que contêm o valor verdadeiro da população com uma probabilidade desejada, quanto para testar hipóteses formalmente sobre os valores da população. O capítulo também contém detalhes sobre a natureza da amostragem e a escolha do tamanho adequado de uma amostra.

O Capítulo 5 apresenta descrições de testes de hipóteses elaborados para determinar se é concebível que duas populações possuam as mesmas características. Por exemplo, o teste da diferença das médias de duas amostras trata sobre a possibilidade de duas amostras terem vindo de populações que apresentam médias idênticas (este objetivo foi ilustrado nos exemplos das Seções 1.4.4.2 e 1.4.4.3). O Capítulo 6 trata do método de análise da variância, que amplia esses testes de duas amostras para o caso de mais de duas amostras. Por exemplo, dados sobre o comportamento de deslocamento (por exemplo, a distância percorrida até um equipamento público, como parques e bibliotecas) podem estar disponíveis para cinco diferentes regiões geográficas, e pode ser de interesse testar a hipótese de que a verdadeira distância média percorrida foi a mesma para todas as regiões. No Capítulo 7, começamos nossa exploração de métodos que tratam da relação entre duas ou mais variáveis. O Capítulo 7 introduz os métodos de correlação, e o Capítulo 8 estende esta introdução ao tema da regressão linear simples, onde uma variável é suposta dependente linearmente de outra. Regressão é, provavelmente, o método mais amplamente utilizado da estatística inferencial e, no Capítulo 9, é feita uma abordagem adicional onde a dependência linear de uma variável em relação a outras variáveis (ou seja, a regressão linear múltipla) é tratada.

Uma das questões básicas enfrentadas pelos geógrafos é se os dados geográficos apresentam padrões espaciais. Isso é relevante por si só (quando, por exemplo, podemos perguntar se os locais de ocorrências de crimes estão mais agrupados geograficamente do que eram no passado) e para abordar o problema fundamental da dependência espacial dos dados geográficos quando da realização de testes estatísticos. Com relação a este último, os testes estatísticos inferenciais quase sempre assumem que as observações de dados são independentes; no entanto, muitas vezes este não é o caso quando os dados são coletados em localizações geográficas. Em vez disso, os dados são, com frequência, espacialmente dependentes – o valor de uma variável em um local é provavelmente semelhante ao valor da variável em um local próximo. Essa característica dos dados geográficos é muitas vezes referida como Primeira Lei da Geografia, de Tobler. O Capítulo 10 é dedicado aos métodos e testes estatísticos elaborados para determinar se os dados apresentam padrões espaciais. O Capítulo 11 retorna ao tópico da regressão, focalizando em como realizar análises da dependência de uma variável em relação a outras, quando a dependência espacial está presente nos dados.

Finalmente, muitas vezes é desejável resumir grandes conjuntos de dados contendo um grande número de observações e um grande número de variáveis. Por exemplo, muitas vezes é difícil saber por onde começar quando se utiliza dados do censo de muitas sub-regiões diferentes (por exemplo, setores censitários) para resumir a natureza de uma região geográfica, em parte porque são muitas variáveis e muitas sub-regiões diferentes. O Capítulo 12 introduz a análise fatorial e a análise de agrupamentos como duas abordagens para a síntese dos dados. A análise fatorial reduz o número original de variáveis a um número menor de dimensões subjacentes ou de fatores, e a análise de agrupamentos divide as observações (ou seja, os dados de sub-regiões geográficas particulares) em categorias ou grupos. O Epílogo contém alguns pensamentos finais sobre novos rumos e aplicações.

1.9 Bancos de dados

1.9.1 A força do sinal de telefone celular no condado de Erie, Nova York, EUA

A força do sinal de um telefone celular é medida de acordo com a intensidade da força do sinal (RSSI). Os valores de RSSI são negativos; sinais mais fortes têm valores que são menos negativos, e sinais mais fracos têm valores que são mais negativos. Esse banco de dados é composto de 229 amostras de medições de RSSI feitas em uma região do condado de Erie, que fica no estado de Nova York e tem Buffalo como sua maior cidade. Para mais informações sobre RSSI, sua distribuição espacial e aplicações na notificação de acidente para a emergência, consulte Akella *et al.* (2003).

Um conjunto de variáveis está associado a cada medição, incluindo as coordenadas de localização, medições topográficas (declividade e altitude), e variáveis relacionadas à visibilidade e distância da torre de celular mais próxima. As colunas de variáveis são definidas como se segue:

1. número de identificação (ID): são sequenciais e variam de 1 a 229
2. valor de RSSI

3. coordenada y
4. coordenada x
5. declividade
6. altitude
7. visibilidade
8. alcance
9. distância

Ao nos referirmos aos subconjuntos do banco de dados RSSI, adotaremos:

1. Subconjunto A: contém as 17 observações que têm a coordenada x menor que 4.713.000 e coordenada y 672.500 (estas são as 17 observações na porção do extremo sudoeste da área de estudo). Usaremos essas observações para realizar alguns cálculos à mão – principalmente nos exercícios ao final de cada capítulo. Os números de identificação, ID, para essas 17 observações são 65-69, 72-74, 95-98, 100-103 e 163.
2. Subconjunto B: contém as seis observações com coordenada y superior a 677.500 e coordenada x maior que 4.720.000 (essas observações estão no extremo da porção nordeste da área de estudo). Usaremos essas observações para ilustrações dentro de cada capítulo. Os números de identificação, ID, para essas seis observações são 17, 18, 19, 46, 117 e 118.

1.9.2 Venda de casas em Tyne and Wear

Este é um arquivo no formato SPSS constituído de 562 casos (linhas) e 53 variáveis (colunas). Os 562 casos representam casas em Tyne and Wear que foram compradas com hipotecas da Nationwide Building Society em 1991. As variáveis consistem de uma mistura de informações de identificação, de atributos da habitação e de atributos do censo das áreas em que as casas estão localizadas.

1.9.2.1 Definições das variáveis

id um número de identificação. Observe que ele não varia de 1 a 562 porque alguns casos foram removidos do arquivo original devido à falta de dados.

easting/northing grade de referência para a propriedade elaborada pela OS*.

postcode O código postal da propriedade. Você pode usá-lo no endereço www.*upmystreet.com* para descobrir mais informações sobre a área na qual a propriedade se localiza. Este site da internet também fornece um mapa geral da área coberta pelo código postal. Um mapa alternativo pode ser obtido em www.streetmap.co.uk. As unidades de códigos postais fornecem um bom nível de resolução espacial – aproximadamente 15 propriedades dividem o mesmo código postal no Reino Unido.

ward código de seis dígitos do censo (setor)

---

* N. de T.: OS: Ordinance Survey: organização do governo que faz mapas oficiais detalhados da Grã-Bretanha e Irlanda do Norte.

ward name	nome do setor
tywr_/tywr_id	código do setor para mapeamento
district	1 = Gateshead
	2 = Newcastle
	3 = North Tyneside
	4 = South Tyneside
	5 = Sunderland
price	preço de venda da casa em £ (Lembre-se: valores de 1991!)
dprice	variável nominal que assume o valor:
	1 se a casa está abaixo do preço médio para o condado
	2 caso contrário
garage	uma variável dummy que assume o valor:
	1 se possui garagem
	0 se não possui garagem
centheat	uma variável dummy que assume o valor:
	1 se a casa tem sistema central de aquecimento completo
	0 se a casa não tem ou tem apenas sistema parcial de aquecimento
bedrooms	número de quartos
bathrooms	número de banheiros
dateblt	ano em que a casa foi construída
prewar	uma variável qualitativa que assume o valor:
	1 se a casa foi construída no período 1875–1914
	0 caso contrário
interwar	uma variável qualitativa que assume o valor:
	1 se a casa foi construída no período 1915–1939
	0 caso contrário
postwar	uma variável dummy que assume o valor:
	1 se a casa foi construída no período 1940–1959
	0 caso contrário
sixties	uma variável dummy que assume o valor:
	1 se a casa foi construída no período 1960–1975
	0 caso contrário
newest	uma variável dummy que assume o valor:
	1 se a casa foi construída no período 1976–1991
	0 caso contrário
flr_area	área construída da casa, em metros quadrados
detached	uma variável dummy que assume o valor:
	1 se a casa é uma construção sem vizinho próximo
	0 caso contrário
semidet	uma variável dummy que assume o valor:
	1 se a casa tem vizinho de um lado
	0 caso contrário

terrace	uma variável dummy que assume o valor: 1 se faz parte de um conjunto de casas conjugadas 0 caso contrário
flat	uma variável dummy que assume o valor: 1 se a casa é parte de outra casa 0 caso contrário
area	área do setor (ignorar)
age0_15	porcentagem da população do setor com idade entre 0–15
age16_24	porcentagem da população do setor com idade entre 16–24
age25_64	porcentagem da população do setor com idade entre 25–64
age65_	porcentagem da população do setor com idade maior ou igual a 65
ethnic	porcentagem de população não branca no setor
econact	porcentagem de população economicamente ativa no setor
unempl	porcentagem de população desempregada no setor
ownocc	porcentagem do setor ocupada por proprietários
privrent	porcentagem de casas do setor ocupada por inquilino privado
publrent	porcentagem de casas do setor ocupadas por inquilino com aluguel pago pelo governo
nocar	porcentagem de casas no setor sem um carro
carshh	número médio de carros por casa no setor
crowdhh	número médio de casa com superlotação
energy	porcentagem da população do setor empregada no setor de energia
mfg	porcentagem da população do setor empregada na indústria
Const	porcentagem da população do setor empregada na construção
distbn	porcentagem da população do setor empregada no setor de distribuição
finance	porcentagem da população do setor empregada no setor de finanças
service	porcentagem da população do setor empregada no setor de serviços
sc_1/2/3/4/5	porcentagem da população do setor nas classes sociais 1/2/3/4/5
depchild	porcentagem de famílias com filhos dependentes
multfam	porcentagem de pessoas vivendo em unidades multi-familiares

1.9.3 Dados do censo de 1990 para o condado de Erie, Nova York

Uma tabela de tamanho 235 × 5 foi construída da coleta (do Censo de 1990 dos Estados Unidos) e decorrente das seguintes informações dos 235 setores censitários do condado de Erie, Nova York (os nomes das variáveis estão entre parênteses):

(a) Mediana da renda familiar (medhsinc)
(b) Porcentagem de famílias chefiadas por mulheres (femaleh)
(c) Porcentagem dos graduados no ensino médio que têm diploma profissional (educ)
(d) Porcentagem de residências ocupadas pelo proprietário (tenure)
(e) Porcentagem de moradores que mudaram para sua residência atual antes de 1959 (lres)

2 Estatística Descritiva

OBJETIVOS DE APRENDIZAGEM
- *Tipos de dados* — 24
- *Métodos descritivos visuais* — 25
- *Outras medidas numéricas para a descrição de dados* — 32
- *Estatística descritiva espacial* — 35
- *Dado angular* — 40

No Capítulo 1, fez-se uma distinção fundamental entre estatística descritiva e inferencial. Observamos que descrever dados constitui uma importante fase inicial do método científico. Neste capítulo, vamos dirigir nossa atenção para descrições visuais e numéricas de dados.

Começaremos descrevendo diferentes tipos de dados e apresentando algumas das diferentes abordagens visuais que são comumente utilizadas para explorar e descrever dados. Finalmente, a descrição é trabalhada no contexto particular do dado espacial.

2.1 Tipos de dados

O dado pode ser classificado como *nominal, ordinal, intervalar* ou *de razão*. Dados nominais são observações divididas em conjuntos mutuamente exclusivos e coletivamente exaustivos de categorias. Exemplos de dados nominais incluem tipo de solo e tipo de vegetação. Dados ordinais consistem em observações hierarquizadas. Assim, é possível dizer que uma observação é maior (ou menor) que outra, mas não é possível dizer o quanto uma observação é maior ou menor que a outra. Não é incomum encontrar dados ordinais em almanaques e estudos estatísticos; tamanhos de cidades são exemplos de dados tratados como ordinais.

Quando é possível dizer o quanto uma observação é maior ou menor que outra, os dados são denominados de intervalo (intervalar) ou de razão. Para dados intervalares, diferenças entre valores são identificáveis. Por exemplo, na escala para temperatura Fahrenheit, 44 graus é 12 graus mais quente do que 32 graus. Entretanto, o zero não tem significado na escala intervalar e, consequentemente, interpretações de razões não são possíveis. Ou seja, 44 graus não é duas vezes mais quente do que 22 graus. Dados de razão, por outro lado, *apresentam* a ideia de zero. Ou seja, 100 graus Kelvin *é* duas vezes mais quente que 50 graus Kelvin. A maioria dos dados numéricos é de razão – na verdade, é difícil pensar em exemplos de dados intervalares além da escala Fahrenheit.

Os dados podem assumir valores que são *discretos* ou *contínuos*. Variáveis discretas assumem apenas um conjunto finito de valores – exemplos incluem o número de dias ensolarados em um ano, o número de visitas anuais de uma família a um determinado local público e o número mensal de colisões entre automóveis e cervos em uma região. Variáveis contínuas podem assumir um conjunto infinito de valores; exemplos incluem temperatura e elevação.

2.2 Métodos descritivos visuais

Suponha que queremos aprender algo sobre o comportamento do deslocamento dos moradores de uma comunidade. Talvez estejamos em uma comissão que investiga a possível implementação de uma alternativa de transporte público; precisamos saber quantos minutos, em média, as pessoas levam para ir ao trabalho de carro. Não temos os recursos para perguntar a todos e, então, decidimos tomar uma amostra de pessoas que transitam de automóvel. Digamos que foram entrevistados $n = 30$ moradores, pedindo-lhes para registrar o tempo médio que levam para chegar ao trabalho. Recebemos as respostas mostradas no painel (a) da Tabela 2.1.

Podemos resumir nossos dados visualmente com a construção de *histogramas*, que são gráficos de barras verticais. Para construir um histograma, os dados são inicialmente agrupados em classes*. O histograma contém uma barra vertical para cada classe. A altura da barra representa o número de observações na classe (ou seja, a frequência), e é

TABELA 2.1 Dados de deslocamento

(a) Dados por indivíduo			
Indivíduo	Tempo de deslocamento (min.)	Indivíduo	Tempo de deslocamento (min.)
1	5	16	42
2	12	17	31
3	14	18	31
4	21	19	26
5	22	20	24
6	36	21	11
7	21	22	19
8	6	23	9
9	77	24	44
10	12	25	21
11	21	26	17
12	16	27	26
13	10	28	21
14	5	29	24
15	11	30	23
(b) tempos de deslocamento ordenados			
5, 5, 6, 9, 10, 11, 11, 12, 12, 14, 16, 17, 19, 21, 21, 21, 21, 21, 22, 23, 24, 24, 26, 26, 31, 31, 36, 42, 44, 77			

---

* N. de T.: Classes ou categorias.

comum registrar o ponto médio da classe no eixo horizontal. A Figura 2.1 é um histograma para os dados hipotéticos de deslocamento na Tabela 2.1, produzida pelo software SPSS for Windows. Uma alternativa ao histograma é o *polígono de frequência*, que pode ser traçado conectando os pontos tomados nos centros dos topos de cada barra vertical.

Os dados também podem ser resumidos via *diagrama em caixa (box plot)*. A Figura 2.2 ilustra um diagrama em caixa para os dados de transporte. A linha horizontal que atravessa o retângulo representa a mediana (21), e as linhas inferior e superior do retângulo (algumas vezes chamadas de "bordas"*) representam os $25^{\underline{o}}$ e $75^{\underline{o}}$ percentis, respectivamente. Velleman and Hoaglin (1981) observam que há duas maneiras comuns para traçar os *"bigodes"**, que se estendem para cima e para baixo das bordas. Um modo é marcar os bigodes até os valores mínimos e máximos. Nesse caso, o diagrama em caixa representa um sumário gráfico do que é, às vezes, chamado de "cinco números síntese" da distribuição (o mínimo, o máximo, os $25^{\underline{o}}$ e $75^{\underline{o}}$ percentis e a mediana).

É comum a ocorrência de valores extremos nos dados que estão muito distantes da média e, neste caso, não é adequado marcar os bigodes além desses valores extremos.

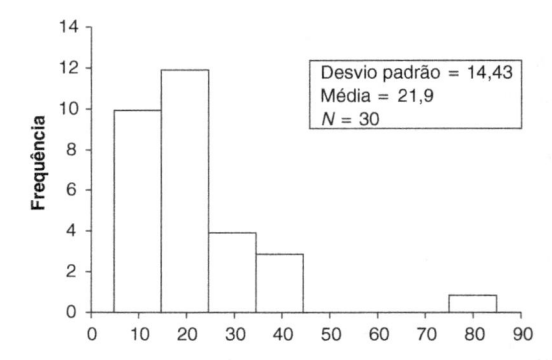

FIGURA 2.1 Histograma dos dados de deslocamento.

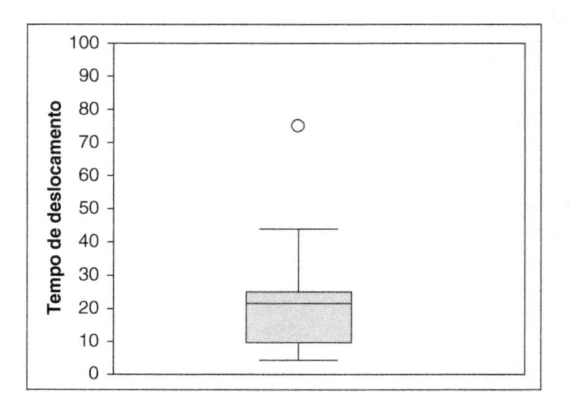

FIGURA 2.2 Diagrama em caixa dos dados de deslocamento.

---

* N. de T.: Também conhecido por *hinges*.
** N. de T.: Também conhecidos por *whiskers* (linhas externas).

Ao invés disso, os bigodes são marcados até as observações mais extremas, que estão entre 1,5 vezes o intervalo interquartil da borda. Todas as outras observações além destes valores são consideradas discrepantes* e são apresentadas individualmente. Nos dados de deslocamento, 1,5 vezes o intervalo interquartil é igual a 1,5(14,25) = 21,375. O bigode para baixo da borda inferior estende até o valor mínimo de 5, já que este é maior que a borda inferior (11,75) menos 21,375. O bigode estendendo para cima da borda superior é limitado a 44, que é a maior observação menor que 47,375 (que, por sua vez, é igual à borda superior (26) mais 21,375). Observe que existe um único valor discrepante – observação 9 – e este tem o valor de 77 minutos.

Um diagrama de *caule-e-folhas* é um modo alternativo para apresentar as frequências das observações. Ele é similar ao histograma girado sobre um de seus lados, com os dígitos reais de cada valor observado usado no lugar de barras. Os dígitos principais constituem o "caule", e os dígitos à direita representam as "folhas". Cada ramo tem uma ou mais folhas, sendo que cada folha corresponde a uma observação. A representação visual da frequência de folhas transmite ao leitor uma impressão da frequência de observações que caem dentro de um dado intervalo. John Tukey, o criador do diagrama de caule-e-folhas, disse: "Se vamos fazer uma marca, ela deve ser significativa. A mais simples – e mais útil – marca significativa é o dígito" (Tukey, 1972, p. 269).

Para os dados de deslocamento, que têm no máximo dois dígitos, o primeiro é o "caule" e o segundo é a "folha" (veja Figura 2.3). Observe que, para cada item do caule, os dígitos finais são organizados em ordem numérica, do menor para o maior.

Como outro exemplo, considere os administradores de distritos escolares, que frequentemente fazem o censo do número de crianças em idade escolar em seu distrito, para que possam ter estimativas precisas de matrículas futuras. A Tabela 2.2 fornece respostas hipotéticas de 750 famílias quando perguntadas sobre quantas crianças em idade escolar residem no domicílio.

As frequências absolutas podem ser transformadas em frequências relativas fazendo-se a divisão pelo número total de observações (neste caso, 750). A Tabela 2.3 revela, por exemplo, que 26,7% de todas as famílias entrevistadas têm uma criança.

```
(Frequência)        (Caule & Folha)
  .00               0 .
 4.00               0 . 5569
 6.00               1 . 011224
 3.00               1 . 679
 9.00               2 . 111112344
 2.00               2 . 66
 2.00               3 . 11
 1.00               3 . 6
 2.00               4 . 24
 1.00            Extremes > =77)
Largura do Caule:   10.00
Cada Folha:         1 caso(s)
```

FIGURA 2.3 Diagrama de caule-e-folhas dos dados de deslocamento.

---

*N. de T.: Também chamadas de *outliers*.

TABELA 2.2 Frequência de crianças nas famílias

Número de crianças	Frequência absoluta
0	100
1	200
2	300
3	100
4+	50
Total	750

TABELA 2.3 Frequência absoluta e relativa

Número de crianças	Frequência absoluta	Frequência relativa
0	100	100/750 = 0,133
1	200	200/750 = 0,267
2	300	300/750 = 0,400
3	100	100/750 = 0,133
4+	50	50/750 = 0,067
Total	750	

Observe que a soma das frequências relativas é igual a 1. Observe também que podemos facilmente construir um histograma usando as frequências relativas no lugar das frequências absolutas (veja Figura 2.4); o histograma no painel (b) tem precisamente a mesma forma que aquele no painel (a); a escala vertical foi alterada por um fator igual ao tamanho da amostra de 750.

2.3 Medidas de tendência central

Vamos continuar nossa análise descritiva dos dados na Tabela 2.1 resumindo a informação numericamente. A *média amostral* do tempo de deslocamento é a tendência central de nossas observações; ela é encontrada pela adição de todas as respostas individuais e por sua divisão pelo número de observações. A média amostral é tradicionalmente denotada por $\bar{x}$; em nosso exemplo, temos $\bar{x} = 658/30 = 21,93$ minutos. Na prática, isso seria arredondado para 22 minutos. Podemos usar uma notação para enunciar mais formalmente que a média é a soma das observações dividida pelo número de observações:

$$\bar{x} = \frac{\sum_{i=1}^{n} x_i}{n}, \qquad (2.1)$$

onde x_i representa o valor da observação i, e onde há n observações. (Uma revisão das convenções matemáticas e de notação matemática é provavelmente necessária para muitos leitores; veja o Apêndice B.)

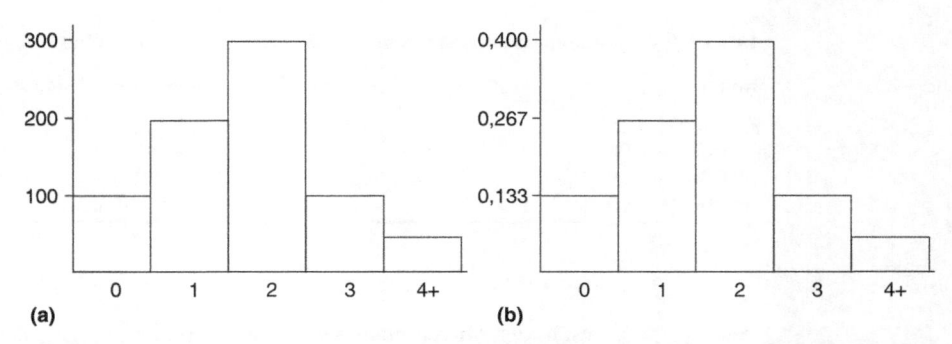

FIGURA 2.4 Número de crianças nas famílias: (a) frequência absoluta; (b) frequência relativa.

A *mediana* é definida como a observação que divide a lista ordenada de observações (ordenados do menor para o maior, ou do maior para o menor) ao meio. Quando o número de observações é ímpar, a mediana é simplesmente igual ao valor do meio em uma lista ordenada das observações. Quando o número de observações é par, tomamos a mediana como a média aritmética dos dois valores no meio da lista ordenada.

Metade dos respondentes em nosso exemplo tem deslocamentos mais longos do que a mediana e, a outra metade, mais curtos. Quando as respostas são ordenadas como no painel (b) da Tabela 2.1, os dois do meio são 21 e 21. A mediana, neste caso, é igual a 21 minutos. A *moda* é definida como o valor que ocorre mais frequentemente; aqui a moda também é 21 minutos, uma vez que ocorre com maior frequência (quatro vezes) do que qualquer outro resultado.

Muitas variáveis têm distribuições onde um pequeno número de valores altos faz com que a média seja muito maior do que a mediana, o que é verdadeiro para as distribuições de renda e distribuições de distâncias. Por exemplo, Rogerson et al. (1993) utilizaram o US National Survey of Families and Households para estudar a distância que os filhos adultos viviam de seus pais. Para filhos com ambos os pais vivos e morando juntos, a distância média aos pais é superior a 200 milhas e, ainda assim, a distância mediana é de apenas 25 milhas! Como a média não é representativa dos dados em circunstâncias como essas, o uso da mediana como medida de tendência central é comum.

Para o subconjunto B do banco de dados de RSSI, o valor médio de RSSI é:

$$\frac{(-113-113-108-103-98-88)}{6} = \frac{-623}{6} = -103{,}83.$$

A RSSI mediana é igual a −105,5, que é a tendência central ou média dos dois valores do meio:

$$\frac{(-108-103)}{2} = \frac{-211}{2} = -105{,}5$$

A moda é igual a −113, uma vez que é o valor mais frequente.

TABELA 2.4 Frequências absolutas associadas às observações sobre a renda

Renda	Frequência (número de indivíduos)
< 15.000	10
15.000–34.999	20
35.000–54.999	30
55.000–99.999	15

Quando os dados estão disponíveis apenas para classes, podem ser calculadas médias para dados agrupados. Elas são obtidas supondo-se que todos os dados dentro de uma classe particular são iguais ao ponto médio da classe. Por exemplo, a Tabela 2.4 apresenta alguns dados hipotéticos sobre renda (as unidades foram deliberadamente omitidas para manter o exemplo independente da localização).

A média para dados agrupados é obtida supondo-se que os dez indivíduos na primeira classe têm renda anual de 7.500 (o ponto médio da classe), os 20 indivíduos na segunda classe têm rendimento de 25.000, que os 30 indivíduos na próxima classe têm renda de 45.000, e que cada um daqueles na última classe tem rendimento de 77.500. Todos esses valores individuais são adicionados, e o resultado é dividido pelo número de indivíduos. Assim, a média agrupada para esse exemplo é

$$\frac{10(7.500) + 20(25.000) + 30(45.000) + 15(77.500)}{10 + 20 + 30 + 15} = 41.167. \qquad (2.2)$$

Mais formalmente,

$$\bar{x}_g = \frac{\sum_{i=1}^{G} f_i x_{i,médio}}{\sum_{i=1}^{G} f_i}, \qquad (2.3)$$

onde $\bar{x}_g$ denota a média de dados agrupados, G é o número de grupos, f_i é o número de observações no grupo i e $x_{i,médio}$ denota o valor do ponto médio do grupo.

Não é raro encontrar a última classe aberta; em vez de a classe ser definida como 55.000–99.999, pode ser mais comum que os dados sejam rotulados em uma classe como "55.000 e acima". Nesse caso, deve ser feita uma estimativa para a tendência central do salário daqueles que pertencem a este grupo. Também seria útil estabelecer outras estimativas e repetir o cálculo da média dos dados agrupados, para ver o quanto o resultado é sensível às diferentes escolhas para a estimativa.

2.4 Medidas de variabilidade

Também podemos sintetizar histogramas e conjuntos de dados pela caracterização de sua variabilidade. Os dados de deslocamento da Tabela 2.1 variam do mínimo de 5 minutos até o máximo de 77 minutos. A *amplitude* é a diferença entre os dois valores – aqui ela é igual a 77 – 5 = 72 minutos.

O *intervalo interquartil* é a diferença entre os 25º e 75º percentis. Com n observações, o percentil 25 é representado pela observação $(n + 1)/4$, quando os dados forem classificados do menor para o maior. O percentil 75 é representado pela observação $3(n + 1)/4$. Frequentemente, esses valores não serão inteiros, e uma interpolação é usada, assim como é para a mediana, quando existe um número par de observações. Para os dados de deslocamento, o percentil 25 é representado pela observação $(30 + 1)/4 = 7,75$. Uma interpolação entre as 7ª e 8ª menores observações exige que percorramos ¾ do caminho a partir da 7ª menor observação (que é 11) para a 8ª menor observação (que é 12). Isso implica que o percentil 25 é 11,75 (já que 11,75 está a ¾ do caminho de 11 a 12); mais formalmente, isso pode ser encontrado (a) multiplicando ¾ pela diferença entre as duas observações (¾ × (12 – 11)) = ¾ e, então, (b) adicionando o resultado à menor das observações (11 + ¾ = 11,75). De modo análogo, o percentil 75 é representado pela observação 3 (30 + 1)/4 = 23,25. Uma vez que tanto a observação 23 quanto a 24 são iguais a 26, o percentil 75 é igual a 26. O intervalo interquartil é a diferença entre esses dois valores, ou 26 – 11,75 = 14,25.

A *variância amostral* dos dados (denotada por s^2) pode ser considerada como a tendência central dos quadrados dos desvios das observações em relação à média. Para garantir que a variância amostral forneça uma estimativa imparcial da variância verdadeira e desconhecida da população da qual a amostra foi extraída (denotada por σ^2), s^2 é calculada tomando a soma dos quadrados dos desvios, e então dividindo-a por $n - 1$, em vez de por n. Aqui o termo *imparcial* implica que, se fôssemos repetir essa amostragem várias vezes, encontraríamos que a tendência central ou média de nossas várias variâncias amostrais seria igual à verdadeira variância. Assim, a variância amostral é encontrada tomando-se a soma dos quadrados dos desvios da média e dividindo-a por $n - 1$:

$$s^2 = \frac{\sum_{i=1}^{n}(x_i - \bar{x})^2}{n - 1}. \qquad (2.4)$$

Uma interpretação aproximada da variância é que ela representa a tendência central do quadrado do desvio de uma observação a partir da média (esta é uma interpretação aproximada porque $n - 1$, em vez de n, é usado no denominador).

No nosso exemplo, $s^2 = 208,13$. O *desvio padrão amostral* é igual à raiz quadrada da variância da amostra; aqui temos $s = \sqrt{208,13} = 14,43$. Uma vez que a variância amostral caracteriza a tendência central do quadrado do desvio a partir da média, tomando-se a raiz quadrada e utilizando-se o desvio padrão, estamos colocando a medida de variabilidade de volta a uma escala mais próxima à utilizada para a média e aos dados originais. Embora o desvio padrão não seja igual à média do desvio absoluto de uma observação em relação à média, geralmente é próximo.

Variâncias para dados agrupados são encontradas supondo-se que todas as observações estão nos pontos médios de suas classes e são baseadas na soma dos quadrados dos desvios desses pontos médios em relação à média dos dados agrupados:

$$s_g^2 = \frac{\sum_{i=1}^{G} f_i(x_{i,médio} - \bar{x}_g)^2}{(\sum_{i=1}^{G} f_i) - 1},\qquad(2.5)$$

Para os dados da Tabela 2.4, a variância para dados agrupados é

$$\frac{\left(\begin{array}{l}10(7.500 - 41.167)^2 + 20(25.000 - 41.167)^2+\\30(45.000 - 41.167)^2 + 15(77.500 - 41.167)^2\end{array}\right)}{(10+20+30+15)-1} = 4,97356\times 10^8 \qquad(2.6)$$

A raiz quadrada deste valor, 22.301, é o desvio padrão para dados agrupados.

2.5 Outras medidas numéricas para a descrição de dados

2.5.1 Coeficiente de variação

Considere o preço de venda de casas em duas comunidades. Na comunidade A, o preço médio é de 150.000 (as unidades são deliberadamente omitidas para que a ilustração possa ser aplicada a mais de uma unidade monetária). O desvio padrão é 75.000. Na comunidade B, o preço médio de venda é 80.000 e o desvio padrão é 60.000.

O desvio padrão é uma medida *absoluta* da variabilidade; nesse exemplo, tal variabilidade é claramente inferior na comunidade B. No entanto, também é útil pensar em termos de *variabilidade relativa*. Em relação à sua média, a variabilidade na comunidade B é maior do que na comunidade A. Mais especificamente, o *coeficiente de variação* é definido como a razão entre o desvio padrão e a média. Aqui, o coeficiente de variação na comunidade A é 75.000/150.000 = 0,5; na comunidade B, é 60.000/80.000 = 0,75.

2.5.2 Assimetria

A medida denominada *assimetria* mede o grau de assimetria exibido pelos dados e pelo histograma. A Figura 2.5 é claramente assimétrica e revela que há mais observações abaixo da média do que acima dela – isso é conhecido como assimetria positiva. A assimetria positiva também pode ser verificada comparando-se a média e a mediana. Quando a média é maior do que a mediana, como neste caso, a distribuição é positivamente assimétrica. Já quando há um número pequeno de observações inferiores e um número grande de superiores, a média é menor que a mediana e os dados apresentam assimetria negativa (ver Figura 2.6). A assimetria é calculada primeiro somando os cubos dos desvios da média e, então, dividindo pelo produto do cubo do desvio padrão pelo número de observações:

$$\text{assimetria} = \frac{\sum_{i=1}^{n}(x_i - \bar{x})^3}{ns^3}.\qquad(2.7)$$

Os 30 tempos de deslocamento na Tabela 2.1 têm uma assimetria positiva de 2,06. Se a assimetria é igual a zero, o histograma é simétrico em torno da média.

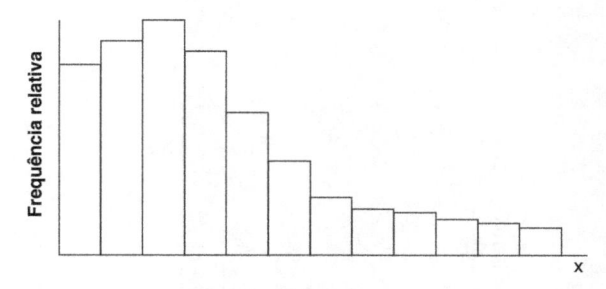

FIGURA 2.5 Uma distribuição positivamente assimétrica.

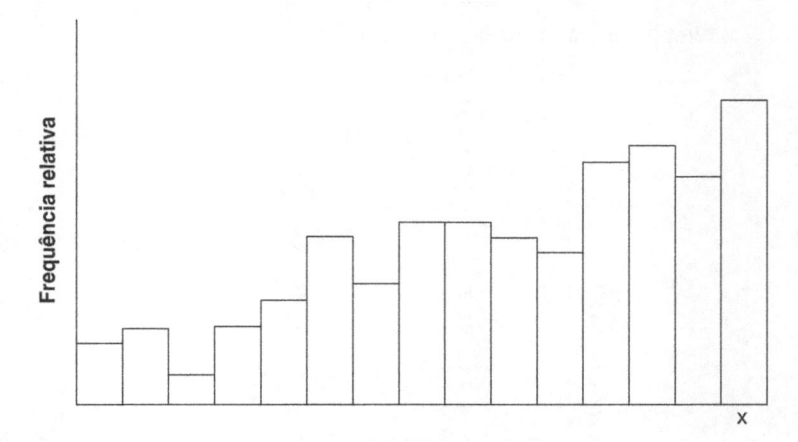

FIGURA 2.6 Uma distribuição negativamente assimétrica.

2.5.3 Curtose

A *curtose* mede o alongamento* do histograma. Sua definição é semelhante à da assimetria, com a ressalva de que a quarta potência é usada em vez da terceira:

$$\text{curtose} = \frac{\sum_{i=1}^{n}(x_i - \bar{x})^4}{ns^4}. \quad (2.8)$$

Dados com um elevado grau de alongamento são chamados de *leptocúrticos* e têm valores de curtose acima de 3,0 (ver Figura 2.7a). Histogramas achatados são *platicúrticos* e têm valores para curtose inferiores a 3,0 (Figura 2.7b). A curtose dos tempos de deslocamento é igual a 6,43 e, portanto, é relativamente alongada.

---

* N. de T.: O autor usa os termos *peak* (pico) e *peakedness*.

(a)

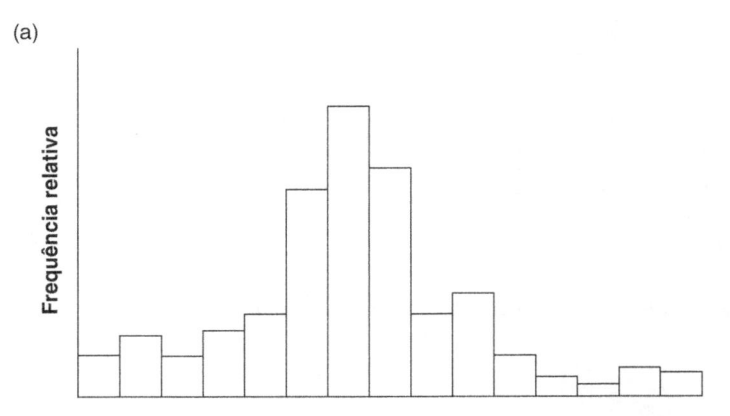

FIGURA 2.7(a)   **Distribuição leptocúrtica.**

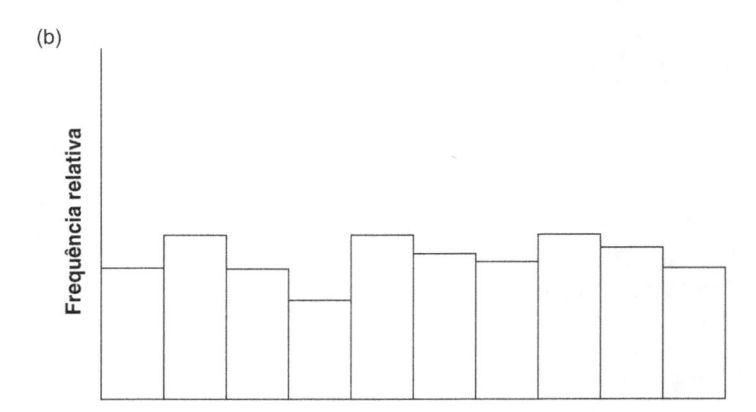

(b)

FIGURA 2.7(b)   **Distribuição platicúrtica.**

2.5.4 Escores padronizados

Uma vez que os dados provêm de distribuições com médias diferentes e graus de variabilidade diferentes, é comum padronizar as observações. Uma forma de se fazer isso é transformar cada observação em um *escore z**, subtraindo, em primeiro lugar, a média de todas as observações e, então, dividindo o resultado pelo desvio padrão:

$$z = \frac{x - \bar{x}}{s}. \tag{2.9}$$

---

* N. de T.: Chamado também de z-escore ou escore-z.

O escore z pode ser interpretado como o número de desvios padrão que uma observação está distante da média. Os dados abaixo da média têm escores z negativos; os dados acima da média possuem z-escores positivos. Para os dados de deslocamento na Tabela 2.1, o escore z para a primeira pessoa é $(5 - 21,93)/14,3 = -1,17$. Essa pessoa tem um tempo de deslocamento que é 1,17 desvios padrão abaixo da média.

2.6 Estatística descritiva espacial

Até este ponto, nossa discussão da estatística descritiva foi geral, uma vez que os conceitos e métodos estudados são aplicados a uma ampla gama de tipos de dados. Nesta seção, revisamos uma série de estatísticas descritivas que são úteis para fornecer sínteses numéricas de dados *espaciais*.

Medidas descritivas de dados espaciais são importantes na compreensão e avaliação de conceitos geográficos fundamentais, tais como a *acessibilidade* e a *dispersão*. É importante, por exemplo, para localizar equipamentos públicos de modo que sejam acessíveis a populações definidas. Medidas espaciais de centralidade aplicadas à localização de indivíduos na população resultarão em localizações geográficas que estão, de algum modo, melhor localizadas em relação à acessibilidade do equipamento. Da mesma forma, é importante para caracterizar a dispersão dos fenômenos em torno de um ponto e útil para resumir a dispersão espacial dos indivíduos em torno de um local de resíduos perigosos. Os indivíduos com uma determinada doença são menos dispersos em torno de um local que as pessoas sem a doença? Se assim for, isso indicaria que há um risco maior de doenças em posições próximas a este local.

2.6.1 Centro médio

A medida espacial de tendência central mais comumente usada é o *centro médio*. Para dados de pontos, as coordenadas x e y do centro médio são encontradas pelo simples cálculo da média das coordenadas x e da média das coordenadas y, respectivamente.

Para dados de área, o centro médio pode ser encontrado usando-se os centroides de cada área. Muitas vezes, atribuir pesos às coordenadas x e y é útil. Para encontrar o centro da população, por exemplo, os pesos são tomados como o número de pessoas que vivem em cada sub-região. As médias ponderadas das coordenadas x e y, fornecem, então, a localização do centro médio da população. Mais especificamente, quando há n sub-regiões,

$$\bar{x} = \frac{\sum_{i=1}^{n} w_i x_i}{\sum_{i}^{n} w_i}; \quad \bar{y} = \frac{\sum_{i=1}^{n} w_i y_i}{\sum_{i}^{n} w_i} \qquad (2.10)$$

onde os w_i são os pesos (por exemplo, a população na região i), x_i e y_i são as coordenadas do centroide na região i. Conceitualmente, isso é o mesmo que admitir que todos os indivíduos residentes de uma sub-região particular vivem em um ponto pré-especificado (como o centroide), nessa sub-região. Esse local é idêntico ao que se encontraria se as coordenadas x e y de cada indivíduo fossem registradas, e, em seguida, a média de todos os x's e y's fossem obtidas. A Equação 2.10, com a utilização de uma média ponderada, fornece apenas uma maneira mais rápida de se chegar à solução. O centro médio da população nos Estados Unidos tem migrado para o oeste e para o sul ao longo do tempo (ver Figura 2.8).

O centro médio tem a propriedade de minimizar a soma dos quadrados das distâncias que as pessoas devem viajar (assumindo que cada pessoa viaja para o equipamento localizado no centro médio). Embora seja fácil de se calcular, essa interpretação é um pouco insatisfatória – seria mais interessante se fosse possível encontrar uma localização central que minimiza a soma das distâncias, ao invés da soma dos quadrados das distâncias.

2.6.2 Centro mediano

A localização que minimiza a soma das distâncias percorridas é conhecida como *centro mediano**. Embora sua interpretação seja mais simples que a do centro médio, seu cálculo é mais complexo. O cálculo do centro mediano é iterativo, e o primeiro passo é utilizar uma localização inicial (uma localização inicial conveniente é o centro médio). Em seguida, as novas coordenadas x e y são atualizadas utilizando-se:

$$x' = \frac{\sum_{i=1}^{n} \frac{w_i x_i}{d_i}}{\sum_{i=1}^{n} \frac{w_i}{d_i}}; \quad y' = \frac{\sum_{i=1}^{n} \frac{w_i y_i}{d_i}}{\sum_{i=1}^{n} \frac{w_i}{d_i}} \quad (2.11)$$

onde o d_i é a distância do ponto i à posição inicial especificada para o centro mediano. Esse processo é então, realizado outra vez – novas coordenadas x e y são encontradas usando-se as mesmas equações, com a única diferença de que a d_i é redefinida como a distância do ponto i à posição calculada mais recentemente para o centro mediano. Este processo iterativo é terminado quando a posição recentemente computada do centro mediano não tem diferença significativa da posição antes computada.

Na aplicação da física social à interação espacial, a população dividida pela distância é considerada uma medida do "potencial" ou da acessibilidade da população. Se os w's são definidos como populações, então cada iteração tem uma posição atualizada baseada na ponderação de cada ponto ou centroide de uma área por sua acessibilidade ao centro mediano atual. O centro mediano é o ponto fixo que é "mapeado" em si mesmo quando ponderado pela acessibilidade. Em outras palavras, o centro mediano é um centro médio ponderado pela acessibilidade, onde a acessibilidade é definida conforme as distâncias de cada ponto ou centroide de uma área ao centro mediano.

---

* N. de T.: O autor adota o termo *Median Center*, apesar de não usar o conceito de mediana. Na realidade, seria outra definição para Centro Médio Ponderado, mas, para diferenciá-lo da definição apresentada no item anterior, mantivemos a denominação original.

Estatística Descritiva **37**

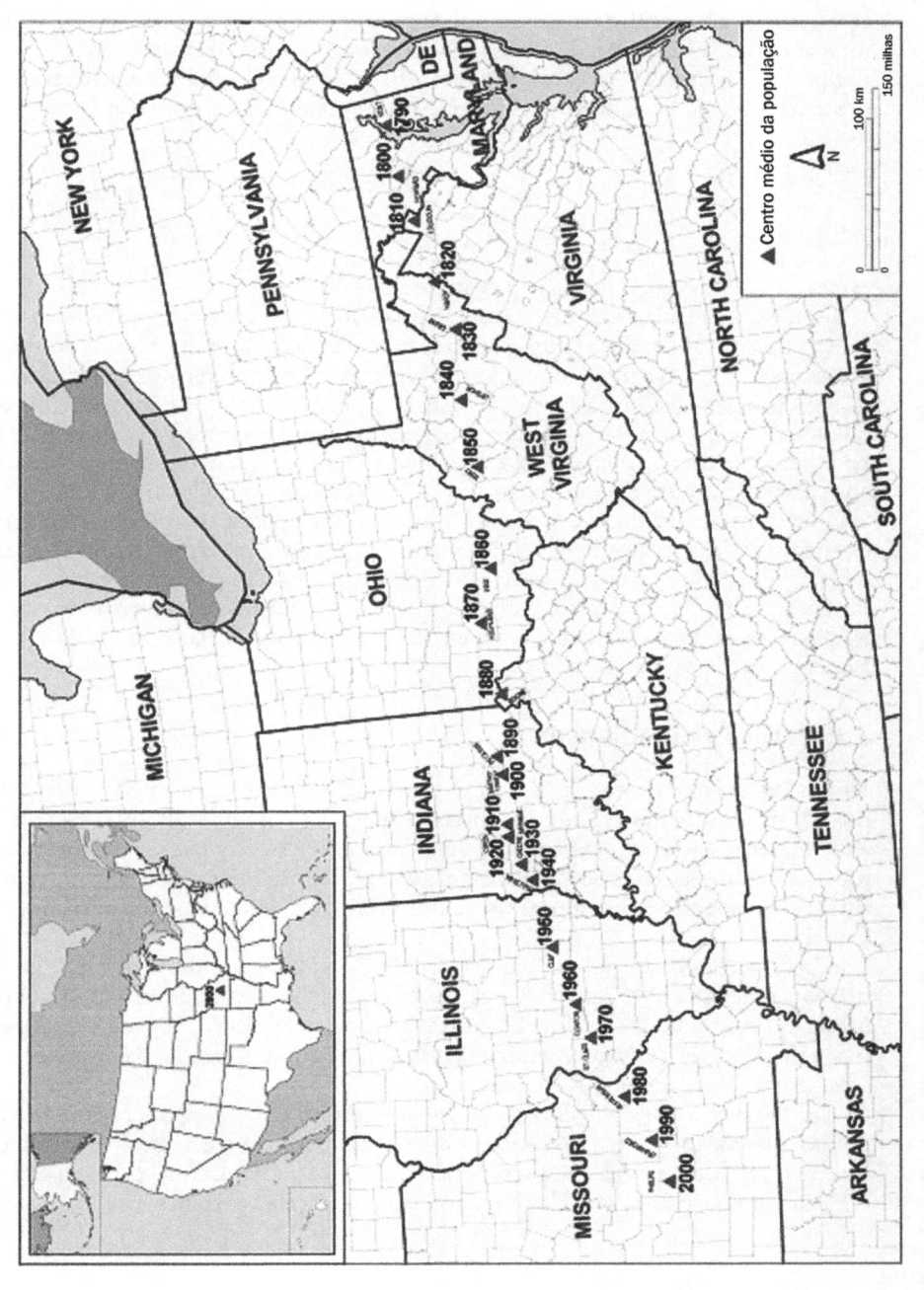

FIGURA 2.8 Centro médio da população dos Estados Unidos: 1790 a 2000.

Fonte: US Bureau of the Census.

2.6.3 Distância padrão

As medidas não espaciais de variabilidade, tais como a variância e o desvio padrão, caracterizam a quantidade de dispersão de pontos de dados em torno da média. Da mesma forma, a variabilidade espacial das posições em torno de uma posição central fixa pode ser sintetizada. A *distância padrão* (Bachi, 1963) é definida como a raiz quadrada da média dos quadrados das distâncias dos pontos ao centro médio:

$$s_d = \sqrt{\frac{\sum_{i=1}^{n} d_{ic}^2}{n}} \quad (2.12)$$

onde d_{ic} é a distância do ponto i ao centro médio.

Embora a medida de Bachi da distância padrão seja interessante por seu conceito de versão espacial do desvio padrão, não é realmente necessário manter uma analogia estrita com o desvio padrão tomando-se a raiz quadrada da média dos quadrados das distâncias. Com a versão não espacial (isto é, o desvio padrão), de modo simples, o quadrado da raiz quadrada "desfaz" a segunda potência e, assim, o desvio padrão pode ser interpretado, *grosso modo*, como uma quantidade que esteja na mesma escala aproximada que o desvio médio absoluto das observações em relação à média.

Elevamos ao quadrado e extraímos a raiz quadrada, em parte porque os desvios da média podem ser positivos ou negativos. No entanto, na versão espacial, as distâncias são sempre positivas; assim, uma definição mais interpretável e natural da distância padrão seria simplesmente usar a distância média das observações ao centro médio (e, na prática, o resultado seria, em geral, bem similar ao encontrado ao se usar a equação anterior).

2.6.4 Distância relativa

Um inconveniente da medida distância padrão descrita na seção anterior é ser uma medida de *dispersão absoluta*; ela mantém as unidades em que a distância é medida, além de ser afetada pelo tamanho da área de estudo. Os dois painéis da Figura 2.9 mostram situações em que a distância padrão é idêntica, mas é visível que a quantidade de dispersão sobre a posição central, relativa à área de estudo, é menor no Painel (b).

Uma medida de dispersão relativa pode ser obtida dividindo-se a distância padrão pelo raio de um círculo com área igual ao tamanho da área de estudo (McGrew Monroe 2000). Isso torna a medida da dispersão adimensional* e padroniza-a para o tamanho da área de estudo, facilitando, desse modo, a comparação da dispersão em áreas de estudo de tamanhos diferentes.

Para uma área de estudo circular, a distância relativa é $s_{d,rel} = s_d/r$ e para uma área de estudo quadrada $s_{d,rel} = s_d \sqrt{\pi/s^2}$ (onde r e s representam o raio do círculo e o lado do quadrado, respectivamente). Observe que a distância relativa máxima para um círculo é 1; para um quadrado, a distância relativa máxima é $\sqrt{\pi/2} = 1,253$.

---

* N. de T.: Sem unidade de medida.

(a)   (b)

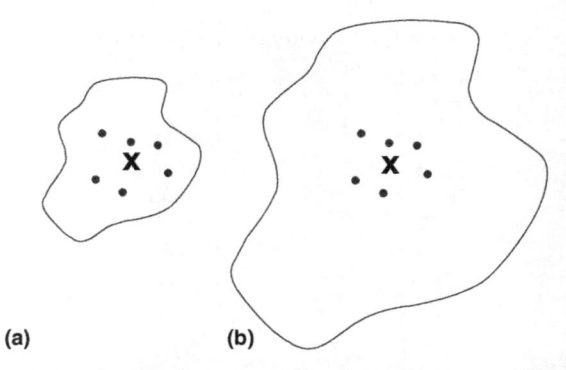

FIGURA 2.9   Ilustração de distância padrão. Observe que a dispersão relativa à área de estudo é menor no Painel (b).

2.6.5 Ilustração de medidas espaciais de tendência central e de dispersão

As medidas descritivas espaciais apresentadas anteriormente são, agora, ilustradas usando-se os dados da Tabela 2.5. Esse é um conjunto simples de 10 localizações; um banco de dados simples e pequeno escolhido deliberadamente para facilitar a obtenção de resultados à mão, se desejado. A área de estudo é suposta como sendo um quadrado com o tamanho de cada lado igual a 1. Nesse exemplo, assumimos implicitamente que existem pesos iguais em cada posição (ou o equivalente, que em cada local existe um indivíduo).

O centro médio é (0,4513; 0,2642) e é encontrado simplesmente tomando-se a média de cada coluna. O centro mediano é (0,4611; 0,3312). A precisão de três dígitos é obtida após 33 iterações. As iterações iniciais da Equação 2.11 são mostradas na Tabela 2.6.

É interessante notar que a aproximação para a coordenada y do centro mediano é monotônica, enquanto a abordagem para a coordenada x é harmônica amortecida.

A soma dos quadrados das distâncias ao centro médio é 0,8870; observe que ela é menor que a soma dos quadrados das distâncias ao centro mediano (0,9328). De

TABELA 2.5   Coordenadas x-y

x	y
0,8616	0,1781
0,1277	0,4499
0,3093	0,5080
0,4623	0,3419
0,4657	0,3346
0,2603	0,0378
0,6680	0,3698
0,2705	0,1659
0,1981	0,1372
0,8891	0,1192

TABELA 2.6 Convergência de iterações para o centro mediano

Iteração	Coordenada x	Coordenada y
1	0,4512	0,2642
2	0,4397	0,2934
3	0,4424	0,3053
4	0,4465	0,3116
5	0,4499	0,3159
6	0,4623	0,3191
.	.	.
.	.	.
.	.	.
.	0,4611	0,3312

modo semelhante, a soma das distâncias ao centro mediano é 2,655 e é menor que a soma das distâncias ao centro médio (2,712).

A distância padrão é 0,2978 (que é a raiz quadrada de 0,8870/10); observe que ela é similar à distância média de um ponto ao centro médio (2,712/10 = 0,2712).

2.6.6 Dado angular

O uso de dados angulares surge nas aplicações geográficas; a análise da direção do vento e o estudo do alinhamento dos cristais de rocha são dois exemplos. O último exemplo tem sido particularmente importante no estudo da deriva continental e no estabelecimento do período das reversões no campo magnético da Terra.

Surgem considerações especiais na descrição visual e numérica do dado angular. Considere as 146 observações sobre a direção do vento dadas na Tabela 2.7. Um histograma pode ser construído, mas não fica claro como o eixo horizontal deve ser rotulado. Um histograma pode arbitrariamente começar com o norte à esquerda, como

TABELA 2.7 Dados hipotéticos da direção do vento

Direção	Direção angular	Frequência
Norte	0°	10
Nordeste	45°	8
Leste	90°	5
Sudeste	135°	6
Sul	180°	18
Sudoeste	225°	29
Oeste	270°	42
Noroeste	315°	28
Total		146

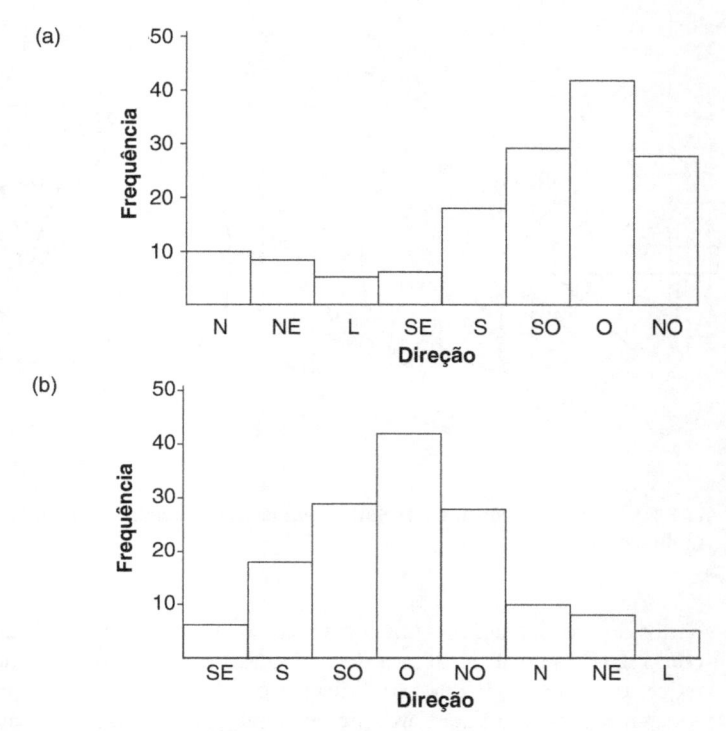

FIGURA 2.10 Frequências absolutas para dados direcionais.

na Figura 2.10a; outra possibilidade é a de organizá-lo de modo que esteja perto do centro do histograma, como na Figura 2.10b.

Nenhuma das opções representadas na Figura 2.10 para a construção de um histograma usando dados angulares é a ideal, uma vez que as observações na extremidade esquerda do eixo horizontal são semelhantes em direção às observações na extremidade direita do eixo horizontal. Acima de tudo, não há disposição para envolver o histograma em torno de si mesmo.

Uma alternativa é o histograma circular (Figura 2.11a). Aqui, as barras se estendem para fora em todas as direções, refletindo a natureza dos dados. Como no caso dos histogramas típicos, os comprimentos das barras são proporcionais à frequência. Uma pequena variação do histograma circular é o gráfico radar (Figura 2.11b): as barras retangulares são substituídas por formas de torta ou cunha. Os anéis concêntricos mostrados na Figura 2.11b não são frequentemente exibidos; eles são mostrados aqui para enfatizar como as frequências relativas são usadas para construir o gráfico. O gráfico radar é eficaz para retratar visualmente a natureza dos dados angulares.

Há também considerações especiais que são necessárias quando consideramos os resumos numéricos dos dados angulares. Considere o caso bastante simples quando

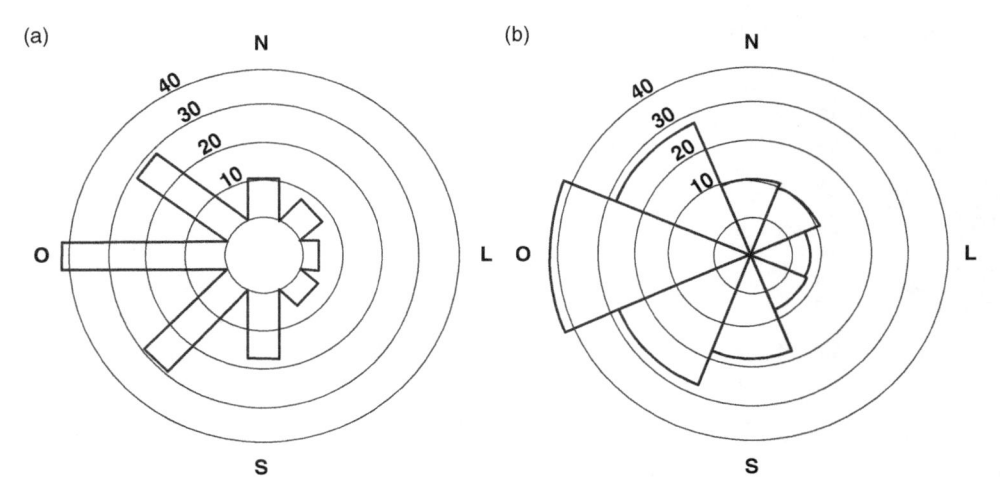

FIGURA 2.11 Frequências absolutas para dados direcionais: (a) histograma circular; (b) gráfico radar.

temos duas observações – uma observação é 1° e a outra é 359°. Se 0° é considerado como sendo o norte, as duas observações ficam muito próximas do norte. No entanto, se tomarmos a média aritmética simples de 1 e 359, temos $(1 + 359)/2 = 180°$ – exatamente o sul! Está claro que outras abordagens são necessárias, uma vez que a média de duas observações muito próximas do norte não deve ser o "sul".

Aqui, descrevemos como encontrar a média e a variância para dados angulares. Média:

1. Encontre o seno e o cosseno de cada observação angular.
2. Encontre a média dos senos ($\bar{S}$) e a média dos cossenos ($\bar{C}$).
3. Encontre $\bar{R} = \sqrt{\bar{S}^2 + \bar{C}^2}$.
4. O ângulo médio (denotado por $\bar{\alpha}$) é o ângulo cujo cosseno é igual a $\bar{C}/\bar{R}$ e cujo seno é igual a $\bar{S}/\bar{R}$. Assim, $\alpha = $ arccos $(\bar{C}/\bar{R})$ e $\alpha = $ arcsen $(\bar{S}/\bar{R})$.

Variância: A medida de variância para dados angulares (denominada variância circular) fornece uma indicação de quanta variabilidade existe nos dados. Por exemplo, se todas as observações consistirem do mesmo ângulo, a variabilidade, e, portanto, a variância circular, deve ser zero.

A variância circular, denotada por S_0, é simplesmente igual a $1 - \bar{R}$. Ela varia de zero a um. Um alto valor próximo de um indica que os dados angulares estão dispersos e vêm de diferentes direções. Outra vez, um valor próximo de zero implica que as observações estão agrupadas em torno de direções particulares.

Os interessados em mais detalhes a respeito de dados angulares podem encontrar amplo material em Mardia e Jupp (1999).

> **EXEMPLO 2.1**
>
> Três observações sobre direção do vento produziram medidas de 43°, 88° e 279°. Encontre a média angular e a variância angular.
>
> **Solução.** Começamos pela construção da seguinte tabela:
>
> | Observação | cosseno | seno |
> |---|---|---|
> | 43° | 0,7314 | 0,6820 |
> | 88° | 0,0349 | 0,9994 |
> | 279° | 0,1564 | –0,9877 |
>
> A média dos cossenos é igual a $\overline{C} = (0,7314 + 0,0349 + 0,1564)/3 = 0,3076$.
> A média dos senos é igual a $\overline{S} = (0,6820 + 0,9994 + 0,9877)/3 = 0,2312$.
>
> Então, $\overline{R} = \sqrt{0,3076^2 + 0,2312^2} = 0,3848$. O ângulo médio, α, é o ângulo cujo cosseno é igual a $\overline{C}/\overline{R} = 0,3076/0,3848 = 0,7994$, e cujo seno é igual a $\overline{S}/\overline{R} = 0,2312/0,3848 = 0,6008$.
> Usando uma calculadora ou uma tabela, descobrimos que o ângulo médio é 37°. A variância circular é igual a $1 - \overline{R} = 1 - 0,3848 = 0,6152$. Esse valor é mais próximo de um que de zero, indicando uma tendência para alta variabilidade – ou seja, os ângulos são relativamente dispersos e estão vindo de diferentes direções.

2.7 Estatística descritiva no SPSS 16.0 for Windows

2.7.1 Entrada de dados

Após iniciar o SPSS, os dados são inseridos para a variável ou variáveis de interesse. Cada coluna representa uma variável. Para o exemplo dos deslocamentos registrados na Tabela 2.1, as 30 observações foram inseridas na primeira coluna da planilha. Alternativamente, o ID do entrevistado poderia ser inserido na primeira coluna (ou seja, a sequência de números inteiros, de 1 a 30), e os tempos de deslocamento, então, seriam inseridos na segunda coluna. A ordem em que os dados são inseridos em uma coluna não é importante.

2.7.2 Análise descritiva

2.7.2.1 Estatística descritiva simples Uma vez que os dados estejam inseridos, clique em Analyze (ou Statistics, em versões antigas do SPSS for Windows). Em seguida, clique em Descriptive Statistics e, então, em Explore. Uma caixa de divisão* aparecerá na tela; mova a variável ou as variáveis de interesse da caixa da esquerda para a caixa da direita, intitulada "Dependent List", destacando a variável (as variáveis) e clicando na seta. Por fim, clique em OK.

---

* N. de T.: Em inglês, *split box*.

TABELA 2.8 Sumário descritivo dos dados de deslocamento usando SPSS

Case Processing Summary

	Cases					
	Valid		Missing		Total	
	N	Percent	N	Percent	N	Percent
VAR00001	30	100.0%	0	.0%	30	100.0%

Descriptives

			Statistic	Std. Error
VAR00001	Mean		21.9333	2.63397
	95% Confidence Interval for Mean	Lower Bound	16.5483	
		Upper Bound	27.3204	
	5% Trimmed Mean		20.4259	
	Median		21.0000	
	Variance		208.133	
	Std. Deviation		14.42683	
	Minimum		5.00	
	Maximum		77.00	
	Range		72.00	
	Interquartile Range		14.25	
	Skewness		2.057	.427
	Kurtosis		6.434	.833

2.7.2.2 Outras opções Há opções para a produção de outras estatísticas e gráficos relacionados. Para produzir um histograma, por exemplo, antes de clicar em OK, clique em Plots, e você pode, então, marcar uma opção para produzir um histograma. Em seguida, clique em Continue e em OK.

2.7.2.3 Resultados A Tabela 2.8 mostra os resultados da saída. Além dessa tabela, diagramas em caixa (Figura 2.2), caule-e-folhas (Figura 2.3) e, opcionalmente, histogramas (Figura 2.1) também são produzidos.

EXERCÍCIOS RESOLVIDOS

1. Um novo parque está previsto para uma comunidade, e os planejadores desejam considerar o centro médio de quatro áreas residenciais como uma possível localização. Usando as coordenadas e a população residencial listadas a seguir, encontre o centro médio ponderado.

(continua)

(continuação)

coordenada x	coordenada y	população residencial
2	1	200
4	4	100
4	8	50
8	2	200

Solução. Vamos primeiro encontrar a coordenada x do centro médio ponderado. Conceitualmente, essa é a coordenada x média de todos os moradores. Existem 200 pessoas com a coordenada x igual a 2, 100 com a coordenada x igual a 4, e assim por diante. Se totalizarmos as coordenadas x entre todos os moradores, o resultado será 200(2) + 100(4) + 50(4) + 200(8) = 400 + 400 + 200 + 1600 = 2600. Existem 200 + 100 + 50 + 200 = 550 moradores, e, então, a coordenada x média entre todos os moradores é 2600/550 = 4,73. De forma semelhante, a coordenada y média do centro médio é

$$\frac{200(1) + 100(4) + 50(8) + 200(2)}{550} = \frac{1400}{550} = 2,55$$

Assim, o centro médio ponderado está em (4,73; 2,55).

2. Usando os dados a seguir, encontre a média, a mediana e a amplitude:

Dados: 29, 35, 17, 30, 231, 6, 27, 35, 23, 29, 13

Solução. A média aritmética (ou média) é igual à soma das observações (29 + 35 + 17 + ... + 29 + 13 = 475), dividida pelo número de observações (11); assim, a média é 475/11 = 43,18. Para encontrar a mediana, primeiro ordene as observações: 6, 13, 17, 23, 27, 29, 29, 30, 35, 35, 231. Com um número ímpar de observações (n), a mediana é a observação de posição $(n + 1)/2$ nessa lista ordenada. Sendo $n = 11$, $(n + 1)/2 = 6$; a sexta observação na lista, 29, é a mediana. Finalmente, a amplitude é igual à maior observação (231), menos a menor (6) e, portanto, igual a 231 − 6 = 225.

3. Encontre a assimetria e a curtose dos seguintes dados: 4, 7, 8, 13.

Solução. Para a assimetria, usamos a Equação 2.7. A equação implica que precisamos da média e do desvio padrão. A média é igual a (4 + 7 + 8 + 13)/4 = 32/4 = 8. O desvio padrão é a raiz quadrada da variância. A variância é encontrada fazendo-se a soma dos quadrados dos desvios da média e, então, dividindo o resultado por $n - 1$, onde n é o número de observações. Os quadrados dos desvios da média são $(4 - 8)^2$, $(7 - 8)^2$, $(8 - 8)^2$ e $(13 - 8)^2$; somando esses re-

(continua)

(continuação)

sultados $(-4)^2 + (-1)^2 + 0^2 + 5^2 = 16 + 1 + 0 + 25 = 42$. A variância é, assim, igual a $42/(4-1) = 14$ e o desvio padrão é $s = \sqrt{14} = 3,74$. O numerador da assimetria é igual à soma dos cubos dos desvios da média. Os cubos dos desvios da média são $(4-8)^3$, $(7-8)^3$, $(8-8)^3$ e $(13-8)^3$, e a soma dessas quantidades é $(-4)^3 + (-1)^3 + 0^3 + 5^3 = 64 + 1 + 0 + 125 = 190$. O denominador é igual ao número de observações multiplicado pelo cubo do desvio padrão: $4(3,74^3) = 209,25$. A assimetria é igual a $190/209,25 = 0,908$. Os dados apresentam uma pequena quantidade de assimetria positiva.

Usamos a Equação 2.8 para encontrar a curtose. Inicialmente, os desvios da média são elevados à quarta potência: $(4-8)^4$, $(7-8)^4$, $(8-8)^4$ e $(13-8)^4$ e, então, somados para encontrar o numerador da curtose; e o resultado é $(-4)^4 + (-1)^4 + 0^4 + 5^4 = 256 + 1 + 0 + 625 = 882$. O denominador da curtose é igual ao número de observações multiplicado pelo desvio padrão elevado à quarta potência (observe que essa última quantidade é igual ao quadrado da variância). O denominador é, portanto, $4(3,74^4) = 4(14^2) = 1025$. A curtose é igual a $882/1025 = 0,86$. Observe que, como esse valor é menor que 3, a distribuição pode ser descrita como achatada, ou platicúrtica.

4. Encontre a média agrupada para os seguintes dados:

Categoria	Frequência
0 – 19,99	5
20 – 39,99	15
40 – 59,99	10
60 – 79,99	12

Solução. Para encontrar a média de dados agrupados, supomos que todas as observações estão no ponto médio da classe em que se encontram. Existem cinco observações que são menores que 20. Tudo o que sabemos é que estão entre 0 e 20; não sabemos seus valores exatos. Assumimos que todas elas estão na metade do caminho entre 0 e 20 – e, então, determinamos o valor 10 para todas. Da mesma forma, para as 15 observações na próxima classe o valor 30 é determinado, que é o ponto médio da classe em que se encontram (20–39,99). A média de todas essas observações, uma vez determinados os pontos médios de suas classes, é obtido somando todos os valores determinados e, então, dividindo o resultado pelo número total de observações.

Assim, temos $5 \times 10 = 50$ (que é o total das cinco observações na primeira classe), mais $15 \times 30 = 450$ (que é o total das 15 observações na segunda classe), mais 10×50, mais 12×70. A solução é, assim, igual ao total de $50 + 450 + 500 + 840 = 1840$, dividido pelo número total de observações $(5 + 15 + 10 + 12 = 42)$; isso é igual a $1840/42 = 43,81$.

EXERCÍCIOS

1. Os 236 valores que aparecem a seguir são as 1990 rendas familiares medianas (em dólares) para 236 regiões de Buffalo, Nova York.

   (a) Para as 19 primeiras regiões, encontre a média, a mediana, a amplitude, o intervalo interquartil, o desvio padrão, a variância, a assimetria e a curtose, usando apenas uma calculadora (embora você possa checar suas respostas usando um *software* estatístico). Em seguida, construa um diagrama de caule-e-folha, um diagrama de caixa e um histograma para essas 19 observações.
   (b) Use um *software* estatístico para repetir a parte (a), desta vez usando as 236 observações.
   (c) Comente seus resultados. Principalmente, o que significa encontrar a média de um conjunto de medianas? Como as observações que têm valores iguais a zero afetam os resultados? Elas devem ser incluídas? Como os resultados iriam diferir se uma escala geográfica diferente fosse escolhida?

   22342, 19919, 8187, 15875, 17994, 30765, 31347, 27282, 29310, 23720, 22033, 11706, 15625, 6173, 15694, 7924, 10433, 13274, 17803, 20583, 21897, 14531, 19048, 19850, 19734, 18205, 13984, 8738, 10299, 10678, 8685, 13455, 14821, 23722, 8740, 12325, 10717, 21447, 11250, 16016, 11509, 11395, 19721, 23231, 21293, 24375, 19510, 14926, 22490, 21383, 25060, 22664, 8671, 31566, 26931, 0, 24965, 34656, 24493, 21764, 25843, 32708, 22188, 19909, 33675, 15608, 15857, 18649, 21880, 17250, 16569, 14991, 0, 8643, 22801, 39708, 17096, 20647, 30712, 19304, 24116, 17500, 19106, 17517, 12525, 13936, 7495, 10232, 6891, 16888, 42274, 43033, 43500, 22257, 22931, 31918, 29072, 31948, 36229, 33860, 32586, 32606, 31453, 32939, 30072, 32185, 35664, 27578, 23861, 18374, 26563, 30726, 33614, 30373, 28347, 37786, 48987, 56318, 49641, 85742, 43229, 53116, 44335, 30184, 36744, 39698, 0, 21987, 66358, 46587, 26934, 27292, 31558, 36944, 43750, 49408, 37354, 31010, 35709, 32913, 25594, 25612, 28980, 28800, 28634, 18958, 26515, 24779, 21667, 24660, 29375, 29063, 30996, 45645, 39312, 34287, 35533, 27647, 24342, 22402, 28967, 39083, 28649, 23881, 31071, 27412, 27943, 34500, 19792, 41447, 35833, 41957, 14333, 12778, 20000, 19656, 22302, 33475, 26580, 0, 24588, 31496, 30179, 33694, 36193, 41921, 35819, 39304, 38844, 37443, 47873, 41410, 34186, 36798, 38508, 38382, 37029, 48472, 38837, 40548, 35165, 39404, 34281, 24615, 34904, 21964, 42617, 58682, 41875,

   (continua)

(continuação)

> 40370, 24511, 31008, 16250, 29600, 38205, 35536, 35386, 36250, 31341, 33790, 31987, 42113, 37500, 33841, 37877, 35650, 28556, 27048, 27736, 30269, 32699, 28988, 22083, 27446, 76306, 19333
>
> 2. Dez distâncias de migração correspondentes às distâncias percorridas por migrantes recentes são observadas (em milhas): 43, 6, 7, 11, 122, 41, 21, 17, 1, 3. Encontre a média e o desvio padrão e, então, converta todas as observações para escores z.
> 3. À mão, encontre a média, a mediana e o desvio padrão das seguintes variáveis do subconjunto A do banco de dados RSSI: RSSI, declividade, altitude e distância até a torre de celular mais próxima.
> 4. Usando o SPSS ou o Excel, responda às seguintes questões usando todo o banco de dados RSSI:
>
>   (a) Construa o histograma (i) dos valores de RSSI para aquelas observações a mais de 3000 metros da torre de celular mais próxima, e (ii) daquelas observações a menos de 3000 metros da torre de celular mais próxima. Comente as diferenças.
>   (b) Qual porcentagem das observações de RSSI estão a até 2 km da torre de celular mais próxima?
>   (c) Qual é a porcentagem das observações de RSSI feitas em elevações maiores que 400 m?
>   (d) Encontre a média, a mediana e o desvio padrão para RSSI, declividade, altitude e distância até a torre de celular mais próxima.
>
> 5. Usando o SPSS ou o Excel, responda às seguintes questões usando o banco de dados Tyne and Wear completo:
>
>   (a) Forneça informações descritivas dos preços das residências, número de quartos, número de banheiros, área útil e data de construção. Para cada item, fornecer a média, a mediana, o desvio padrão e a assimetria. Também construir o diagrama em caixa para cada item.
>   (b) Qual é a porcentagem de residências com garagens?
>   (c) Qual é a porcentagem de residências construídas durante cada um dos seguintes períodos de tempo: pré-guerra, durante a guerra e pós-guerra?
>
> 6. Para as observações no subconjunto A do banco de dados RSSI:
>
>   (a) encontre o centro médio;
>   (b) encontre a distância padrão.
>
> Os Exercícios 7-11 são questões relativas à notação; veja o Apêndice B para uma revisão.
>
> 7. Dados $a = 3, b = 4$ e

(continua)

(continuação)

Observação	x	y
1	3	2
2	5	4
3	7	6
4	2	8
5	1	10

Encontrar o seguinte:

(a) $\sum y_i$
(b) $\sum y_i^2$
(c) $\sum ax_i + by_i$
(d) $\prod x_i$
(e) $2\sum_{i=2}^{3} y_i$
(f) $3x_2 + y_4$
(g) $32!/(30!)$
(h) $\sum_k x_k y_k$

8. Considere $a = 5, x_1 = 6, x_2 = 7, x_3 = 8, x_4 = 10, x_5 = 11, y_1 = 3, y_2 = 5, y_3 = 6, y_4 = 14$ e $y_5 = 12$. Encontre o seguinte:

(a) $\sum x_i$
(b) $\sum x_i y_i$
(c) $\sum (x_i + ay_i)$
(d) $\sum_{i=1}^{3} y_i^2$
(e) $\sum_{i=1}^{i=n} a$
(f) $\sum_k 2(y_k - 3)$
(g) $\sum_{i=1}^{i=5} (x_i - \bar{x})$

9. Calcule $8!/3!$

10. Calcule $\binom{10}{5}$.

11. Use a tabela de fluxos a seguir para determinar o número total de emigrantes deixando cada região e o número total de imigrantes chegando a cada região. Calcule, também o número total de migrantes. Para cada resposta, dê também a notação correta, adotando y_{ij} como o número de migrantes que deixam a origem i tendo como destino a região j.

(continua)

(continuação)

	Região de destino			
Região de origem	1	2	3	4
1	32	25	14	10
2	14	33	19	9
3	15	27	39	20
4	10	12	20	40

12. Os dados seguintes representam comprimentos de cursos de água em uma rede fluvial:

    100, 426, 322, 466, 112, 155, 388, 1155, 234, 324, 556, 221, 18, 133, 177, 441.

    Encontre a média e o desvio padrão dos comprimentos de cursos de água.
13. Para os dados de precipitação anual abaixo, encontre a média agrupada e a variância agrupada.

Precipitação	Número de anos observados
< 20"	5
20–29,9"	10
30–39,9"	12
40–49,9"	11
50–59,9"	3
≥ 60"	2

    Observe que devem ser feitas hipóteses sobre os "pontos médios" dos intervalos de faixas etárias. Neste exemplo, use 15" e 65" como os pontos médios do primeiro e do último grupo de precipitações, respectivamente.
14. Uma grade quadrada é colocada sobre o mapa de uma cidade. Qual é a distância euclidiana entre dois lugares posicionados em (1,3) e (3,6)?
15. No exemplo acima, qual é distância Manhattan*?
16. Use o diagrama radar para representar os seguintes dados angulares:

Direção	Frequência	Direção	Frequência
N	43	S	60
NE	12	SO	70
L	23	O	75
SE	45	NO	65

---

* N. de T.: Para detalhes, procure Geometria do Táxi.

(continua)

(continuação)

17. Desenhe distribuições que tenham (a) assimetria positiva, (b) assimetria negativa, (c) curtose baixa e sem assimetria, e (d) curtose elevada e sem assimetria.
18. Qual é o coeficiente de variação para os seguintes tempos de deslocamento: 23, 43, 42, 7, 23, 55?
19. Uma grade quadrada é colocada sobre o mapa de uma cidade. Há áreas residenciais nas coordenadas (0,1), (2,3) e (5,6). As populações respectivas das três áreas são 2500, 2000 e 3000. Um equipamento centralizado está sendo considerado para o ponto (4,4) ou para o ponto (4,5). Qual dos dois é a melhor localização para este equipamento, dado que queremos minimizar a distância Manhattan total percorrida pela população até o equipamento? Justifique sua resposta dando a distância Manhattan total percorrida pela população para cada uma das duas localização possíveis.
20. Os seguintes dados de rendas são positivamente ou negativamente assimétricos? Você não precisa calcular a assimetria, mas deve justificar sua resposta. Dados em milhares: 45, 43, 32, 23, 45, 43, 47, 39, 21, 90, 230.
21. (a) Encontre o centro médio ponderado da população, para as populações e coordenadas das cidades dadas abaixo:

Cidade	x	y	População
A	3,3	4,3	34.000
B	1,1	3,4	6.500
C	5,5	1,2	8.000
D	3,7	2,4	5.000
E	1,1	1,1	1.500

    (b) Encontre o centro médio simples e comente as diferenças entre as suas respostas.
    (c) Encontre as distâncias de cada cidade ao centro médio ponderado pela população.
    (d) Encontre a distância padrão (ponderada) para as cinco cidades.
    (e) Encontre a distância padrão relativa usando a distância padrão obtida no item (d) e supondo que a área de estudo é um retângulo com coordenadas (0,0) no sudoeste e (6,6) no nordeste.
    (f) Repita o item (e), desta vez supondo que as coordenadas do retângulo variam de (0,0) no sudoeste a (8,8) no nordeste.

22. Encontre a média angular e a variância circular para a seguinte amostra de nove medidas angulares: 43°, 45°, 52°, 61°, 75°, 88°, 88°, 279° e 357°.
23. Um equipamento público será localizado o mais próximo possível do centro médio de cinco áreas residenciais. De acordo com os seguintes dados:

(continuação)

Coordenada x	Coordenada y	População
3	7	40
2	2	10
1	1	50
6	2	30
2	5	20

(a) Encontre o centro médio ponderado. Qual é a distância total das viagens?
(b) Encontre a distância padrão, usando a população como peso.
(c) Supondo que a área de estudo é limitada por (0,0) no sudoeste e por (6,7) no nordeste e usando a resposta do item (b), encontre a dispersão relativa.

Probabilidade e Distribuições de Probabilidade Discreta 3

> **OBJETIVOS DE APRENDIZAGEM**
> - Fundamentos de probabilidade   53
> - Introdução às distribuições de probabilidade   55
> - Distribuições de probabilidade para variáveis discretas, incluindo binomial, geométricas e distribuições de Poisson   55

3.1 Introdução

No Capítulo 1, tivemos nossa primeira ideia sobre alguns dos conceitos usados tanto para descrever dados de amostra quanto para fazer inferências a partir deles. Vimos que o campo da probabilidade fornece as bases para as inferências estatísticas. Neste capítulo, aprenderemos mais sobre essa fundamentação. Isso será feito a partir de algumas ideias básicas e conceitos, e vamos usá-los para saber mais sobre distribuições de probabilidade. De maneira mais simples, *distribuições de probabilidade* podem ser entendidas como histogramas que retratam frequências relativas. Histogramas desse tipo, com formas particulares, normalmente surgem na prática, e iremos rever vários exemplos disso nas Seções 3.3 até 3.6.

Além de servir como base para a inferência estatística e, portanto, para o material coberto em capítulos posteriores deste livro, os conceitos de probabilidade também são usados diretamente no desenvolvimento e na utilização de modelos dos fenômenos geográficos. Lembre-se dos exemplos na Seção 1.4 e da ideia na Seção 1.2 de que os modelos, como simplificações da realidade, são parte integrante do método científico. Essa função da probabilidade na análise estatística espacial é ilustrada na seção final deste capítulo.

3.2 Espaços amostrais, variáveis aleatórias e probabilidades

Suponha que estamos interessados na probabilidade de que os atuais moradores de uma rua de um subúrbio tivessem recém-chegado ao bairro durante o ano passado. Para fins didáticos, assumiremos que apenas quatro famílias foram questionadas sobre a duração de residência. Há várias perguntas possíveis que podem ser de interesse. Podemos querer usar a amostra para estimar a probabilidade de que os moradores tenham se mudado para a rua durante o ano passado. Ou podemos querer saber se a probabilidade de mudança para essa rua durante o ano passado é diferente daquela para a cidade como um todo.

Esse é um dos típicos problemas estatísticos por ser caracterizado pela *incerteza* associada aos possíveis resultados da pesquisa domiciliar. Podemos ver a pesquisa como uma experiência de eventos. A experiência está associada a um *espaço amostral*, que é o conjunto de todos os resultados possíveis. Representando uma mudança recente com um '1' e aqueles residentes de mais longo prazo com um '0', o espaço amostral é representado na Tabela 3.1. Esses 16 resultados representam todos os possíveis em nossa pesquisa. Os resultados individuais são, por vezes, referidos como *eventos simples* ou *pontos de amostra*.

Variáveis aleatórias são funções definidas em um espaço amostral. Esta é uma maneira formal de dizer que a cada resultado possível está associada uma quantidade que nos interessa. Em nosso exemplo, é improvável que estejamos interessados em respostas individuais, mas sim no número total de novos moradores da rua. Os espaço amostral está representado na Tabela 3.2 com a variável de interesse, o número de novos moradores, dado entre parênteses.

Neste caso, a variável aleatória é dita *discreta*, já que pode assumir apenas um número finito de valores (ou seja, os inteiros não negativos 0–4). Outras variáveis aleatórias são *contínuas* – podem ter um número infinito de valores. A elevação, por exemplo, é uma variável contínua.

Em um espaço amostral, a cada resultado possível está associada uma *probabilidade*. Toda probabilidade é maior ou igual a zero e menor ou igual a um. Probabilidades podem ser vistas como uma medida da chance ou frequência relativa de cada resultado possível. A soma das probabilidades no espaço amostral é igual a um.

Existem inúmeras formas de se atribuir probabilidades aos elementos dos espaços amostrais. Uma delas é atribuí-las com base em frequências relativas. Dado um registro do padrão do tempo atual, um meteorologista pode observar que em 65 vezes das últimas 100 em que tal padrão prevaleceu, houve precipitação mensurável no dia seguinte. Aos possíveis resultados – chuva ou nenhuma chuva amanhã – são atribuídas probabilidades de 0,65 e 0,35, respectivamente, com base em suas frequências relativas.

Outra maneira de se atribuir probabilidades é com base em crenças subjetivas. A representação dos padrões de tempo atual é uma simplificação da realidade e pode basear-se apenas em um pequeno número de variáveis, como temperatura, velocidade do vento e direção, pressão barométrica, etc. O analista de previsões pode, em parte com base em outra experiência, avaliar as chances de precipitação e de nenhuma precipitação como 0,6 e 0,4, respectivamente. Outra possibilidade é, ainda, atribuir uma probabilidade de $1/n$ a cada um dos possíveis resultados n. Essa abordagem assume que cada ponto da amostra é igualmente provável e é uma forma adequada de atribuir probabilidades aos resultados de tipos especiais de experiências. Se, por exemplo, lançamos quatro moedas, nas quais "1" representa "cara" e "0" representa "coroa", há 16 resultados possíveis (idênticos aos 16 resultados associados à nossa pesquisa anterior dos quatro residentes). Se a probabilidade de caras é 1/2, e se os resultados dos quatro lançamentos são considerados independentes um do outro, a probabilidade de qualquer sequência particular de quatro lançamentos é dado pelo produto $1/2 \times 1/2 \times 1/2 \times 1/2 = 1/16$. Da mesma forma, se a probabilidade de um residente ser novo na vizinhança é 1/2, atribuiríamos uma probabilidade de 1/16 a cada um dos 16 resultados na Tabela 3.1.

TABELA 3.1 Os 16 resultados possíveis com base em uma amostra de quatro moradores

0000	0100	1000	1100
0001	0101	1001	1101
0010	0110	1010	1110
0011	0111	1011	1111

TABELA 3.2 Resultados possíveis, com o número de novos moradores entre parênteses

0000 (0)	0100 (1)	1000 (1)	1100 (2)
0001 (1)	0101 (2)	1001 (2)	1101 (3)
0010 (1)	0110 (2)	1010 (2)	1110 (3)
0011 (2)	0111 (3)	1011 (3)	1111 (4)

É importante notar que, se a probabilidade de caras diferisse de 1/2, os 16 resultados não seriam igualmente prováveis. Se a probabilidade de "caras" ou a probabilidade de que um residente seja um novato é denotada por p, a probabilidade de coroas e a probabilidade de que o residente *não* seja um novato é igual a $(1-p)$. Nesse caso, a probabilidade de uma determinada sequência é novamente dada pelo produto das chances dos lançamentos individuais. Assim, a probabilidade de "1001" (ou "HTTH" usando H para caras e T para coroas) é igual a $p \times (1-p) \times (1-p) \times p = p^2 (1-p)^2$.

3.3 Processos binomiais e a distribuição binomial

Retornando ao exemplo do caso de as quatro famílias pesquisadas serem recém-chegadas, é provável que estejamos mais interessados na variável aleatória definida como o número de novas famílias que em pontos particulares da amostra. Se quisermos saber a probabilidade de receber dois "sucessos", ou duas novas famílias de um total de quatro, devemos somar todas as probabilidades associadas aos pontos de amostra relevantes. Na Tabela 3.3, usamos um asterisco para designar os resultados onde duas das famílias entre as quatro entrevistadas são novas.

Se a probabilidade de uma família pesquisada ser recém-chegada for igual a p, a probabilidade de qualquer evento específico com um asterisco é $p^2 (1-p)^2$. Uma vez que há seis dessas possibilidades, a probabilidade desejada é $6p^2 (1-p)^2$.

TABELA 3.3 Resultados com asteriscos indicando os resultados de interesse

0000	0100	1000	1100*
0001	0101*	1001*	1101
0010	0110*	1010*	1110
0011*	0111	1011	1111

Note que assumimos (a) que a probabilidade p é constante entre as famílias, e (b) que as famílias se comportam de forma independente. Esses pressupostos podem ou não ser realistas. Diferentes tipos de famílias podem ter valores diferentes de p (por exemplo, aqueles que vivem em casas maiores podem ser, mais [ou menos] provavelmente, recém-chegados). As respostas recebidas de casas vizinhas também podem não ser independentes. Se um entrevistado era um novato, pode ser mais provável que um participante nas proximidades também seja um novato (se, por exemplo, um novo alinhamento de casas tenha acabado de ser construído).

Segundo essas suposições, temos um *processo binomial* – o número de famílias recém-chegadas é uma *variável binomial*, e a probabilidade de que ela assuma um determinado valor é dado pela *distribuição binomial*. Podemos encontrar a probabilidade de a variável aleatória, denominada X, ser igual a 2, usando a fórmula binomial:

$$p(X = 2) = \binom{4}{2} p^2 (1-p)^2 = 6p^2(1-p)^2 \qquad (3.1)$$

O coeficiente binomial, $\binom{4}{2}$, fornece um meio de contar o número de resultados relevantes no espaço da amostra:

$$\binom{4}{2} = \frac{4!}{2!2!} = \frac{24}{(2)(2)} = 6. \qquad (3.2)$$

O processo binomial pode ser resumido como resultante de situações onde:

(a) o processo de interesse consiste em um número (n) de experimentos independentes (no nosso exemplo, os experimentos independentes foram as respostas independentes de $n = 4$ residentes);
(b) cada experimento resulta em um de dois resultados possíveis (por exemplo, um novato ou um não novato); a estes resultados podem ser concedidos os rótulos gerais de "sucesso" e "falha";
(c) a probabilidade de cada resultado é conhecida e é a mesma para cada experimento; é comum designar a probabilidade de "sucesso" como p e a probabilidade de "falha" como $1-p$; e
(d) a variável aleatória de interesse (x) é o número de sucessos.

Para processos binomiais, a probabilidade de x êxitos é dada pela distribuição binomial:

$$p(X = x) = \binom{n}{x} p^x (1-p)^{n-x}. \qquad (3.3)$$

O termo $p^x(1-p)^{n-x}$ é a probabilidade de se obter uma ordenação especial de x sucessos e $n-x$ fracassos. Ou seja, é a probabilidade associada a um resultado particular do espaço amostral. O termo $\binom{n}{x}$ representa o número de tais resultados no espaço amostral; é o número de possíveis rearranjos de x sucessos e de $n-x$ fracassos.

Você deveria perceber que, para determinados valores de n e p, podemos construir um histograma usando essa fórmula para gerar as frequências esperadas associadas com valores diferentes de x. Esse histograma, diferente daqueles do capítulo anterior, não é baseado nos dados observados. Trata-se de um histograma teórico. Ele também é conhecido como a *distribuição de probabilidade binomial* e revela o quão prováveis determinados resultados são. Por exemplo, suponha que a probabilidade de um residente entrevistado ser um novato na vizinhança seja $p = 0,2$. Então, a probabilidade de que nossa pesquisa de quatro moradores resulte em um determinado número de recém-chegados é:

$$p(X = 0) = \binom{4}{0}.0,2^0.0,8^4 = 0,4096$$

$$p(X = 1) = \binom{4}{1}.0,2^1.0,8^3 = 0,4096$$

$$p(X = 2) = \binom{4}{2}.0,2^2.0,8^2 = 0,1536$$

$$p(X = 3) = \binom{4}{3}.0,2^3.0,8^1 = 0,0256$$

$$p(X = 4) = \binom{4}{4}.0,2^4.0,8^0 = 0,0016 \tag{3.4}$$

As probabilidades podem ser pensadas como frequências relativas. Se repetíssemos a pesquisa de quatro moradores, 40,96% das investigações não produziriam recém-chegados, 40,96% revelariam um novato, 15,36% revelariam dois recém-chegados, 2,56% produziriam três recém-chegados e 0,16% resultariam em quatro recém-chegados. Observe que as probabilidades ou frequências relativas somam um. A distribuição binomial representada na Figura 3.1 retrata esses resultados graficamente. Se a escala vertical for multiplicada por n, o histograma representará frequências absolutas esperadas em cada categoria.

Enquanto o número real de recém-chegados é determinado a partir da pesquisa, também podemos definir um *valor esperado*, ou *média teórica*. No nosso exemplo, seria de se esperar, em média, que dois décimos de quatro pessoas fossem recém-chegados. O valor esperado é feito simplesmente como np e, nesse exemplo, é igual a $(4)(0,2) = 0,8$. Se essa experiência fosse repetida um grande número de vezes, em algumas delas não observaríamos nenhum recém-chegado, às vezes observaríamos um novato, etc. O resultado médio de um grande número de tais experiências seria 0,8 recém-chegados. Esse conceito é bastante intuitivo e também pode ser ilustrado com o exemplo a seguir. Se jogarmos uma moeda não viciada 100 vezes, o número real de caras pode ser qualquer coisa entre 0 e 100, mas o valor esperado ou média teórica – isto é, o resultado médio que se esperaria para um grande número de tais experiências – seria $np = 100(0,5) = 50$.

A *variância teórica* associada aos processos binomiais é igual a $np(1-p)$. Se cada pessoa em uma aula de estatística realiza a minipesquisa descrita anteriormente, entrevistando quatro residentes, e se todas as respostas são relatadas de volta para a

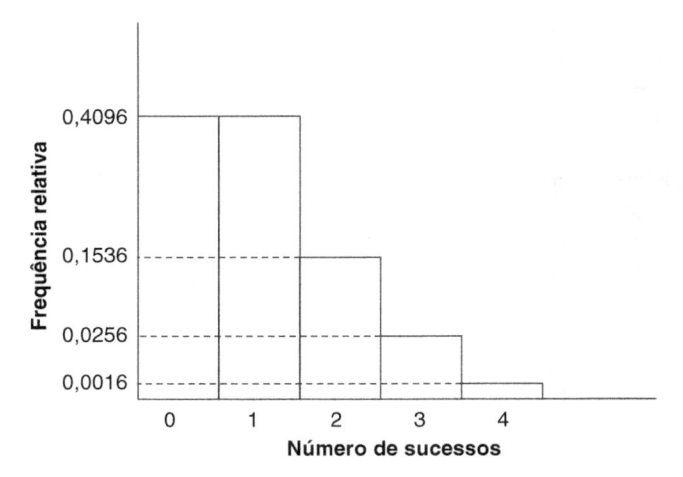

FIGURA 3.1 Distribuição binomial com $n = 4$ e $p = 0,2$.

classe, já vimos que o resultado médio é de 0,8 novos moradores. Naturalmente haveria variabilidade nesses resultados. Existem duas formas de se usar o conceito de variância para resumir essa variabilidade: poderíamos calcular a variância da amostra dos resultados reais usando a Equação 2.4, ou achar a variação teórica a partir de $np(1 - p) = 4(0,8)(0,2) = 0,64$. Se a turma de estatística fosse grande (ou seja, a pesquisa fosse repetida um grande número de vezes), a variância da amostra e a variação teórica seriam muito similares. Observamos que uma característica atraente da especificação dos processos e distribuições é que eles têm características especiais – podemos dizer algo sobre a média e o desvio sem realmente ver os dados. Assim como a forma do histograma nos dá informações visuais sobre a probabilidade de resultados específicos, a média teórica e a variação nos fornecem informação numérica, resumindo os resultados.

EXEMPLO 3.1

A probabilidade anual de inundações em uma comunidade é de 0,25. Qual é a probabilidade de três inundações nos próximos quatro anos?

Solução. Neste caso, cada ano representa um experimento independente. Cada experimento resulta em um sucesso (um ano com inundações, embora inundações dificilmente sejam consideradas um sucesso) ou uma falha (um ano sem alagamento). A probabilidade de "sucesso" em cada ano é igual a $p = 0,25$. A probabilidade de $X = 3$ sucessos em $n = 4$ anos é

$$p(X = 3) = \binom{4}{3} 0,25^3 0,75^1 = 0,0469 \quad (3.5)$$

3.4 A distribuição geométrica

A distribuição binomial é usada quando há n experimentos independentes, quando existem dois resultados possíveis em cada tentativa, e onde a probabilidade de sucesso é constante e igual a p em cada tentativa. A variável aleatória discreta de interesse é o número de sucessos que ocorrem. Em alguns casos, no entanto, estamos interessados em outras características deste mesmo processo. Por exemplo, podemos estar interessados em quanto tempo leva para observar o primeiro "sucesso". Suponha que um indivíduo tem uma probabilidade constante de se mudar em cada ano. A probabilidade de que a próxima mudança do indivíduo ocorra durante o ano que se inicia é p; a probabilidade de que ele se mude de novo no segundo ano de observação é $(1-p)p$ (desde que observemos que ele não se mudou no ano 1, e que se mudou no ano 2). Podemos generalizar ainda mais: a probabilidade de que a próxima mudança ocorra no ano 3 é $(1-p)(1-p)p$, ou $(1-p)^2 p$. A probabilidade de que a próxima mudança ocorra no ano x é $(1-p)^{x-1} p$, que corresponde $x-1$ anos sem nenhuma mudança, seguido por um ano com uma mudança. A distribuição geométrica é aplicável sob as mesmas condições da binomial, com a diferença de que a variável aleatória discreta de interesse foi alterada do número de sucessos para o número de experimentos no qual ocorre o primeiro sucesso. Em aplicações geográficas, por exemplo, podemos estar interessados no tempo até a primeira inundação, no tempo até um indivíduo mudar de residência, no tempo até que uma casa seja vendida ou no tempo até que um acidente em um cruzamento ocorra.

A probabilidade de que uma variável aleatória X, que representa o número do experimento em que o primeiro sucesso ocorre, assuma um valor de x, é

$$p(X=x) = (1-p)^{x-1} p \; ; \; x \geq 1, \tag{3.6}$$

onde p é novamente a probabilidade de sucesso de um determinado experimento. Essa fórmula tem um sentido intuitivo – observar o primeiro sucesso em um número x de tentativas só pode ocorrer se observarmos primeiro as falhas de $x-1$ (cada uma com probabilidade $1-p$) e, em seguida, um sucesso (o que ocorre com probabilidade p). Ao contrário da distribuição binomial, não é necessário se preocupar com combinações e fatoriais, uma vez que o único evento de interesse no espaço amostral é aquele constituído de $x-1$ falhas, seguidas de um sucesso. Observe também que, para a distribuição geométrica, x nunca assume um valor de zero.

EXEMPLO 3.2

A probabilidade de uma mudança residencial num determinado ano é $p = 0{,}18$. Faça uma tabela exibindo a probabilidade de que a próxima mudança de um indivíduo seja no ano $x = 1, 2, 3, 4, 5, 6, 7$ ou 8.

(continua)

(continuação)

x	$p(X=x)$	$p(X=x)$
1	p	0,18
2	$(1-p)p$	$(0,82)^1 0,18 = 0,1476$
3	$(1-p)^2 p$	$(0,82)^2 0,18 = 0,1210$
4	$(1-p)^3 p$	$(0,82)^3 0,18 = 0,0992$
5	$(1-p)^4 p$	$(0,82)^4 0,18 = 0,0814$
6	$(1-p)^5 p$	$(0,82)^5 0,18 = 0,0667$
7	$(1-p)^6 p$	$(0,82)^6 0,18 = 0,0547$
8	$(1-p)^7 p$	$(0,82)^7 0,18 = 0,0449$

A Figura 3.2 mostra um histograma dos resultados e suas probabilidades associadas. Observe que as probabilidades diminuem com o aumento de x. Essa diminuição é característica da distribuição geométrica, que sempre tem a forma geral mostrada na Figura 3.2. O valor p determina a declividade: quanto maior o valor de p, mais acentuado é o declínio.

A média teórica de uma variável aleatória geométrica é $1/p$, e a variação teórica é igual a $(1-p)/p^2$. Assim, em nosso exemplo, se observamos um grande número de indivíduos, seria de se esperar que alguns se mudassem no primeiro ano, alguns se mudassem no ano 2, e assim por diante. O tempo médio até uma mudança seria $1/p = 1/0,18 = 5,56$ anos. As observações também apresentam variabilidade: nem todos se mudam pela primeira vez no mesmo ano. A variância das nossas observações para um grande número de indivíduos seria $0,82/0,18^2 = 25,3$ anos. O desvio padrão é igual à raiz quadrada de 25,3, ou 5,03 anos.

EXEMPLO 3.3

A probabilidade de se observar uma inundação durante o ano em uma determinada várzea é 0,24. Qual é a probabilidade de que a próxima inundação ocorra daqui a três anos ou mais? Qual é o tempo médio até a próxima inundação?

Solução. Procuramos $p(X \geq 3)$, que é igual a $1 - [p(X=1) + p(X=2)]$. Usando a distribuição geométrica, este último é igual a $1 - [p + (1-p)p] = 1 - [0,24 + 0,76(0,24)] = 0,5776$. O tempo médio até que uma inundação ocorra é $1/0,24 = 4,17$ anos. Observe que essa questão é idêntica à pergunta "Qual é a probabilidade de não ocorrência de inundações durante os próximos dois anos?" A questão também poderia ser respondida usando-se a distribuição binomial, com $n = 2$, $p = 0,24$ e $x = 0$.

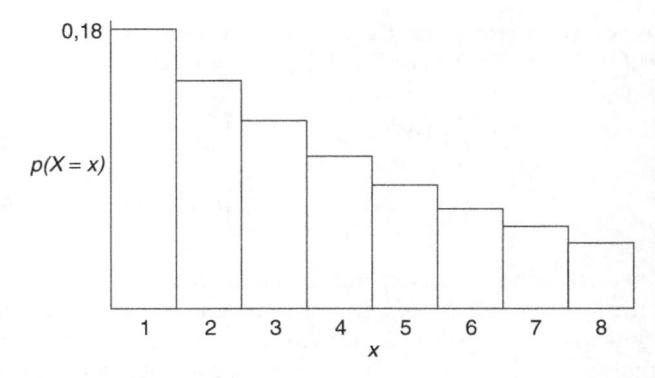

FIGURA 3.2 A distribuição geométrica.

EXEMPLO 3.4

A probabilidade diária de um acidente em um cruzamento é $p = 0,42$. Qual é a probabilidade de que o próximo acidente ocorra daqui a três dias? Quais são a média e a variância do tempo até o próximo acidente?

Solução. A probabilidade de que nenhum acidente ocorra em cada um dos dois primeiros dias e, em seguida, um *ocorra* no dia 3 é $(1-p)(1-p)p = (1-p)^2 p = 0,58^2(0,18) = 0,0606$. O tempo médio até o próximo acidente é $1/0,42 = 2,38$ dias e a variação é igual a $(1-0,42)/0,42^2 = 3,29$ dias.

3.5 A distribuição de Poisson

Suponha que você seja um planejador de transporte e está preocupado com a segurança em um cruzamento em particular. Durante os últimos 60 dias, houve três acidentes, cada um tendo ocorrido em dias distintos. Você é convidado a fazer uma estimativa do número de acidentes que ocorrerão durante o próximo mês (30 dias) e também a estimar a probabilidade de haver mais de três acidentes durante o próximo mês.

Uma abordagem seria usar a distribuição binomial. Cada dia pode ser pensado como um experimento e, portanto, $n = 30$. A probabilidade de sucesso (um acidente no cruzamento) seria baseada na frequência observada de acidentes e definida como igual a 0,05 (que é igual a 3/60, a probabilidade de que haja um acidente em determinado dia). O número de acidentes que seria esperado ao longo do próximo mês seria igual a $np = 30(0,05) = 1,5$. Essa é precisamente a metade do número de acidentes observados durante o período anterior de 60 dias. A probabilidade de mais de três acidentes seria estimada, usando a distribuição binomial, como $1 - [pr(X = 0) + pr(X = 1) + pr(X = 2) + pr(X = 3)]$, que é igual a:

$$1 - \left\{ \binom{30}{0} 0{,}05^0 \, 0{,}95^{30} + \binom{30}{1} 0{,}05^1 \, 0{,}95^{29} + \binom{30}{2} 0{,}05^2 \, 0{,}95^{28} \right.$$
$$\left. + \binom{30}{3} 0{,}05^3 \, 0{,}95^{27} \right\} = 0{,}0608 \quad (3.7)$$

No entanto, se um experimento é definido como um dia, essa abordagem, na verdade, fornece a resposta para uma pergunta ligeiramente diferente "qual é a probabilidade de que haja mais de três dias com acidentes durante o próximo mês?" Ela ignora a possibilidade de que em um dia contenha dois ou mais acidentes.

Um ponto relacionado é que a escolha do dia para a unidade de tempo é artificial. Suponha que, em vez de observarmos os próximos 30 dias, observamos os próximos 60 "meio-dias". A probabilidade de um acidente durante cada meio-dia é 3/120 (ou 0,025, uma vez que houve três meio-dias com acidentes durante o período observado de 60 dias, ou 120 meio-dias), e, portanto, a probabilidade de mais de três acidentes durante o próximo mês é agora

$$1 - \left\{ \binom{60}{0} 0{,}025^0 \, 0{,}975^{60} + \binom{60}{1} 0{,}025^1 \, 0{,}975^{59} + \binom{60}{2} 0{,}025^2 \, 0{,}975^{58} \right.$$
$$\left. + \binom{60}{3} 0{,}025^3 \, 0{,}975^{57} \right\} = 0{,}0632 \quad (3.8)$$

ligeiramente diferente da nossa resposta anterior. Para evitar essa arbitrariedade, continuamos a dividir o dia em períodos de tempo cada vez menores, cada um com uma probabilidade menor de verificar um acidente (assim, existem 120 períodos de 6 horas em um mês de 30 dias, 240 períodos de três horas, etc.). Quando o número de experimentos torna-se muito grande, e quando a probabilidade de sucesso (aqui, um acidente) em qualquer experimento particular torna-se muito pequena, podemos fazer a transição de um problema de tempo discreto para um problema de tempo contínuo. Podemos também fazer a transição de um problema binomial para um problema de Poisson. Para um cenário de tempo contínuo, a probabilidade de x eventos durante um período de tempo é igual a

$$p(X = x) = \frac{e^{-\lambda} \lambda^x}{x!} \quad (3.9)$$

onde λ é o número médio de eventos que se esperaria durante o período de tempo de interesse, e e é uma constante sempre igual a 2,718. No nosso exemplo, esperamos que o número médio de acidentes durante o período de 30 dias seja 1,5. A probabilidade de não se observar nenhum acidente durante o mês é $e^{-1{,}5} 1{,}50^0/0! = 0{,}2231$; a probabilidade de se observar um, dois ou três acidentes é:

$$p(X = 1) = \frac{e^{-1,5}1,5^1}{1!} = 0,3347$$

$$p(X = 2) = \frac{e^{-1,5}1,5^2}{2!} = 0,2510$$

$$p(X = 3) = \frac{e^{-1,5}1,5^3}{3!} = 0,1255 \tag{3.10}$$

Assim, a probabilidade de se observar mais do que três acidentes é de 1 − (0,2231 + 0,3347 + 0,2510 + 0,1255) = 0,0657. Observe que este resultado é semelhante ao encontrado na Equação 3.7 e ainda mais semelhante ao encontrado na 3.8.

Um aspecto da distribuição de Poisson, então, é ser vista como um caso limitado da distribuição binomial. A distribuição de Poisson é mais adequada do que a distribuição binomial quando o número de experimentos é arbitrário, como aqui, e quando uma configuração de tempo contínuo é mais natural.

EXEMPLO 3.5

Suponha que os acidentes de trânsito ocorram uma vez a cada dez dias. Encontre a probabilidade de que existam três acidentes durante o próximo período de 25 dias.

Solução. O primeiro passo é encontrar λ, que é o número esperado de eventos durante o período de tempo de interesse. Se houver um acidente a cada dez dias, esperaríamos $\lambda = 2,5$ acidentes a cada 25 dias. (Mais formalmente, essa é a solução para $\lambda/25 = 1/10$.) A probabilidade de três acidentes é, usando a Equação 3.9, $e^{-2,5}(2,5^3)/3! = 0,2138$. É possível aproximar essa solução com a abordagem binomial, usando $n = 25$ e $p = 1/10$. Essa probabilidade binomial é $\binom{25}{3} 0,1^3 0,9^{25-3} = 0,2265$.

Também é possível usar a distribuição de Poisson para aproximar a distribuição binomial. Isso é útil quando n é grande, quando p é pequeno, e quando np é inferior a 5. Por exemplo, suponha que queremos saber a probabilidade de que menos de duas pessoas, de uma amostra de 50, caminhem para o trabalho. Sabe-se que a probabilidade de que um indivíduo caminhe para trabalhar é 0,04. Supondo um processo binomial (onde indivíduos tomem decisões de forma independente, e todos têm a mesma probabilidade de andar para trabalhar), a probabilidade desejada é $pr(X = 0) + pr(X = 1)$ = $\binom{50}{0} 0,04^0 0,96^{50} + \binom{50}{1} 0,04^1 0,96^{49} = 0,400$. Uma aproximação Poisson para essa probabilidade é encontrada, primeiramente, notando-se que o número esperado de eventos, ou seja, pessoas andando para o trabalho, ou média teórica, é igual a $np = \lambda = 50(0,04) = 2$. Esse valor de λ é também conhecido como o valor esperado, ou a média teórica. Em seguida, usando a Equação 3.9, encontramos que a probabilidade de Poisson é $e^{-2}2^0/0! + e^{-2}2^1/1! = 0,4060$. Isso serve como uma aproximação à probabilidade binomial.

EXEMPLO 3.6

Suponha que estejamos interessados na frequência de inundações ao longo de um córrego que atravessa uma área residencial. Seria útil saber quão provável as inundações são, se estivéssemos comprando uma casa na área, estabelecendo prêmios de seguros contra inundação ou criando um projeto de controle de inundações.

Inundações podem, evidentemente, ser de diferentes magnitudes. A magnitude de uma inundação de um ano-n é tal que é ultrapassada com probabilidade $1/n$ em um determinado ano. Assim, a probabilidade de uma inundação, que ocorre a cada 50 anos, num determinado ano é 1/50. Uma inundação que ocorre a cada 100 anos é maior e ocorre com menor frequência; uma inundação que ocorre a cada 100 anos ocorre em qualquer ano determinado com probabilidade 1/100. De acordo com o Corpo de Engenheiros do Exército Americano, o furacão Katrina, que atingiu a Costa do Golfo dos Estados Unidos em 2005, foi uma tempestade de 396-anos, significando que uma tempestade daquela intensidade poderia ser esperada uma vez a cada 396 anos.

Qual é a probabilidade de exatamente uma inundação com frequência de uma a cada 50 anos ocorrer durante o próximo período de 50 anos?

Solução. A probabilidade de Poisson é encontrada, primeiramente, reconhecendo-se que o número esperado de inundações durante este período é igual a $\lambda = 1$ (se você tiver problemas para decidir sobre o valor correto de λ, pode ser útil notar que, por se tratar de uma média, você pode pensar em termos do equivalente binomial de np; neste caso, temos $n = 50$ anos e a probabilidade de uma inundação, num determinado ano, é 1/50, tal que $np = \lambda = 1$). Então, a probabilidade de se observar exatamente uma inundação é $pr(X = 1) = e^{-1}1^1/1! = 0{,}368$. A aproximação binomial $\binom{50}{1}(1/50)^1(49/50)^{49}$ é igual a 0,3716; essa é, na verdade, a probabilidade de que haja precisamente um ano em que é observada (pelo menos) uma inundação de 50 anos.

Até agora, nossos exemplos ilustrando a distribuição de Poisson envolveram questões nas quais a variável de interesse é o número de eventos que ocorre no tempo (contínuo). Como a distribuição de Poisson resulta da divisão do tempo em um grande número de experimentos independentes, ela está, essencialmente, modelando a ocorrência de eventos que ocorrem aleatoriamente no tempo. Essa distribuição situa-se no núcleo da teoria do enfileiramento – a teoria das filas, ou linhas. Se automóveis chegarem aleatoriamente em um semáforo à taxa de três a cada dez segundos, podemos usar a distribuição de Poisson para determinar, por exemplo, a probabilidade de que seis carros cheguem nos próximos dez segundos ($= e^{-3}3^6/6! = 0{,}0504$).

Já constatamos que o valor esperado, ou média teórica, da distribuição Poisson é igual a λ. A variância teórica da distribuição Poisson também é igual a λ; se observássemos as contagens reais que ocorrem durante um grande número de períodos de tempo, notaríamos que a variância da amostra associada a essas contagens seria próxima dessa variação teórica.

É importante saber que a distribuição de Poisson também pode ser usada para modelar eventos que ocorrem aleatoriamente no espaço. Suponha que cidades estejam localizadas aleatoriamente por uma área, com uma densidade média de duas cidades a cada 30 quilômetros quadrados. Quantas cidades podemos esperar em uma área de 50 quilômetros quadrados? Qual é a probabilidade de encontrarmos menos de duas cidades em uma área de 50 quilômetros quadrados? As respostas a essas perguntas são encontradas da mesma forma que os processos anteriores, com a diferença de agora usarmos unidades espaciais em vez de temporais. O número médio de cidades em uma área de 50 quilômetros quadrados é encontrado a partir de $\lambda/50 = 2/30$, e isso implica que $\lambda = 3{,}33$. Para responder à segunda questão, usamos esse valor de λ na distribuição Poisson:

$$e^{-3,33}3{,}33^0/0! + e^{-3,33}3{,}33^1/1! = 0{,}1550 \qquad (3.11)$$

Assim como o uso da distribuição de Poisson num contexto temporal pressupõe que os eventos ocorram aleatoriamente no tempo, a utilização da distribuição de Poisson num contexto espacial pressupõe que os eventos ocorram aleatoriamente no espaço.

EXEMPLO 3.7

Uma doença ocorre aleatoriamente no espaço, com um caso incidente a cada 16 quilômetros quadrados. Qual é a probabilidade de se encontrarem quatro casos em uma área de 30 quilômetros quadrados?

Solução. Primeiro encontramos $\lambda = 1{,}875$ a partir de $\lambda/30 = 1/16$. Assim, a probabilidade de quatro casos é igual a $e^{-1,875}1{,}875^4/4! = 0{,}0790$.

No Capítulo 5, vamos ver como essas questões são usadas para testar hipóteses. Por exemplo, se se presume que uma doença ocorre aleatoriamente e um grande número de casos é observado em uma área geográfica muito pequena, ou (a) os casos da doença ocorrem aleatoriamente e ocorreu um evento muito raro, ou (b) a presunção de aleatoriedade espacial está incorreta e a doença pode estar apresentando aglomeração geográfica (devido, por exemplo, a causas ambientais).

3.6 A distribuição hipergeométrica

A distribuição hipergeométrica possui aplicações geográficas para problemas que vão desde aglomerações de doenças à segregação residencial. Ela é usada para modelar processos que podem ser descritos da seguinte forma:

Uma população tem N elementos, e os elementos podem ser classificados em duas categorias (para seguir esta descrição mais facilmente, imagine uma caixa com N bolas, onde cada bola é vermelha ou azul). O número de elementos na primeira categoria (digamos que o número de bolas vermelhas) é designado por r; assim, $N - r$ é o número de elementos na outra categoria. O experimento consiste em extrair uma amostra de n elementos da população, aleatoriamente, sem substituição. A variável aleatória de interesse, X, é o número de elementos da amostra que cai na primeira categoria (por exemplo, X é o número de bolas vermelhas que são escolhidas quando é colhida uma amostra de n bolas da caixa).

A probabilidade de que a amostra de n contenha x itens de interesse (por exemplo, x bolas vermelhas), é

$$p(X = x) = \frac{\binom{r}{x}\binom{N-r}{n-x}}{\binom{N}{n}}. \quad (3.12)$$

Esta é a distribuição hipergeométrica. A média da distribuição hipergeométrica é nr/N; a variação é igual a $\{nr(N-r)(N-n)\}/\{N^2(N-1)\}$.

EXEMPLO 3.8

Uma caixa contém $N = 5$ bolas, $r = 3$ são vermelhas e $N - r = 2$ são azuis. É retirada uma amostra de $n = 2$ bolas da caixa sem substituição. Encontre a probabilidade de que exatamente uma das bolas seja vermelha.

Solução. Uma alternativa é escrever os elementos do espaço amostral, uma vez que o número de resultados possíveis é pequeno.

Uma maneira simples de representar o espaço amostral é {VA VV AA AV}, onde V indica uma bola vermelha e A uma bola azul. A probabilidade de se obter o primeiro resultado, VA, é igual a (3/5)(2/4) = 3/10, uma vez que a probabilidade de se retirar primeiro uma bola vermelha é 3/5 (há 5 bolas na caixa, e 3 são vermelhas), e, em seguida, retirar uma azul é 2/4 (uma vez que nesse momento haveria 4 bolas na caixa, e 2 seriam azuis). Da mesma forma, a probabilidade de VV é (3/5)(2/4) = 3/10; a probabilidade de AA é (2/5)(1/4) = 1/10, e a probabilidade de AV é (2/5)(3/4) = 3/10. A probabilidade de se obter exatamente uma bola vermelha é a soma das probabilidades associadas a VA e AV ou de 3/10 + 3/10 = 3/5 = 0,6.

Uma especificação alternativa e mais detalhada do espaço amostral ocorre se rotularmos cada uma das bolas de maneira que sejam identificadas como {V1, V2, V3, A1 e A2}; o espaço amostral é, então:

V1	V2	V2	A1*
V1	V3	V2	A2*
V1	A1*	V3	A1*
V1	A2*	V3	A2*
V2	V3	A1	A2

Existem dez resultados possíveis, e cada um é igualmente provável. Seis destes (marcados aqui com asteriscos no espaço amostral) têm exatamente uma bola vermelha; por conseguinte, a probabilidade de se selecionar uma bola vermelha em uma amostra de dois é, novamente, igual a 0,6.

(continua)

> *(continuação)*
>
> Essa segunda abordagem facilita a compreensão da distribuição hipergeométrica. Há um total de $\binom{N}{n}$ maneiras de se escolher uma amostra de n elementos de uma população de N itens; nesse exemplo, $\binom{5}{2}$ é igual a 10, e esse é o número de elementos no espaço amostral. Em nosso exemplo, existem seis desses elementos que possuem exatamente uma bola vermelha – existem $\binom{3}{1} = 3$ possibilidades de se escolher uma bola vermelha (bola vermelha número 1, 2 ou 3) e $\binom{2}{1} = 2$ possibilidades de se escolher uma bola azul (bola azul número 1 ou 2). De um modo mais geral, há $\binom{r}{x}$ maneiras de se escolher x "sucessos" do conjunto de r, e $\binom{N-r}{n-x}$ de se escolher os outros itens (nesse caso, bolas azuis).

3.6.1 Aplicação à segregação residencial

Suponha que $N = 20$ pessoas se mudam para uma comunidade e $r = 6$ delas sejam integrantes de minorias. Além disso, queremos determinar se há segregação em um determinado quarteirão residencial dentro da comunidade. Suponha especificamente que $n = 10$ pessoas entre as 20 pessoas que se mudam para a comunidade se direcionem para este quarteirão residencial específico, e observamos que $x = 1$ delas pertence a uma minoria. Podemos inicialmente ficar um pouco surpresos – afinal, 30% (6/20) dos recém-chegados são de grupos minoritários, mas apenas 10% (1/10) daqueles que se mudam para este quarteirão residencial são minorias. Queremos saber o quão provável é que, do total de 10 pessoas que se mudam para o quarteirão, no máximo uma seja pertencente à minoria. Podemos usar a distribuição hipergeométrica do seguinte modo:

$$p(X=0) + p(X=1) = \frac{\binom{6}{0}\binom{14}{10}}{\binom{20}{10}} + \frac{\binom{6}{1}\binom{14}{9}}{\binom{20}{10}}$$
$$= 0{,}065 + 0{,}0054 = 0{,}0704. \qquad (3.13)$$

Observe que o uso da distribuição hipergeométrica implica a probabilidade de que zero ou uma pessoa pertencente às minorias acabaria por se mudar para o quarteirão *se* a amostra de dez indivíduos que decidem se mudar para o quarteirão fosse escolhida aleatoriamente a partir do grupo de 20 pessoas. O fato deste evento ter apenas uma chance de 7% de ocorrência implica que (a) não há nenhuma segregação, e, apenas por acaso, um pequeno número de pertencentes às minorias se mudou para este quarteirão, ou (b) a amostra de dez indivíduos não foi tomada aleatoriamente a partir do grupo de 20 pessoas (que seria o caso se houver segregação).

3.6.2 Aplicação ao agrupamento espaço-temporal da doença

Uma questão que se coloca na análise geográfica da doença é se os casos que estão próximos no tempo (isto é, as datas de início ou datas de diagnóstico são semelhantes) são também próximos no espaço (ou seja, suas localizações geográficas são se-

TABELA 3.4 Classificações de pares de casos segundo a proximidade no tempo e no espaço

	Próximo no espaço	Não próximo no espaço	Total
Próximo no tempo	2	1	3
Não próximo no tempo	0	12	12
Total	2	13	15

melhantes). Se esse fosse o caso, a existência de tais clusters espaço-temporais poderia fornecer algumas ideias sobre a natureza da doença. Nossa variável de interesse, então, será o número de pares de casos que são, simultaneamente, próximos no tempo e no espaço, e, portanto, constituindo um cluster espaço-temporal em potencial.

Para ser mais específico, suponha que, para um número de pessoas com uma determinada doença, tenhamos dados sobre seus locais de residência e sobre as respectivas datas de diagnóstico. Primeiro deve ser tomada uma decisão sobre o que se entende por "proximidade no tempo" (por exemplo, pode ser decidido que casos que surjam durante o prazo de três meses um do outro são próximos no tempo), e o que se entende por "proximidade no espaço" (por exemplo, pode ser decidido que os casos que estejam entre 2 km um do outro são próximos no espaço).

Em seguida, são analisados todos os pares de casos. Para tomar um exemplo hipotético simples, suponha que tenhamos seis casos de doença – e isso implica que existem $N = \binom{6}{2} = 15$ pares de casos. Desses, vamos supor que $r = 2$ pares sejam próximos no tempo, e, portanto, $N - r = 13$ pares não sejam próximos no tempo. Além disso, de $n = 3$ pares de casos que são próximos no espaço, $x = 2$ também são próximos no tempo, e um não é. Isso tudo pode ser resumido como na Tabela 3.4.

A distribuição hipergeométrica pode ser usada para fornecer a probabilidade de se observar em dois pares próximos no espaço e no tempo, quando examinamos $n = 3$ de um total de $N = 15$ pares (ou seja, aqueles que estão próximos no espaço), onde o fato de os pares serem próximos no tempo, ou não, é análogo ao exemplo anterior de extração de uma bola vermelha da caixa. Assim

$$p(X = 2) = \frac{\binom{2}{2}\binom{13}{1}}{\binom{15}{3}} = 0{,}03 \qquad (3.14)$$

Como no exemplo anterior, isso nos dá a probabilidade de observarmos dois pares próximos no espaço e no tempo ao acaso – supondo que três pares dos 15 são examinados. Isso só poderia acontecer se, entre os três "pares próximos no espaço", observássemos tanto os dois pares "próximos no tempo", quanto um dos 13 pares "não próximos no tempo". A resposta, 0,03, é relativamente pequena – por isso podemos escolher acreditar que (a) as características "próximo no tempo" e "próximo no espaço" são independentes, e temos uma amostra incomum, ou que (b) as características não são independentes – os pares que são próximos no espaço também são relativamente mais prováveis de serem próximos no tempo.

Neste exemplo específico, seria igualmente correto colocar o problema da seguinte maneira: de $N = 15$ pares, há $r = 3$ pares que estão próximos no espaço e $N - r = 12$ pares que não estão próximos no espaço. Dos $n = 2$ pares que estão próximos no tempo, ambos (isto é, $x = 2$) são também próximos no espaço. A probabilidade de observarmos $x = 2$ pares que estão próximos no tempo e no espaço é o mesmo de antes:

$$p(X = 2) = \frac{\binom{3}{2}\binom{12}{0}}{\binom{15}{2}} = 0{,}03 \qquad (3.15)$$

Quando dois dos 15 pares são observados (ou seja, aqueles que estão próximos no tempo), obtemos dois dos três que estão próximos no espaço e nenhum dos 12 que não estão perto no espaço.

Para garantir que a probabilidade foi estabelecida corretamente, observe que o numerador tem sempre dois termos e que a parte superior dessas duas combinações resultam na parte superior da combinação no denominador (por exemplo, na Equação 3.15, 3 + 12 = 15). Além disso, a soma das partes inferiores das combinações no numerador é igual à parte inferior da combinação no denominador (na Equação 3.15, 2 + 0 = 2).

3.7 Testes binomiais no SPSS 16.0 for Windows

O SPSS fornece a probabilidade de x ou mais êxitos em n experimentos, para uma dada probabilidade de sucesso em cada tentativa. Suponha que observamos quatro êxitos em dez experimentos e a probabilidade de sucesso em cada tentativa é de 0,1. Qual é a probabilidade de se obter isso, ou um resultado ainda mais extremo? Precisamos encontrar $pr(X = 4) + pr(X = 5) +\ldots+ pr(X = 10)$. No SPSS, os resultados de dez experimentos são inseridos em uma coluna usando números zero e números um; a convenção é usar um para designar êxito e zero para designar falha. Com uma coluna contendo quatro números um e seis zeros, clicamos Analyze e selecionamos Nonparametric Tests e, em seguida, Binomial. Uma janela se abre e podemos passar a variável da coluna para a caixa vazia à direita, com o título "Test Variable List". Em seguida, digitamos p (0,1, neste caso) na caixa "Proportion". Clicamos em OK. A saída resultante mostra a significância exata como 0,013 – essa é a probabilidade de quatro ou mais êxitos em dez experimentos, quando $p = 0{,}1$.

EXERCÍCIOS RESOLVIDOS

1. A probabilidade de inundações em Ellicott Creek num determinado ano é 0,19. Qual é a probabilidade de que a próxima enchente ocorra daqui a quatro anos?

(continua)

(continuação)

Solução. A variável definida como o tempo até a próxima inundação segue uma distribuição geométrica, pois (embora não explicitamente colocado no problema) vamos supor que, além de uma probabilidade anual constante de inundações (igual a 0,19), a probabilidade de inundações em qualquer ano é independente da probabilidade de inundações em qualquer outro ano. A única maneira possível de que a próxima inundação ocorra daqui a quatro anos é observamos três anos sem uma inundação, seguido por um ano com uma inundação. A probabilidade desejada, portanto, é igual à probabilidade de observarmos três "falhas", seguidas de um "sucesso"; da Equação 3.6, isso é igual a $(1 - 0{,}19)^3(0{,}19) = 0{,}101$, onde a probabilidade de "sucesso" (ou seja, uma inundação) é igual a 0,19 e x, o ano (ou número do experimento) em que ocorre a inundação, é igual a 4.

2. A seguir, a distribuição de frequência relativa caracteriza as distâncias das casas dos indivíduos para o Parque Municipal mais próximo:

Distância (milhas)	Frequência relativa
<5	0,15
5–9,99	0,1
10–14,99	0,15
15–19,99	0,25
20–24,99	0,15
25–29,99	0,20

Observe que as frequências relativas somam um.

(a) Qual é a probabilidade de que cinco pessoas escolhidas aleatoriamente viajem cinco milhas ou mais?

Solução. A probabilidade de que uma única pessoa trafegue cinco milhas ou mais é de $1 - 0{,}15$ ou 0,85. Podemos usar isso como p, a probabilidade de sucesso. Cada indivíduo pode ser considerado como um único experimento; portanto, existem $n = 5$ experimentos. Estamos interessados na probabilidade de $x = 5$ sucessos. Usando a distribuição binomial (Equação 3.3), a solução é igual a $\binom{5}{0} 0{,}85^5 \cdot 0{,}15^0 = 0{,}4437$.

Note que isto é equivalente à expressão mais simples, $0{,}85^5 = 0{,}4437$, que resulta simplesmente da multiplicação conjunta das probabilidades individuais de sucesso (não é necessário calcular os termos da combinatória, uma vez que há apenas uma maneira na qual cinco êxitos possam ocorrer).

(b) Qual é a probabilidade de que exatamente um indivíduo, em um conjunto de cinco indivíduos entrevistados, viaje menos de cinco milhas?

Solução. Aqui um "sucesso" é um indivíduo viajar menos de cinco milhas; isso é igual a $p = 0{,}15$. Há novamente $n = 5$ experimentos ou indivíduos e agora estamos

(continua)

(continuação)

interessados na probabilidade de $x = 1$ sucesso. A probabilidade desejada, portanto, é $\binom{5}{1}.0,15^1.0,85^4 = 0,3915$.

(c) Qual é a probabilidade de que pelo menos duas pessoas em um grupo de seis entrevistadas viajem menos de 10 milhas?

Solução. A probabilidade de que um indivíduo viaje menos de dez milhas é igual a $0,15 + 0,1 = 0,25$; essa é a probabilidade de sucesso, p, de um experimento individual. Agora temos $n = 6$ pessoas e estamos interessados na probabilidade de *pelo menos* dois sucessos, assim $x = 2,3,4,5$ ou 6. Ou haverá dois ou mais sucessos, ou haverá um ou menos sucesso. Vai ser mais rápido calcular a probabilidade de zero ou um sucesso e, em seguida, subtrair o resultado de um. A probabilidade de que o número de sucessos seja igual a 0 ou 1 é $\binom{6}{1} 0,25^0.0,75^6 + \binom{6}{0} 0,25^1.0,75^5 = 0,451$. A probabilidade de dois ou mais sucessos é um menos isso, ou $1 - 0,549 = 0,451$.

3. Uma caixa tem cinco bolas verdes e seis bolas laranjas. Três bolas são retiradas, sem substituição.

(a) Qual é a probabilidade de que todas as bolas sejam verdes?

Solução. A probabilidade de que a primeira bola seja verde é 5/11, uma vez que há cinco bolas verdes em uma caixa de onze bolas. Se uma bola verde é retirada na primeira tentativa, então a caixa conterá dez bolas, e quatro delas serão verdes. A probabilidade de se retirar uma bola verde na segunda tentativa é, portanto, 4/10. Por fim, se as duas primeiras bolas são verdes, então, ao preparar-se para o terceiro sorteio da caixa, haverá nove bolas na caixa e três delas serão verde. A probabilidade de se obter uma bola de gude verde neste último sorteio é, portanto, 3/9. A resposta à pergunta é o produto destas três probabilidades: $(5/11) \times (4/10) \times (3/9) = 10/165 = 0,0606$.

(b) Qual é a probabilidade de que a última bola seja laranja, dado que as duas primeiras são uma verde e uma laranja?

Solução. Se as duas primeiras bolas retiradas são uma verde e uma laranja, isso implica que a caixa agora contém nove bolas, e cinco delas são laranjas. A probabilidade de se obter laranja no último sorteio, dadas as condições indicadas (que entre as duas primeiras retiradas, uma é verde e a outra é laranja) é, portanto, simplesmente cinco de nove, ou 5/9.

4. Uma faixa de conversão à esquerda tem capacidade para dois carros. A cada segundo, um carro que pretende virar à esquerda chega com probabilidade 0,15. Se a luz do semáforo fica vermelha e assim permanece por 20 segundos, qual é a probabilidade de que a capacidade da pista seja ultrapassada?

Solução. Em primeiro lugar, perceba que a capacidade da pista será excedida se três ou mais carros chegarem enquanto a luz do semáforo está vermelha; ou seja,

(continua)

(continuação)

se três ou mais carros chegarem durante um período de 20 segundos. Existem duas formas de se pensar sobre este problema – um é do ponto de vista da distribuição binomial, e a outra é a alternativa da distribuição de Poisson.

Podemos usar a distribuição binomial se pensamos em cada período de um segundo como um experimento. A probabilidade de "sucesso" (ou seja, a chegada de um carro cujo motorista pretende virar à esquerda) para um experimento é $p = 0,15$. Existem $n = 20$ experimentos. A probabilidade de sucessos de três ou mais pode ser calculada encontrando, primeiro, a probabilidade de dois ou menos sucessos, subtraídos de um. Assim:

$pr(X \geq 3) = 1 - pr(X \leq 2) = 1 - \{\binom{20}{0}.0,15^0.0,85^{20} + \binom{20}{1}.0,15^1.0,85^{19} + \binom{20}{2}.0,15^2.0,85^{18}\}$
$= 1 - 0,4049 = 0,5951$

Outra alternativa é usar a distribuição de Poisson. Durante cada período de 20 segundos, esperamos $np = 20(0,15) = \lambda = 3$ carros para chegar na pista e virar à esquerda. A probabilidade de que dois ou menos carros cheguem é igual a:

$$(e^{-3}3^0/0!) + (e^{-3}3^1/1!) + (e^{-3}3^2/2!) = 0,4232$$

e a probabilidade desejada é encontrada subtraindo esse resultado de um: $1 - 0,4232 = 0,5768$.

5. A categoria 4 de furacões ataca a Flórida a uma taxa média de um em cada quatro anos. Qual é a probabilidade de que a Flórida seja atingida por dois ou mais furacões na próxima década?

Solução. Podemos usar a distribuição de Poisson para responder a esta pergunta. Para usar essa distribuição, precisamos saber o número de eventos que se espera que ocorra em média durante o período de tempo de interesse. Se um furacão ocorre de quatro em quatro anos, podemos esperar dois a cada oito anos. Para determinar o número preciso esperado para um período de dez anos, podemos estabelecer a seguinte equação:

$$\frac{1}{4} = \frac{\lambda}{10}$$

Assim, resolvendo essa equação, usamos $\lambda = 2,5$. Para encontrar a probabilidade de dois ou mais furacões, encontramos em primeiro lugar a probabilidade das outras possibilidades – para ser exato um ou menos furacões. Isto é igual a:

$$(e^{-2,5}2,5^0/0!) + (e^{-2,5}2,5^1/1!) = 0,2873$$

A solução é encontrada subtraindo este valor de um; assim, a probabilidade de dois ou mais furacões é igual a $1 - 0,2873 = 0,7127$.

6. Dezoito pessoas mudam-se de um bairro; seis pertencem a grupos minoritários. De 18, oito se mudam para um bairro com novas habitações e uma das

(continua)

(continuação)

oito pertence à minoria. Se não houvesse nenhuma discriminação, qual seria a probabilidade de uma ou menos pessoas de um total de oito ser minoria em um novo bairro? Se a probabilidade resultante for menor que 0,05, existe evidência de discriminação. Tais provas existem neste caso?

Solução. Estamos interessados nas características das oito novas pessoas que se mudaram para o novo bairro. Essencialmente, estamos tirando uma amostra de oito de uma "população" total de 18, sem substituição. Isso sugere o uso da distribuição hipergeométrica. A característica ou resultado de interesse é se os indivíduos da amostra de oito são minorias ou não. O número total de maneiras de se escolher uma amostra de tamanho oito de um total de 18 é $\binom{18}{8}$. Dessas possibilidades, o número de maneiras de não se ter nenhuma minoria (entre seis minorias na população) e oito que não sejam minorias (de 12 que não são minorias na população) é $\binom{6}{0}\binom{12}{8}$; e o número de maneiras de se ter uma minoria na amostra e sete não pertencentes a minorias é $\binom{6}{1}\binom{12}{7}$. A probabilidade desejada é, portanto:

$$\frac{\binom{6}{0}\binom{12}{8} + \binom{6}{1}\binom{12}{7}}{\binom{18}{8}} = \frac{5.247}{43.758} = 0,1199$$

7. Indivíduos se mudam a cada ano com probabilidade $p = 0,16$. Qual é a probabilidade de que um indivíduo faça sua primeira mudança no sétimo ou oitavo ano de observação? Quais são a média e a variância associadas com o tempo até a próxima mudança?

Solução. Uma pergunta que muitas vezes surge é "qual distribuição devo usar?" A resposta pode ser encontrada geralmente pensando sobre o processo e a variável de interesse. Aqui estamos interessados no tempo até o primeiro "sucesso", ou mudança e, assim, podemos usar a distribuição geométrica (Equação 3.6).

A probabilidade de que a primeira mudança ocorra no sétimo ano de observação é encontrada a partir da probabilidade de seis "falhas" (ou seja, não mudança), seguida de um "sucesso" (mudança). Isso é igual a $(1 - 0,16)^6 (0,16) = 0,0562$. Da mesma forma, a probabilidade de que a primeira mudança ocorra no oitavo ano de observação é igual a $(1 - 0,16)^7 (0,84) = 0,0472$. A resposta é igual à soma de ambos: a probabilidade de uma primeira mudança no sétimo ou oitavo ano é $0,0562 + 0,0472 = 0,1034$. Uma vez que a média de uma variável geométrica é igual a $1/p$, o tempo médio até a próxima mudança é igual a $1/p = 6,25$ anos. A variância de uma variável geométrica é igual a $(1-p)/p^2$, e, portanto, a variação associada com o tempo até próxima mudança é igual a $(1-0,16)/0,16^2 = 0,84/(0,16)^2 = 32,8125$ anos.

8. Um estudo de uma doença revela que há uma média de um caso a cada 12 milhas quadradas. Moradores de uma cidade que tem uma área de 20 milhas quadradas estão preocupados porque existem três casos na sua área. O Departamento de Saúde do Estado decidiu investigar mais detalhadamente se a

(continua)

(continuação)

probabilidade de se obter três ou mais casos nesta cidade é inferior a 0,10. O Ministério da Saúde deve investigar mais detalhadamente?

Solução. Uma vez que estamos interessados no número de eventos (casos) que ocorrerá, a utilização da distribuição binomial ou de Poisson é sugerida. Estamos interessados no número de eventos que ocorrem em um espaço contínuo, e isso nos aponta em direção à distribuição de Poisson (colocando de outra forma, não há nenhuma definição natural de um "experimento" que nos apontaria para a distribuição binomial). Para usar a distribuição de Poisson, precisamos conhecer λ, que neste caso é a média ou o número esperado de casos. Precisamos saber o número de casos esperados em nossa cidade de 20 milhas quadradas e podemos encontrá-lo sabendo-se que existe uma média de um caso a cada 12 milhas:

$$\frac{1}{12} = \frac{\lambda}{20}$$

Isso produz 1,67. A probabilidade de três ou mais casos é igual a um menos probabilidade de 0, 1 ou 2 casos:

$$pr(X \geq 3) = 1 - \left\{ \frac{e^{-1,67}1,67^0}{0!} + \frac{e^{-1,67}1,67^1}{1!} + \frac{e^{-1,67}1,67^2}{2!} \right\} = 1 - 0,7651 = 0,2349$$

Uma vez que esse resultado é maior que 0,10, não é necessária nenhuma investigação adicional.

EXERCÍCIOS

1. A probabilidade de um verão seco é igual a 0,3, a probabilidade de um verão úmido é igual a 0,2 e a probabilidade de um verão com precipitação normal é igual a 0,5. Um climatologista observou a precipitação durante três verões consecutivos.

    (a) Há quantos resultados no espaço amostral? Enumere o espaço amostral e atribua probabilidades para cada evento simples.
    (b) Qual é a probabilidade de se observar dois verões secos?
    (c) Qual é a probabilidade de se observar pelo menos dois verões secos?
    (d) Qual é a probabilidade de não se observar um verão úmido?

2. Se a probabilidade de que um indivíduo se mude para outro município de residência num determinado ano é 0,15, qual é a probabilidade de que:

    (a) menos de três, em uma amostra de dez, se mudem para outro município?
    (b) pelo menos um se mude para outro município?

(continua)

(continuação)

3. A probabilidade anual de que um indivíduo faça um movimento interestadual é 0,03. Qual é a probabilidade de que pelo menos dois, em uma amostra de dez pessoas, façam um movimento interestadual no próximo ano?
4. Suponha que a probabilidade de um indivíduo mudar de residência durante o ano é 0,21. Uma pesquisa é realizada com cinco pessoas.

    (a) Escreva os elementos no espaço amostral.
    (b) Qual é a probabilidade de exatamente três dos cinco indivíduos se mudarem durante o ano?
    (c) Qual é a probabilidade de pelo menos um dos cinco indivíduos se mudar durante o ano?

5. A probabilidade de um indivíduo ir trabalhar de carro é 0,9. Qual é a probabilidade de todos irem ao trabalho de carro em uma amostra de dez vizinhos? Qual é a probabilidade de exatamente oito dos dez irem de carro?
6. Qual é a probabilidade de se obter três faces seis de um dado em cinco jogadas?
7. Qual é a probabilidade de que o primeiro seis apareça no quinto lance de um dado?
8. Qual é a probabilidade de se obter quatro caras quando uma moeda honesta é lançada dez vezes?
9. Qual é a probabilidade de que a primeira cara apareça no quarto lance de uma moeda honesta?
10. Dois times equilibrados de beisebol jogam os quatro primeiros jogos em uma série de "melhor de sete" (onde o primeiro a ganhar quatro jogos ganha a série).

    (a) Qual é a probabilidade de que a equipe A ganhe exatamente um dos quatro primeiros jogos?
    (b) Qual é a probabilidade de que a série acabe após quatro jogos?
    (c) Qual é a probabilidade de que a série tenha uma equipe que tenha ganho três jogos, após quatro jogos?
    (d) Qual é a probabilidade de que a série empate em dois a dois, após quatro jogos?

11. A probabilidade anual de se mudar é 0,17.

    (a) Qual é a probabilidade de que uma pessoa se mude pela primeira vez no primeiro ano de observação?
    (b) Qual é a probabilidade de que a pessoa se mude pela primeira vez no quarto ano de observação?
    (c) Qual é o tempo médio que um indivíduo leva para se mudar?
    (d) Qual é a variância do tempo que leva uma pessoa para se mudar?
    (e) Entre dez pessoas, qual é a probabilidade de que três ou menos se mudem num determinado ano?

12. Entre 100 pessoas, cada uma tem probabilidade de 0,01 de contrair uma doença. Qual é a probabilidade de que duas ou menos entre as 100 pessoas contraia a doença?

(continua)

(continuação)

13. Em média, há dois furtos de bicicletas a cada dez milhas quadradas no decurso de um mês.

    (a) Qual é a probabilidade de que não haja nenhum furto de bicicletas em uma área de dez milhas quadradas no próximo mês?
    (b) Qual é a probabilidade de que não haja nenhum furto de bicicletas em uma área de sete milhas quadradas no próximo mês?
    (c) Qual é a probabilidade de que haja pelo menos um roubo de bicicleta em uma área de vinte milhas quadradas no próximo mês?
    (d) Qual é a probabilidade de que haja exatamente um roubo de bicicleta em uma área de dez milhas quadradas nos próximos dez dias?

14. A seguinte distribuição cumulativa caracteriza a duração de residência para um grande número de indivíduos:

Anos	Probabilidade cumulativa
0–1	0,1
1–2	0,3
2–5	0,5
5–10	0,6
10–20	0,9
20–40	1,0

    (a) Qual é a duração mediana de residência?
    (b) Qual é a duração média de residência?
    (c) Qual é a probabilidade de que um indivíduo neste exemplo tenha duração de residência superior a cinco anos e inferior a 20 anos?
    (d) Qual é a probabilidade de que um indivíduo neste exemplo tenha duração de residência maior que 10 anos, dado que ele ou ela tem duração de residência de mais de dois anos?
    (e) Qual é a probabilidade de que, de oito indivíduos selecionados aleatoriamente, todos tenham duração de residência superior a um ano?
    (f) Qual é a probabilidade de que, de sete indivíduos selecionados aleatoriamente, pelo menos dois tenham duração de residência inferior a cinco anos?

15. Há uma média de quatro acidentes por mês em um cruzamento. Suponha que um mês tenha 30 dias.

    (a) Qual é a probabilidade de três ou mais acidentes no próximo mês?
    (b) Qual é a probabilidade de dois ou mais acidentes em um período de 23 dias?
    (c) Qual é a probabilidade de não haver acidentes durante os próximos sete dias?

(continua)

(continuação)

16. Uma faixa de conversão à esquerda tem capacidade para seis carros. Carros chegam à pista em um ritmo de três a cada dez segundos. Qual é o mais longo período de tempo que a luz do semáforo pode ficar vermelha, se queremos que a probabilidade de exceder a capacidade da pista seja de 0,05 ou menos?
17. Uma variável que representa o número de eventos "sucesso" tem média igual a 3. Suponha que há 30 experimentos com probabilidade de sucesso em cada teste igual a 0,1. Compare as probabilidades binomial e de Poisson de se conseguir um êxito. Repita usando $n = 60$ e $p = 0,05$. Repita usando $n = 120$ e $p = 0,025$.
18. As erupções vulcânicas em uma montanha ocorrem uma vez a cada 32 anos, em média.

    (a) Qual é a probabilidade de que três erupções ocorram durante os próximos 50 anos?
    (b) Qual é a probabilidade de que a próxima erupção ocorra daqui a 33, 34 ou 35 anos?

19. Um grupo de 30 pessoas se muda de um bairro. Vinte e cinco são brancas e as outras cinco são minorias. Quinze das 30 pessoas se mudam para a cidade adjacente. Qual é a probabilidade de que quatro ou cinco das 15 pessoas sejam minorias?
20. Dois dados são lançados e você encontra o produto. Qual é o número médio de vezes em que você deve lançar os dados para obter "18"?
21. A probabilidade de que um motorista queira virar à esquerda em um cruzamento é 0,1.

    (a) Quando carros começam a chegar ao semáforo, qual é a probabilidade de que o primeiro carro que pretende virar à esquerda seja o quinto carro observado?
    (b) Qual é a média da variável aleatória que descreve o número de carros que devemos observar a fim de encontrar um que vire à esquerda?

22. Uma parte mecânica tem uma chance de 0,7 de falhar ao longo de um ano.

    (a) Qual é a probabilidade de que ela falhe em cinco anos?
    (b) Qual é a probabilidade de que a parte dure por mais de dois anos?

23. Uma espécie de planta tem probabilidade 0,18 de morrer num determinado ano. Qual é a média e a variância de seu tempo de vida?
24. A probabilidade de deslocamentos de trem em uma comunidade é 0,1. Um levantamento sobre os residentes em um determinado bairro constata que quatro em cada dez se deslocam de trem. Queremos concluir que (a) a "verdadeira" taxa de deslocamentos no bairro é 0,1 e verificamos que apenas quatro de cada dez são resultado da flutuação amostral, ou que (b) a taxa verdadeira de deslocamentos no bairro é maior que 0,1, e é muito improvável que observássemos quatro, em cada dez usuários de trem, se a verdadeira taxa fosse de 0,1. Decida qual opção é melhor seguindo as etapas a seguir e usando a tabela de números aleatórios no Apêndice A.1:

(continua)

(continuação)

(i) pegue uma série de dez dígitos aleatórios e, em seguida, conte e registre o número de "0" (zeros); estes representarão o número de usuários de trens em uma amostra de dez, onde a "verdadeira" probabilidade de deslocamento é 0,1.
(ii) Repita a etapa (i) 20 vezes.
(iii) Chegue à conclusão (a) ou (b). Você deveria chegar à conclusão (b) se tivéssemos quatro ou mais usuários uma vez, ou nenhuma, nas 20 repetições (uma vez que um em cada 20 é igual a 0,05, ou 5%).

25. Trinta e dois casos de uma doença são encontrados em uma área de 100 milhas quadradas. Se os casos são distribuídos aleatoriamente dentro da área, qual é a probabilidade de se encontrar quatro casos dentro de uma área de oito milhas quadradas em torno de uma usina elétrica local?
26. Acidentes ocorrem em um cruzamento a cada mês com probabilidade 0,1. Qual é a probabilidade de que o próximo acidente ocorra no mês 3 ou 4?
27. Qual é a probabilidade de um terremoto no próximo ano, se a taxa média de terremotos é uma vez a cada três anos?
28. Os dados a seguir foram compilados por Rogerson *et al.* (1993) da US National Survey of Families and Households (Pesquisa Nacional dos Estados Unidos sobre as Famílias e Domicílios).

Distribuição de Frequência Relativa Acumulada de Distância entre Pais e Filhos Adultos (para os filhos com ambos os pais vivos e morando juntos)

Distância (em milhas)	Frequência relativa acumulada	Distância	Frequência relativa acumulada
5	0,236	250	0,741
10	0,338	300	0,756
15	0,418	350	0,777
20	0,460	400	0,787
25	0,492	450	0,800
30	0,522	500	0,808
35	0,546	1000	0,876
40	0,556	1500	0,921
45	0,565	2000	0,945
50	0,575	2500	0,966
100	0,643	3000	0,974
150	0,683	3500	0,994

As perguntas a seguir aplicam-se aos filhos adultos que têm os pais vivos e morando juntos.

(continua)

(continuação)

(a) Que fração dos filhos adultos tem pais que vivem a mais de 30 milhas, mas não a mais de 100 milhas de distância?
(b) Que fração dos filhos adultos tem pais que vivem a mais de 250 milhas de distância?
(c) Qual é a probabilidade de que pelo menos um de três filhos adultos escolhidos aleatoriamente tenha os pais vivendo a mais de 100 milhas de distância? (i) Mostre o espaço amostral. (ii) Atribua probabilidades para cada elemento no espaço amostral. (iii) Dê a probabilidade desejada.
(d) Qual é a distância média que caracteriza a separação espacial entre pais e seus filhos adultos?
(e) Determine a probabilidade de que dois ou mais filhos adultos de um grupo de dez vivam a mais de 1000 milhas de distância de seus pais.

29. O número anual de terremotos ao longo de uma determinada falha é estimado em 1,2. Encontre a probabilidade de não haver nenhum terremoto no próximo ano.

30. Os motoristas que desejam virar à esquerda em um determinado cruzamento chegam a uma taxa média de cinco por minuto. (i) Se o semáforo para virar à esquerda ficar vermelho por 30 segundos, e há espaço na pista da esquerda para cinco carros, qual é a probabilidade de se exceder a capacidade da pista para um determinado ciclo do sinal? (ii) Dado que engenheiros e planejadores de transporte desejam reduzir a probabilidade para menos de 0,05, encurtando a duração do sinal vermelho, como seria possível determinar o tempo máximo que o sinal poderia ficar vermelho?

31. Use a distribuição hipergeométrica para determinar qual loteria lhe dá a melhor chance de ganhar:

(a) Escolha quatro bolas de uma caixa de 34. Você ganha se acertar três ou quatro bolas.
(b) Escolha cinco bolas de uma caixa de 25. Você ganha se acertar quatro ou cinco bolas.

32. Uma loteria consiste em retirar cinco bolas de uma caixa de 50. Qual é a probabilidade de acertar quatro ou cinco números em um bilhete contendo cinco números?

4 Distribuições de Probabilidade Contínuas e Modelos de Probabilidade

> **OBJETIVOS DE APRENDIZAGEM**
> - Distribuições de probabilidade contínuas, incluindo distribuições uniformes, normais e exponenciais   80
> - Encontrar probabilidades como áreas sob distribuições de probabilidade   81
> - O modelo de oportunidades intervenientes como um exemplo de um modelo de probabilidade usado em estudos de transporte   95

4.1 Introdução

No capítulo anterior, a variável aleatória de interesse era discreta, e o número de valores que a variável poderia assumir, por conseguinte, era finito. O número de sucessos em n tentativas é claramente uma variável discreta, assim como o número de acidentes ocorridos em um cruzamento, uma vez que eles só podem ser inteiros não negativos. Muitas variáveis de interesse são naturalmente contínuas. A distância percorrida por um consumidor, a magnitude de uma inundação, o tamanho dos grãos de areia e a distância percorrida por um migrante são exemplos de variáveis contínuas. Haverá ocasiões nas quais estaremos interessados em distribuições de frequência ou histogramas destas variáveis e, portanto, a primeira parte deste capítulo é dedicada à discussão de distribuições contínuas amplamente utilizadas. A última parte do capítulo (Seção 4.6) fornece exemplos de como a probabilidade e distribuições de probabilidade são utilizadas na modelagem de fenômenos geográficos.

4.2 A distribuição uniforme ou retangular

A distribuição uniforme fornece um ponto de partida útil no estudo da distribuição de probabilidade contínua, talvez porque seja o mais simples de se conceituar. Embora ela não ocorra tão frequentemente quanto outras distribuições contínuas em trabalhos geográficos, sua simplicidade facilita a introdução e a explicação de muitas ideias básicas.

De maneira simples, a distribuição uniforme é o resultado de processos que têm resultados igualmente prováveis. Por exemplo, suponha que os preços de venda de casas em uma área residencial sejam igualmente prováveis de ocorrer dentro do intervalo entre $60.000 e $90.000. Se coletássemos dados sobre os preços de venda de um dado número de casas, o histograma construído a partir dos dados seria essencialmente plano. A distribuição de probabilidade mostrada na Figura 4.1 reflete isso – todos os resultados no intervalo entre os valores mais baixos e mais altos são igualmente prováveis. Se definirmos *a* como o menor valor possível e *b* como o maior valor possível, então a distribuição de probabilidade é definida como

$$f(x) = \frac{1}{b-a}; \quad a \leq x \leq b \tag{4.1}$$

Esta é a equação da linha traçada na Figura 4.1; percebe-se que sua altura é constante e não é uma função de *x*. Note que a área do retângulo na Figura 4.1 é igual a um; o comprimento do retângulo é $(b - a)$, e a altura do retângulo é igual a $1/(b - a)$, tal que o produto do comprimento e altura é igual a um (correspondente ao fato de que a probabilidade de se obter *algum* valor nesse intervalo é igual a um). Essa é uma característica de todas as distribuições de probabilidade contínuas; a área total sob a curva é igual a um.

Um pequeno ponto sobre a notação – é comum usar $p(x)$ para descrever distribuições de probabilidade discretas e $f(x)$ para descrever distribuições de probabilidade contínuas.

As probabilidades desejadas são encontradas como áreas sob a distribuição. Por exemplo, para localizar a probabilidade de que uma casa seja vendida por mais de $70.000, a área do retângulo sombreada na Figura 4.2 é encontrada como o produto de seu comprimento ($90.000 – $70.000 = $20.000) e sua altura (1/{$90.000 – $60.000} = 1/$30.000). Assim, a probabilidade desejada é de 20.000/30.000 = 2/3; essa é a fração de todas as casas que podemos esperar que sejam vendidas por mais de $70.000.

Como vimos no Capítulo 2, também é frequentemente útil trabalhar com distribuições cumulativas. A distribuição cumulativa especifica a probabilidade de se obter um valor menor que *x*. Para a distribuição uniforme, a distribuição cumulativa é uma linha reta (Figura 4.3); sua equação é

$$F(x) = \frac{x-a}{b-a} \tag{4.2}$$

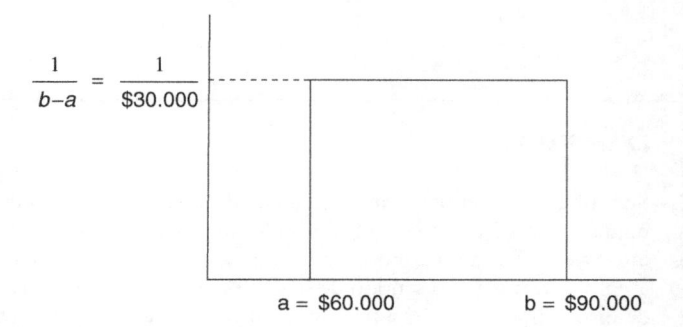

FIGURA 4.1 A distribuição uniforme.

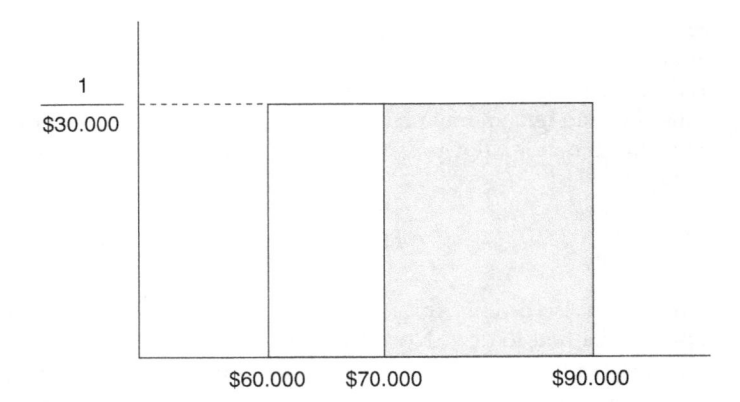

FIGURA 4.2 Probabilidade de uma observação entre $70.000 e $90.000.

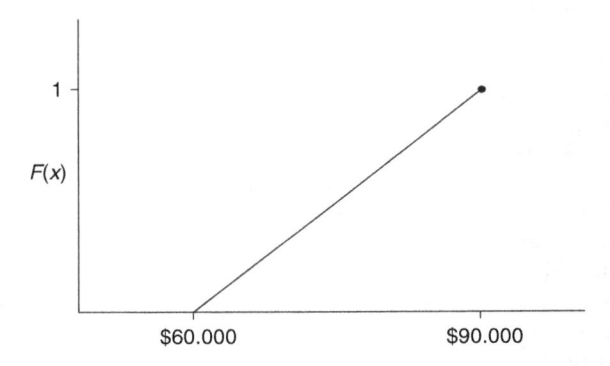

FIGURA 4.3 Distribuição acumulativa para observações de uma distribuição uniforme.

Por exemplo, a probabilidade de que uma casa seja vendida por menos de $67.000 é ($67.000 − $60.000) dividido por ($90.000 − $60.000) = 7/30.

A probabilidade de que uma observação de uma distribuição uniforme caia entre dois valores, digamos x_1 e x_2 é:

$$pr(x_1 \leq x \leq x_2) = \frac{x_2 - x_1}{b - a} \qquad (4.3)$$

EXEMPLO 4.1

Suponha que a temperatura média anual de um local seja uniformemente distribuída, entre 10°C e 18°C, significando que todo ano qualquer temperatura nesse intervalo tem a mesma probabilidade de ser a média para o ano. (Nota: Este é um exemplo irrealista, no sentido de que temperaturas não são susceptíveis a este tipo de distribuição.) Qual é a probabilidade de que a temperatura média anual esteja entre 12° e 15°?

(continua)

> (continuação)
>
> **Solução.** O intervalo entre temperaturas mais baixas e mais altas é $b - a = 18 - 10 = 8$ graus, e o intervalo de interesse é $x_2 - x_1 = 15 - 12 = 3$ graus. Da Equação 4.3, a probabilidade é, portanto, 3/8. Mais formalmente, a altura do retângulo associado com a probabilidade desejada, usando a Equação 4.1, é $1/(18 - 10) = 1/8$; o comprimento do retângulo é $15 - 12 = 3$. O produto da altura e comprimento é 3/8.

> ***EXEMPLO 4.2***
>
> Usando o mesmo cenário, encontrar a probabilidade de que a temperatura anual seja inferior a 14°.
>
> **Solução.** Usando a Equação 4.2, a resposta é $(14 - 10)/(18 - 10) = 4/8 = 0,5$.

4.3 A distribuição normal

A distribuição de probabilidade mais comum é a *distribuição normal*.

Sua familiar aparência simétrica, em forma de sino, é mostrada na Figura 4.4. A distribuição normal é contínua – em vez de um histograma com um número finito de barras verticais, a distribuição de frequência relativa é contínua. Você pode pensar nela como um histograma com um número muito grande de barras verticais muito estreitas. O eixo vertical está relacionado com a probabilidade de se obter valores particulares de x. Tal como acontece com todas as distribuições de frequência contínua, a área sob a curva entre quaisquer dois valores x corresponde à probabilidade de se obter um valor de x nesse intervalo. Por exemplo, na Figura 4.4, a probabilidade de se obter um valor da variável entre a e b é igual à área sombreada entre a e b. A área total sob a curva é igual a um.

A distribuição normal é caracterizada por sua média (μ) e sua variação (σ^2); a equação, que descreve a curva mostrada na Figura 4.4, é

$$f(x) = \frac{1}{\sqrt{2\pi}\sigma} e^{-(x-\mu)^2/2\sigma^2} \qquad (4.4)$$

Como essa fórmula é complexa, ela não é usada diretamente para encontrar as probabilidades. Em vez disso, ao usar a distribuição normal para responder a questões que envolvem probabilidade, uma tabela de probabilidades é utilizada. Por exemplo, suponha que a precipitação anual é normalmente distribuída, com uma média de 80 cm por ano e um desvio padrão de 40 cm por ano. Qual é a probabilidade de que um ano tenha mais de 120 cm de chuva? A resposta é igual à área sombreada na Figura 4.5. Há duas etapas envolvidas na obtenção da resposta – a primeira é converter a distribuição normal em uma distribuição normal "padrão", que tem uma média

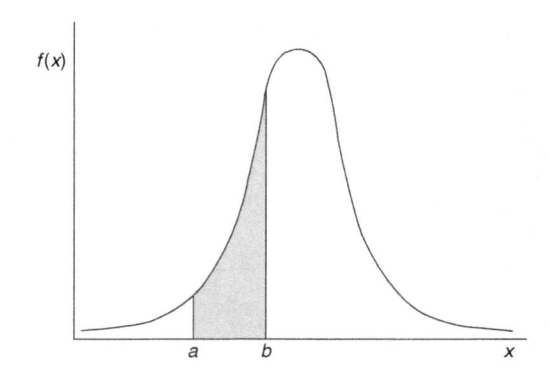

FIGURA 4.4 A distribuição normal.

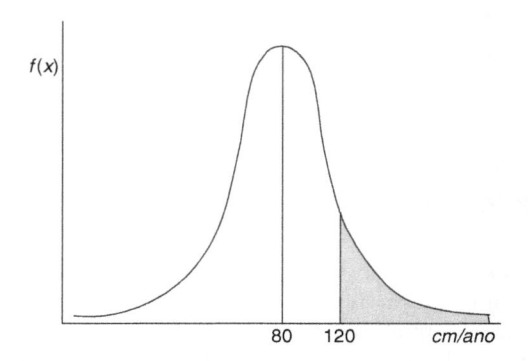

FIGURA 4.5 Probabilidade de uma observação de mais de 120 cm/ano.

de zero e uma variância de um, e a segunda é usar a Tabela A.2 no Apêndice A para encontrar a área adequada sob esta distribuição normal padrão.

O primeiro passo é necessário porque é praticamente impossível ter tabelas separadas para cada combinação possível de μ e σ. Em vez disso, todos os problemas podem ser convertidos para a distribuição normal padrão, transformando os dados em escores z. Por exemplo, 120 cm podem ser convertidos para um escore z subtraindo a média e, em seguida, dividindo o resultado pelo desvio padrão, como descrito no Capítulo 2:

$$z = \frac{120 - 80}{40} = 1. \tag{4.5}$$

O escore z informa quantos desvios estamos para além da média. Neste exemplo, 120 cm é um desvio padrão acima da média. Perguntar quantas vezes observamos mais de 120 cm de chuva é o mesmo que perguntar quantas vezes observamos um montante de precipitação anual que é mais do que um desvio padrão acima da média.

O segundo passo é usar a Tabela A.2. Nosso valor de $z = 1,0$ situa-se, em primeiro lugar, ao longo do lado esquerdo da tabela. Os cabeçalhos da coluna dão a segunda casa decimal do escore z, e, portanto, vamos ao longo da coluna denominada "0,00", uma vez que nosso valor z é 1,00. A entrada correspondente na tabela é 0,1587. A figura no topo da tabela nos mostra que as entradas na tabela correspondem à área ou à probabilidade associada a valores-z superiores a z. Assim, a probabilidade de se obter um escore z maior do que um é 0,1587, ou 15,87%. Colocado de outra maneira, com uma distribuição normal, 15,87% do tempo as observações excederão valores que estão um desvio padrão acima da média. Em nosso exemplo, precipitação superior a 120 cm será observada 15,87% das vezes.

EXEMPLO 4.3

Se a duração dos deslocamentos ao trabalho normalmente é distribuída com média de 30 minutos e desvio padrão de 16 minutos, encontre a probabilidade de que um desses movimentos seja inferior a 35 minutos.

Solução. Um deslocamento de 35 minutos é $z = (35 - 30)/16 = 0,3125$ desvios acima da média. A Tabela 2 revela que a probabilidade de uma duração maior do que esse tempo seria 0,3783 (encontrado primeiro pelo arredondamento para $z = 0,31$, e então usando a linha $z = 0,3$ e a coluna 0,01 da tabela). Assim, a probabilidade de um movimento pendular inferior a 35 minutos é igual $1 - 0,3783 = 0,6217$.

EXEMPLO 4.4

Usando o mesmo cenário, encontre a probabilidade de que a duração do deslocamento esteja entre 40 e 50 minutos.

Solução. Podemos encontrar a resposta subtraindo a probabilidade de um deslocamento ser superior a 50 minutos da probabilidade de um deslocamento ser superior a 40 minutos. Quarenta minutos é $z = (40 - 30)/16 = 0,625$ desvios acima da média. Cinquenta minutos é $z = (50 - 30)/16 = 1,25$ desvios acima da média. A probabilidade de um deslocamento superior a 40 minutos é encontrada por arredondamento para $z = 0,63$, usando a linha $z = 0,6$ e, coluna 0,03 da tabela, e encontrando um resultado de 0,2643. A probabilidade de um movimento pendular maior que 50 minutos pode ser encontrada usando $z = 1,25$, produzindo um resultado de 0,1056. Portanto, a probabilidade de que um movimento pendular esteja entre 40 e 50 minutos é igual a $0,2643 - 0,1056 = 0,1587$. Uma resposta mais precisa poderia ser encontrada pela interpolação entre os elementos da tabela, em vez do arredondamento do escore z. Mais especificamente, a entrada da tabela associada com $z = 0,62$ é 0,2676, e a entrada associada com $z = 0,63$ é 0,2643.

(continua)

(continuação)

Gostaríamos de saber o valor que está a meio caminho da entrada para 0,62 e para 0,63. Notando que os valores tabulados estão declinando, devemos subtrair metade da diferença entre os dois valores do nosso valor inicial de 0,2676: 0,2676 − 0,5(0,2676 − 0,2643) = 0,26595. Seria um pouco mais preciso usar esse valor; isso produziria uma solução final de 0,26595 − 0,1056 = 0,16035.

EXEMPLO 4.5

Usando o mesmo cenário, encontre a probabilidade de que um movimento pendular seja menor do que 20 minutos.

Solução. O escore padronizado, $z = (20 − 30)/16 = −0,625$, indica que 20 minutos é 0,625 desvios padrão abaixo da média. Como a distribuição normal é simétrica, mantemos 0,625 na tabela z, arredondando para $z = 0,63$, que resulta um valor tabelado de 0,2643. Isso nos diz que a probabilidade de uma duração maior do que 0,63 desvios acima da média é 0,2643, mas isso também é igual à probabilidade da duração do deslocamento ser maior do que 0,63 desvios padrão abaixo da média. Assim, a probabilidade de um tempo de pendularidade menor do que 20 minutos é aproximadamente 0,26.

EXEMPLO 4.6

Usando o mesmo cenário, encontre a probabilidade de um movimento pendular estar entre 25 e 45 minutos.

Solução. Aqui dividimos o problema em dois, porque parte do intervalo está abaixo da média e outra está acima da média. Primeiro vamos encontrar a probabilidade da duração de um movimento pendular estar entre 25 e 30 minutos e adicionaremos a esse resultado a probabilidade de um tempo entre 30 e 45 minutos. Vinte e cinco minutos correspondem a 5/16, ou 0,3125 desvios padrão abaixo da média. Uma vez que as probabilidades estão na cauda da tabela, a probabilidade de um tempo inferior a 25 minutos é 0,3783, que é a entrada correspondente a $z = 0,31$. Como sabemos que a probabilidade de se observar um tempo menor que a média de 30 minutos é de 0,5, isso implica que a probabilidade de se observar um tempo entre 25 e 30 minutos deve ser 0,5 − 0,3783, ou 0,1217. Um tempo de pendularidade de 45 minutos é $(45 − 30)/16 = 0,9375$ desvios acima da média; arredondando para $z = 0,94$ produz um valor tabelado de 0,1736 (usando a linha 0,9 e a coluna

(continua)

(continuação)

0,04 da tabela). Essa é a probabilidade de um tempo de pendularidade *superior* a 45 minutos. Como a probabilidade de um tempo maior do que a média de 30 minutos é 0,5, a probabilidade de um tempo entre 30 e 45 minutos é 0,5 × 0,1736 = 0,3624. A solução para o problema é a soma dessas duas probabilidades: 0,1217 + 0,3624 = 0,4841.

EXEMPLO 4.7

Usando o mesmo cenário, encontre o 20º percentil da distribuição do tempo de duração dos movimentos pendulares.

Solução. O 20º percentil implica que 20% de todos os tempos de duração dos deslocamentos são menores que um tempo específico. Ou seja, a área sob a distribuição normal que está à esquerda daquele tempo de deslocamento é igual a 0,2000. Começamos usando a tabela normal padrão para encontrar o valor-z que está associado a uma extremidade da probabilidade correspondente a 20%. O quadro apresenta apenas valores-z positivos e esses estão associados com a cauda da direita (superior); quando estamos interessados na parte esquerda, ou cauda inferior (como é o nosso caso), podemos simplesmente usar a cauda da direita e, em seguida, colocar um sinal negativo na frente do escore z apropriado, uma vez que a distribuição é simétrica. Procurando dentro da tabela a entrada de 0,2000, encontramos a linha z = 0,8 da tabela. Ao longo da coluna 0,04, encontramos uma entrada de 0,2005, que consideraremos "próxima o suficiente". Assim, 20% de todas as variáveis normais padrão têm um escore z que é maior que 0,84 (e 20% de todos os valores de z são inferiores a $z = -0,84$). A etapa final é converter o nosso escore z de $-0,84$ para a unidade de tempo do deslocamento. Queremos encontrar o tempo de pendularidade 0,84 desvios padrão abaixo da média. Isso é igual a 30 − (0,84) (16), ou 30 − 13,44 = 16,56 minutos.

A distribuição normal surge em uma multiplicidade de contextos e está relacionada com uma variedade de processos subjacentes. Uma maneira na qual a distribuição normal surge é através de uma aproximação aos processos binomiais. Suponha que usamos o exemplo da mobilidade residencial da Seção 3.3, entrevistando 40 residentes em vez de quatro. Ainda podemos usar a distribuição binomial para avaliar, por exemplo, a probabilidade de que 11 famílias ou menos sejam novas no bairro, mas isso implicaria um cálculo tedioso com grandes fatoriais:

$$p(X \leq 11) = p(X = 0) + p(X = 1) + \cdots + p(X = 11)$$
$$= \binom{40}{0}.0,2^0.0,8^{40} + \cdots + \binom{40}{11}.0,2^{11}.0,8^{29}. \tag{4.6}$$

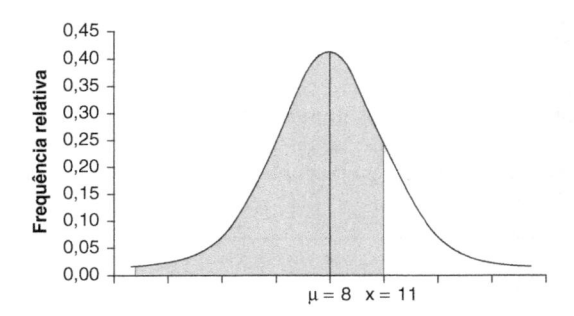

FIGURA 4.6 Probabilidade de X < 11.

Quando o tamanho da amostra é grande, a distribuição binomial é aproximadamente a mesma que uma distribuição normal com uma média de np e uma variância de $np(1-p)$. Em nosso exemplo, seria de se esperar uma média de $np = (40)(0,2) = 8$ residentes para indicar que eles eram recém-chegados. A variância, $np(1-p) = 40(0,2)(0,8) = 6,4$ sintetiza a variabilidade que seria de se esperar em um sumário dos resultados produzidos por muitas pessoas que saíram e 40 famílias que foram pesquisadas.

A probabilidade de que 11 ou menos residentes sejam recém-chegados, $p(X \leq 11)$, pode ser determinada encontrando-se a área sombreada sob a curva normal mostrada na Figura 4.6.

Convertemos $x = 11$ em um escore z, primeiro subtraindo a média e, em seguida, dividindo o resultado pelo desvio padrão:

$$z = \frac{11-8}{\sqrt{6,4}} = 1,19. \qquad (4.7)$$

Agora encontramos a probabilidade de que $z < 1,19$ consultando a tabela normal; o resultado é igual a 0,8830. Para ser um pouco mais preciso, atentamos para o fato de que nossa variável de interesse é discreta. A barra vertical associada com $x = 11$ em um histograma da distribuição binomial se estenderia de $x = 10,5$ a $x = 11,5$. Podemos conseguir uma melhor aproximação por encontrar a probabilidade de $x < 11,5$. A conversão de $x = 11,5$ para um escore z resulta em $z = 1,38$, e, da tabela normal, a probabilidade de que $z < 1,38$ é 0,9162. Por comparação, a fórmula binomial resulta em uma probabilidade de 0,9125.

A distribuição binomial pode ser bem aproximada pela distribuição normal, dependendo dos valores de n e p. A distribuição binomial só é verdadeiramente simétrica quando $p = 0,5$; desse modo, se p for próximo de 0 ou 1, a aproximação normal pode não ser precisa. A aproximação normal também melhora na medida em que n aumenta. Uma dica comum é que np deve ser maior que 5. Em nosso exemplo, np era igual a 8, e a aproximação foi bastante precisa.

No capítulo seguinte, veremos que a distribuição normal caracteriza também a distribuição das médias amostrais. Sobretudo, *médias amostrais têm uma distribuição normal*, com média igual à média da verdadeira população (μ) e variância igual a σ^2/n, onde σ^2 é a variância da população e n é o tamanho da amostra. Se tomarmos repetidamente amostras de tamanho n de uma população e, em seguida, fizermos um histograma de todas as nossas médias amostrais, o histograma teria a aparência de uma distribuição normal com média (μ) e variância igual a σ^2/n.

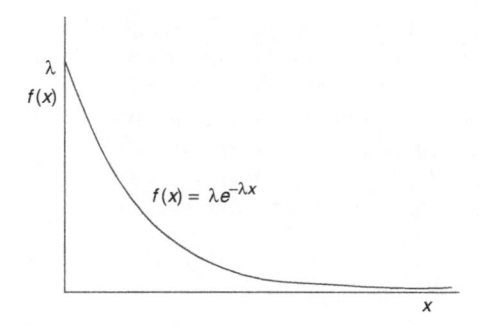

FIGURA 4.7 A distribuição exponencial.

4.4 A distribuição exponencial

A distribuição normal é um exemplo de uma distribuição simétrica; uma variável que é normalmente distribuída tende a ter um histograma simétrico, em forma de sino, quando um grande número de observações é coletado e plotado em um gráfico. Como referido no Capítulo 2, muitas variáveis não são simétricas, e, sobretudo, muitas variáveis exibem assimetria positiva. Lembre-se de que variáveis com distorção positiva têm médias maiores que suas medianas. O histograma de tais variáveis revela que há uma cauda estendida à direita, com um grande número de valores pequenos e um pequeno número de grandes valores. Exemplos de variáveis com distorção positiva são rendimento pessoal, as distâncias de deslocamento ao trabalho e a duração do tempo de residência.

A distribuição exponencial é um modelo comum para distribuições com assimetria positiva. A forma do seu histograma ou da distribuição de frequência é mostrada na Figura 4.7; é caracterizada por uma inclinação descendente, onde a inclinação do ângulo diminui com o aumento dos valores da variável. A equação que descreve a distribuição – ou seja, a altura da curva, é

$$f(x) = \lambda e^{-\lambda x}; x \geq 0 \tag{4.8}$$

Como no caso da distribuição de Poisson (Seção 3.5), a magnitude de e é igual à constante, 2,718. A variável de interesse, x, pode ter somente valores não negativos. A Equação 4.8 descreve uma curva que captura o decaimento exponencial mostrado na figura. Observe que quando $x = 0$, a altura da curva é igual a λ; para valores mais elevados de x, a altura da curva será menor que isso. Como todas as distribuições de probabilidade, a área sob a curva na Figura 4.7 é igual a um. Há um parâmetro (λ); valores altos desse parâmetro indicam um declínio abrupto, e valores baixos indicam um declínio suave na distribuição quando os valores de x aumentam.

Não é necessário o uso de tabelas para encontrar probabilidades associadas à distribuição exponencial. Como a equação que descreve a curva é relativamente simples, é possível encontrar diretamente as probabilidades de interesse. Na distribuição exponencial, para encontrar a probabilidade de que x se encontre em um determinado intervalo, é útil trabalhar com a distribuição cumulativa:

$$F(x) = pr(X < x) = 1 - e^{-\lambda x} \tag{4.9}$$

Lembre-se, do Capítulo 2, de que uma distribuição cumulativa dá a probabilidade de se observar um valor igual ou inferior a x. Como todas as distribuições cumulativas, isso leva um valor de zero quando x é igual a zero (já que a probabilidade de se obter um valor menor que zero é igual a zero), e um valor próximo de um quando x é muito grande (já que a probabilidade de se obter um valor de x menor do que um número grande é próxima de um). Veja a Figura 4.8. Decorre diretamente dela que a probabilidade de se obter uma observação maior que x é simplesmente:

$$1 - F(x) = pr(X > x) = e^{-\lambda x} \tag{4.10}$$

EXEMPLO 4.8

A distância das mudanças residenciais é considerada exponencial, com $\lambda = 0,1$ km. Encontre a probabilidade de que uma mudança residencial seja inferior a 5 km.

Solução. Essa é a área sombreada mostrada na Figura 4.9a. Basta substituir $x = 5$ na Equação 4.9: $pr(X < 5) = 1 - e^{-0,1(5)} = 1 - 2,718^{-0,5} = 0,393$.

EXEMPLO 4.9

Para o cenário acima, encontre a probabilidade de que uma mudança residencial seja superior a 3 km.

Solução. Essa é a área sombreada mostrada na Figura 4.9b. A probabilidade de que uma variável exponencial seja maior que x é um menos a probabilidade de que ela seja menor que x, ou $\{1 - (1 - e^{-\lambda x})\} = e^{-\lambda x}$. A probabilidade de uma mudança maior do que 3 km é $e^{-0,1(3)} = 0,741$.

EXEMPLO 4.10

Para o cenário acima, encontre a probabilidade de que uma mudança residencial esteja entre 3 km e 8 km.

Solução. Essa é a área sombreada na Figura 4.9c. Ela pode ser determinada subtraindo-se a probabilidade de que uma mudança seja inferior a 3 km da probabilidade de que uma mudança seja inferior a 8 km: $pr(3 < X < 8) = pr(X < 8) - pr(x < 3)$. Isso é igual a $(1 - e^{-0,1(8)}) - (1 - e^{-0,1(3)}) = 0,551 - 0,259 = 0,292$. Como alternativa, a probabilidade desejada pode ser pensada como a probabilidade de que um movimento seja superior a 3 km, menos a probabilidade de que um movimento seja maior que 8 km: $pr(3 < X < 8) = pr(X \geq 3) - pr(X \geq 8)$, e isso é igual a $e^{-0,1(3)} - e^{-0,1(8)} = 0,292$.

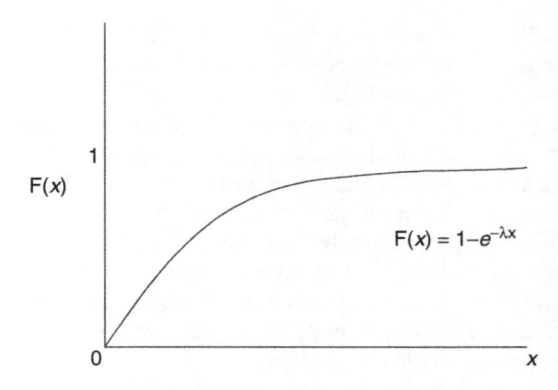

FIGURA 4.8 A distribuição acumulativa para variáveis exponenciais.

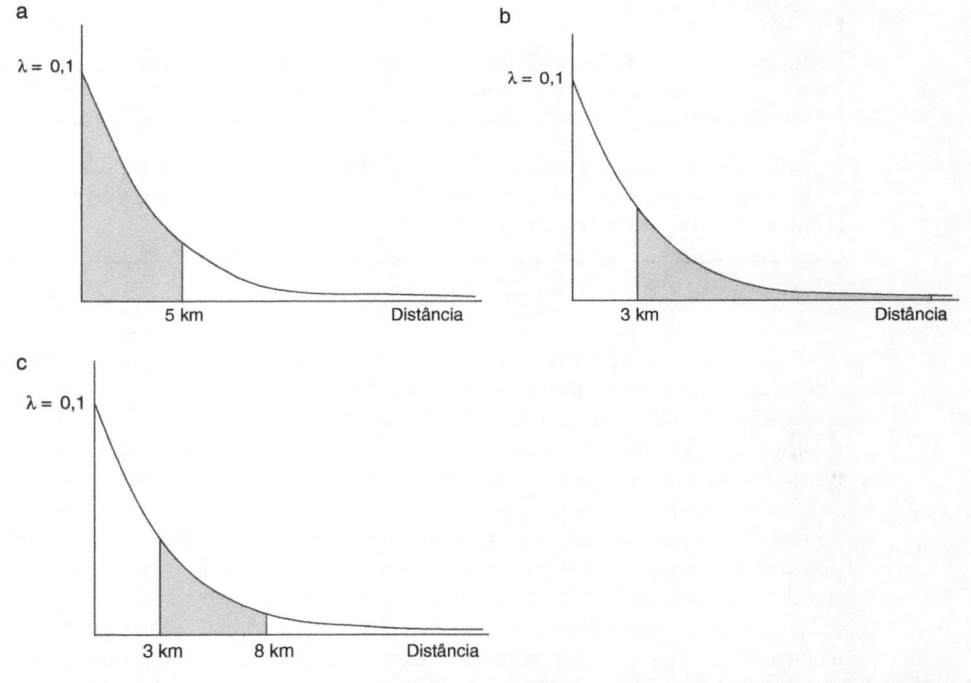

FIGURA 4.9 Probabilidades de observações (a) menores que 5 km; (b) maiores que 3 km; (c) entre 3 km e 8 km.

O valor esperado ou a média teórica da distribuição exponencial é $1/\lambda$. A relação recíproca entre o parâmetro e a média teórica faz sentido intuitivo, uma vez que se esperaria que altos valores de λ (e, portanto, ângulos mais inclinados, que por sua vez implicam uma grande maioria de valores baixos) seriam associados com médias baixas. A variância teórica é $1/\lambda^2$.

Você deve estar pensando neste momento de onde vem o valor de λ – ele simplesmente foi dado nos exemplos anteriores. Uma vez que sabemos que seu valor descreve a declinação do histograma, faz sentido, para um determinado conjunto de dados, o escolher de tal forma que a Equação 4.8 trace uma curva que se ajuste da melhor forma possível ao histograma observado. Se o λ escolhido for muito alto, a curva ajustada pela equação será mais inclinada do que o histograma real, e se ele for muito baixo, a curva será menos inclinada do que o histograma real. A relação recíproca entre o parâmetro e a média teórica sugere uma maneira simples de se estimar o parâmetro. Se você tiver um conjunto de observações que é positivamente inclinado e gostaria de ajustar uma distribuição exponencial para ele, tudo o que precisa fazer é encontrar a média da amostra. O valor estimado de λ é o inverso ou a recíproca da média da amostra.

EXEMPLO 4.11

Informações de distâncias de deslocamentos ao trabalho são coletadas para 40 residentes; a média encontrada da amostra é 7 km. Um histograma é feito e ele parece ter uma forma aproximadamente exponencial. Encontre o valor apropriado de λ.

Solução. A estimativa de λ é $1/7 = 0{,}143$. Esse valor, em seguida, pode ser usado para estimar probabilidades, tais como a probabilidade de que um residente faça um deslocamento com uma distância de mais de 15 km.

A distribuição exponencial tem uma série de outras características e propriedades interessantes. Ela é muito semelhante à distribuição geométrica e, na verdade, é a versão contínua daquela distribuição discreta. Lembre-se de que a distribuição geométrica foi usada para modelar o tempo até o primeiro sucesso, onde havia um número discreto de experimentos. Além disso, assim como as variáveis exponenciais, a média da distribuição geométrica também é igual à recíproca de seu parâmetro. Se eventos ocorrem aleatoriamente no tempo (contínuo), o tempo até o próximo evento tem uma distribuição exponencial. Quando os tempos entre eventos aleatórios são coletados e visualizados usando um histograma, torna-se evidente que esses tempos exibem uma distribuição exponencial. A Figura 4.10 mostra eventos aleatórios e os intervalos de tempo entre esses eventos. Os tempos $t_1, t_2, \ldots$ têm uma distribuição exponencial.

Além disso, a distribuição exponencial é caracterizada pela propriedade da *falta de memória*. Especificamente, o tempo até o próximo evento é independente do tempo transcorrido desde o último evento. Se os tempos entre acidentes de um cruzamento são modelados com uma distribuição exponencial, o tempo até o próximo acidente é totalmente independente do tempo transcorrido desde o último acidente (e esse *deveria ser* o caso, uma vez que os eventos ocorrem aleatoriamente no tempo; essa independência entre eventos é uma característica essencial da aleatoriedade).

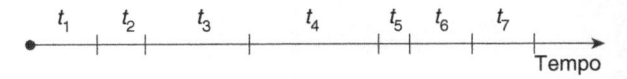

FIGURA 4.10 Eventos ocorrendo aleatoriamente no tempo.

EXEMPLO 4.12

Eventos ocorrem aleatoriamente em um cruzamento, a um ritmo de dois por dia. Qual é a probabilidade de que o tempo até o próximo acidente seja mais de três dias?

Solução. O tempo entre acidentes apresenta uma distribuição exponencial com uma média de 0,5 dia. O inverso disto é $\lambda = 1/0{,}5 = 2$. A probabilidade de que a variável de interesse seja maior que três é $\{1 - [1 - e^{-2(3)}]\} = e^{-2(3)} = 0{,}0025$.

EXEMPLO 4.13

Assuma que o tempo entre mudanças de residências de indivíduos apresente uma distribuição exponencial, e que o tempo médio entre movimentos seja de cinco anos. (a) Qual é a probabilidade de que uma pessoa se mude no próximo ano? (b) Qual é a probabilidade de que uma pessoa se mude no próximo ano, *dado* que more em sua residência atual há quatro anos? (c) Qual é a probabilidade de que a pessoa se mude no próximo ano, *dado* que esteja em sua residência atual há 10 anos?

Solução. Em primeiro lugar, $\lambda = 1/5 = 0{,}2$. Para a parte (a), $pr(X < 1) = 1 - e^{-0,2(1)} = 0{,}1813$. Para a parte (b), queremos a probabilidade condicional tal que $4 < x < 5$, dado que sabemos que $x > 4$. Na Figura 4.11, sabemos que x vai ser maior do que 4. Diante disso, queremos saber a probabilidade de que x esteja entre 4 e 5. Assim, queremos saber a área sombreada na figura, dividida pela área à direita de $x = 4$. Isso é avaliado como

$$\frac{e^{-0,2(4)} - e^{-0,2(5)}}{e^{-0,2(4)}} = 0{,}1813 \qquad (4.11)$$

Um argumento semelhante revela que a resposta da parte (c) também é igual a 0,1813. Esse exemplo ilustra a propriedade da falta de memória da distribuição exponencial – a probabilidade de que um acontecimento ocorra na próxima unidade de tempo (no caso, uma mudança residencial no próximo ano) não depende de quanto tempo transcorreu desde o último evento.

4.5 Resumo das distribuições discretas e contínuas

A Tabela 4.1 fornece um resumo das distribuições de probabilidades discretas e contínuas abordadas nas seções anteriores.

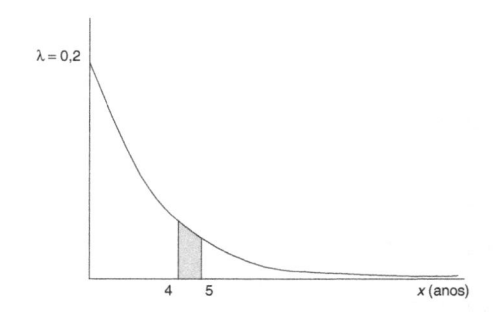

FIGURA 4.11 Probabilidade de um resultado entre 4 e 5 anos.

TABELA 4.1 Resumo das distribuições discretas e contínuas

Distribuição	Função de probabilidade	Função de probabilidade cumulativa	Média	Variância
Binomial	$p(x) = \binom{n}{x} p^x (1-p)^{n-x}$	–	np	$np(1-p)$
Poisson	$p(x) = \frac{e^{-\lambda} \lambda^x}{x!}; \quad x \geq 0$	–	λ	λ
Geométrica	$p(x) = (1-p)^{x-1} p; \quad x \geq 1$	–	$\frac{1}{p}$	$\frac{1-p}{p^2}$
Hipergeométrica	$p(x) = \dfrac{\binom{r}{x}\binom{N-n}{n-x}}{\binom{N}{n}}$	–	$\frac{nr}{N}$	$\frac{nr(N-r)(N-n)}{N^2(N-1)}$
Normal	$f(x) = \frac{1}{\sqrt{2\pi}\sigma} e^{-\frac{(x-\mu)^2}{2\sigma^2}}$	–	μ	σ^2
Uniforme/retangular	$f(x) = \frac{1}{b-a}; \quad a \leq x \leq b$	$F(x) = \frac{x-a}{b-a}$	$\frac{a+b}{2}$	$\frac{(b-a)^2}{12}$
Exponencial	$f(x) = \lambda e^{-\lambda x}; \quad x \geq 0$	$F(x) = 1 - e^{-\lambda x}$	$\frac{1}{\lambda}$	$\frac{1}{\lambda^2}$

4.6 Modelos de probabilidade

A probabilidade é usada como base para a inferência estatística. Na sequência de cursos de Matemática na faculdade, a probabilidade vem antes da estatística, uma vez que os conceitos de probabilidade formam a base de testes estatísticos e inferência. Além de formar a base de testes estatísticos padrão, a probabilidade é usada para desenvolver modelos de processos geográficos. Embora a ênfase principal deste livro seja sobre o uso da probabilidade na inferência estatística, nesta seção fornecemos alguns exemplos de modelagem de probabilidade.

Resumo de cada distribuição

Binomial:	a variável aleatória de interesse é o número de sucessos em n tentativas, quando a probabilidade de sucesso em um experimento é igual a p.
Poisson:	a variável aleatória de interesse é o número de eventos em um período de tempo especificado (ou uma determinada área do território), onde a média do número de eventos por período de tempo (ou o número médio de eventos por unidade de área) é igual a λ.
Geométrica:	a variável aleatória de interesse é o número de experimentos em que o primeiro sucesso ocorre, quando os experimentos são independentes, e quando a probabilidade de sucesso de um experimento é igual a p.
Hipergeométrica:	a variável aleatória de interesse é o número de experimentos que conduz a um resultado específico de interesse, onde a amostragem é feita sem reposição, e onde há dois resultados possíveis (por exemplo, o interesse pode estar no número de bolas vermelhas (x) que ocorrem em uma amostra de n bolas tiradas a partir de uma caixa contendo r bolas vermelhas e $N - r$ bolas de outra cor)
Normal:	gerada pela soma de um grande número de variáveis independentes, também utilizada como uma aproximação para a binomial.
Uniforme / retangular:	gerada por processos que tenham resultados igualmente prováveis.
Exponencial:	gerada por, entre outras coisas, o tempo entre eventos aleatórios.

O resumo do método científico realizado no Capítulo 1 indicou que os modelos são usados como simplificações da realidade. Uma visão simplificada da realidade nos permite focar na natureza das relações entre as variáveis-chave. Incerteza e probabilidade são conceitos centrais para a construção de muitos modelos em Geografia. Um modelo que é particularmente útil para ilustrar tanto a natureza dos modelos quanto a maneira como a probabilidade se torna central é o *modelo de oportunidades intervenientes* (Stouffer 1940).

4.6.1 O modelo de oportunidades intervenientes

O modelo de oportunidades intervenientes foi originalmente usado no contexto de migração, mas, desde então, tem sido mais amplamente utilizado no domínio do transporte. A base conceitual se fundamenta na ideia de que o comportamento do movimento das pessoas no espaço obedece ao princípio do menor esforço – primeiramente, os indivíduos irão considerar as oportunidades mais próximas e, se considerarem-nas inaceitáveis, irão para a oportunidade ou as oportunidades seguintes mais próximas.

É fácil de transformar essa base conceitual em um modelo de probabilidade, que indica como o comportamento de viagem individual pode ser organizado. Suponha que um consumidor individual está considerando uma compra, e que existam várias lojas nas proximidades onde uma compra pode ser feita. Se existem n lojas, podemos organizá-las na ordem de suas distâncias ao indivíduo. Vamos chamar a loja mais próxima ao indivíduo "loja 1" e aquela que está mais distante "loja n". O modelo de probabilidades intervenientes faz apenas dois pressupostos – que (a) indivíduos consideram oportunidades sequencialmente, na ordem de distância, e que (b) indivíduos consideram cada oportunidade e acham cada oportunidade aceitável com probabilidade constante L.

Esses dois pressupostos implicam que nosso indivíduo começa por considerar a oportunidade mais próxima. A probabilidade de que ela seja aceitável é L, então podemos escrever a probabilidade de comprar na loja mais próxima como

$$p(X=1) = L. \tag{4.12}$$

Usamos o X para denotar a variável aleatória que estamos interessados – ou seja, o número de lojas em que o indivíduo compra. A probabilidade de que o indivíduo considere a oportunidade mais próxima *inaceitável* é $1 - L$; se isso ocorrer, a pessoa passa à segunda oportunidade mais próxima e a aceita com probabilidade L. A probabilidade de o indivíduo acabar comprando na Loja 2, portanto, é o produto desses dois termos independentes, que representam a probabilidade de rejeitar a primeira oportunidade e aceitar a segunda:

$$p(X=2) = (1-L)L. \tag{4.13}$$

Raciocínio semelhante implica que a probabilidade de rejeitar as duas primeiras oportunidades e aceitar a terceira é:

$$p(X=3) = (1-L)(1-L)L = (1-L)^2 L. \tag{4.14}$$

Em geral, a probabilidade de se aceitar a oportunidade j é igual à probabilidade de se rejeitarem as $j-1$ primeiras oportunidades, multiplicadas pela probabilidade de se aceitar a oportunidade j:

$$p(X=j) = (1-L)^{j-1} L. \tag{4.15}$$

Neste modelo, a variável X é uma variável *geométrica* caracterizada por um histograma inclinado para baixo. Por exemplo, se $L = 0{,}5$, as probabilidades são $p(X=1) = 0{,}5$, $p(X=2) = 0{,}25$, $p(X=3) = 0{,}125$, $p(X=4) = 0{,}0625$, etc. Observe como esse modelo simples captura um dos mais importantes entre todos os conceitos geográficos – a interação geográfica diminui com o aumento da distância. Embora o modelo seja uma grande simplificação em muitos aspectos (por exemplo, a probabilidade de aceitar uma determinada oportunidade provavelmente não é constante na maioria dos contextos), ele captura o recurso mais importante da interação espacial.

Uma vez que estabelecemos as principais características de um modelo de probabilidade, como o modelo de probabilidades intervenientes, outras perguntas surgem naturalmente. Algumas das perguntas que podem surgir aqui são:

1. As probabilidades somam um, como deveriam?
2. De onde vem L?

3. E se não temos dados exatos sobre as distâncias e as oportunidades, e os dados são organizados em zonas ao redor da origem?

Vamos agora considerar cada uma dessas perguntas.

4.6.1.1 As probabilidades somam um? Uma variável aleatória geométrica é usada sempre que a variável de interesse é o número de experimentos em que ocorre o primeiro sucesso. Aqui os "experimentos" são as oportunidades e o "sucesso" refere-se à seleção de uma oportunidade específica. Se a variável pode tomar como seu valor qualquer número inteiro positivo (1, 2,...), as probabilidades somarão um. No modelo de probabilidades intervenientes, um indivíduo não terá um número infinito de possibilidades a considerar e, portanto, a soma das probabilidades será menor que um. Isto é,

$$\sum_{i=1}^{i=n<\infty} p(X=i) < 1. \qquad (4.16)$$

Consequentemente, para sermos mais precisos, devemos ajustar nossas probabilidades apropriadamente. Podemos fazer isso dividindo as probabilidades por seu somatório, para garantir que elas somem um:

$$p(X=j) = \frac{(1-L)^{j-1}L}{\sum_{i=1}^{n}(1-L)^{i-1}L}. \qquad (4.17)$$

Se (a) n é grande, (b) L é grande, ou (c) n é grande e L é grande, então esse ajuste é desnecessário, uma vez que o denominador em (4.17) será próximo de um.

4.6.1.2 De onde vem L? Suponha que temos um conjunto de dados que indica a proporção de pessoas deixando um determinado local de residência que acaba em cada um dos n destinos. Gostaríamos de escolher (ou seja, estimar) L de tal maneira que seja consistente com o que observamos. Ou seja, uma vez que temos a liberdade de estimar L, claramente devemos fazê-lo de uma forma consistente com nossos dados observados.

Existem muitas abordagens alternativas para escolher L, e aqui vamos ilustrar várias delas. Suponha que observemos as seguintes proporções de pessoas deixando uma origem para uma das seis lojas potenciais na área (organizadas em termos de aumento da distância a partir da origem): $p_{obs}(X=1) = 0{,}55$, $p_{obs}(X=2) = 0{,}3$, $p_{obs}(X=3) = 0{,}1$, $p_{obs}(X=4) = 0{,}05$, $p_{obs}(X=5) = 0{,}0$ e $p_{obs}(X=6) = 0{,}0$. A maioria das pessoas vai até a loja mais próxima, e ninguém vai de nossa origem até as duas lojas que estão mais distantes. A natureza das observações sugere, portanto, que o modelo de probabilidades intervenientes pode replicar bem o comportamento de viagens observado.

Uma maneira de escolher L seria simplesmente tentar vários valores e ver qual funciona melhor. Poderíamos definir "melhor" de diferentes maneiras, mas vamos usar a soma dos desvios quadrados entre valores observados e previstos. Assim, se tentarmos $L = 0,5$, nosso critério, a soma dos desvios quadrados entre proporções observados e previsíveis, é

$$\sum_{i=1}^{i=n}(P_{obs}(i) - \hat{p}(i))^2 = (0,55 - 0,5)^2 + (0,3 - 0,25)^2$$
$$+ (0,1 - 0,125)^2 + (0,05 - 0,0625)^2$$
$$+ (0 - 0,03125)^2 + (0 - 0,01563)^2$$
$$= 0,0070. \quad (4.18)$$

onde ∧ indica a probabilidade prevista pelo modelo (onde usamos a forma simples do modelo fornecido pela Equação 4.15, que pode ser justificada, não pelo fato de que n é grande, mas pelo fato de que L seja provavelmente grande, uma vez que a interação observada cai fortemente com a distância). Se repetimos esse procedimento para muitos valores de L, obtemos o gráfico na Figura 4.12, que mostra que os desvios são minimizados (e, portanto, o ajuste do modelo é melhor) com um valor de $\hat{L} = 0,552$. Mais uma vez a notação ∧ é usada para indicar que L é uma estimativa do verdadeiro, mas desconhecido valor L. Com $\hat{L} = 0,552$, as probabilidades previstas são

$$\hat{p}(X=1) = 0,552, \quad \hat{p}(X=2) = 0,247, \quad \hat{p}(X=3) = 0,111,$$
$$\hat{p}(X=4) = 0,050, \quad \hat{p}(X=5) = 0,022 \quad \text{e}$$
$$\hat{p}(X=6) = 0,010, \quad (4.19)$$

e essas são razoavelmente próximas dos valores observados.

Uma maneira alternativa para estimar L é fazer uso do fato de que a média de uma variável aleatória geométrica é igual à recíproca da probabilidade de sucesso (ou, aqui, à recíproca de L, a probabilidade de aceitar uma determinada oportunidade). O destino médio da população da nossa amostra é 1,65. Para ver isso, suponha que 100 pessoas deixaram a origem. Usando os dados observados, 55 iriam parar no destino 1, 30 no destino 2, 10 no destino 3 e cinco no destino 4. Se fizermos uma lista dos números de destino para cada um destes 100 indivíduos, o total será $(55 + (30)(2) +$

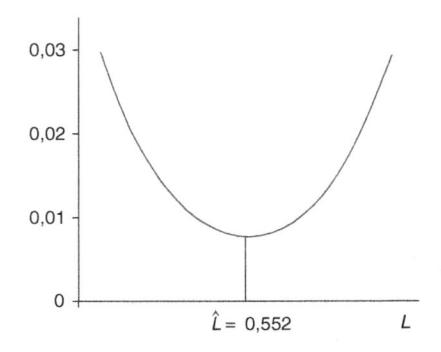

FIGURA 4.12 **Soma dos erros quadrados de uma função de L.**

(10)(3) + (5)(4) = 165), e dividi-lo pelo número total de pessoas na amostra resulta em 165/100 = 1,65. Assim, temos $\hat{L}$ = 1/1,65 = 0,606, que é semelhante a nossa estimativa anterior de L.

4.6.1.3 E se os dados de oportunidades são organizados em zonas?

Uma maneira comum de se usar o modelo de oportunidades intervenientes é organizar os destinos potenciais em zonas ao redor da origem. Planejadores de transporte, muitas vezes, não precisam saber o número de pessoas que chegam em cada destino; estão satisfeitos com estimativas mais agregadas do número de chegadas dentro de zonas definidas de transporte.

Podemos especificar o número de oportunidades na zona de destino j como d_j e, então, organizar as zonas em ordem crescente de distância ao redor da origem. A probabilidade de parar em algum lugar na zona mais próxima da origem é igual à probabilidade de aceitar uma oportunidade em algum lugar (em qualquer lugar) dentro dela. Por sua vez, isso pode ser considerado como um menos a probabilidade de *não* achar aceitável qualquer uma das oportunidades da zona 1:

$$p(X = 1) = 1 - (1 - L)^{d_1} \tag{4.20}$$

onde $p(X=1)$ agora se refere à probabilidade de parar na zona 1. A probabilidade de parar na zona 2 é igual à probabilidade de ir além da zona 1, menos a probabilidade de ir além da zona 2:

$$p(X = 2) = (1 - L)^{d_1} - (1 - L)^{d_1+d_2} \tag{4.21}$$

Em geral, a probabilidade de parar na zona j é igual à probabilidade de ir além da zona $j - 1$, menos a probabilidade de ir além de zona j:

$$p(X = j) = (1 - L)^{\sum_{i=1}^{j-1} d_i} - (1 - L)^{\sum_{i=1}^{j} d_i} \tag{4.22}$$

L pode ser determinada minimizando-se a soma dos erros quadrados, conforme descrito na subseção anterior. Por exemplo, suponha que $d_1 = 5$, $d_2 = 4$, $d_3 = 4$, $p_{obs}(1) = 0,5$, $p_{obs}(2) = 0,4$ e $p_{obs}(3) = 0,1$. Tentando valores alternativos de L, encontramos que $L = 0,132$ minimiza a soma dos erros quadrados

$$\sum_{i=1}^{3} [p_{obs}(i) - \hat{p}(i)]^2, \tag{4.23}$$

onde os valores previstos $\hat{p}(i)$ são encontrados a partir das Equações 4.20 a 4.22.

4.6.2 Um modelo de migração

É possível construir um modelo simples da mobilidade de pessoas para um sistema regional dividido em n subáreas. Para fins ilustrativos, vamos atentar para $n = 2$ casos de mudanças entre o centro da cidade e os subúrbios. Focamos apenas a redistribuição das pessoas que estão vivas e morando na região de estudo durante todo o período considerado. Suponha que a cada ano 20% dos habitantes do centro da cidade se mudam para os subúrbios e que 15% de todos os residentes suburbanos se mudam para o centro da cidade. Se começarmos com 10.000 residentes em cada local, após o primeiro ano temos, para as populações suburbana e do centro da cidade:

$$P_{sub} = 0{,}85(10.000) + 0{,}2(10.000) = 10.500$$
$$P_{cc} = 0{,}8(10.000) + 0{,}15(10.000) = 9.500 \qquad (4.24)$$

Isto é baseado no fato de que 85% dos residentes suburbanos e 80% dos habitantes do centro da cidade não se mudam em um determinado ano.

Supondo-se que essas probabilidades de mudança permanecem constantes ao longo do tempo, a população no final do ano t pode ser escrita em termos de populações no final do ano anterior:

$$P_{sub}(t) = 0{,}85 P_{sub}(t-1) + 0{,}2 P_{cc}(t-1)$$
$$P_{cc}(t) = 0{,}8 P_{cc}(t-1) + 0{,}15 P_{sub}(t-1) \qquad (4.25)$$

Por exemplo, as populações no final do segundo ano são:

$$P_{sub}(t) = 0{,}85(10.500) + 0{,}2(9.500) = 10.825$$
$$P_{cc}(t) = 0{,}8(9.500) + 0{,}15(10.500) = 9.175 \qquad (4.26)$$

Observe que o total da população permanece fixo em 20.000. Esse modelo simples é conhecido como Modelo de Markov, e fornece um método útil para projetar no curto prazo o componente de migração da mudança demográfica.

O modelo também tem propriedades interessantes a longo prazo. Se o modelo puder ser aplicado a longo prazo, as populações regionais se aproximam de um valor de equilíbrio, constante, ou seja,

$$P_{sub}(t) = 0{,}85 P_{sub}(t) + 0{,}2 P_{cc}(t)$$
$$P_{cc}(t) = 0{,}8 P_{cc}(t) + 0{,}15 P_{sub}(t) \qquad (4.27)$$

As populações de equilíbrio podem ser determinadas através de qualquer uma das duas Equações 4.27, associadas ao fato de que a população total é fixada em 20.000. Por exemplo:

$$P_{sub}(t) = 0{,}85 P_{sub}(t) + 0{,}2 P_{cc}(t)$$
$$P_{sub}(t) + P_{cc}(t) = 20.000 \qquad (4.28)$$

é um conjunto de duas equações e duas incógnitas. Ele pode ser resolvido para produzir $P_{sub} = 11.429$ e $P_{cc} = 8.571$. Assim, se as probabilidades atuais da mobilidade não mudarem, 4/7 da população regional irá residir nos subúrbios e 3/7 irá residir no centro da cidade. Essas populações de equilíbrio só dependem das probabilidades de trocas entre as subáreas; elas não dependem das populações iniciais das subáreas. Embora, na realidade, as probabilidades de mudança não permaneçam constantes para longos períodos de tempo, o equilíbrio a longo prazo fornece um horizonte (móvel) útil para o qual a distribuição da população tende.

O modelo de Markov fornece uma boa ilustração de como os conceitos elementares de probabilidade podem ser usados para modelar um processo importante. Nesse caso, o modelo fornece tanto previsões úteis de curto prazo quanto consequências compreensíveis de longo alcance. Para obter mais detalhes sobre esse modelo, consulte Rogers (1975).

4.6.3 O futuro da população humana

Por quanto tempo a espécie humana sobreviverá? Essa pergunta básica tem sido objeto de muito debate. Tem sido dada atenção a fatores como a taxa na qual estaremos esgotando os recursos não renováveis, bem como quantas pessoas a Terra pode suportar (Cohen 1995).

Uma abordagem interessante que usa um argumento simples de probabilidade para estimar a sobrevivência da espécie humana foi sugerido por Gott (1993). Imagine uma lista de todos os seres humanos que já viveram ou que viverão. Uma vez que não há razão para supor que ocupamos um lugar especial nesta lista, há apenas 5% de chance de estarmos listados entre os primeiros 2,5% da lista ou os últimos 2,5% da lista. Como observa Gott:

> Suponha que você está situado aleatoriamente na lista cronológica de seres humanos. Se o número total de pessoas inteligentes na espécie é um número inteiro positivo N_{tot} = N_{pass} + 1 + N_{futuro}, onde N_{pass} é o número de pessoas inteligentes nascidas antes de um determinado observador inteligente e N_{futuro} é o número de nascidos posteriormente, então esperamos que N_{pass} seja a parte inteira do número rN_{tot}, onde r é um número aleatório entre 0 e 1.

Sabemos que N_{pass} é aproximadamente 70 bilhões. Se N_{futuro} for maior do que cerca de 2,8 trilhões, significaria que estaríamos entre os primeiros 2,5% da lista cronológica (uma vez que 70 bilhões/2,8 trilhões = 0,025). Da mesma forma, se N_{futuro} for menor que 1,75 bilhão, significaria que estaríamos entre os últimos 2,5% da lista cronológica (uma vez que 1,75 bilhão/70 bilhões = 0,025). Se não ocupamos um lugar especial na lista cronológica, isso significa que a população futura ainda por nascer está, com 95% de confiança, no intervalo:

$$1,75 \text{ bilhão} \leq N_{futuro} \leq 2,8 \text{ trilhões} \tag{4.29}$$

Usando taxas de natalidade que agora estão um pouco desatualizadas, Gott traduz isso em um intervalo de confiança de 95% para a duração da sobrevivência da espécie humana:

$$12 \text{ anos} \leq t_{futuro} \leq 7,8 \text{ milhões de anos} \tag{4.30}$$

onde t_{futuro} é o número de anos adicionais que a espécie humana irá sobreviver.

Os leitores provavelmente se sentirão confortáveis com o limite superior, mas vão se surpreender com o limite inferior! Até mesmo o limite superior não é grande, se considerarmos, por exemplo, o período de tempo que a vida está presente no planeta.

Resultados diferentes são obtidos quando usamos pressupostos diferentes. Nossa espécie existe há aproximadamente t_{pass} = 200.000 anos. Se não ocupamos um lugar especial no cronograma do passado e na história futura da espécie humana, há uma chance de 2,5% de que vivemos nos anos que estão dentro dos primeiros 2,5% do cronograma final, e uma oportunidade de 2,5% de estarmos vivendo nos anos que estão dentro dos últimos 2,5%. Se t_{futuro} for inferior a 5.000 anos, isso significaria que estaríamos entre os últimos 2,5% da linha de tempo (já que 5.000/200.000 = 0,025), e se t_{futuro} for superior a 8 milhões de anos, isso significaria que estaríamos entre os primeiros 2,5% da linha de tempo (já que 200.000/8 milhões = 2,5%). Daí:

$$5.000 \text{ anos} \leq t_{futuro} \leq 8 \text{ milhões de anos} \qquad (4.31)$$

Ficamos então com um pouco mais de tempo no limite inferior com esse cenário.

EXERCÍCIOS RESOLVIDOS

1. Uma variável aleatória contínua tem uma distribuição uniforme no intervalo de $6 \leq x \leq 36$. Qual é a probabilidade de que um sorteio aleatório desta distribuição esteja entre 12,4 e 18,8? Qual é a média e o desvio dessa variável?

Solução. Todos os valores no intervalo de 6 a 36 têm a mesma probabilidade. A probabilidade de se obter um valor no intervalo de 12,4 e 18,8 é igual à largura do intervalo, relativa ao total do intervalo. Assim, a probabilidade de que o sorteio esteja na faixa de 12,4 a 18,8 é igual a (18,8 − 12,4) /(36 − 6) = 6,4 / 30 = 0,2133. A média de uma variável aleatória uniforme é igual à média dos limites superiores e inferiores: (6 + 36)/2 = 42/2 = 21. A variância de uma variável é igual a um duodécimo do quadrado do intervalo: $(36 − 6)^2/12$ = 900/12 = 75.

2. O tempo médio entre as inundações em uma pequena cidade do Adirondacks é 4,3 anos.

(a) Assumindo que a distribuição dos períodos entre as inundações é exponencial, qual é a probabilidade de que o tempo até a próxima inundação seja superior a três anos?

Solução. O parâmetro, λ, de uma distribuição exponencial é igual à recíproca da média. Assim, $\lambda = 1/4,3$. A probabilidade de se obter um valor menor que x é igual a $1 - e^{-\lambda x}$ e, portanto, a probabilidade de se obter um valor maior que x é igual a $e^{-\lambda x}$. Assim, a probabilidade de que o tempo até a próxima inundação seja maior do que x = 3 anos é $e^{-(1/4,3)(3)} = e^{-3/4,3} = 0,4977$.

(b) Qual é a probabilidade de que o tempo até a próxima inundação esteja entre quatro e sete anos?

(continua)

(continuação)

Solução. A probabilidade de que o tempo até a próxima inundação seja superior a quatro anos e menor que sete anos, é igual à probabilidade de o tempo ser superior a quatro anos, menos a probabilidade de ser superior a sete anos: $e^{-(1/4,3)}4 - e^{-(1/4,3)7}$ = 0,3945 − 0,1963 = 0,1981.

(c) Qual é a probabilidade de que o tempo até a próxima inundação seja superior a sete anos, dado que é superior a quatro anos?

Solução. Se sabemos que o tempo até a próxima inundação é superior a quatro anos, estamos restringindo nossa atenção para a parte da distribuição que tem área igual a $e^{-(1/4,3)7}$ = 0,3944. Desta área, gostaríamos de saber qual parte está associada com períodos maiores de sete anos. A parte original da curva exponencial que está associada com períodos maiores do que sete anos é 0,1963. Assim, a probabilidade desejada é a relação entre esses dois valores, ou 0,1963/0,3944 = 0,4977.

3. O número médio de veículos por dia viajando em uma estrada do país é normalmente distribuído com média de 221,0 e desvio padrão igual a 42,6.

(a) Qual a porcentagem de dias que possuem entre 185 e 290 carros na estrada?

Solução. O primeiro passo é encontrar os escores z associados a 185 e 290. Para o primeiro, 185 está abaixo da média e, especificamente, $z = (185 − 221)/42,6 = −36/42,6 = −0,845$. Assim, 185 está a 0,845 desvios padrão abaixo da média. Da mesma forma, o escore z associado a 290 é igual a $z = (290 − 221)/42,6 = 69/42,6 = 1,62$. Portanto, 290 está a 1,62 desvios acima da média. Para localizar a probabilidade desejada, vamos dividir o problema em duas partes. A probabilidade de uma observação entre a média ($z = 0$) e 290 ($z = 1,62$) é, na tabela normal padrão, 0,5 − 0,0562 = 0,4438. Da mesma forma, a probabilidade de uma observação entre 185 ($z = −0,845$) e a média ($z = 0$) é 0,5 − 0,1977 = 0,3023 (onde o escore z foi arredondado para −0,85). A resposta é a soma destas duas probabilidades: 0,4438 + 0,3023 = 0,7461.

(b) Qual é o volume de tráfego na estrada correspondente aos 20% acima da média do período?

Solução. Buscamos primeiro o valor z associado a uma área na cauda direita da distribuição igual a 0,2. Pesquisando o corpo da tabela z, achamos que um valor z igual a 0,84 está muito perto da área desejada. 0,84 desvios acima da média é igual a 221 + 0,84 (42,6) = 221+ 35,78 = 256,78.

(continua)

(continuação)

4. Suponha que examinamos as mudanças da população em um sistema de cidade-subúrbio e assumimos que a migração é limitada à circulação entre essas duas regiões. A probabilidade de mudança da periferia para o centro da cidade é 0,2 a cada ano e, portanto, a probabilidade de não se mudar para o centro da cidade é 0,8. Da mesma forma, a probabilidade de deixar o centro da cidade e ir para os subúrbios, anualmente, é de 0,3. Se existem 1.000 residentes no centro da cidade e 800 nos subúrbios, projete a população para o próximo ano e para o ano seguinte, supondo que as probabilidades de migração permaneçam as mesmas ao longo do tempo.

   Solução. No próximo ano, o centro da cidade deverá ter sete décimos de sua população inicial ($0,7 \times 1.000$) (já que três décimos se mudam para os subúrbios, o resto da população não se muda), além de dois décimos da população que começou nos subúrbios ($0,2 \times 800$); assim, a previsão é de 700 + 160 = 860. Da mesma forma, a projeção para o subúrbio é constituído por moradores de lá (800) que não se mudam (0,8), e os moradores do centro da cidade (1.000) que se deslocam para os subúrbios (0,3); assim, a previsão da população suburbana é 640 + 300 = 940. Observe que a população total (860 + 940) é igual a 1.800, que é o mesmo que a população inicial; estamos ignorando nascimentos e mortes nessa previsão. O mesmo processo pode agora ser usado para produzir uma projeção para o ano seguinte, começando com 860 e 940 para populações do centro da cidade e suburbanas, respectivamente. Portanto, para o ano seguinte, a previsão é de que o centro da cidade terá sete décimos de sua população de 860, além de dois décimos da população agora nos subúrbios (940); $0,7(860) + 0,2(940) = 790$. Da mesma forma, para o ano seguinte, a projeção para o subúrbio é de oito décimos de sua população de 940, além de três décimos da população agora no centro da cidade (860); $0,8(940) + 0,3(860) = 1.010$. Observe que a população total ainda é igual a 1.800 (= 790 + 1.010), como deveria ser.

5. Um estudo dos residentes revela que 30% compram na loja mais próxima, 20% na segunda loja mais próxima, 10% na terceira loja mais próxima, 0% na quarta loja mais próxima, 10% na quinta loja mais próxima e 30% na sexta loja mais próxima. Para o modelo de oportunidades intervenientes, estime L, a probabilidade de se comprar em uma loja específica.

   Solução. O modelo das oportunidades intervenientes faz uso da distribuição geométrica; a probabilidade de compras em cada loja é constante. Aqui estamos interessados em estimar essa probabilidade e podemos fazê-lo sabendo que a média de uma variável geométrica (ou seja, a média de experimentos em que o primeiro sucesso é observado) é igual a $1/L$, onde L é a probabilidade de sucesso (ou seja, fazer compras em uma loja). Como a média e L são recíprocas, L pode ser encontrada como o inverso da média (observada), ou seja, 1/(média observada). A média refere-se à "loja número" que indivíduos estão comprando em média. Se houvesse

(continua)

(continuação)

100 indivíduos, 30% (ou 30) iria fazer compras na loja 1, 20 iria fazer compras na loja 2, 10 na loja 3, 10 na loja 5 e 30 na loja 6. Se nós adicionarmos todos esses números de lojas para essas pessoas, teríamos $(30 \times 1) + (20 \times 2) + (10 \times 3) + (10 \times 5) + (30 \times 6) = 330$. Uma vez que há 100 pessoas, o número médio de lojas é $330/100 = 3,3$. Pressupor 100 indivíduos é claramente algo arbitrário, e a média pode ser encontrada mais facilmente ponderando-se os números de lojas diretamente por suas probabilidades: $(0,3 \times 1) + (0,2 \times 2) + (0,1 \times 3) + (0,1 \times 5) + (0,3 \times 6) = 3,3$. Nossa estimativa de L é igual a $1/3,3$ ou $0,303$.

EXERCÍCIOS

1. A quantidade de neve que cai em um local é normalmente distribuída com média de 96 polegadas e desvio padrão de 32 polegadas.

   (a) Qual é a probabilidade de que um determinado ano tenha mais de 120 polegadas de neve?
   (b) Qual é a probabilidade de que a queda de neve esteja entre 90 polegadas e 100 polegadas?
   (c) Qual nível de queda de neve será ultrapassado em apenas 10% do período?

2. Pressuponha que os preços pagos para habitação em um bairro tenham uma distribuição normal, com média de US$100.000 e desvio padrão de US$35.000.

   (a) Qual a porcentagem de casas no bairro com preços entre US$90.000 e US$130.000?
   (b) Qual seria o preço das casas se apenas 12% entre todas elas tivessem os preços mais baixos?

3. Residentes em uma comunidade têm opções de seis diferentes mercearias. As proporções de moradores observados que frequentam cada mercearia são $p(1) = 0,4$, $p(2) = 0,25$, $p(3) = 0,15$, $p(4) = 0,1$, $p(5) = 0,05$ e $p(6) = 0,05$, onde as lojas estão em ordem crescente de distância até a comunidade residencial. Ajuste um modelo de oportunidades intervenientes a esses dados, estimando o parâmetro L.

4. A probabilidade anual de moradores suburbanos se mudarem para o centro da cidade é 0,08, enquanto que a probabilidade anual dos moradores do centro da cidade irem para os subúrbios é 0,11. Partindo de populações de 30.000 e

(continua)

(continuação)

20.000 no centro da cidade e subúrbio, respectivamente, projete a redistribuição de população que ocorrerá nos próximos três anos. Use o pressuposto do modelo de Markov de que as probabilidades de movimento permanecerão constantes. Além disso, encontre as populações de equilíbrio a longo prazo.

5. A grandeza (escala de Richter) dos tremores de terra ao longo de uma falha da Califórnia é exponencialmente distribuída, com $\lambda = (1/2,35)$. Qual é a probabilidade de um terremoto exceder a magnitude de 6,3? Agora suponha que você soube que há um tremor de terra por ano (em média) com magnitude maior que 6,1 naquele local. Se houver um terremoto de magnitude maior que 6,1, qual é a probabilidade de que ele ultrapasse a magnitude de 7,7?

6. Uma variável, X, é distribuída uniformemente entre 10 e 24. (a) Qual é a $p(16 \leq X \leq 20)$? (b) Qual é a média e a variância de X? (c) Qual é o 75° percentil para essa variável?

7. A duração de residência em domicílios é distribuída exponencialmente com $\lambda = 0,21$. Qual é a probabilidade de que uma família esteja em sua casa há mais de oito anos? Entre cinco e oito anos? Qual é a probabilidade de uma mudança durante o próximo ano, uma vez que as pessoas já estejam na casa há cinco anos? Há oito anos?

8. O valor médio das importações anuais de um país é normalmente distribuído com média μ = US$30 milhões e o desvio padrão σ = 16 milhões. Qual o valor em dólar das importações que é ultrapassado em apenas 5% das vezes? Que fração de anos tem valores de importação entre 29 e 45 milhões?

9. O número de clientes diários em um banco é normalmente distribuído com média μ = 250 e o desvio padrão σ = 110. Que parcela de dias terá menos de 100 clientes? Mais de 320? Qual o número de clientes que será excedido em 10% das vezes?

10. Os rendimentos são exponencialmente distribuídos com λ = 0,0001. Qual fração da população tem renda (a) < US$8.000? (b) > US$12.000? (c) entre US$9.000 e US$12.000?

11. O número de consumidores comprando um item específico em um determinado dia é uniforme no intervalo (16,28). Qual o número médio diário de consumidores comprando o item? Qual a porcentagem do tempo em que haverá mais de 25 compras? Menos de 18?

12. Suponha que a precipitação anual é normalmente distribuída, com média de 50 polegadas e desvio padrão de 12 polegadas. Encontre o 65° percentil da distribuição da precipitação.

13. (a) Expresse a mediana da distribuição exponencial em termos de seu parâmetro, λ.
    (b) Mostre que o percentil 64° da distribuição exponencial também é igual à sua média.

14. (a) Encontre o coeficiente teórico de variação para a distribuição uniforme.
    (b) Repita a parte (a) para o caso especial em que o menor limite da distribuição uniforme, a, é igual a zero.

Estatística Inferencial: Intervalos de Confiança, Testes de Hipótese e Amostragem

5

> ***OBJETIVOS DE APRENDIZAGEM***
> * *Como construir intervalos de confiança em torno de médias e proporções*   107
> * *Testar hipóteses sobre médias e proporções*   113
> * *Os efeitos da dependência espacial sobre testes estatísticos*   127
> * *Testar hipóteses sobre a centralidade espacial e a variabilidade espacial*   139

5.1 Introdução à estatística inferencial

Como observado no Capítulo 1, os métodos de estatística inferencial são usados para fazer inferências sobre uma população a partir de uma amostra. Por exemplo, podemos entrevistar 50 pessoas em uma cidade e perguntar-lhes a distância que elas se deslocam para trabalhar. A média da amostra nos fornece uma medida resumida simples e também nossa melhor estimativa do que é a "verdadeira" média da distância dos deslocamentos para toda a cidade. Como temos apenas uma amostra, estamos conscientes de que se entrevistássemos outras 50 pessoas, provavelmente encontraríamos uma estimativa diferente. Neste capítulo, vamos ver como podemos fazer inferências mais detalhadas das informações que coletamos por meio de amostragem. Com as ferramentas da estatística descritiva do Capítulo 2 e o embasamento sobre probabilidade dos Capítulos 3 e 4, estamos agora preparados para aprender mais sobre estatística inferencial.

5.2 Intervalos de confiança

5.2.1 Intervalos de confiança para a média

Continuando com o exemplo da introdução, suponhamos que a média de tempo de deslocamento ao trabalho para 50 residentes escolhidos aleatoriamente seja de 10 km. Além de notar que essa é a nossa melhor estimativa da distância da mobilidade pendular para os moradores da cidade, o que mais podemos inferir sobre distâncias de deslocamentos? Sobretudo, o quão confiantes estamos desta estimativa? Dez quilômetros é nossa melhor estimativa da distância verdadeira, mas quão prováveis são outras possibilidades?

Se repetirmos essa experiência muitas vezes, podemos fazer um histograma dos resultados, com base em todas as médias (cada qual iria basear-se em um tamanho de amostra de 50 moradores). Visto que sabemos algo sobre a natureza deste histograma (ou distribuição) das médias amostrais, somos capazes de fazer afirmações sobre a nossa confiança na estimativa da média. O *teorema central do limite* nos fala, principalmente, sobre a natureza das médias amostrais. Sempre que somamos um grande número de variáveis independentes, identicamente distribuídas, o teorema central do limite implica que a soma terá uma curva normal e em forma de sino para sua distribuição de frequência.

Por exemplo, se somarmos os tempos de deslocamento (e, em seguida, simplesmente dividi-lo por uma constante, igual ao número de observações, para obter a média da amostra), o resultado pode ser pensado como uma observação de uma distribuição normal. Mais especificamente, se o processo de entrevistas de 50 pessoas for repetido muitas vezes, e fizermos um histograma das médias resultantes, o histograma teria a forma de uma distribuição normal.

No teorema central do limite, "independente" implica que o tempo de deslocamento de um indivíduo não está relacionado com o tempo de deslocamento de outros indivíduos. "Identicamente distribuído" implica que cada tempo de deslocamento individual vem da mesma distribuição de frequência. Em outras palavras, não existem distribuições de frequência separadas que governam subcategorias separadas da população. Nessas condições, constataríamos que a distribuição da frequência das médias amostrais (que poderia ser construída se tivéssemos os vários resultados da pesquisa, cada um com sua própria média amostral) seguiria uma distribuição normal.

Além disso, a curva normal, em forma de sino, que representa a distribuição de frequência das médias amostrais terá uma média igual à verdadeira média, μ. Embora seja improvável que nossa própria média amostral seja exatamente igual à média verdadeira, é certamente reconfortante saber que, com um número muito grande de pessoas repetindo nossa pesquisa de 50 indivíduos, a média de todas as médias amostrais seria igual à verdadeira média. Podemos dizer que a média amostral é uma estimativa *não tendenciosa* da verdadeira média.

Finalmente, sabemos algo sobre a variabilidade que observaremos entre as médias amostrais coletadas. Em particular, as médias amostrais terão uma variância igual a σ^2/n. Isso é consistente com a noção intuitiva de que as médias amostrais exibirão mais variabilidade quando os dados originais são inerentemente variáveis; altos valores de σ^2 vão levar a altos valores de σ^2/n. Se foi dito a todos em uma aula para aumentar o tamanho de sua amostra (ou seja, fazer n se tornar maior), a distribuição resultante das médias amostrais exibiria menor variabilidade.

Resumindo, sabemos que se outros repetirem nossa pesquisa e se fizermos um histograma usando todas as médias amostrais que foram coletadas, este teria uma aparência mais ou menos normal, em forma de sino, e a média das amostras forneceria uma estimativa da verdadeira média, e a variância das médias amostrais seria igual a σ^2/n.

Já que sabemos algo sobre a distribuição das médias amostrais, podemos agora fazer afirmações sobre quão seguros estamos de que a verdadeira média se encontra dentro de um determinado intervalo de nossas médias amostrais. Para uma distribuição normal, 95% das observações encontram-se dentro de aproximadamente dois desvios padrão (na verdade 1,96 desvios padrão) a partir da média. Isso pode ser verificado utilizando-se a tabela normal padrão (Tabela A.2 no Apêndice A), que revela que a probabilidade de um escore z com valor absoluto menor que 1,96 é 0,95. O desvio padrão da distribuição das médias amostrais é igual à raiz quadrada da variância, ou $\sigma/\sqrt{n}$. Uma vez que, normalmente, não sabemos σ, estimamos esta quantidade como $s/\sqrt{n}$. Isso implica que, em 95% das vezes, nossa média amostral específica deve ser encontrada dentro de $\pm 1,96 s/\sqrt{n}$ de nossa verdadeira média μ:

$$pr\left[\left(\mu - 1,96\frac{s}{\sqrt{n}}\right) \leq \bar{x} \leq \left(\mu + 1,96\frac{s}{\sqrt{n}}\right)\right] = 0,95 \quad (5.1)$$

A probabilidade de que $\bar{x}$ se situe no intervalo descrito nos parênteses é 0,95. Reorganizar a Equação 5.1 nos permite construir um intervalo de confiança em torno de nossa média amostral:

$$pr\left[\left(\bar{x} - 1,96\frac{s}{\sqrt{n}}\right) \leq \mu \leq \left(\bar{x} + 1,96\frac{s}{\sqrt{n}}\right)\right] = 0,95 \quad (5.2)$$

isso nos diz que em 95% das vezes, a média verdadeira deve estar dentro de mais ou menos $1,96s/\sqrt{n}$ da média amostral. Isso é denominado intervalo de confiança de 95%; não sabemos qual é a média verdadeira, mas temos 95% de segurança de que ela está dentro do intervalo dado na Equação 5.2.

Um intervalo de confiança de 90% poderia ser construído a partir do reconhecimento de que a verdadeira média se encontra dentro de 1,645 desvios padrão da média em 90% das vezes. O valor de 1,645 vem da tabela z da normal padronizada encontrada na Tabela A.2; esse é o valor de z associado com 5% da área sob cada uma das duas caudas da distribuição. Também é bastante comum o uso de intervalos de confiança de 99%, construídos pela adição e subtração de $2,58s/\sqrt{n}$ da média da amostra.

Generalizando, um intervalo de confiança de $(1 - \alpha)\%$ em torno da média da amostra é:

$$pr\left[\left(\bar{x} - z_\alpha \frac{s}{\sqrt{n}}\right) \leq \mu \leq \left(\bar{x} + z_\alpha \frac{s}{\sqrt{n}}\right)\right] = 1 - \alpha, \quad (5.3)$$

onde z_α é o valor obtido da tabela z que está associada com uma fração de α relativa à cauda (e, portanto, $\alpha/2$ é a área em *cada* cauda).

Considere o caso em que, além de encontrar uma distância média de deslocamento de 10 km em nossa amostra de 50 indivíduos, encontramos um desvio padrão de 9 km. Usando a Equação 5.2, um intervalo de confiança de 95% para a média é 10 km $\pm$ 1,96 $(9/\sqrt{50})$ ou 10 $\pm$ 2,49. Isso implica que estamos 95% seguros de que a verdadeira média oscila entre 7,51 km e 12,49 km.

> **EXEMPLO 5.1**
>
> Para o cenário descrito logo antes, encontre os intervalos de confiança de 90% e 85%.
>
> **Solução.** Para o intervalo de confiança de 90%, usamos $z_\alpha = 1{,}645$ no lugar de 1,96 usado para o intervalo de confiança de 95%. Isso leva a um intervalo de confiança de 90% de 10 km $\pm$ 1,645 $(9/\sqrt{50})$, ou 10 $\pm$ 2,093. Estamos 90% seguros de que a verdadeira média está entre 7,907 e 12,093. Observe que esse intervalo é mais estreito do que o intervalo de confiança de 95%. Para o intervalo de confiança de 85%, usamos primeiro a tabela normal padrão (A.2) para encontrar $z_\alpha = 1{,}44$. Isso é encontrado procurando-se dentro do corpo da tabela por $(1 - 0{,}85)/2 = 0{,}075$. Essa área da cauda de 7,5% é encontrada na linha $z = 1{,}4$ e na coluna 0,04, correspondente a um valor z de 1,44. Em seguida, o intervalo de confiança de 85% é 10 km $\pm$ 1,44 $(9/\sqrt{50})$, ou 10 km $\pm$ 1,833. Estamos, portanto, 85% seguros de que a verdadeira média situa-se no intervalo de 8,167 e 11,833. Mais especificamente, 85% das vezes, intervalos de confiança construídos dessa forma irão conter a média verdadeira.

5.2.2 Intervalos de confiança para a média quando o tamanho da amostra é pequeno

O teorema central do limite aplica-se quando o tamanho da amostra é "grande"; só então a distribuição das médias terá uma distribuição normal. Quando o tamanho da amostra não é "grande", a distribuição de frequência das médias amostrais apresenta aquilo que é conhecido como a distribuição t; ela é simétrica como a distribuição normal, mas tem uma forma ligeiramente diferente.

As áreas sob a distribuição t constam da tabela t (Tabela A.3 no Apêndice A). A tabela é usada com $n - 1$ *graus de liberdade*. Por exemplo, com um tamanho de amostra de $n = 30$, intervalos de confiança de 95% são construídos usando-se $t = 2{,}045$ (encontrado usando-se a coluna 0,025 da Tabela A.3, com 29 graus de liberdade), ao invés do valor de $z = 1{,}96$ usado acima para a distribuição normal.

Para dados de deslocamentos ao trabalho da Tabela 2.1, o intervalo de confiança de 95% em torno da média é, portanto:

$$pr\left[\left\{21{,}93 - \frac{2{,}045(14{,}43)}{\sqrt{30}}\right\} \leq \mu \leq \left\{21{,}93 + \frac{2{,}045(14{,}43)}{\sqrt{30}}\right\}\right] = 0{,}95, \quad (5.4)$$

e, assim, estamos 95% seguros de que a verdadeira média está dentro de mais ou menos $2{,}045(14{,}43)/\sqrt{30} = 5{,}39$ da nossa média amostral de 21,93. O intervalo de confiança de 95% para a média pode ser descrito como (16,54; 27,32). Mais precisamente, 95% dos intervalos de confiança, construídos a partir de amostras, irão conter a média verdadeira.

A distribuição t é usada quando o tamanho da amostra não é grande, mas o que constitui "grande"? Uma orientação comum é que, se o tamanho da amostra é maior que 30, a distribuição normal pode ser usada. Examinando as colunas da Tabela A.3, é evidente que a distribuição t começa a aproximar-se da distribuição normal para graus de liberdade superiores a aproximadamente 30. Por exemplo, observe que a última entrada na coluna 0,025 é o familiar 1,96 da tabela normal padrão; da mesma forma, a última entrada na coluna 0,05 é o valor de 1,645 usado para grandes amostras.

5.2.3 Intervalos de confiança para a diferença entre duas médias

Há muitas situações nas quais estamos interessados em comparar duas amostras. Suponha, por exemplo, que desejamos comparar os tempos de deslocamento de casa ao trabalho em dois subúrbios. Para o subúrbio 1, encontramos uma média de tempo de deslocamento de 15 minutos, com um desvio padrão de 20 minutos, com base em uma amostra de 30 indivíduos. Para o subúrbio 2, encontramos uma média de tempo de deslocamento de 22 minutos, com um desvio padrão de 23 minutos, com base numa amostra de 40 pessoas.

Nossa melhor estimativa da diferença entre os tempos de deslocamento nos dois subúrbios é que os moradores da comunidade 2 tem um trajeto mais longo, em torno de 7 (= 22 – 15) minutos. Porém, essa estimativa é baseada em uma amostra – a diferença "verdadeira" entre as duas comunidades pode ser maior ou menor do que essa estimativa. No entanto, sabemos algo sobre a distribuição das diferenças entre as médias amostrais. Se extrairmos amostras repetidamente e a cada vez observarmos as diferenças entre as médias amostrais, fazendo em seguida um histograma dessas diferenças, a distribuição resultante seria centrada sobre a "verdadeira" diferença (qualquer que seja ela). Além disso, se os tamanhos das amostras individuais são grandes (digamos que maior que 30), então o histograma teria a forma de uma distribuição normal, e teria um desvio padrão igual a $\sqrt{(s_1^2/n) + (s_2^2/n)}$. Assim, um intervalo de confiança de $100(1 - \alpha)\%$ para a diferença nas médias amostrais é:

$$(\bar{x}_1 - \bar{x}_2) \pm Z\alpha \sqrt{(s_1^2/n) + (s_2^2/n)} \quad (5.5)$$

onde $Z\alpha$ é o valor apropriado obtido da tabela normal padrão (onde há uma área de $\alpha/2$ em cada cauda). Por exemplo, para um intervalo de confiança de 95%, usaríamos $Z = 1,96$; para um intervalo de confiança de 90%, usaríamos $Z = 1,645$.

Continuando com o exemplo anterior, um intervalo de confiança de 95% para a diferença de tempos de deslocamento seria encontrado a partir de:

$$(22-15) \pm 1,96 \sqrt{20^2/30 + 23^2/40} = 7 \pm 10,1 \quad (5.6)$$

Nosso intervalo de confiança varia de 7 + 10,1 = 17,1 minutos (com a comunidade 2 apresentando o trajeto mais longo), a 7 – 10,1 minutos = 3,1 minutos (com a comunidade 1 tendo o trajeto mais longo). 95% de todos os intervalos de confiança, construídos dessa forma, irão conter a "verdadeira" diferença.

Se os tamanhos das amostras são menores, usamos a tabela t ao invés da tabela z e a largura do intervalo de confiança vai depender do que supomos quanto às variâncias das duas amostras:

(a) Se não assumimos que as variâncias das duas amostras são iguais (essa é a abordagem mais conservadora), então a largura do intervalo de confiança é:

$$(\bar{x}_1 - \bar{x}_2) \pm t_{\min(n_1, n_2)-1, gl} \sqrt{(s_1^2/n_1) + (s_2^2/n_2)} \qquad (5.7)$$

Isso é idêntico à equação anterior, com a ressalva de que usamos a tabela t em vez da tabela z, e podemos usá-la com número de graus de liberdade igual ao menor entre os dois tamanhos das amostras, menos um. Assim, se tivermos $n_1 = 14$ e $n_2 = 17$, e desejamos um intervalo de confiança de 95%, usaríamos um valor de $t = 2,16$ na expressão anterior (com base em 13 graus de liberdade).

(b) Se estamos dispostos a assumir que as verdadeiras variâncias das amostras são iguais, então a largura do intervalo de confiança é:

$$(\bar{x}_1 - \bar{x}_2) \pm t_{\min(n_1+n_2)-2, gl} \sqrt{s_p^2/n_1) + (s_p^2/n_2)} \qquad (5.8)$$

onde s_p^2 é uma estimativa conjunta com base nas duas variações da amostra; ela pode ser encontrada usando a Equação 5.24. Observe que os graus de liberdade agora são encontrados a partir de $n_1 + n_2 - z$. Mais uma vez, com $n_1 = 14$ e $n_2 = 17$, agora usaríamos $t = 2,045$ para um intervalo de confiança de 95%, com base em $14 + 17 - 2 = 29$ graus de liberdade.

5.2.4 Intervalos de confiança para proporções

Quando utilizamos amostras para estimar proporções, também estamos interessados em intervalos de confiança. Por exemplo, se uma pesquisa com $n = 45$ pessoas revela que $x = 20$ mudaram-se no ano passado, a proporção estimada de mudanças recentes é $p = 20/45 = 0,444$. Embora não saibamos a proporção "verdadeira" que caracteriza a população, uma vez que não pesquisamos todo mundo, ainda podemos traçar um intervalo de confiança em torno de nossa estimativa.

A construção de intervalos de confiança para proporções baseia-se no fato de que proporções amostrais também têm distribuições normais. Assim, se repetimos nossa pesquisa de 45 pessoas muitas vezes, teríamos uma série de proporções. Se fizéssemos um histograma dessas proporções da amostra, ele teria a distribuição normal na forma familiar de sino. Além disso, a distribuição seria centralizada na "verdadeira" proporção da população (p), e a variabilidade nas proporções da amostra poderia ser medida pela variância, $p(1 - e)/n$. Como a proporção real é desconhecida, utilizamos a variância da amostra, $p(1 - p)n$ para a construção de intervalos de confiança. Isso pode ser feito de uma maneira análoga à construção de intervalos de confiança para a média. Por exemplo, seria de se esperar que, em 95% das vezes, a verdadeira proporção estaria dentro de 1,96 desvios padrão da proporção da amostra:

$$p - 1,96\sqrt{\frac{p(1-p)}{n}} \le \rho \le p + 1,96\sqrt{\frac{p(1-p)}{n}}. \qquad (5.9)$$

Para continuar com o presente exemplo, um intervalo de confiança de 95% em torno de nossa proporção amostral é $0,444 \pm 1,96 \sqrt{\frac{0,444 \,(1-0,444)}{45}}$ ou $0,444 \pm 0,145$. Estamos 95% seguros de que a proporção real está entre 0,299 e 0,589.

5.3 Teste de hipóteses

O teste de hipóteses constitui uma maneira fundamental para fazer inferências sobre uma população a partir de uma amostra. Nesta seção, vamos nos concentrar em testar hipóteses envolvendo uma ou duas amostras.

5.3.1 Teste de hipótese e teste z da média de uma única amostra

Primeiramente descreveremos alguns dos conceitos básicos de inferência estatística e testes de hipótese através de um exemplo que usa um teste de uma amostra envolvendo uma média. Suponha que queremos saber se o número médio de idas a compras semanais feitas pelas famílias em um bairro específico de uma área urbana é diferente de 3,1, que é a média correspondente para a área urbana como um todo. Não desejamos pesquisar todas as famílias do bairro para encontrar a média desejada, já que isso seria muito caro em termos de tempo e dinheiro (e se tivéssemos o tempo e/ou dinheiro para fazer isso, seria um desperdício). Em vez disso, decidimos colher uma amostra aleatória das famílias. Neste exemplo, supõe-se que o valor de 3,1, que se aplica a toda a área urbana, é conhecido.

O primeiro passo é estabelecer uma *hipótese nula*, onde o número médio de idas a compras no bairro é, hipoteticamente, igual à média para toda a área urbana:

$$H_0: \mu = 3{,}1, \tag{5.10}$$

onde μ é, hipoteticamente, a verdadeira média para o bairro. As hipóteses nulas são estabelecidas dessa maneira; aceitá-las significa manter a opção padrão de que a média do bairro não é diferente da média hipotética. Esse seria um resultado nulo. Rejeitar a hipótese nula acontece quando encontramos evidências de uma diferença significativa entre nossa média amostral e a média hipotética.

O segundo passo é estabelecer uma *hipótese alternativa*. Suponha que estamos interessados neste exemplo porque suspeitamos, por outras evidências, que o bairro de interesse tem um elevado número de idas a compras. Neste caso, nossa hipótese alternativa é que a verdadeira média no bairro, desconhecida, é maior que 3,1:

$$H_A: \mu > 3{,}1 \tag{5.11}$$

Isso é conhecido como uma hipótese alternativa *unilateral*, uma vez que suspeitamos que, se a verdadeira média do bairro *difere* de 3,1, ela será maior que 3,1 e não menor. Se, por outro lado, não tivéssemos nenhuma ideia *a priori* sobre como o bairro poderia diferir da parte urbana, postularíamos o seguinte:

$$H_A: \mu \neq 3{,}1 \tag{5.12}$$

Aqui temos uma hipótese *bilateral*; se a verdadeira média do bairro difere de 3,1, ela poderia cair em ambos os lados de 3,1. Na realização de testes estatísticos, temos de reconhecer que estaremos tomando decisões com base em uma amostra de uma população maior. Nunca saberemos com certeza se a hipótese nula é verdadeira ou falsa. Baseamos a nossa decisão em provas a favor ou contra a hipótese.

Se entrevistarmos 10 famílias, e a média da amostra for de 11,7 idas a compras/semana, duas conclusões são possíveis. Uma possibilidade é que a hipótese nula seja verdadeira. Nesse caso, a verdadeira média das famílias do bairro é 3,1, e obtivemos uma amostra incomum. A outra possibilidade é que a hipótese nula seja falsa. Nesse caso, a verdadeira média das famílias do bairro não é igual a 3,1. Podemos não rejeitar a hipótese nula se, sob H_0, a amostra não é *muito* incomum. Caso contrário, rejeitaremos H_0. O papel da estatística neste caso seria nos informar sobre quão incomum seria obter nossa amostra se a hipótese nula fosse verdade.

No decurso do processo, é possível que ocorra um entre dois tipos de erro. Um *Erro Tipo I* significa rejeitar uma hipótese verdadeira, enquanto que um *Erro Tipo II* refere-se a aceitar uma hipótese falsa. A probabilidade de se cometer um Erro Tipo I é indicado por α e é conhecido como o *nível de significância*. O analista tem controle sobre α, e a terceira etapa da criação de um teste estatístico é escolher um nível de significância. Valores comuns escolhidos para α são 0,01, 0,05 e 0,10. Embora queiramos, obviamente, manter a probabilidade de erros tão pequena quanto possível, não podemos simplesmente escolher um α excessivamente pequeno. Isso ocorre porque há uma relação inversa entre α e β, a probabilidade de se cometer um Erro Tipo II. Quanto menor escolhermos α, maiores são as chances de aceitarmos uma hipótese falsa. As duas colunas da Figura 5.1 resumem os quatro possíveis resultados associados a testes estatísticos. Se a hipótese nula for verdadeira, podemos tomar uma decisão correta com probabilidade $1 - \alpha$ ou uma decisão errada com probabilidade α. Se a hipótese nula é falsa, podemos tomar uma decisão correta (com probabilidade $1 - \beta$), ou fazer um Erro Tipo II, com probabilidade β.

A quarta etapa do teste de hipóteses é escolher uma estatística de teste e encontrar o seu valor observado.

Para um teste de uma amostra envolvendo a média, temos dados amostrais $x_1, x_2, \ldots x_n$. Aprendemos no Capítulo 2 que médias amostrais são normalmente distribuídas com média μ e desvio padrão $\sigma/\sqrt{n}$. Se substituirmos o desvio padrão desconhecido da população por sua estimativa amostral (s), podemos usar a estatística de teste

$$z = \frac{\bar{x} - \mu}{s/\sqrt{n}} \tag{5.13}$$

Essa estatística de teste, para n superior a aproximadamente 30, terá uma distribuição normal padrão com média 0 e desvio padrão 1. A distribuição normal é frequentemente denotada por $N(\mu, \sigma^2)$, que, neste caso de distribuição normal padrão, é $N(0,1)$.

Suponha que, no nosso exemplo, entrevistamos $n = 100$ pessoas no bairro e achamos que a média da amostra é 4,2 idas a compras por semana, com um desvio padrão $s = 5,0$. Então, a estatística z observada é

$$z = \frac{4,2 - 3,1}{5/\sqrt{100}} = \frac{1,1}{0,5} = 2,2 \tag{5.14}$$

Estatística Inferencial: Intervalos de Confiança, Testes de Hipótese e Amostragem

"Verdadeiro" estado da ocorrência

	H_0 Verdadeira	H_0 Falsa
Aceita H_0	Decisão correta $(1 - \alpha)$	Erro Tipo II (β)
Rejeita H_0	Erro Tipo I (α)	Decisão correta $(1 - \beta)$
	$(1 - \alpha) + \alpha = 1$	$\beta + (1 - \beta) = 1$

(Conclusão)

FIGURA 5.1 Quatro resultados associados a testes estatísticos.

Intuitivamente, o escore z é grande em valor absoluto quando a média da amostra está longe de ser a média hipotética, e é nestes casos que rejeitaremos a hipótese nula para hipóteses alternativas bilaterais.

Qual o tamanho da estatística de teste necessário para que rejeitemos H_0? A quinta etapa no teste de hipóteses é usar α e nosso conhecimento sobre a distribuição de amostragem da estatística de teste para determinar o seu *valor crítico*. Valores críticos são os valores da estatística de teste situados no estreito limiar entre aceitação e rejeição. Se a estatística de teste observada encontra-se ligeiramente de um lado do valor crítico, aceitamos H_0. Se estiver um pouco para o outro lado, rejeitamos H_0. Voltando ao nosso exemplo, onde a distribuição da amostragem é normal, se escolhemos $\alpha = 0,05$ e a alternativa bilateral H_A: $\mu \neq 3,1$, os valores críticos de z são iguais a $-1,96$ e $1,96$ (Figura 5.2); sob H_0, seria de se esperar que 5% de todas as experiências resultassem em $|Z| > 1,96$. Esse valor crítico pode ser encontrado na Tabela A.2; note que $z = 1,96$ está associado a uma probabilidade de 0,025 em cada cauda. Uma vez que nosso valor observado de $2,2 > 1,96$, rejeitamos H_0. Com que frequência observamos um valor tão alto (ou superior) como o nosso valor observado de 2,2 sob H_0? Uma verificação da tabela de probabilidades da distribuição normal revela que um evento como esse poderia ocorrer com probabilidade $(2)0,0139 = 0,0278$ (ver a Figura 5.3). O valor de 0,0278 é conhecido como valor p; ele nos diz o quão provável seria um resultado igual ou superior daquele que observamos, se a hipótese nula fosse verdadeira. Note que valores p menores que α são consistentes com a rejeição da hipótese nula.

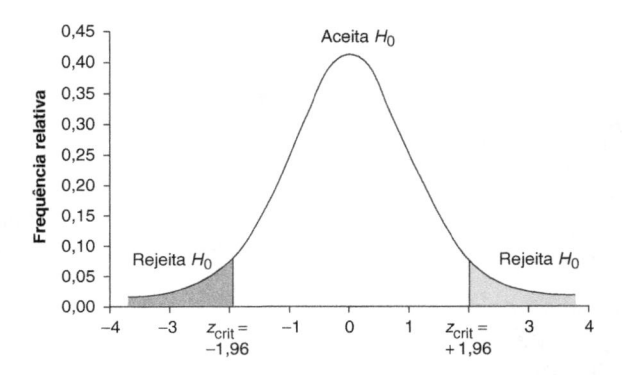

FIGURA 5.2 Regiões críticas da distribuição de amostragem de escores *z* baseadas na média da amostra.

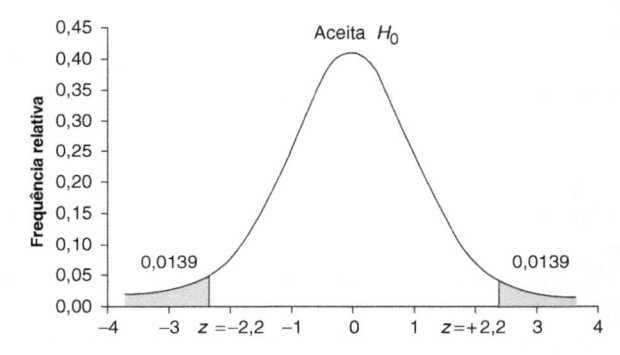

FIGURA 5.3 Valor *p* de 0,0278.

Observe também que se tivéssemos usado a hipótese alternativa unilateral H_A: $\mu \neq 3,1$, também teríamos rejeitado H_0, uma vez que o valor crítico de *z* (denotada z_{crit}) teria sido igual a 1,645 (Figura 5.4). Neste caso, o valor *p* teria sido 0,0139 (não multiplicamos por dois porque só estamos interessados em uma cauda).

As etapas envolvidas no teste de hipóteses estão resumidas a seguir:

1. Estabelecer a hipótese nula, H_0.
2. Estabelecer a hipótese alternativa, H_A.
3. Escolher α, a probabilidade de se cometer um Erro Tipo I (rejeitando uma H_0 verdadeira).
4. Escolher um teste estatístico e encontrar a estatística de teste observada.
5. Encontrar o valor crítico da estatística de teste para determinar quais valores da estatística observada implicarão na rejeição de H_0.

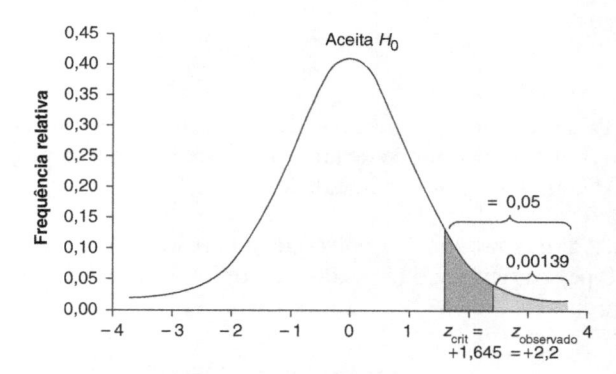

FIGURA 5.4 Valores críticos e valores *p* em testes unilaterais.

6. Comparar a estatística de teste observada com o valor crítico da estatística de teste e decidir aceitar ou rejeitar H_0.
7. Encontrar o valor *p* como a área da cauda associada com valores mais extremos do que a estatística de teste.

Na Seção 5.3.4, vamos rever testes de duas amostras para as diferenças das médias. Isso levará naturalmente ao tema da análise de variância no Capítulo 6, que aborda possíveis diferenças nas médias entre três ou mais amostras.

5.3.2 Testes *t* de uma única amostra

Quando a variância da população é desconhecida (como quase sempre; nem sequer sabemos a média da população (μ), então, como saberíamos a variância?) e o tamanho da amostra é pequeno, a distribuição da média da amostragem não é mais normal, e, portanto, não se deve usar a estatística *z*. Em vez disso, a distribuição de amostragem da média segue uma distribuição *t*, com $n - 1$ graus de liberdade. Os graus de liberdade podem ser vistos um pouco como o número de observações menos o número de quantidades estimadas. Temos *n* observações e "usamos" um grau de liberdade para calcular a média (a média da amostra também é usada para estimar a variância amostral). Temos $n - 1$ graus de liberdade, uma vez que nos fossem dados os valores de $n - 1$ observações, poderíamos calcular o valor da enésima observação sem que a conhecêssemos, se soubéssemos a média.

Além do habitual pressuposto de que as observações são independentes, o uso da distribuição *t* requer o pressuposto adicional de que as observações vêm de uma distribuição normal.

A distribuição *t* tem forma semelhante à distribuição normal, embora as caudas da distribuição sejam ligeiramente mais achatadas em comparação com a distribuição normal. A estatística *t* é encontrada exatamente da mesma forma que a estatística *z*:

$$t = \frac{\bar{x} - \mu}{s/\sqrt{n}} \qquad (5.15)$$

Para testar uma hipótese sobre a média, comparamos nossa estatística t observada com o valor crítico tirado de uma tabela t (ver, por exemplo, a Tabela A.3 no Apêndice A) com $n - 1$ graus de liberdade.

5.3.2.1 Ilustração Suponha que, no nosso exemplo anterior, nós entrevistamos $n = 20$ pessoas em vez de $n = 100$ e encontramos $x = 4,5$ e $s = 5,5$. Nossa estatística de teste é:

$$t = \frac{4,5 - 3,1}{5,5/\sqrt{20}} = 1,14. \qquad (5.16)$$

Para $\alpha = 0,05$ e a alternativa bilateral $H_A: \mu \neq 3,1$, os valores críticos de t com $n - 1$ graus de liberdade são $t_{0,05, 19} = -2,09$ e $+2,09$. Uma vez que o valor observado da estatística de teste esteja dentro do intervalo dos valores críticos, podemos concluir que não há evidências suficientes para rejeitar a hipótese nula. Obviamente é possível que estejamos cometendo um erro – especificamente o Erro Tipo II, de aceitar uma hipótese nula falsa.

O valor p associado com o valor observado de $t = 1,14$ é encontrado utilizando-se a Tabela A.4. Usando a coluna encabeçada por 19 (uma vez que temos 19 graus de liberdade), interpolamos entre as linhas que começam com 1,1 e 1,2 (já que o valor t é 1,14). A entrada da primeira linha é 0,85746 e a entrada da última linha é 0,87756. Queremos chegar a 0,4 do caminho da primeira entrada, no sentido da última. Portanto, tomamos 0,4 da diferença entre os dois números e o adicionamos à primeira entrada: 0,4 (0,87756 – 0,85746) + 0,85746 = 0,86655. Observe com atenção que o título da tabela indica que essas entradas representam a distribuição acumulada (consulte a Figura 5.5). Isso implica que a probabilidade de se observar uma estatística t maior que 1,14 é 1 – 0,86655 = 0,13345. O valor p para este teste em ambos os lados, portanto, é 2(0,13345) = 0,2699. Como este é maior que 0,05, é coerente com o fato de não termos rejeitado a hipótese nula. Em situações em que a hipótese nula seja verdadeira, seria de se esperar mais valores extremos de t em cerca de 27% das vezes. Só iríamos rejeitar a hipótese nula se nosso valor observado de t fosse tão extremo que seria esperado em menos de 5% das vezes.

Um intervalo de confiança de 95% para a média de pequenas amostras é encontrado substituindo-se z por t na Equação 5.3:

$$(\bar{x} \pm t_{0,05, 19}\, s/\sqrt{n} = 4,5 \pm 2,09(5,5)/\sqrt{20} = 4,5 \pm 2,57 = (1,93; 7,16) \qquad (5.17)$$

Observe que esse intervalo inclui o valor hipotético de 3,1. Em geral, há uma correspondência entre intervalos de confiança para a média e os resultados dos testes de hipótese bilaterais. Quando a hipótese nula é rejeitada, o intervalo de confiança em torno da média da amostra não incluirá a média hipotética. A hipótese nula é aceita quando o intervalo de confiança inclui a média hipotética.

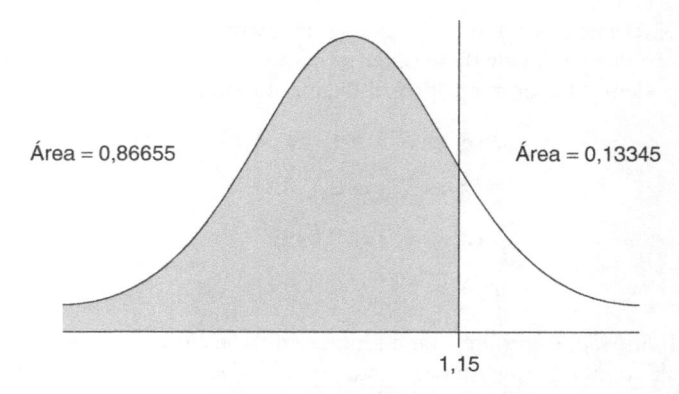

FIGURA 5.5 Distribuição acumulada de *t* com 19 graus de liberdade.

5.3.3 Testes para proporções de uma única amostra

Para testar se uma proporção, em vez de uma média, é diferente de algum valor hipotético, precisamos saber a distribuição amostral das proporções quando a hipótese nula é verdadeira. Considere um exemplo no qual estamos interessados em saber se a proporção de pessoas que pretendem se mudar no ano seguinte, em nossa comunidade local, é consistente com a proporção de todo o município, que é 0,15. Nossa hipótese nula é que a verdadeira proporção de pessoas em nossa comunidade que pretendem se mudar no próximo ano é 0,15. A hipótese alternativa bilateral é que essa proporção seja diferente de 0,15 – ou seja, é significativamente menor ou significativamente maior. Vamos usar uma probabilidade de Erro Tipo I de $\alpha = 0,05$.

Suponha agora que podemos colher uma amostra de $n = 10$ residentes e que perguntamos a cada um sobre suas intenções de mudança de residência. Intuitivamente, gostaríamos de rejeitar a hipótese nula se obtivermos resultados que sejam inconsistentes com a hipótese nula. Primeiro, note que neste exemplo é difícil rejeitar a hipótese nula, alegando que a proporção na nossa comunidade daqueles que pretendem se mudar é *menor* que o valor do município, de 0,15. Isso ocorre porque a probabilidade de se obter o caso extremo de $X = 0$ moradores indicando que pretendem se mudar, quando a hipótese nula é verdadeira, se encontra a partir da distribuição binomial como:

$$p(X = 0) = \binom{10}{0} 0,15^0 \, 0,85^{10} = 0,1969. \tag{5.18}$$

Como esse resultado não é tão incomum quando a verdadeira probabilidade é de 0,15 (e, nesse caso, porque ele é maior do que a probabilidade de $\alpha/2 = 0,025$), não podemos rejeitar a hipótese nula.

Agora considere o caso em que um número de pessoas maior do que o esperado indica que pretende se mudar. Iremos rejeitar a hipótese nula se a probabilidade de se obter tal resposta, ou uma ainda mais extrema, é improvável (e, mais especificamente, se a probabilidade de se obter tal resposta é menor que $\alpha/2 = 0{,}025$). Nesse sentido, podemos encontrar as probabilidades binomiais:

$$p(X = 2^+) = 1 - p(X = 0) - p(X = 1) = 0{,}456$$
$$p(X = 3^+) = 0{,}178$$
$$p(X = 4^+) = 0{,}04997$$
$$p(X = 5^+) = 0{,}0099$$

(5.19)

Iremos, portanto, rejeitar a hipótese nula se cinco ou mais respondentes indicam que eles pretendem se mudar – esta probabilidade é inferior a 0,025 e, portanto, bastante improvável se a hipótese nula for realmente verdadeira.

Note que se tivéssemos estabelecido este exercício com uma alternativa unilateral, onde estaríamos interessados apenas na possibilidade de um desvio em relação à hipótese nula, nessa direção, poderíamos rejeitá-la com quatro ou mais indivíduos respondendo que planejavam se mudar, uma vez que, embora isso seja possível, ocorreria em menos de 5% das vezes, quando a hipótese nula fosse verdadeira. Configurar este problema específico com uma alternativa em ambos os lados não faz muito sentido, uma vez que, como vimos, não é possível rejeitar a hipótese nula na direção de uma probabilidade verdadeira menor que aquela estabelecida na hipótese.

Normalmente, usamos a aproximação normal no lugar da binomial (introduzido na Seção 3.3) para aproximar a distribuição das proporções da amostra e, por sua vez, para testar hipóteses sobre proporções. Suponha que a verdadeira proporção numa população é igual a ρ_0. Então, a distribuição de amostragem das proporções é normal, com média ρ_0 e desvio padrão $\sqrt{\rho_0(1-\rho_0)/n}$. Isso implica que podemos testar hipóteses da forma

$$H_0 : \rho = \rho_0 \tag{5.20}$$

usando uma estatística z da forma

$$z = \frac{p - \rho_0}{\sqrt{\rho_0(1-\rho_0)/n}} \tag{5.21}$$

Mesmo que não saibamos o valor verdadeiro de ρ_0, ao calcular z, podemos simplesmente usar o valor hipotético ρ_0.

Observe que a forma da estatística z é sempre a mesma – o numerador é igual ao valor observado da amostra menos o valor hipotético, e o denominador é igual ao desvio padrão da distribuição da amostragem quando H_0 é verdadeira. A estatística z nos diz quantos desvios padrão de distância o valor observado está em relação ao valor hipotético. Por exemplo, $z = 2$ implicaria que o nosso valor observado estaria dois desvios padrão acima do valor hipotético.

5.3.3.1 Ilustração Suponha que estamos interessados em saber se a proporção de domicílios que possui dois carros em uma área difere do valor do município, de 0,2.

Pesquisamos $n = 50$ domicílios e encontramos $p = 16/50 = 0{,}32$. Para testar H_0: $\rho = 0{,}2$ contra a alternativa bilateral H_A: $\rho \neq 0{,}2$ com $\alpha = 0{,}05$, encontramos:

$$z = \frac{0{,}32 - 0{,}2}{\sqrt{\frac{0{,}2(0{,}8)}{50}}} = 2{,}12. \tag{5.22}$$

Uma vez que o valor de z observado está fora do intervalo dos valores críticos, $Z_{0,05} = \pm 1{,}96$, podemos rejeitar a hipótese nula e concluir que a proporção de domicílios que possuem dois carros neste bairro é significativamente maior do que a proporção do município.

O valor p é encontrado usando-se a tabela z (Tabela A.2) para determinar a probabilidade de um valor de z mais extremo ao observado. A tabela revela que $p(z > 2{,}12) = 0{,}017$. Uma vez que a probabilidade de um valor z inferior a $-2{,}12$ também é $0{,}017$, a probabilidade de se obter uma estatística mais extrema àquela observada é $2(0{,}017) = 0{,}034$. Observe que o valor p é menor que $0{,}05$, o que é consistente com a rejeição de H_0.

5.3.4 Testes de duas amostras: diferenças nas médias

Muitas vezes uma média amostral é comparada com outra média amostral, em vez de ser comparada com algum valor conhecido da população. Neste caso, o teste t é adequado, e sua forma depende da possibilidade das variâncias das duas amostras serem consideradas iguais. A hipótese de variâncias iguais é conhecida como *homocedasticidade*. Se as variâncias podem ser consideradas iguais, a estatística t é:

$$t = \frac{\bar{x}_1 - \bar{x}_2}{\sqrt{\frac{s_p^2}{n_1} + \frac{s_p^2}{n_2}}}, \tag{5.23}$$

onde $\bar{x}_1$ e $\bar{x}_2$ são médias observadas das duas amostras, n_1 e n_2 são os tamanhos observados das amostras, e a estimativa conjunta do desvio padrão, s_p, é igual a:

$$s_p = \sqrt{\frac{(n_1 - 1)s_1^2 + (n_1 - 1)s_2^2}{n_1 + n_2 - 2}} \tag{5.24}$$

Aqui, s_1^2 e s_2^2 representam as variâncias observadas das amostras 1 e 2, respectivamente. O número de graus de liberdade associado com essa estatística de teste é $n_1 + n_2 - 2$, já que o tamanho total da amostra é efetivamente reduzido em dois devido à estimativa das duas médias.

Se não se pode considerar que as duas amostras tenham variâncias iguais, então a estatística t apropriada é:

$$t = \frac{\bar{x}_1 - \bar{x}_2}{\sqrt{\frac{s_1^2}{n_1} + \frac{s_2^2}{n_2}}} \tag{5.25}$$

Nesse caso, os graus de liberdade são mais difíceis de se calcular (ver, por exemplo, Sachs 1984), e, muitas vezes, sugere-se que sejam tomados simplesmente como o mínimo das duas quantidades $(n_1 - 1, n_2 - 1)$. O valor real para os graus de liberdade é maior do que isso, e, assim, tomar os graus de liberdade como igual a *min* $(n_1 - 1, n_2 - 1)$ será conservador, na medida em que a probabilidade real de se cometer o Erro Tipo I, de rejeitar uma hipótese verdadeira, será menor que o valor declarado de α.

Pode-se usar o teste F para determinar se o pressuposto de variâncias iguais se justifica. Sob a hipótese nula de variâncias iguais, a estatística de teste

$$F = \frac{s_1^2}{s_2^2}, \qquad (5.26)$$

tem uma distribuição F, com $n_1 - 1$ e $n_2 - 1$ graus de liberdade no numerador e denominador, respectivamente. Na realização deste teste, a amostra com a maior variação é sempre designada como amostra "1", e a amostra com a menor variação é designada como amostra "2". Consequentemente, o numerador na Equação 5.26 será sempre maior do que o denominador, e, portanto, o valor observado de F será sempre maior do que um. O valor observado da estatística F, calculado na Equação 5.26, é em seguida comparado com o valor crítico de F encontrado na Tabela A.5 no Apêndice A.

Como é o caso com o teste t de uma amostra, devemos assumir também que as populações das quais as amostras são colhidas são normalmente distribuídas.

5.3.4.1 Ilustração
Suponha que estamos interessados em saber se existem diferenças no estilo de lazer entre o centro da cidade e regiões suburbanas da área metropolitana. Suponha, sobretudo, que estamos interessados em frequências de natação. Antes de coletar os dados, não temos nenhuma hipótese prévia de que indivíduos de uma região terão frequências maiores do que os outros, e por isso vamos usar um teste bilateral. As hipóteses nulas e alternativas podem ser descritas como:

$$H_0 : \mu_{cc} = \mu_{sub} \qquad H_A : \mu_{cc} \neq \mu_{sub} \qquad (5.27)$$

Coletamos dados hipotéticos mostrados na Tabela 5.1, com base em uma amostra aleatória de oito residentes em cada região. Como o tamanho da amostra é pequeno, usaremos um teste t. Se o tamanho da amostra fosse maior (digamos mais ou menos 30 moradores de cada região), usaríamos um teste z. Uma análise da média da amostra revela que a frequência anual é superior em locais suburbanos. Essa diferença é "significativa", ou surgiu por acaso? Em relação a essa última possibilidade, a diferença observada poderia ser atribuível à flutuação amostral – se pegássemos outra amostra de oito moradores de cada região, talvez não encontrássemos uma diferença tão grande. Para prosseguir com o teste t de duas amostras, primeiro devemos decidir se as variâncias das populações são iguais. Usando o teste F com $\alpha = 0,05$, temos:

$$F = \frac{s_1^2}{s_2^2} = \frac{19{,}88^2}{12{,}66^2} = 2{,}47 < F_{crit} = F_{0{,}05,\ 7{,}7} = 3{,}79 \qquad (5.28)$$

TABELA 5.1 Frequências anuais de natação para oito residentes do centro da cidade e para oito residentes do subúrbio

	Frequências anuais de natação	
	Centro da cidade	**Subúrbio**
	38	58
	42	66
	50	80
	57	62
	80	73
	70	39
	32	73
	20	58
Média	48,63	63,63
Desvio padrão	19,88	12,66

O valor crítico de $F = 3,79$ vem da Tabela F para $\alpha = 0,05$ (Tabela A.5 no Apêndice A). Note que no apêndice são dadas tabelas F separadas para valores de α de 0,01, 0,05 e 0,10. Uma vez que os valores de α e uma tabela são escolhidos, o valor crítico é determinado usando a coluna da tabela que está associada com os graus de liberdade para o numerador ($n_1 - 1$) e a linha da tabela que está associada com os graus de liberdade para o denominador ($n_2 - 1$). Assim, aceitamos a hipótese de variâncias iguais. A distribuição da média amostral tem a forma de uma distribuição t com $n_1 + n_2 - 2 = 14$ graus de liberdade. Usando a tabela t (Tabela A.3) com 14 graus de liberdade e um teste bilateral com $\alpha = 0,05$ implica que os valores críticos de t são $-2,14$ e $2,14$. Mais uma vez, a distribuição de amostragem pode ser pensada como a distribuição de frequência resultante das muitas repetições do experimento (onde "experimento" é definido aqui como o levantamento de oito moradores de cada região) sob a condição de que a hipótese nula seja verdadeira. Se a hipótese nula de nenhuma diferença entre o centro da cidade e os subúrbios é verdadeira, em 5% das vezes podemos esperar que o valor t observado seja menor que $-2,14$ ou maior que $2,14$. Desses 5% dos casos, podemos cometer um Erro Tipo I ao rejeitar uma hipótese verdadeira.

Usando a Equação 5.24 para localizar $s_p = 16,67$, em seguida precisamos usar a Equação 5.23 para encontrar a estatística t observada:

$$t = \frac{63,63 - 48,63}{\sqrt{\frac{16,67^2}{8} + \frac{16,67^2}{8}}} = 1,8 \qquad (5.29)$$

Uma vez que o nosso valor observado de t é menor que o valor crítico de 2,14, deixamos de rejeitar a hipótese nula.

Podemos também encontrar a probabilidade de se obter um resultado mais extremo do que o observado, supondo que a hipótese nula seja verdadeira (ou seja, o valor p). A Figura 5.6 mostra que o valor p associado com o teste é igual a $0,0467 + 0,0467 = 0,0934$. Isso pode ser encontrado usando-se uma tabela t com 14 graus de liberdade e localizando a área à esquerda de $-1,8$ e à direita de $1,8$ (ver Tabela A.4 no Apêndice A). O valor p informa a probabilidade de se obter um

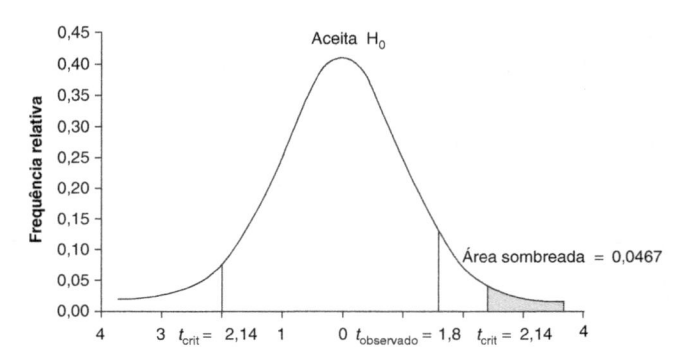

FIGURA 5.6 Distribuição t com 14 graus de liberdade.

resultado mais extremo do que aquele observado, se H_0 for verdadeira. Deve-se lembrar que baixos valores p (ou seja, inferiores a α) são coincidentes com a rejeição de H_0, uma vez que eles implicam que seria bastante improvável obter uma estatística t mais extrema do que a observada, se H_0 fosse verdadeira. No nosso caso, não conseguimos rejeitar a hipótese nula. O valor p fornece informação adicional sobre o quão improvável são os nossos resultados sob a hipótese nula – se H_0 fosse verdadeira, seria de se esperar uma estatística t com valor absoluto 1,8 ou maior em aproximadamente 9,34% das vezes. Assim, observamos um valor t que seria um pouco incomum se a hipótese nula fosse verdadeira, mas não raro o suficiente para rejeitar a hipótese nula.

É interessante ver o que teria acontecido caso não assumíssemos que as variâncias das duas colunas de dados fossem iguais. Nesse caso, teríamos:

$$t = \frac{63,63 - 48,63}{\sqrt{\frac{19,88^2}{8} + \frac{12,66^2}{8}}} = 1,8 \tag{5.30}$$

O valor t observado é o mesmo, mas os graus de liberdade associados com a distribuição t são agora $min(8 - 1, 8 - 1) = 7$. A consulta a uma tabela t revela que os valores críticos são –2,36 e 2,36. Uma vez que 1,8 < 2,36, novamente deixamos de rejeitar a hipótese nula. Embora a conclusão seja a mesma, observe que o valor p de 0,0574 + 0,0574 = 0,1148 (encontrado a partir da Tabela A.4) é maior do que era antes. Um valor p maior e um valor t observado mais distante do seu valor crítico implica que não estamos tão próximos de rejeitar a hipótese nula, como fizemos quando assumimos variâncias iguais. Quando as variâncias não são consideradas iguais é mais difícil rejeitar a hipótese nula. Essa ilustração enfatiza a conveniência de se utilizar o pressuposto da homocedasticidade. Na verdade, poderíamos ter inventado um exemplo mais interessante, em que o valor observado de t fosse igual a 2,2. Teríamos, então, rejeitado H_0 no primeiro caso, assumindo homocedasticidade, uma vez que 2,2 > 2,14. Teríamos aceitado H_0 no segundo caso (supondo diferentes variâncias), já que 2,2 < 2,36.

5.3.5 Testes de duas amostras: diferenças em proporções

Quando as estimativas de proporções são feitas a partir de duas amostras coletadas de duas populações idênticas, a distribuição das diferenças nas proporções é normal, com média 0 e desvio padrão igual a:

$$\hat{\sigma}_p = \sqrt{\frac{p(1-p)}{n_1} + \frac{p(1-p)}{n_2}}, \quad (5.31)$$

onde p é a estimativa conjunta da verdadeira proporção:

$$p = \frac{n_1 p_1 + n_2 p_2}{n_1 + n_2} \quad (5.32)$$

Isso significa que podemos testar hipóteses nulas da forma:

$$H_0 : \rho_1 - \rho_2 = 0 \quad (5.33)$$

ou, de forma equivalente,

$$H_0 : \rho_1 = \rho_2 \quad (5.34)$$

usando uma estatística z

$$z = \frac{(p_1 - p_2) - (\rho_1 - \rho_2)(p_1 - p_2)}{\hat{\sigma}_{p_1 - p_2} = \hat{\sigma}_{p_1 - p_2}} = \frac{p_1 - p_2}{\sqrt{\frac{p(1-p)}{n_1} + \frac{p(1-p)}{n_2}}} \quad (5.35)$$

5.3.5.1 Ilustração Estamos interessados em saber se duas comunidades têm proporções idênticas de pessoas que usam o transporte de massa. Esperamos que a comunidade A tenha um maior percentual de usuários de trânsito do que a comunidade B. As hipóteses nulas e alternativas são:

$$\begin{array}{l} H_0 : p_A - p_B = 0, \quad \text{ou} \quad H_0: p_A = p_B \\ H_A : p_A - p_B > 0, \quad \text{ou} \quad H_A: p_A > p_B \end{array} \quad (5.36)$$

Coletamos os seguintes dados amostrais:

$$\begin{array}{l} p_1 = 0{,}3 \quad n_1 = 39 \\ p_2 = 0{,}2 \quad n_2 = 50 \end{array} \quad (5.37)$$

Usando a Equação 5.32, a estimativa conjunta da proporção é:

$$p = \frac{0{,}3(39) + 0{,}2(50)}{39 + 50} = 0{,}244. \quad (5.38)$$

Usando a Equação 5.35, a estatística z é:

$$z = \frac{0,3 - 0,2}{\sqrt{\frac{0,244(1-0,244)}{39} + \frac{0,244(1-0,244)}{50}}} = 1,09 \qquad (5.39)$$

Com $\alpha = 0,05$ o valor crítico de z, z_{crit}, para este teste unilateral é 1,645. Isso se encontra na tabela z (Tabela A.2); 1,645 é o valor z que deixa uma área de 0,05 na cauda à direita da distribuição. Como nosso valor observado z (1,09) é inferior a este valor crítico, aceitamos a hipótese nula e concluímos que não há qualquer diferença entre as duas comunidades. O valor p para esse exemplo é 0,138, pois isso corresponde a área sob a curva normal padrão que é mais extrema que o valor z observado. Observe que o valor p maior que 0,05 é consistente com a decisão de aceitar a hipótese nula.

5.4 Distribuições da variável aleatória e distribuições da estatística de teste

Existe uma distinção fundamental entre a distribuição da variável de interesse e a distribuição de amostragem da estatística de teste. Essa distinção nem sempre é plenamente considerada.

Suponha que a distribuição das distâncias percorridas pelos frequentadores de um parque até suas residências é influenciada pelo efeito "fricção da distância". Esse efeito é amplamente observado em muitos tipos de interação espacial, onde a distribuição das distâncias de viagem é caracterizada por muitas viagens curtas e relativamente poucas mais longas (consulte a Figura 5.7). Se quisermos testar a hipótese nula de que a distância média de viagem é a mesma, tanto nos dias de semana, quanto nos finais de semana, teríamos duas amostras. Poderíamos esperar que a distribuição das distâncias de viagem dos dias da semana e do fim de semana teriam formas similares à distribuição exponencial. Para testar a hipótese nula de distâncias médias de viagens iguais, devemos comparar a diferença observada nas distâncias médias com a distribuição de amostragem de diferenças, assumindo H_0 como verdadeira. Esta última pode ser pensada como o histograma de diferenças de muitas amostras usadas para calcular várias médias das diferenças, quando H_0 é verdadeira. Sabemos, pelo Teorema Central do Limite que as médias de variáveis normalmente são distribuídas

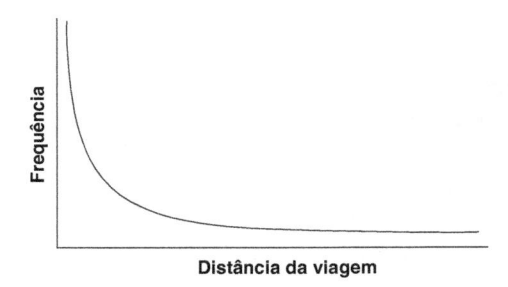

FIGURA 5.7 Distribuição de distâncias de viagem.

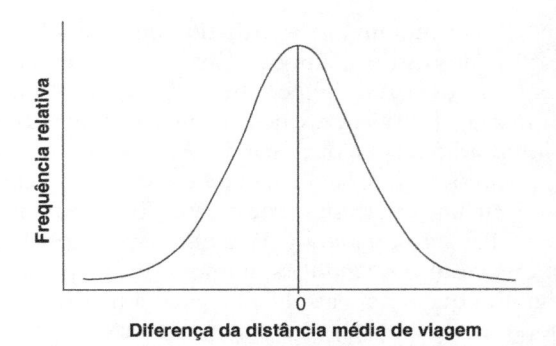

FIGURA 5.8 Distribuição das diferenças de distâncias médias de viagem.

(dado um tamanho de amostra grande o suficiente), mesmo quando as próprias variáveis subjacentes não são normalmente distribuídas. Sabemos também que a diferença de duas variáveis normais é normalmente distribuída. Portanto, a diferença de duas amostras de médias faz uso do fato de que a sua distribuição de amostragem é normal (Figura 5.8). O ponto importante é que existem duas distribuições para se manter em mente – a distribuição da variável subjacente (neste caso, exponencial) e a distribuição da estatística de teste (neste caso, normal).

5.5 Dados espaciais e as implicações da não independência

Uma das suposições dos testes de hipótese estatísticos descritos neste capítulo é que as observações são independentes. Isso significa que o valor observado de uma variável não é afetado pelo valor de uma outra observação. À primeira vista, essa hipótese parece inocente, e é tentador simplesmente ignorá-la e esperar que ela seja satisfeita. No entanto, dados geográficos geralmente *não* são independentes; o valor de uma observação muito provavelmente é influenciado pelo valor de uma outra observação. No exemplo da natação, dois indivíduos escolhidos aleatoriamente no mesmo quarteirão do centro da cidade podem ser mais propensos a ter respostas semelhantes do que dois indivíduos escolhidos ao acaso nos subúrbios. Isso poderia ocorrer porque sua acessibilidade a piscinas é semelhante; quanto mais próximos vivem dois indivíduos escolhidos, mais semelhantes serão suas distâncias a piscinas e isso tenderia a tornar suas frequências de nado semelhantes. Quanto mais próximos vivem dois indivíduos, mais semelhantes tendem a ser seus rendimentos e estilos de vida. Isso também tenderia a causar frequências de nado semelhantes.

Quais são as consequências da falta de independência entre as observações? Como as observações que estão localizadas próximos umas das outras no espaço muitas vezes apresentam valores semelhantes em variáveis, o efeito é reduzir o tamanho da amostra. Em vez de n observações, a amostra contém efetivamente menos informações sobre os n indivíduos. Para citar um caso extremo, suponha que dois indivíduos moram um ao lado do outro e a 30 km da piscina mais próxima. Se pesquisamos os dois, ambos são suscetíveis de indicar que sua frequência de nado era zero ou algum número muito pequeno. As informações contidas nessas duas respostas equivalem essencialmente à informação contida em uma resposta.

A implicação disso é que quando realizamos, por exemplo, um teste t de duas amostras em observações que não apresentam independência, deveríamos na verdade utilizar um valor crítico de t baseado num número menor que n graus de liberdade. Por sua vez, isso significa que o valor crítico de t deve ser maior do que aquele que usamos quando assumimos a independência. Um maior valor crítico de t significa que seria mais difícil rejeitar a hipótese nula e também que estamos rejeitando em excesso hipóteses nulas se incorretamente assumimos independência. Assim, há uma tendência para encontrar resultados significativos quando, na verdade, não há diferenças significativas nas médias subjacentes das duas populações. As diferenças "aparentes" entre as duas amostras podem ser atribuídas, ao invés disso, ao fato de que cada amostra contém observações semelhantes entre si devido à dependência espacial. Cliff e Ord (1975) dão alguns exemplos disto e fornecem os valores críticos corretos de t que se deve usar, tendo em conta um nível de dependência especificado.

Quando os dados são independentes e a variância é σ^2, vimos que um intervalo de confiança de 95% para a média, μ, é $(x - 1{,}96\sigma/\sqrt{n}, x + 1{,}96\sigma/\sqrt{n})$. Como em Cressie (1993), suponha que foram coletadas $n = 10$ observações. Por exemplo, podemos coletar dados de qualidade do ar sistematicamente ao longo de um transecto (Figura 5.9). Escolhe-se x_1 de uma distribuição normal com média μ e variância σ^2. Em seguida, em vez de escolher x_2 de uma distribuição normal com média μ e variância σ^2, escolha x_2 como:

$$x_2 = \rho x_1 + \varepsilon \tag{5.40}$$

onde ε vem de uma distribuição normal com média 0 e variância $\sigma^2(1 - \rho)$ e ρ é uma constante entre 0 e 1, indicando a quantidade de dependência (com $\rho = 0$ implicando independência e $\rho = 1$ implicando uma dependência perfeita, tal que $x_2 = x_1$). Cressie indica que a variância da média é igual a σ^2/n apenas quando os dados são independentes ($\rho = 0$); genericamente:

$$\sigma_{\bar{x}}^2 = \frac{\sigma^2}{n}\left[1 + \frac{2\rho(n-1)}{n(1-\rho)} - \frac{2\rho^2(1-\rho^{n-1})}{n(1-\rho)^2}\right] \tag{5.41}$$

Cressie dá um exemplo de $n = 10$ e $\rho = 0{,}26$; neste caso $\sigma_{\bar{x}}^2 = \frac{\sigma^2}{10}[1{,}608]$ implica que um intervalo de confiança bilateral correto de 95% para μ é $(\bar{x} - 2{,}458\sigma/\sqrt{n}, \bar{x} + 2{,}458\sigma/\sqrt{n})$. É importante perceber que este é *mais amplo* do que o intervalo de confiança que assume independência.

Se escrevermos a variância da média como $\sigma_{\bar{x}}^2 = \frac{\sigma^2}{n}[f]$, onde f é o fator de inflação induzido pela falta de independência, podemos também escrever:

$$\sigma_{\bar{x}}^2 = \frac{\sigma^2 f}{n} = \frac{\sigma^2}{n'}, \tag{5.42}$$

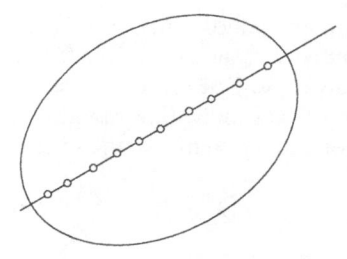

FIGURA 5.9 Coleção sistemática dos dados ao longo de um transecto.

onde $n' = n/f$ é o número efetivo de observações independentes. Com $n = 10$ e $\rho = 0{,}26$, $f = 1{,}608$ e $n' = 10/1{,}608 = 6{,}2$. Isso significa que nossas 10 observações *dependentes* são equivalentes a uma situação onde temos $n' = 6{,}2$ observações independentes.

5.6 Discussão adicional sobre os efeitos dos desvios em relação aos pressupostos

O uso de distribuições de probabilidade e a execução de teste de hipóteses são baseados em pressupostos específicos. Quando esses pressupostos não forem atendidos, as decisões tomadas assumindo sua validade podem ser colocadas em cheque. Esta seção fornece alguns exemplos de como os desvios em relação aos pressupostos podem afetar as conclusões dos testes de hipóteses.

5.6.1 Teste de proporções de uma única amostra: distribuição binomial – pressuposto da probabilidade constante ou igualdade das probabilidades de sucesso

O uso da distribuição binomial requer que cada experimento tenha a mesma probabilidade de sucesso (p). Em muitas situações, essa hipótese não pode ser satisfeita. Quais são as implicações quando essa suposição não for cumprida?

Suponha que suspeitamos que, para um determinado bairro, a probabilidade de deslocamentos por trem é maior do que a proporção de toda a região, de 0,1. Tomamos uma pequena amostra de dez pessoas e descobrimos que quatro das dez se deslocam de trem. O procedimento habitual seria encontrar a probabilidade binomial de se obter quatro ou mais desses indivíduos, sob a hipótese nula de que a probabilidade de deslocamento de trem é 0,1. Se a probabilidade resultante é muito baixa, rejeitamos a hipótese nula em favor da alternativa de que a probabilidade real de tomar o trem, para as pessoas do bairro, foi maior do que 0,1. O leitor pode querer verificar se essa probabilidade é 0,0128.

Agora, suponha que a probabilidade não é a mesma para cada indivíduo. Suponha que cinco dos indivíduos têm uma probabilidade de tomar o trem relativamente elevada (digamos que de 0,2; talvez esses sejam indivíduos em domicílios com dois trabalhadores e apenas um carro), e os outros cinco têm uma probabilidade igual a zero (talvez esses sejam indivíduos com dois ou mais carros). Observe que a probabilidade *média* entre os indivíduos ainda é igual a 0,1 como antes, mas agora há heterogeneidade entre os indivíduos. Que efeito tem essa heterogeneidade na probabilidade de se observar quatro ou mais indivíduos usando o trem? A probabilidade de se observar quatro pessoas tomando o trem é simplesmente:

$$p(X = 4) = \binom{5}{4} 0,2^4 0,8^1 = 0,0064 \qquad (5.43)$$

uma vez que isso só pode ocorrer quando quatro dos cinco indivíduos com probabilidade alta usam o trem (a probabilidade dos outros usarem o trem é zero). Da mesma forma, a probabilidade de que todos os cinco indivíduos de alta probabilidade tomem o trem é:

$$p(X = 5) = \binom{5}{5} 0,2^5 0,8^0 = 0,0003. \qquad (5.44)$$

Assim, a probabilidade real de quatro indivíduos tomarem o trem é 0,0064 + 0,0003 = 0,0067, que é substancialmente menor do que a probabilidade calculada anteriormente de 0,0128, sob a suposição de homogeneidade das probabilidades individuais.

Observe que o efeito da heterogeneidade é levar a uma tomada de decisão conservadora, no sentido de que o valor p é realmente menor do que se pensa. Consequentemente, em situações onde há heterogeneidade e a homogeneidade é assumida, muitas hipóteses nulas são aceitas – haverá interessantes relações que não são reveladas.

5.6.2 Teste de proporções de uma única amostra: distribuição binomial – pressuposto da independência

Outro pressuposto da distribuição binomial é que as observações são independentes; o resultado de um processo não é afetado nem afeta o resultado de outros experimentos. Esta pode ser uma hipótese irreal em muitas situações reais, e é especialmente importante considerar sua validade quando os dados são coletados para locais que podem estar perto um do outro no espaço. O fato de um indivíduo tomar o trem pode ser afetado pelo fato de se saber que seu vizinho toma o trem. Por exemplo, se um indivíduo toma o trem, o vizinho pode ter maior probabilidade do que outros de usar o trem, devido à probabilidade relativamente elevada de comunicação entre os vizinhos.

Vamos ilustrar isso utilizando os mesmos dados usados no exemplo anterior. Entrevistamos dez indivíduos e a probabilidade de cada um tomar o trem é 0,1. Já vimos isso no âmbito dos pressupostos habituais de (a) uma mesma probabilidade de sucesso em cada tentativa, e de (b) experimentos independentes, a probabilidade de quatro ou mais indivíduos tomar o trem é de 0,0128.

Suponha, entretanto, que os resultados na verdade não sejam independentes. Nesse caso, suponha que os primeiros nove indivíduos tomem decisões de deslocamento independentemente e que a décima pessoa decida se deslocar do mesmo modo que a nona pessoa (o que pode ocorrer, por exemplo, se a nona e a décima pessoas entrevistadas forem os cônjuges empregados no mesmo local). Considere os possíveis resultados, primeiramente enumerando-os para os oito primeiros indivíduos:

$$\binom{8}{0} 0,1^0 0,9^8 = 0,4305$$

$$\binom{8}{1} 0,1^1 0,9^7 = 0,3826$$

$$\binom{8}{2} 0,1^2 0,9^6 = 0,1488$$

$$\binom{8}{3} 0,1^3 0,9^5 = 0,0331$$

(5.45)

Para cada uma dessas possibilidades, existem duas possibilidades adicionais – a nona e a décima pessoas deslocam-se de trem (o que ocorre com probabilidade de 0,1), ou não (probabilidade igual a 0,9). Os resultados com três ou menos pessoas tomando o trem ocorrem de acordo com as probabilidades seguintes:

$$p(x = 0) = \left\{ \binom{8}{0} 0,1^0 0,9^8 \right\} (0,9) = 0,3875$$

$$p(x = 1) = \left\{ \binom{8}{1} 0,1^1 0,9^7 \right\} (0,9) = 0,3443$$

$$p(x = 2) = \left\{ \binom{8}{2} 0,1^2 0,9^6 \right\} (0,9) + \left\{ \binom{8}{0} 0,1^0 0,9^8 \right\} (0,1) = 0,1770$$

$$p(x = 3) = \left\{ \binom{8}{3} 0,1^3 0,9^5 \right\} (0,9) + \left\{ \binom{8}{1} 0,1^1 0,9^7 \right\} (0,1) = 0,0681$$

(5.46)

A primeira quantidade na Equação 5.46, $p(x = 0)$, refere-se à probabilidade de que ninguém use o trem: nenhum dos oito primeiros usam o trem e o nono e o décimo indivíduos também não usam o trem. A segunda quantidade é a probabilidade de que uma pessoa toma o trem – neste caso, um entre os oito primeiros indivíduos pegue o trem, e o nono e décimo não. Há duas maneiras pelas quais duas pessoas podem usar o trem, as quais correspondem aos dois termos para $p(x = 2)$. O primeiro termo capta a probabilidade de que dois entre os oito primeiros tomem o trem (e o nono e o décimo não), e o segundo termo capta a probabilidade de que nenhum entre os oito primeiros use o trem e o nono e o décimo o usem. Finalmente, há duas maneiras em que três das dez poderiam tomar o trem: três entre os oito primeiros (e o nono e o décimo não o tomam), e um entre os oito primeiros usa o trem (e o nono e décimo *tomam* o trem). Assim, a probabilidade real de que quatro ou mais tomem o trem é um menos a soma destas probabilidades, ou 1 − (0,3875 + 0,3443 + 0,1770 + 0,0681) = 0,0231.

O efeito sobre a tomada de decisão associado a uma falta de independência é exatamente o oposto do que era no exemplo anterior. Se procedermos como se o pressuposto de independência fosse verdadeiro, quando ele não for, vamos pensar que o evento observado é mais raro sob a hipótese nula ($p = 0{,}0128$) do que realmente é ($p = 0{,}0231$). Isso pode levar à rejeição de hipóteses nulas quando não deveríamos. Nesta ilustração, se tivéssemos estabelecido $\alpha = 0{,}02$ como o nível aceitável para um Erro Tipo I e se tivéssemos assumido que o pressuposto de independência era verdadeiro, teríamos rejeitado incorretamente a hipótese nula (uma vez que teríamos encontrado $p = 0{,}0128$, quando a probabilidade *real* de se observarem quatro ou mais tomando o trem é $0{,}0231$).

Uma maneira de se obter uma compreensão intuitiva disso é notar que a dependência entre as observações implica redundância de informações (como foi referido na Seção 5.5). Em nosso exemplo, temos efetivamente apenas nove observações independentes, e não dez. Não devemos agir como se tivéssemos dez observações; se o fizermos, podemos rejeitar incorretamente uma hipótese nula verdadeira, pois é mais fácil rejeitar hipóteses nulas com tamanhos maiores de amostra.

Nesta seção, mostramos as consequências das suposições incorretas. Deve-se estar ciente de que a heterogeneidade em probabilidades binomiais leva a uma superestimação conservadora da hipótese nula, e a falta de independência leva a uma superestimação liberal da rejeição da hipótese nula.

5.6.3 Diferença do teste de médias de duas amostras: pressuposto de observações independentes

Um pressuposto empregado no teste t de duas amostras é que as observações em cada amostra são independentes. Essa suposição pode, muitas vezes, ser colocada em cheque; se, por exemplo, duas amostras de solo são coletadas em locais próximos, não esperaríamos necessariamente que a medição em um local não estivesse relacionada com a medição em outro local nas proximidades. Para ilustrar os efeitos de observações dependentes sobre a diferença de testes de hipótese de duas amostras, considere o seguinte experimento: cinquenta observações foram geradas para constituir cada amostra; sucessivas observações foram geradas a partir de

$$x_t = \rho x_{t-1} + \varepsilon \tag{5.47}$$

onde ε é uma variável normal com média igual a 0 e variância igual a $\sigma^2(1 - \rho^2)$. O parâmetro ρ é uma medida da dependência e varia de zero (nenhuma dependência) a um (dependência perfeita, onde a próxima observação é igual à anterior). Tomando-se a primeira observação de uma distribuição normal padrão e gerando-se as próximas 49 observações usando esta equação, um conjunto de observações será gerado, que terão uma média de zero, uma variância de um e a dependência medida por ρ.

Suponha que nos é fornecido um conjunto de tais observações, e vamos continuar com o nosso teste habitual de diferença das médias de duas amostras. Quais são as consequências de se supor independência quando ela de fato existe?

A Equação 5.47 foi usada para gerar duas colunas de 50 números; em seguida, foi realizado um teste t unilateral nos dados hipotéticos para testar a hipótese nula de nenhuma diferença nas médias da coluna (note que sabemos, neste caso, que a hipótese nula é verdadeira). Para escolhas de $\alpha = 0{,}025$, $0{,}05$ e $0{,}10$, temos os valores críticos habituais

TABELA 5.2 Fração das hipóteses nulas rejeitada usando os valores críticos habituais

ρ \ α	0,025	0,05	0,10
0	0,025	0,054	0,104
0,1	0,038	0,067	0,121
0,2	0,057	0,091	0,150
0,3	0,078	0,117	0,177
0,4	0,104	0,142	0,203
0,5	0,132	0,172	0,226
0,6	0,173	0,215	0,267
0,7	0,209	0,247	0,295
0,8	0,265	0,299	0,342
0,9	0,355	0,380	0,408

de 1,96, 1,645 e 1,28, respectivamente. O experimento foi repetido 10.000 vezes para cada valor de ρ, e observou-se a porcentagem de vezes que a hipótese nula foi rejeitada.

A Tabela 5.2 mostra que se tivéssemos empregado os valores críticos habituais, rejeitaríamos a hipótese nula (verdadeira) muito mais do que a porcentagem nominal de vezes. Por exemplo, quando $\rho = 0,2$, rejeitamos a hipótese nula 9,1% das vezes, em vez dos desejados 5% das vezes, quando $\alpha = 0,05$.

Note que a superestimação da rejeição da hipótese nula é mais pronunciada quando o grau de dependência aumenta. Mais uma vez, vemos que o efeito de ignorar a dependência quando ela está presente nos dados é rejeitar hipóteses nulas mais frequentemente do que se deveria. A Tabela 5.3 mostra, para cada ρ, os resultados do ranking das 10.000 estatísticas t observadas. Nesse caso, o 9.750°, o 9.500° e o 9.000° valores t mais altos são mostrados. Estes são os valores críticos de t que *deveriam* ser usados para conseguir $\alpha = 0,025$, $0,05$ e $0,10$, respectivamente, para um dado valor de dependência. Note que quando $\rho = 0$, as entradas na tabela são próximas aos valores críticos provenientes da tabela t. Quando existe a dependência, valores críticos mais altos deveriam ser usados.

TABELA 5.3 Valores críticos apropriados para a diferença do teste unilateral das médias

ρ \ α	0,025	0,05	0,10
0	1,97	1,68	1,30
0,1	2,16	1,81	1,41
0,2	2,44	2,04	1,58
0,3	2,69	2,26	1,77
0,4	3,09	2,55	1,99
0,5	3,52	2,95	2,24
0,6	4,15	3,41	2,65
0,7	4,97	4,11	3,17
0,8	6,30	5,27	4,07
0,9	10,64	8,84	6,72

TABELA 5.4 Fração das hipóteses nulas rejeitada pelos diferentes valores de heterogeneidade (c)

c	95º percentil	Fração da hipótese rejeitada usando o valor crítico de 1,645
2	1,670	0,0527
5	1,674	0,0533
10	1,664	0,0526
20	1,695	0,0544
200	1,661	0,0523

5.6.4 Diferença do teste das médias de duas amostras: pressuposto da homogeneidade

Aqui examinamos as consequências de assumir como iguais as variâncias de duas amostras em um teste t, quando na verdade não são.

A amostra um foi criada contendo 50 observações de uma distribuição normal com média zero e desvio padrão igual a um; a amostra dois foi criada contendo 50 observações de uma distribuição normal com média zero e desvio padrão igual a c.

Testes t foram realizados para a diferença das médias, assumindo que as variâncias são iguais.

Os resultados são mostrados na Tabela 5.4. A heterogeneidade causa um pouco mais de rejeição de hipóteses nulas do que o desejado, mas o efeito não é forte.

5.7 Amostragem

Os métodos estatísticos discutidos neste livro recaem sobre amostragem de alguma população maior. A população pode ser pensada como a coleção de todos os elementos ou indivíduos que são o objeto de nosso interesse. A lista de todos os elementos da população é chamada de *base de amostragem*. A base de amostragem pode consistir de elementos espaciais – por exemplo, todos os setores censitários de uma cidade. Podemos estar interessados na duração dos deslocamentos de todos os indivíduos em uma comunidade ou em distâncias de migração de todas as pessoas que se mudaram durante o ano anterior. É importante ter uma definição clara desta população, uma vez que este é o grupo sobre o qual estamos fazendo inferências. As inferências são feitas usando informações recolhidas de uma amostra.

Há muitas maneiras de se retirar uma amostra de uma população. Talvez o método de amostragem mais simples seja uma *amostragem aleatória*, onde cada um dos elementos tem uma probabilidade igual de ser selecionado da população. Por exemplo, suponha que queremos extrair uma amostra aleatória de tamanho $n = 4$ de uma população de tamanho $N = 20$. (Uma convenção comum é usar letras maiúsculas "N" para indicar o tamanho da população e letras minúsculas "n" para indicar o tamanho da amostra.) Escolha um número aleatório de 1 a 20. Em seguida, selecione outro número aleatório de 1 a 20. Se for o mesmo que o número aleatório anterior, descarte-o e escolha outro. Repita a operação até obter quatro números aleatórios distintos, que representarão elementos da amostragem. Para ilustrar, vamos usar os dois primeiros dígitos dos números aleatórios de cinco dígitos da Tabela A.1 no Apêndice A. Comece pela parte superior esquerda da tabela e prossiga para baixo na coluna: o primeiro número de dois dígitos no intervalo 01–20 é 17. Para completar a nossa amostra de $n = 4$, podemos prosseguir na coluna e escolher os próximos três números nesse intervalo – são 04, 03 e 07. Assim, nossa amostra consistirá nos itens 3, 4, 7 e 17 na lista de possíveis itens da amostra.

Escolher uma *amostra sistemática* de tamanho n começa pela seleção aleatória de uma observação entre os primeiros $[N/n]$ elementos, onde os colchetes indicam que a parte inteira do N/n deve ser considerada. Assim, se N/n não for um número inteiro, usa-se apenas a parte inteira de N/n. Rotule de k este elemento escolhido aleatoriamente. Os elementos da amostragem são $k + i\,[N/n]$, $i = 0, 1, \ldots, n - 1$. Com $N = 20$ e $n = 4$, a parte inteira de N/n é igual a 5. Suponha que dentre os cinco primeiros elementos, escolhemos ao acaso o elemento $k = 2$. Os elementos da amostra são os itens 2, $2 + 5 = 7$, $2 + 10 = 12$ e $2 + 15 = 17$. Note que foi necessário escolher apenas um número aleatório.

Quando se sabe antecipadamente que é provável ocorrer variação entre alguns subgrupos da população, o processo de amostragem pode ser *estratificado*. Por exemplo, suponha que nossos $N = 20$ indivíduos podem ser divididos em dois grupos – $N_h = 15$ homens e $N_m = 5$ mulheres. Uma amostragem *estratificada proporcional* é obtida fazendo-se amostras de proporções iguais em cada estrato. Assim, poderíamos escolher $n_h = 3$ homens aleatoriamente entre o grupo de $N_h = 15$, e $n_m = 1$ mulher aleatoriamente a partir do grupo de $N_m = 5$ mulheres. Para homens e mulheres, a proporção de amostragem é 1/5.

Quando o tamanho do estrato da amostra é pequeno, pode ser vantajoso obter-se uma amostra aleatória *não proporcional*, onde o pequeno grupo é superestimado. No caso acima, usando $n_h = 2$ and $n_m = 2$ resultaria em proporções de amostra desiguais, uma vez que $n_h/N_h = 2/15$ para os homens e $n_m/N_m = 2/5$ para as mulheres.

5.7.1 Amostragem espacial

Quando a amostragem consiste em todos os pontos localizados em uma região geográfica de interesse, há, mais uma vez, vários métodos de amostragem alternativos.

Uma *amostra aleatória espacial* consiste de locais obtidos pela escolha de coordenadas x e coordenadas y de forma aleatória. Se a região não tem uma forma retangular, as coordenadas x e y podem ser escolhidas selecionando-as de forma aleatória nos intervalos (x_{min}, x_{max}) e (y_{min}, y_{max}). Se o par de coordenadas corresponde a um local fora da região de estudo, o ponto é simplesmente descartado.

Para garantir uma cobertura adequada da área de estudo, a região pode ser dividida em um número de estratos mutuamente exclusivos e coletivamente exaustivos. A Figura 5.10a divide uma região de estudo em um conjunto de $s = mn$ estratos. Uma *amostra estratificada espacial* de tamanho mnp é obtida tomando-se uma amostra aleatória de tamanho p dentro de cada um dos estratos mn (Figura 5.10b). Uma *amostra sistemática espacial de tamanho mnp* é obtida (i) tomando uma amostra alea-

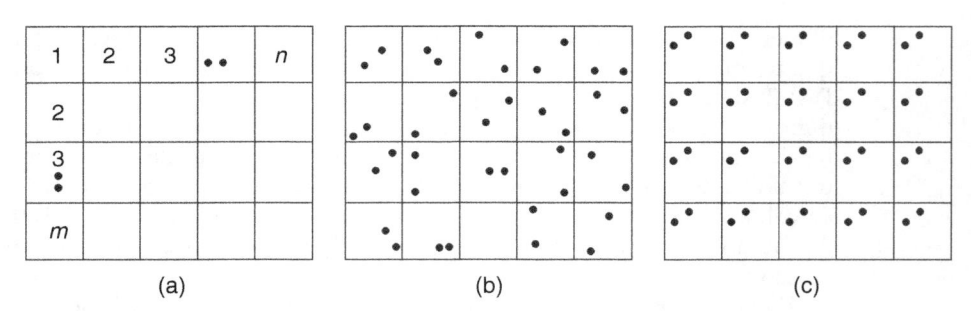

FIGURA 5.10 Exemplos de amostragem espacial: (a) região de estudo estratificada em sub-regiões; (b) amostragem espacial estratificada; (c) amostragem espacial sistemática.

tória de tamanho p dentro de qualquer estrato individual e, em seguida, (ii) usando a mesma configuração espacial da amostra daqueles pontos p para os outros estratos (Figura 5.10c).

A questão sobre qual esquema de amostragem é "melhor" depende das características espaciais da variabilidade dos dados. Nesse caso, como os valores de variáveis em um só local tendem a ser fortemente associados a valores nas localidades próximas, amostras aleatórias espaciais podem fornecer informações redundantes quando amostradas em locais que estão próximos um do outro. Por conseguinte, a amostragem estratificada e a sistemática tendem a fornecer melhores estimativas do valor médio da variável. Assim, se repetíssemos a amostragem muitas vezes, a variabilidade associada com médias calculadas usando a amostragem sistemática ou a estratificada seria menor do que a encontrada com a amostragem espacial aleatória. Haining (1990a) fala sobre isso em mais detalhe e fornece referências que sugerem que a amostragem sistemática muitas vezes é um pouco melhor do que uma amostragem estratificada aleatória.

5.7.2 Considerações sobre o tamanho da amostra

Uma questão básica associada à amostragem é o tamanho da amostra. Como vimos na Seção 5.2, o tamanho da amostra determinará a precisão da nossa estimativa. Intuitivamente, amostras maiores serão necessárias para estimativas mais precisas de médias e de proporções.

Ao estimar uma média, lembre-se de que a largura do intervalo de confiança é, para uma grande amostra, $\pm z_\alpha s/\sqrt{n}$. Para intervalos de confiança de 95%, é $\pm 1,96\ s/\sqrt{n}$. Podemos controlar a amplitude dessa largura escolhendo o tamanho da amostra. Podemos fazer isso usando a notação W para a largura do intervalo de confiança e então realizando duas etapas algébricas para encontrar n:

$$W = z_\alpha s/\sqrt{n}$$
$$W^2 = z_\alpha^2 s^2/n \qquad (5.48)$$
$$n = z_\alpha^2 s^2/W^2$$

Por exemplo, considere o caso onde gostaríamos de estimar a distância média dos movimentos pendulares para uma comunidade dentro de $W = \pm 1,5$ km, com 95% de confiança. Para usar a Equação 5.48, também precisamos saber a variância, s^2. Isso é um problema – ainda nem extraímos a amostra e nem sequer sabemos a média, portanto, não parece razoável querer saber a variância! Na prática, isso é resolvido tomando-se uma pequena amostra piloto. Suponha que essa pequena amostra produza uma variância de 58 km. Em seguida, a Equação 5.48 implica que nosso tamanho da amostra deve ser $n = 1,96^2(58)/(1,5^2) = 99$.

A abordagem para a determinação do tamanho de amostra ao estimar a proporção é semelhante à descrita para médias. Como mostrou a Seção 5.2, a largura de intervalos de confiança em torno de proporções da amostra é $W = \pm z_\alpha \sqrt{p(1-p)/n}$. Se decidirmos W, podemos encontrar p:

$$W = z_\alpha \sqrt{p(1-p)/n}$$
$$W^2 = z_\alpha^2 p(1-p)/n \qquad (5.49)$$
$$n = z_\alpha^2 p(1-p)/W^2$$

Um problema com o uso da Equação 5.49 para determinar o tamanho apropriado da amostra é que não conhecemos p – afinal, é por isso que estamos extraindo a amostra! No entanto, note na Tabela 5.5 que, para muitos valores possíveis de p, a quantidade $p(1-p)$ será próxima de 0,25. Podemos, portanto, substituir $p(1-p)$ na Equação 5.49 por 0,25 para obter a equação que fornece os tamanhos de amostras para estimar as proporções:

$$n = \frac{0,25 z_\alpha^2}{W^2} = \frac{z_\alpha^2}{4W^2} \qquad (5.50)$$

Observe que, quando desejamos um intervalo de confiança de 95%, isso é equivalente a:

$$n = \frac{1,96^2}{4W^2} \approx \frac{1}{W^2} \qquad (5.51)$$

TABELA 5.5 Valores de $p(1-p)$ para vários valores de p

p	$p(1-p)$
0,1	0,09
0,2	0,16
0,3	0,21
0,4	0,24
0,5	0,25
0,6	0,24
0,7	0,21
0,8	0,16
0,9	0,09

> **EXEMPLO**
>
> Determine o tamanho necessário da amostra para estimar a proporção de famílias com dois ou mais carros dentro de $W = \pm 0,05$. Encontre os tamanhos de amostra necessários para se atingir esse objetivo com 90% e 95% de confiança.
>
> **Solução.** Use a Equação 5.50 para encontrar um tamanho de amostra $n = 1,645^2/[4(0,05^2)] = 271$ a fim de se ter 90% de confiança de que a verdadeira proporção esteja a 0,05 da proporção da amostra. Use um tamanho de amostra de $1,96^2/[4(0,05)^2] = 384$ para ter 95% de confiança. Uma solução aproximada para o caso de 95% de confiança é $1/W^2 = 1/0,05^2 = 400$.

Quando se acha que a proporção estimada está perto de zero ou um, essa abordagem é conservadora, no sentido de que os tamanhos calculados da amostra são maiores do que deveriam ser. Por exemplo, se formos estimar a proporção de pessoas que tomaram o transporte público para trabalhar, podemos esperar que a proporção não seja maior que 0,1. A quantidade $p(1-p)$ seria igual a $0,1(0,9) = 0,09$, e se isso for usado na Equação 5.49 para estimar a proporção real dentro do intervalo de 0,05, com 95% de confiança, teríamos $n = 1,96^2 (0,09)/0,05^2 = 138$. Isso é consideravelmente menor que o tamanho da amostra $n = 384$ que teria sido calculado usando $p(1-p) = 0,25$. Portanto, diretrizes razoáveis para determinar o tamanho da amostra ao estimar a proporção poderiam ser dadas como se segue:

- Em primeiro lugar, faça uma estimativa sobre a verdadeira proporção.
- Se a estimativa estiver dentro do intervalo de 0,3 e 0,7, use $p(1-p) = 0,25$ e a Equação 5.51.
- Se a estimativa for menor que 0,3, decida que a proporção não poderia ser maior do que p^*; se a estimativa for maior que 0,7, decida que a proporção não poderia ser menor que p^*. Use $p^*(1-p^*)$ na Equação 5.49 para encontrar o tamanho da amostra.

É interessante notar que sondagens nacionais não exigem, necessariamente, grandes amostras para estimar proporções com precisão. Se houver interesse em estimar a proporção de quem vai votar em um político candidato num país de muitos milhões de pessoas, estimativas precisas podem ser obtidas entrevistando-se aleatoriamente apenas alguns milhares de pessoas. Isso pode ser visto usando a Equação 5.51, notando que, para estimar a proporção dentro de ±0,03, o tamanho da amostra deve ser $1/0,03^2 = 1.111$. Para estimar a proporção dentro de ±0,02, um tamanho de amostra de $1/0,02^2 = 2.500$ é necessário. Esses cálculos são independentes do tamanho da população do país.

5.8 Alguns testes para medidas espaciais de tendência central e de variabilidade

A Seção 2.6 descreveu medidas espaciais de tendência central e de dispersão. Assim como vimos neste capítulo que é possível construir intervalos de confiança significativos ao redor da média amostral e realizar testes estatísticos para aceitar ou rejeitar as hipóteses sobre a média verdadeira ou a média populacional, é também de interesse a construção de intervalos de confiança e a realização de testes de hipótese para medidas espaciais. Se acharmos que o centro médio de um conjunto de casos de doença escolhida aleatoriamente está em um local específico, quão confiantes estamos da nossa estimativa de centralidade? O centro médio poderia estar em algum lugar nas proximidades?

Testes estatísticos de hipóteses podem ser construídos usando as estatísticas espaciais descritivas da Seção 2.6, juntamente com o conhecimento dos valores esperados e da variabilidade das quantidades sob hipóteses nulas particulares.

Para pegar um caso simples, suponha que a área de estudo seja quadrada, e as coordenadas sejam dimensionadas de modo que cada lado tenha comprimento igual a um. Vamos supor que desejamos testar a hipótese de que a verdadeira coordenada x do centro médio seja igual a 0,5 (evidentemente, uma amostra idêntica poderia também ser realizada para a coordenada y). Pode recorrer-se a um teste t:

$$t = (\bar{x} - 0,5)/(s/\sqrt{n}), \tag{5.52}$$

onde x e s são a média e o desvio padrão do conjunto de coordenadas x, respectivamente. Esse teste tem $n - 1$ graus de liberdade e implicitamente pressupõe que as coordenadas x são independentes e têm uma distribuição normal. Se o tamanho da amostra não é muito pequeno, a suposição de normalidade não é necessária, e um teste z pode ser utilizado.

Testes de dispersão espacial ou de cluster também podem ser efetuados; eles seriam de interesse, por exemplo, se houvesse um local perigoso no centro da área de estudo, e se fosse de interesse saber se os casos de doença estavam mais aglomerados em torno do centro do que seria de se esperar se os casos da doença fossem localizados aleatoriamente (isso é claramente um cenário simplificado – elaborado para ilustrar a natureza dos testes de hipótese em um ambiente espacial e não para considerar outros fatores importantes, tais como a distribuição da população ao redor do local perigoso). Esses testes podem ser implementados considerando as seguintes características (Eilon *et al.*, 1971):

- Para um círculo com raio R, a distância esperada do centro até um ponto escolhido aleatoriamente é $E[d] = 2R/3$.
- A variância das distâncias do centro aos pontos escolhidos aleatoriamente é $V[d] = R^2/18$.
- Para um quadrado com lado s, a distância esperada do centro até um ponto escolhido aleatoriamente é $E[d] = (s/6)[\sqrt{2} + \ln(1 + \sqrt{2})] \approx 0,383s$.

- A variância das distâncias do centro do quadrado até os pontos escolhidos aleatoriamente é $V[d] = 2s^2/12 - (0{,}383s)^2 \approx 0{,}02s^2$.

Um teste z simples para áreas de estudo circulares ou quadradas pode então ser construído da seguinte forma:

$$z = \frac{\bar{d} - E[d]}{\sqrt{V[d]/n}} \qquad (5.53)$$

onde $\bar{d}$ é a distância média de pontos a partir do centro, e n é o número de pontos.

EXEMPLO

Para uma área de estudo quadrada de 64 km², a distância média entre o centro e os $n = 50$ locais observados é 2,2. Teste a hipótese nula de que os pontos são distribuídos aleatoriamente em torno do centro.

Solução. O lado do quadrado é igual a $s = 8$ km. A distância esperada do centro até um ponto aleatório é $0{,}383(8) = 3{,}06$ km, e a variância das distâncias do centro aos pontos é $0{,}02(64) = 1{,}28$. A estatística z é igual a $(2{,}2 - 3{,}06)/\sqrt{1{,}28/50} = -5{,}375$. Uma vez que este é menor que o valor crítico de $-1{,}96$ (usando um teste bilateral e $\alpha = 0{,}05$), podemos rejeitar a hipótese nula e concluir que os pontos estão mais próximos do centro da área de estudo do que seria de se esperar ao acaso.

EXEMPLO

Uma área de estudo circular tem área de 64 km². A distância média do centro aos 35 locais observados é de 2,5 km. Teste a hipótese nula de que os pontos são distribuídos aleatoriamente em torno do centro.

Solução. Uma vez que a área de um círculo é πr^2, primeiramente a usamos para obter o raio da área de estudo circular. Uma vez que $64 = \pi r^2$, $r^2 = 64/\pi$, e o raio da circunferência é igual a $\sqrt{64/\pi} = 4{,}514$ km. A distância esperada do centro até um ponto escolhido aleatoriamente é $2(4{,}514)/3 = 3{,}01$, e a variância das distâncias do centro aos pontos é igual a $4{,}514^2/18 = 1{,}132$. A estatística z é igual a $(2{,}5 - 3{,}01)/\sqrt{1{,}132/35} = -2{,}83$. Mais uma vez, podemos rejeitar a hipótese nula de que os pontos são distribuídos aleatoriamente em torno do centro.

5.9 Testes das médias de uma amostra no SPSS 16.0 for Windows

Para testar a hipótese nula de que a verdadeira média é igual a um determinado valor, insira os dados do exemplo em uma coluna da planilha. Em seguida, clique em Analyse e, então, em Compare Means. Depois, escolha One-Sample t-test, mova o nome da variável da coluna para a caixa à direita com o rótulo de Test Variable. Insira a média hipotética na pequena caixa rotulada Test Value. Em seguida, clique em OK. Por exemplo, usando os dados na Tabela 5.1, suponha que queremos testar se a verdadeira média de frequência da prática de natação entre os indivíduos no centro da cidade é igual a 55 dias por ano. Nossos dados amostrais revelam uma média amostral de 48,63, mas entrevistamos apenas oito pessoas e obviamente não sabemos a média verdadeira. Queremos saber o quão incomum seria obter uma média amostral de 48,63, se a média verdadeira é 55. Inserimos os oito valores referentes ao centro da cidade na primeira coluna e seguimos as instruções anteriores. Isso resulta na saída vista na Tabela 5.6.

5.9.1 Interpretação

O resultado mostra que a estatística t neste exemplo é $-0,907$. Uma peça-chave da saída é o valor p, que é dado na coluna intitulada Sig. (de significância). Neste caso, ele é igual a 0,395; como ele é superior a um valor alfa de 0,05, aceitamos a hipótese nula. Um intervalo de confiança de 95% para a diferença entre a média da amostra e a hipotética também é fornecido. Embora observamos uma diferença de $48,63 - 55 = -6,37$, e esta seja a nossa melhor estimativa do quão distante podemos estar de nossa média inicialmente pressuposta de 55, estamos agora 95% certos de que a média real está entre um valor que é 22,99 menor que o valor hipotético ($32,01 = 55 - 22,99$), e um valor que é 10,24 superior ao valor hipotético ($55 + 10,24 = 65,24$). Sempre que o limite inferior for negativo e o limite superior for positivo, isso implica que o valor hipotético está contido dentro do intervalo de confiança, e devemos aceitar a hipótese nula.

TABELA 5.6 *t*-test

One-sample statistics

	N	Mean	Std. deviation	Std. error mean
VAR00001	8	48.6250	19.87775	7.02785

One-sample test

	Test value = 55				
					95% confidence interval of the difference
	t	df	Sig. (two-tailed)	Mean difference	Lower	Upper
VAR00001	−.907	7	.395	−6.37500	−22.9932	10.2432

5.10 Testes *t* de duas amostras no SPSS 16.0 for Windows

5.10.1 Entrada de dados

Suponha que desejamos inserir os dados da Tabela 5.1 no SPSS e realizar um teste *t* de duas amostras para a hipótese nula de que a frequência média anual da prática de natação entre os moradores do centro da cidade é igual à frequência média anual da prática de natação dos moradores dos subúrbios.

Começamos inserindo os dados. No SPSS, isso implica que entram todas as frequências de prática de natação em uma única coluna. Outra coluna contém um valor numérico que indica a qual região a frequência de prática de natação correspondente pertence. Para nosso exemplo de duas regiões, teríamos

Natação	Localidade
38	1
42	1
50	1
57	1
80	1
70	1
32	1
20	1
58	2
66	2
80	2
62	2
73	2
39	2
73	2
58	2

Os nomes das variáveis "Natação" e "Localização" são definidos clicando no cabeçalho de cada coluna sobre o título "var" que aparece no editor de dados do SPSS. Em seguida, em Define Variable, os nomes das variáveis podem ser atribuídos.

Note que aqui as primeiras oito linhas correspondem aos dados do centro da cidade; o local 1 refere-se ao centro da cidade. Da mesma forma, as oito últimas linhas contêm o valor "2" na segunda coluna, correspondentes às observações dos subúrbios. Em geral, se houver n_1 observações de uma variável e n_2 observações de outra, então haverá $n_1 + n_2$ linhas e duas colunas depois que os dados tenham sido inseridos no SPSS.

5.10.2 Executando o teste *t*

Para executar a análise no SPSS, clique em Analyse (Statistics, em versões anteriores do SPSS for Windows), depois em Compare Means e, em seguida, em Independent

Samples t-test. Será exibida uma caixa e a variável Natação deve então ser realçada e movida para a caixa Test Variable através da indicação da seta. A variável Localidade é movida para a caixa intitulada Grouping Variable (uma vez que estamos testando as diferenças da variável Natação, por Localidade). Na caixa Grouping Variable, clique em Define Groups e digite 1 para o Grupo 1 e 2 para o Grupo 2; esses são os valores numéricos da segunda coluna de dados que o SPSS usará para distinguir os grupos. Em seguida, clique em Continue. Em Options, pode ser atribuída a porcentagem associada com o intervalo de confiança, se desejado (o padrão é 95%). Finalmente, clique em OK.

Um exemplo de saída de um teste t de duas amostras é mostrado na Tabela 5.7, que retrata os resultados do teste de igualdade de frequências de prática de natação no centro da cidade e nos subúrbios usando o SPSS 16.0 para Windows.

Em primeiro lugar, as frequências de prática de natação em cada região são resumidas; a localidade 1 (centro da cidade) tem uma resposta média de 48,625 dias e um desvio padrão de 19,8778, enquanto aqueles nos subúrbios aparentemente nadam mais frequentemente – nestes, as respostas têm uma média de 63,625 e um desvio padrão de 12,6597.

Abaixo disso estão os resultados da análise. Primeiro, observe que há um teste do pressuposto de que as variâncias dos dois grupos são, de fato, iguais. Esse teste, teste de Levene, é baseado em uma estatística F. A peça-chave da saída é a coluna intitulada "Sig.", uma vez que isso nos recomenda aceitar ou rejeitar a hipótese nula de que as duas variâncias são iguais. Uma vez que esse valor (que é também conhecido como valor p) é maior que 0,05, podemos aceitar a hipótese nula e concluir que as variâncias podem ser consideradas iguais.

Os resultados do teste t são dados para ambos os exemplos – um onde as variâncias são consideradas iguais, e outro em que não são. Em ambos os casos, a estatística t é 1,8, e em ambos os casos podemos aceitar a hipótese nula, já que a coluna "Sig." indica um valor maior que 0,05. Note que quando se pressupõe que as variâncias são iguais, chegamos um pouco mais perto de rejeitar a hipótese nula (o valor p nesse caso é 0,093, comparado com 0,097 quando as variâncias não são consideradas iguais). Os valores p diferem, apesar de estatísticas t idênticas, porque os graus de liberdade são diferentes.

Finalmente, observe que os intervalos de confiança de 95% incluem zero, indicando que a verdadeira diferença entre cidade e os subúrbios poderia ser zero.

5.11 Testes t de duas amostras no Excel

Ao contrário do SPSS, aqui os dados são inseridos de maneira mais intuitiva e cada variável representa uma coluna. Para os dados do exemplo da Tabela 5.1, são criadas duas colunas, cada uma com oito observações; a primeira coluna representa as frequências da prática de natação para o centro da cidade, e a segunda coluna contém as frequências para os subúrbios.

Selecione Tools e, em seguida, Data Analysis; o usuário então tem a opção de selecionar t-test: Two-Sample Assuming Equal Variances ou t-test: Two-Sample As-

TABELA 5.7 Resultados de teste *t* de duas amostras

Location		N	Mean	Std. deviation	Std. error mean
Swimfreq	1.00	8	48.6250	19.8778	7.0278
	2.00	8	63.6250	12.6597	4.4759

Independent samples test

		Levene's test for equality of variances		t-test for equality of means					95% confidence interval of the difference	
		F	Sig.	t	gl	Sig. (two-tailed)	Mean difference	Std. error difference	Lower	Upper
SWIMFREQ	Equal variance assumed	1.776	.204	−1.800	14	.093	−15.0000	8.3321	−32.8706	2.8076
	Equal variance not assumed			−1.800	11.876	.097	−15.0000	8.3321	−33.1751	3.1751

suming Unequal Variances. Com ambas as opções, o usuário é direcionado à caixa de diálogo para entrar o intervalo de células associado a cada variável. Ao usuário, também é solicitada a diferença hipotética. Essa será geralmente zero, uma vez que, na maioria dos casos, estamos interessados na hipótese de nenhuma diferença. Escolhendo a opção de variância diferente com os dados da Tabela 5.1 obtém-se a saída mostrada na Tabela 5.8. Escolhendo a opção de variância igual obtém-se a saída mostrada na Tabela 5.9.

TABELA 5.8   Teste t: duas amostras assumindo variâncias diferentes

	Variable 1	Variable 2
Mean	48.625	63.625
Variance	395.125	160.2679
Observations	8	8
Hypothesized Mean Difference	0	
Df	12	
t Stat	−1.80026	
P(T<t) one-tail	0.048495	
t Critical one-tail	1.782287	
P(T>t) two-tail	0.096989	
t Critical two-tail	2.178813	

TABELA 5.9   Teste t: duas amostras assumindo variâncias iguais

	Variable 1	Variable 2
Mean	48.625	63.625
Variance	395.125	160.2678571
Observations	8	8
Hypothesized Mean Difference	277.6964	
Df	0	
t Stat	14	
P(T< t) one-tail	−1.80026	
t Critical one-tail	0.046695	
P(T> t) two-tail	1.761309	
t Critical two-tail	0.093397	

EXERCÍCIOS RESOLVIDOS

1. Um pesquisador deseja estimar a distância média de deslocamento dentro de um intervalo de mais ou menos duas milhas, com confiança de 90%. Um pequeno estudo piloto mostra um desvio padrão de seis milhas. Qual deveria ser o tamanho da amostra?

(continua)

(continuação)

Solução. A largura de um intervalo de confiança para a média é igual a $\pm Zs\sqrt{n}$. Se quiséssemos que essa quantidade fosse igual a duas milhas e soubéssemos que $s = 6$ e $Z = 1,645$ (associado com o intervalo de confiança de 90%), então poderíamos resolver para o tamanho da amostra, n:

$$Zs/\sqrt{n} = 2 \Rightarrow \sqrt{n} = \frac{Zs}{2} \Rightarrow n = \left(\frac{Zs}{2}\right)^2 = \left(\frac{1,645(6)}{2}\right)^2 = 24,35$$

2. 24% dos indivíduos em uma amostra de 100 indicam que pretendem se mudar no ano que vem. Encontre um intervalo de confiança de 95% para a verdadeira proporção.

Solução. O intervalo de confiança de 95% é encontrado diretamente a partir da Equação 5.9:

$$0,24 \pm 1,96\sqrt{\frac{0,24(1-0,24)}{100}} = 0,24 \pm 0,0837$$

3. O valor médio do pH do solo em uma área é 6,5, baseado em uma amostra de 36. A variância da amostra foi 9,0.

(a) Encontre um intervalo de confiança de 92% em torno da média da amostra.

Solução. Sabemos que o valor z associado a um intervalo de confiança de 95% é 1,96. Esse é o valor que deixa 2,5% da área sob a curva normal padrão em cada uma das duas caudas. Para um intervalo de confiança de 92%, buscamos primeiro o valor z que deixa 4% da área em cada cauda. Uma verificação da tabela normal revela que o valor de z é 1,75. Portanto, o intervalo de confiança de 92% para o valor médio de pH é:

$$6,5 \pm 1,75(3)/\sqrt{36} = 6,5 \pm 0,875$$

Note que não é normal calcular o intervalo de confiança de 92%; intervalos de confiança de 99%, 95% e 90% são muito mais comuns. O presente exemplo é dado principalmente para reforçar conceitos.

Agora, suponha que o valor médio do pH estadual seja 7,6.

(b) Teste a hipótese nula de que o verdadeiro valor médio na área onde foi realizado o teste não é diferente do valor do estado como um todo. Estabeleça as hipóteses nula e alternativa, use $\alpha = 0,05$, encontre a estatística de teste e elabore a sua conclusão. Construa um diagrama para mostrar os resultados, incluindo a estatística de teste e o valor crítico. Qual é o valor p?

Solução.

$H_0: \mu = 7,6$
$H_1: \mu \neq 7,6$

(continua)

(continuação)

$$\text{Estatística de teste } z = \frac{6,5 - 7,6}{3/\sqrt{36}} = \frac{-1,1}{0,5} = -2,2$$

Os valores críticos são iguais a −1,96 e +1,96; portanto, a hipótese nula é rejeitada. O valor p é encontrado procurando $z = 2,2$ na tabela normal; o valor de 0,0139 é multiplicado por dois (uma vez que este é um teste bilateral), para chegar a um valor p de 0,0278. Observe que $p < \alpha$, o que é consistente com a rejeição da hipótese nula – o valor p indica que não é muito provável ($p = 0,0278$) que um resultado tão extremo seria observado se a hipótese nula fosse, de fato, verdadeira.

(c) Repita a parte (b), desta vez supondo que o pesquisador tenha razões para crer, antes que os dados sejam coletados, que o pH médio na área é menor do que a média estadual.

Solução. Agora temos H_1: $\mu < 7,6$. O valor crítico para a estatística de teste é $z = -1,645$, uma vez que isso deixa 5% da área na cauda esquerda da distribuição. A hipótese nula é novamente rejeitada, porque a estatística de teste de −2,2 é menor que −1,645. O valor p é igual a 0,0139.

4. Uma amostra de 14 grãos de areia revela um diâmetro médio de 0,58 mm e um desvio padrão de 0,22 mm.

(a) Encontre um intervalo de confiança de 86% para o tamanho médio de grãos de areia.
(b) Teste a hipótese nula de que a verdadeira média do tamanho do grão de areia é de 0,65 mm. Encontre o valor de p.

Solução.

(a) Usamos a distribuição t porque o tamanho da amostra é pequeno. Um intervalo de confiança de 86% tem valores t que estão associados a 7% da área em cada cauda. Usando a Tabela A.4, com $n - 1 = 13$ graus de liberdade, encontramos o valor t apropriado entre 1,5 e 1,6. (Essa tabela t mostra a probabilidade acumulada; então, para encontrar o valor t associado a uma probabilidade na cauda correspondente a 0,07, procuramos 0,93 no corpo da tabela.) Uma interpolação rápida e aproximada revela que o valor t está a pouco mais de meio caminho de 1,5 e 1,6; poderíamos usar um valor t de 1,56. O intervalo de confiança desejado é, portanto, $0,58 \pm 1,56(0,22)/\sqrt{14} = 0,58 \pm 0,0917$. Uma interpolação mais precisa do valor t poderia ser encontrada perguntando-se justamente onde 0,93 está situado, entre a entrada de $t = 1,5$ (0,92125) e a entrada de $t = 1,6$ (0,93320). Para fazer isso, observe que a diferença entre as duas entradas é 0,93320 − 0,92125 = 0,01195. A diferença entre 0,93 e a primeira entrada (0,92125) é igual a 0,00875, o que está a cerca de 73% do caminho entre 1,5 e 1,6 (uma vez que 0,00875/0,01195 é aproximadamente 0,73). Assim, um valor t mais preciso seria 1,573.

(continua)

(continuação)

(b) A estatística de teste é $t = (0{,}58 - 0{,}65)/(0{,}22/\sqrt{14}) = -1{,}19$. Os valores críticos, da Tabela A.3, com 13 graus de liberdade e $\alpha = 0{,}05$, são $\pm 2{,}15$ (uma vez que este é um teste bilateral, usamos a coluna 0,025 da tabela). Deixamos, portanto, de rejeitar a hipótese nula. Usando a Tabela A.4, com 13 graus de liberdade novamente, iremos primeiramente arredondar a estatística de teste observada para $t = 1{,}2$ e encontrar a entrada de aproximadamente 0,87. Isto implica que a fração da área na cauda é $1 - 0{,}87$, ou 0,13. Finalmente, duplicamos esse resultado (porque temos um teste bilateral), para encontrar $p = 0{,}26$. Mais uma vez, foi possível encontrar um resultado mais preciso por interpolação.

5. $n = 13$ amostras são extraídas de um rio; o nível médio de poluentes é 16,7 mg/l e o desvio padrão é 5,1. Teste a hipótese de que a verdadeira média não é diferente do nível "normal" de 14,2 mg/l. Estabeleça as hipóteses nula e alternativa e use um Erro Tipo I de nível 0,05. Encontre a estatística de teste, o valor crítico e formule sua conclusão. Também encontre o valor p.

Solução.

$H_0: \mu = 14{,}2$
$H_1: \mu \neq 14{,}2$

Estatística de teste: $t = (16{,}7 - 14{,}2)/(5{,}1/\sqrt{13}) = 1{,}767$

Valores críticos para este teste bilateral são encontrados usando-se a coluna 0,025 da Tabela A.2, com 12 graus de liberdade. Isso resulta em valores críticos de $-2{,}179$ e $+2{,}179$. Uma vez que a estatística de teste observada cai dentro do intervalo de valores críticos, não rejeitamos a hipótese nula. O valor p é encontrado usando-se a coluna de 12 gl da Tabela A.4 e interpolando-o aproximadamente entre as entradas para $t = 1{,}7$ e $t = 1{,}8$. Isso produz um resultado de algo em torno de 0,948, que implica em uma área da cauda de $1 - 0{,}948 = 0{,}052$. O valor p é duas vezes esse valor (já que é um teste bilateral), ou $p = 0{,}104$. Note que $p > \alpha$, o que é coerente com a aceitação da hipótese nula.

6. Um planejador local acredita que o tamanho médio das famílias em uma comunidade pode ser significativamente superior à média municipal de 2,23. Com base numa amostra aleatória de 81 famílias, o planejador encontra um tamanho médio de famílias de 2,61. O desvio padrão dos dados amostrais é $s = 2{,}20$. Usando um nível de significância de $\alpha = 0{,}05$, teste a hipótese de que a dimensão média do domicílio da comunidade não difere da média municipal. Estabeleça a hipótese nula, a hipótese alternativa e o valor crítico da estatística de teste. Qual é conclusão do planejador? Ao fim, dê o valor p associado com a estatística de teste.

Solução.

$H_0: \mu = 2{,}23$
$H_1: \mu > 2{,}23$

(continua)

(continuação)

O valor crítico de $z = 1{,}645$ (uma vez que este é um teste unilateral)

$$z = (2{,}61 - 2{,}23) / (2{,}2/\sqrt{81}) = 1{,}55$$

Decisão: deixar de rejeitar a hipótese nula, desde que o valor observado da estatística de teste é menor que o valor crítico e cai fora da região de rejeição. O valor p é a área à direita de $1{,}55$ sob a curva normal padrão. A tabela normal mostra que essa área é igual a $0{,}0606$. Note que este é maior que $0{,}05$; a estatística de teste não é incomum o suficiente (quando a hipótese nula é verdadeira) para rejeitar a hipótese nula.

7. Um pesquisador deseja estimar a proporção de pessoas a favor de uma nova autoestrada dentro de um intervalo de mais ou menos $0{,}04$, com um nível de confiança de 95%. Qual deve ser o tamanho da amostra?

Solução. A largura de um intervalo de confiança para uma proporção é $\pm Z\sqrt{p(1-p)/n}$. Estabelecendo-a igual a $0{,}04$, podemos resolver para o tamanho da amostra, n:

$$Z\sqrt{p(1-p)/n} = 0{,}04$$

Para um intervalo de confiança de 95%, $Z = 1{,}96$. Não sabemos o valor p, mas ainda podemos derivar uma estimativa conservadora do tamanho da amostra ao perceber que a quantidade $p(1-p)$ não pode ser maior do que $0{,}25$. Assim:

$$1{,}96\sqrt{0{,}25/n} = 0{,}04$$

Elevar ao quadrado ambos os lados produz $3{,}84\,(0{,}25)/n = 0{,}0016$. Então

$$n = 3{,}84(0{,}25)/0{,}0016 = 600$$

Note que esta é uma estimativa conservadora, no sentido de que se $p < 0{,}5$, a quantidade $p(1-p)$ será inferior a $0{,}25$, resultando em uma amostra de tamanho inferior a 600.

8. A porcentagem estadual de domicílios classificados como de moradores recentes é de 21%. Um levantamento de 64 domicílios em um bairro revela que 14% podem ser classificados como de moradores recentes. Deve-se aceitar ou rejeitar a hipótese nula de que a porcentagem do bairro não é diferente da porcentagem de todo o Estado? Estabeleça as hipóteses nulas e alternativas, use um Erro Tipo I de $0{,}10$, e dê o valor p.

Solução.

$H_0: p = 0{,}21$
$H_1: p \neq 0{,}21$

(continua)

(continuação)

Os valores críticos de $z = -1,645$ e $z = +1,645$; este é um teste bilateral, com uma área de 0,05 em cada cauda.

$$z = (0,14-0,21)/\sqrt{0,21(1-0,21)/64} = -1,375$$

Decisão: Não rejeitar a hipótese nula, uma vez que a estatística de teste recai dentro do intervalo ocupado pelos valores críticos.

Valor p: encontrado pesquisando-se $z = 1,375$ na tabela da distribuição normal. Arredonda-se para $z = 1,38$ e encontra-se 0,0838 na tabela. Finalmente, multiplica-se isso por 2 para obter $p = 0,1676$.

9. Um pesquisador deseja estimar a duração média de residência com mais ou menos 0,5 anos, com 95% de confiança. Um pequeno estudo piloto mostra que o desvio padrão é 3,5 anos. Qual deve ser o tamanho da amostra?

Solução. A largura do intervalo de confiança é $\pm Zs/\sqrt{n}$. Definimos essa quantidade como 0,5, usamos $Z = 1,96$, uma vez que é um intervalo de confiança de 95%, substituímos $s = 3,5$ e resolvemos para n:

$$0,5 = 1,96(3,5)/\sqrt{n}$$

Isso leva a $\sqrt{n} = 1,96(3,5)/0,5$; elevando ambos os lados ao quadrado produz-se $n = \{1,96(3,5)/0,5\}^2 = 188$.

10. Há duas rotas alternativas entre uma área residencial e uma área de emprego do centro da cidade. Um planejador de transporte quer saber se o número médio de carros usando cada uma das rotas durante a hora do *rush* na parte da manhã é o mesmo. Uma pesquisa durante o período de $n_1 = n_2 = 30$ dias revela que o número médio de carros na rota A é de 940, e o número médio de carros na rota B é 1030. Usando os resultados da pesquisa, o analista encontra $s_1 = 180$ $s_2 = 90$. Estabeleça as hipóteses nula e alternativa, use $\alpha = 0,05$, encontre a estatística de teste e indique se a hipótese nula deve ser aceita ou rejeitada. Também dê o valor p. Suponha que as variâncias dos dois grupos são iguais e use uma estimativa da variância conjunta.

Solução.

H_0: $\mu_A - \mu_B = 0$
H_1: $\mu_A - \mu_B \neq 0$

Os valores críticos da estatística de teste são $z = -1,96$ e $+1,96$, uma vez que se trata de um teste bilateral, com área igual a 0,025 em cada cauda.

Estimativa conjunta da variância: $s^2 = \dfrac{29(180^2) + 29(90^2)}{30 + 30 - 2} = 20.250$

(continua)

(continuação)

Estatística de teste: $z = (1.030 - 940)/\sqrt{\dfrac{20.250}{30} + \dfrac{20.250}{30}} = 90/36{,}74 = 2{,}45$

Decisão: Uma vez que a estatística de teste excede o valor crítico de +1,96, podemos rejeitar a hipótese nula.

Para encontrar o valor p, devemos procurar $z = 2{,}44$ na tabela da distribuição normal e encontrar uma área de 0,0044. Uma vez que este é um teste bilateral, dobramos esse valor para encontrar $p = 0{,}0088$.

11. Uma pesquisa de 40 indivíduos revela que a proporção de pessoas em uma área residencial, clientes de um determinado supermercado, é 0,24; uma repetição da pesquisa no ano seguinte, usando 50 indivíduos, encontra a proporção de 0,36. Teste a hipótese nula de que as proporções são iguais, contra a alternativa de que a proporção aumentou durante o período. Estabeleça as hipóteses nula e alternativa, mostre a região de aceitação e rejeição (usando $\alpha = 0{,}10$), encontre a estatística de teste e indique se a hipótese nula deve ser aceita ou rejeitada. Também dê o valor p associado com a estatística de teste.

Solução. Aqui temos uma hipótese alternativa unilateral, tal que:

$H_0: \rho_1 = \rho_2$
$H_1: \rho_1 > \rho_2$

onde ρ_1 é definido como a proporção no primeiro ano e ρ_2 é a proporção no segundo ano.

O valor crítico da estatística de teste é $z = 1{,}28$, utilizando a tabela normal e reconhecendo que temos um teste unilateral com $\alpha = 0{,}10$.

A proporção conjunta é igual a $\{(40 \times 0{,}24) + (50 \times 0{,}36)\} / (40 + 50) = 27{,}6/90 = 0{,}3067$.

A estatística de teste observada é:

$$z = (0{,}36 - 0{,}24)/\sqrt{\dfrac{0{,}3067(1 - 0{,}3067)}{40} + \dfrac{0{,}3067(1 - 0{,}3067)}{50}}$$

e isso é igual a $0{,}12/0{,}0978 = 1{,}227$.

Uma vez que a estatística de teste observada é menor que o valor crítico, não rejeitamos a hipótese nula de que as proporções são iguais. O valor p é encontrado procurando-se o valor observado de $z = 1{,}23$ (após o arredondamento) na tabela normal. A área resultante dá $p = 0{,}1093$. Isso é ligeiramente maior que o valor de α e é consistente com a aceitação da hipótese nula.

(continua)

(continuação)

12. O nível de poluentes é testado em dois rios. Os resultados são os seguintes:

$$\overline{x}_1 = 25,1\,\text{mg/l}; \quad \overline{x}_2 = 15,7\,\text{mg/l}$$
$$s_1 = 14,0\,\text{mg/l}; \quad s_2 = 12,2\,\text{mg/l}$$
$$n_1 = 10; \quad n_2 = 25$$

Teste a hipótese nula de que as duas médias sejam iguais, certificando-se de anotar o valor crítico. Mostre as regiões de aceitação e rejeição. Não assuma que as variâncias são iguais. Qual é o valor p?

Solução.

$H_0: \mu_1 = \mu_2$
$H_1: \mu_1 \neq \mu_2$

O valor crítico da estatística de teste, usando $\alpha = 0,05$ (com áreas de 0,025 em cada cauda), é encontrado em uma tabela t, com $min(n_1, n_2) - 1 = 10 - 1 = 9$ graus de liberdade. Isso resulta em $t_{crit} = 2,262$.
A estatística de teste é:

$$t = \frac{25,1 - 15,7}{\sqrt{\frac{14,0^2}{10} + \frac{12,2^2}{25}}} = 1,8595$$

Uma vez que essa estatística observada é menor que o valor crítico, não rejeitamos a hipótese nula de níveis iguais de poluentes. O valor p é encontrado descendo na coluna referente a 9 gl da Tabela A.4 até chegar às linhas intituladas $t = 1,8$ (onde a entrada é 0,947) e $t = 1,9$ (onde a entrada é 0,955). Uma vez que essas são áreas acumuladas, as áreas da cauda são encontradas subtraindo-se essas quantidades de um: $1 - 0,947 = 0,053$ e $1 - 0,955 = 0,045$. Uma vez que este é um teste bilateral, podemos multiplicar cada uma por dois e concluir que o valor p deve estar entre 0,09 e 0,106; ambos são superiores a α, indicando que o resultado observado não seria tão incomum se a hipótese nula fosse verdadeira.

13. Uma pesquisa sobre a propriedade de carro é realizada em dois bairros. Na comunidade 1, verificou-se que 22 das 39 famílias possuem mais de um automóvel; na comunidade 2, 18 das 48 possuem mais de um carro. Teste a hipótese nula de que as comunidades têm taxas idênticas de propriedade de mais de um carro. Mostre as regiões de aceitação e rejeição. Use $\alpha = 0,10$ e dê o valor p.

Solução.

$H_0: p_1 = p_2$
$H_1: p_1 \neq p_2$

$$p_1 = 22/39 = 0,5641; \quad p_2 = 18/48 = 0,375$$

Proporção conjunta: $(39 \times 0,5641 + 48 \times 0,375)/(39 + 48) = (18 + 22)/(39 + 48) = 0,4598$

(continua)

(continuação)

Estatística de teste:

$$z = (0{,}5641 - 0{,}375)/\sqrt{\frac{0{,}4598(1-0{,}4598)}{39} + \frac{0{,}4598(1-0{,}4598)}{48}}$$
$$= 0{,}1891/0{,}1074 = 1{,}761$$

Uma vez que o valor de z observado é maior que o valor crítico de $z = 1{,}645$ (baseado em um teste bilateral, com uma área de 0,05 em cada cauda), rejeitamos a hipótese nula de que as verdadeiras proporções amostrais são as mesmas nos dois bairros. O valor p é encontrado procurando o valor observado de $z = 1{,}76$ na tabela normal; a área resultante (0,0392) é multiplicada por dois para produzir um valor de 0,0784.

EXERCÍCIOS

1. Um planejador deseja estimar o tamanho médio dos domicílios para uma comunidade dentro de um intervalo de 0,2. O planejador deseja um nível de confiança de 95%. Uma pequena pesquisa indica que o desvio padrão do tamanho do domicílio é 2,0. De que tamanho deve ser a amostra?
2. Um planejador de transporte deseja estimar a proporção de motoristas que dirigem ao trabalho dentro de um intervalo de 0,05. De que tamanho deve ser a amostra, se o planejador deseja um nível de confiança de 90%?
3. O nível tolerável de um determinado poluente é 16 mg/l. Um pesquisador extrai uma amostra de tamanho $n = 50$ e encontra que o nível médio do poluente é 18,5 mg/l, com um desvio padrão de 7 mg/l. Construa um intervalo de confiança de 95% em torno da média da amostra e determinar se o nível tolerável está dentro deste intervalo.
4. Um analista está interessado em saber se a proporção de casais sem filhos em uma comunidade difere significativamente da média estadual de 0,12. O analista suspeita, *a priori,* que a proporção de casais sem filhos da comunidade é superior à média estadual. Uma amostra de 100 casais é selecionada; a proporção média de casais sem filhos na amostra é 0,16. Construa um intervalo de confiança de 95% em torno da proporção da amostra e determine se o analista deve aceitar a ideia de que a "verdadeira" proporção poderia ser 0,12.
5. A proporção da população que muda de residência nos Estados Unidos anualmente é 0,165. Uma pesquisadora acredita que a proporção pode ser diferente na cidade de Amherst. Ela entrevista 50 pessoas na cidade de Amherst e verifica que a proporção que se mudou no ano anterior é 0,24. Há evidências para concluir que a cidade tem uma taxa de mobilidade diferente da média nacional? Use $\alpha = 0{,}05$, encontre um intervalo de confiança de 90% em torno da proporção da amostra e formule a sua conclusão.

(continua)

(continuação)

6. Uma geógrafa política está interessada no padrão espacial de voto durante as últimas eleições presidenciais. Ela suspeita que professores da universidade provavelmente votaram mais a favor do candidato A do que a população em geral. Ela extrai uma amostra aleatória de 45 professores no Estado e encontra 20 que votaram no candidato A. Há provas suficientes para apoiar sua hipótese? A porcentagem estadual de voto da população para o candidato A foi 0,38. Qual é o valor p?

7. Uma pesquisa com a população branca e não branca em uma área local revela as seguintes frequências de viagens anuais para o parque estadual mais próximo:

$$\bar{x}_1 = 4,1, \quad s_1^2 = 14,3, \quad n_1 = 20$$

$$\bar{x}_2 = 3,1, \quad s_2^2 = 12,0, \quad n_2 = 16$$

(a) Assuma que as variâncias são iguais e teste a hipótese nula de que não há nenhuma diferença entre as frequências de brancos e não brancos que vão ao parque.
(b) Repita o exercício, assumindo que as variâncias não são iguais.
(c) Encontre o valor p associado com os testes nas partes (a) e (b).
(d) Associado com o teste da parte (a), encontre um intervalo de confiança de 95% para a diferença nas médias.
(e) Repita as partes (a)–(d), assumindo tamanho das amostras de $n_1 = 24$ e $n_2 = 12$.

8. Teste a hipótese de que duas comunidades têm igual intenção de votos para um candidato político usando os seguintes dados:

Comunidade A: $p = 0,33 \quad n_A = 54$
Comunidade B: $p = 0,18 \quad n_B = 38$

Além de testar a hipótese, encontre o valor p.

9. Um pesquisador suspeita que o nível de poluente de um determinado rio é maior que o limite permitido de 4,2 mg/l. Uma amostra de $n = 17$ revela um nível médio de poluente de $\bar{x} = 6,4$ mg/l, com um desvio padrão de 4,4. Há provas suficientes de que o nível de poluentes do rio excede o limite permitido? Qual é o valor p?

10. Informações de 14 pessoas sobre seu uso de vias de trânsito rápido são coletadas por um pesquisador. Sete pessoas eram do subúrbio A e sete do subúrbio B. Os dados a seguir correspondem ao número de vezes por ano que o indivíduo usou as vias de trânsito rápido:

Indivíduo	Subúrbio A	Subúrbio B	Dados conjuntos
1	5	65	
2	12	56	
3	14	44	
4	54	22	

(continua)

(continuação)

5	34	16	
6	14	61	
7	23	37	
Média	22,29	43,29	32,79
Desvio Padrão	16,76	19,47	18,17

Os subúrbios diferem quanto ao número médio de viagens de trânsito rápido realizadas pelos indivíduos? Use o teste t de duas amostras, assumindo que as variâncias são iguais. Dê o valor crítico de t, recordando que os graus de liberdade são iguais a $n_1 + n_2 - 2$. Use o $\alpha = 0,05$. Qual é o valor p associado a esse teste?

11. As linhas de contorno do mapa abaixo representam altitude.

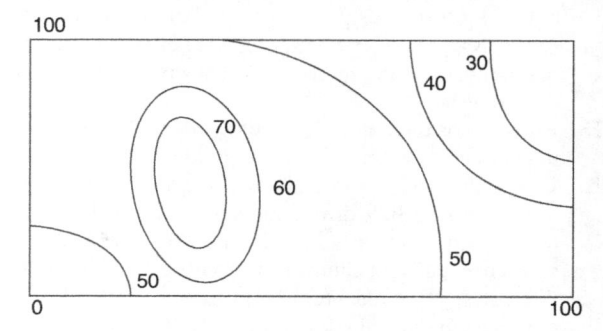

(a) Tome uma amostra espacial aleatória de $n = 18$ pontos e estime a altitude média da área de estudo.
(b) Divida a região de estudo em um conjunto de $3 \times 3 = 9$ estratos de tamanhos iguais. Tome uma amostra estratificada de tamanho 18 escolhendo aleatoriamente dois pontos dentro de cada estrato. Calcule a média.
(c) Usando os mesmos $3 \times 3 = 9$ estratos de (b), escolha uma amostra aleatória sistemática selecionando primeiro dois pontos aleatoriamente dentro de qualquer estrato individual. Use a configuração dos pontos dentro desse estrato para selecionar pontos dentro dos outros estratos (consulte a Figura 5.10c). Estime a altitude média dos 18 pontos resultantes.

Nota: Se as respostas de todo o conjunto de dados são agrupadas, geralmente (mas nem sempre!) as médias encontradas na parte (a) exibirão uma maior variabilidade do que aquelas encontradas nas partes (b) e (c).

12. (a) Um teste bicaudal de uma hipótese para a média, extraída de uma amostra, produz uma estatística de teste $z = 1,47$. Qual é o valor p?
    (b) Um teste unilateral de uma hipótese de duas amostras envolvendo a diferença das médias amostrais produz $t = 1,85$, com 12 graus de liberdade. Qual é o valor p?

13. Suponha que queremos saber se a duração média de desemprego difere entre os moradores de duas comunidades locais. As informações da amostra são as seguintes:

(continua)

(continuação)

Comunidade A: média amostral = 3,4 meses
$s = 1,1$ mês
$n = 52$
Comunidade B: média amostral = 2,8 meses
$s = 0,8$ mês
$n = 62$

Estabeleça as hipóteses nula e alternativa. Use $\alpha = 0,05$. Escolha um teste específico e mostre as regiões de aceitação e rejeição em um diagrama. Calcule a estatística de teste e decida se deve aceitar ou rejeitar a hipótese nula. (Não presuma que os dois desvios padrão são iguais entre si – portanto, não deve ser encontrada uma estimativa conjunta de s.)

14. O número médio de filhos entre uma amostra de 15 famílias de baixa renda é 2,8. O número médio de filhos entre uma amostra de 19 famílias de alta renda é de 2,4. Os desvios padrão para as famílias de renda baixa e alta são 1,6 e 1,7, respectivamente. Teste a hipótese de nenhuma diferença contra a alternativa de que famílias de alta renda têm menos filhos. Use α e uma estimativa conjunta da variância.

15. Encontre os intervalos de confiança de 90% e 95% para os comprimentos médios das ligações entre os rios usando os dados no Exercício 12 do Capítulo 2.

16. Um pesquisador entrevistou 50 indivíduos em Smithville e 40 em Amherst, encontrando que 30% dos moradores de Smithville haviam se mudado no ano anterior, enquanto apenas 22% dos moradores de Amherst o fizeram. Há evidências suficientes para concluir que as taxas de mobilidade das duas comunidades são diferentes? Use uma alternativa bilateral e $\alpha = 0,10$. Mais uma vez, encontre o valor p e um intervalo de confiança de 90% para a diferença de proporções.

17. Uma pesquisa em duas cidades é efetuada para ver se há diferenças nos níveis de ensino. A Cidade A tem uma média de 12,4 anos de escolaridade entre seus moradores; a Cidade B tem uma média de 14,4 anos. Quinze moradores foram entrevistados em cada cidade. O desvio padrão da amostra foi 3,0 na cidade A e 4,0 na cidade B. Há uma diferença significativa na educação entre as duas cidades?

    (a) Assuma que as variâncias são iguais.
    (b) Assuma que as variâncias não são iguais.

    Em cada caso, estabeleça as hipóteses nula e alternativa e teste a hipótese nula, usando $\alpha = 0,05$. Encontre os valores p e um intervalo de confiança de 95% para a diferença.

18. Uma amostra de 45 famílias revela que 23% já viajaram ao exterior. Isso é significativamente diferente de um valor hipotético de 30%, que caracteriza o país inteiro? Use $\alpha = 0,05$. Além disso, encontre o valor p e um intervalo de confiança para a proporção observada.

19. O *The Times* de Londres informou em 4 de janeiro de 2002 que os matemáticos poloneses Gliszczynski e Zawadowski registraram 140 caras em 250 arremessos (56%) na moeda de um euro belga, sugerindo que ela estava viciada; isso gerou um frenesi na mídia internacional. A história é relatada na edição de 11.02 da *Chance News*, disponível em www.dartmouth.edu/~chance

    (a) Teste a hipótese nula de que a verdadeira probabilidade de caras é igual a 0,5.
    (b) Estabeleça um intervalo de confiança de 95% em torno da proporção da amostra.

Análise de Variância 6

> **OBJETIVOS DE APRENDIZAGEM**
> - Comparações das médias em três amostras ou mais   163
> - Testes de três ou mais médias quando os pressupostos não forem atendidos   164
> - Implicações para testes de hipótese quando os pressupostos não forem atendidos   164

6.1 Introdução

O teste da diferença das médias de duas amostras pode ser generalizado para tratar casos com mais de duas amostras. Em geral, queremos testar a hipótese nula de que um conjunto de k médias populacionais são todas iguais:

$$H_0 : \mu_1 = \mu_2 \ldots = \mu_k, \tag{6.1}$$

onde $k \geq 2$.

Hipóteses nulas desse tipo podem ser de interesse para a variação nas médias ao longo do tempo ou espaço. Por exemplo, podemos querer saber se contagens de tráfego variam por mês, ou se o número de viagens de compras semanais feitas pelas famílias varia entre o centro da cidade, as áreas suburbanas e as rurais de um município. No primeiro caso, teríamos $k = 12$ categorias, uma para cada mês do ano. Neste último caso, teríamos $k = 3$, com cada categoria representando uma região geográfica.

Ao testar a hipótese nula de igualdade das k médias populacionais, os dados são normalmente fornecidos em uma tabela, como na Tabela 6.1, com as categorias constituindo as colunas. O primeiro subscrito na variável X representa a linha e o segundo representa a coluna. Por exemplo, X_{32} refere-se à observação na linha 3 e coluna 2, correspondente ao valor da terceira observação para o grupo 2. Observe que $\bar{X}_j$ designa a média da coluna j e $\bar{X}$ denota a média de todas as observações, somadas ao longo de linhas e colunas.

A *análise de variância* (ANOVA) representa uma extensão conceitual do teste t para a diferença das médias de duas amostras. Ela envolve a introdução de algumas ideias novas, embora os pressupostos subjacentes ao teste sejam semelhantes aos utilizados no teste t de duas amostras.

TABELA 6.1 Organização de dados para análise de variância

	Categoria 1	Categoria 2	... Categoria k
Obs. 1	X_{11}	X_{12}	X_{1k}
Obs. 2	X_{21}	X_{22}	X_{2k}
Obs. 3	X_{31}	X_{32}	X_{3k}
.	.	.	.
.	.	.	.
.	.	.	.
Obs. i	X_{i1}	X_{i2}	X_{ik}
.	.	.	.
.	.	.	.
.	.	.	.
Nr. de obs.	n_1	n_2	n_k
Média	$\bar{X}_1$	$\bar{X}_2$	$\bar{X}_k$
Desvio padrão	s_1	s_2	s_k
Média total: $\bar{X}$			
Desvio padrão total: s			
Tamanho total da amostra: $n = n_1 + \cdots + n_k$			

Os pressupostos da análise de variância podem ser estabelecidos do seguinte modo:

1. As observações entre e dentro das amostras são aleatórias e independentes.
2. As observações em cada categoria são normalmente distribuídas.
3. As variâncias populacionais são consideradas iguais para cada categoria:

$$\sigma_1^2 = \sigma_2^2 \ldots = \sigma_k^2 = \sigma^2 \tag{6.2}$$

A suposta igualdade de variâncias entre as categorias é referida como pressuposto da *homocedasticidade* (às vezes escrito como *homoskedasticidade*).

A ideia por trás do teste é comparar a variação *dentro* das colunas com a variação das médias *entre* as colunas. Se a variação entre as médias dos grupos for muito maior do que a variação dentro das colunas, tendemos a rejeitar a hipótese nula. Se, no entanto, a variação entre as médias dos grupos não for muito grande em relação à variação dentro das colunas, isso sugere que as eventuais diferenças nas médias dos grupos podem ser devidas à flutuação amostral, e, por conseguinte, estaremos mais inclinados a aceitar H_0. Por exemplo, na Tabela 6.2, há variabilidade nas colunas; pessoas diferentes dentro de cada sub-região possuem diferentes níveis de participação. Há também variabilidade entre as colunas; as médias das amostras em cada região são diferentes. Se a variabilidade entre colunas for alta em relação à variabilidade dentro da coluna, iremos rejeitar a hipótese nula e concluir que as verdadeiras médias das colunas não são iguais.

Embora o teste de análise de variância seja o que testa a igualdade das médias dos grupos, o teste propriamente dito é feito com duas estimativas independentes da variância comum, σ^2. Uma estimativa da variância é uma estimativa conjunta das variâncias dentro dos grupos. A outra estimativa da variância é uma variância entre

TABELA 6.2 Frequências anuais de natação para três regiões

	Frequências anuais de natação		
	Cidade central	Subúrbios	Rural
	38	58	80
	42	66	70
	50	80	60
	57	62	55
	80	73	72
	70	39	73
	32	73	81
	20	58	50
Média $\overline{X}$ = 59,96	48,63	63,63	67,63
Desvio padrão s = 16,69	19,88	12,66	11,43

grupos. Para sermos mais específicos, podemos definir a soma dos quadrados total como a soma dos desvios quadrados de todas as observações, em relação à média global. Esta soma dos quadrados total (SQT) pode ser separada em uma "soma dos quadrados entre grupos" (SQE) e uma "soma dos quadrados dentro dos grupos" (SQD). A soma dos quadrados entre grupos é a soma dos desvios quadrados das médias das colunas em relação à média global, onde cada elemento da soma é ponderado pelo número de observações na categoria. A soma dos quadrados dentro dos grupos é a soma dos desvios quadrados das observações em relação às médias das suas respectivas colunas, e esses montantes são somados em todas as categorias.

A comparação da variação entre as colunas com a variação dentro das colunas leva a uma estatística F. A partição da soma dos quadrados é a seguinte:

$$\text{SQT} = \sum_{j=1}^{k}\sum_{i=1}^{n_j}(X_{ij} - \overline{X})^2 = (n-1)s^2$$

$$\text{SQE} = \sum_{j=1}^{k} n_j(\overline{X}_j - \overline{X})^2 \qquad (6.3)$$

$$\text{SQD} = \sum_{j=1}^{k}\sum_{i=1}^{n_j}(X_{ij} - \overline{X}_j)^2 = \sum_{j}(n_j - 1)s_j^2$$

A estatística F é calculada dividindo-se a soma dos quadrados entre grupos e dentro dos grupos por seus respectivos graus de liberdade (onde a soma dos quadrados entre grupos tem $k-1$ graus de liberdade, e a soma dos quadrados dentro dos grupos tem $n-k$ graus de liberdade):

$$F = \frac{\text{SQE}/(k-1)}{\text{SQD}/(n-k)}. \qquad (6.4)$$

Quando a hipótese nula é verdadeira, essa estatística tem uma distribuição F, com $k-1$ graus de liberdade e $n-k$ graus de liberdade associados com o numerador e o denominador, respectivamente. Valores observados de F maiores do que o valor crítico levam à rejeição da hipótese nula, uma vez que razões da variação entre grupos e dentro dos grupos dessa magnitude seriam incomuns e não esperadas, se a hipótese nula fosse verdadeira.

6.1.1 Uma nota sobre o uso de tabelas F

Como vimos na seção anterior, estatísticas F são baseadas em razões. Há graus de liberdade associados com o numerador e o denominador. Tabelas F normalmente são organizadas para que as colunas correspondam a graus de liberdade específicos associados com o numerador, e as linhas correspondam aos graus de liberdade específicos associados com o denominador. As entradas na tabela dão os valores críticos F e a tabela inteira está associada a um determinado nível de significância, α. Muitos textos fornecem tabelas separadas para $\alpha = 0,01$, $0,05$ e $0,10$. Estes são fornecidos, por exemplo, na Tabela A.5 no Apêndice A. Como as tabelas F são exibidas dessa forma, muitas vezes é difícil indicar o valor p associado com o teste. Estabelecer o valor p exigiria um conjunto muito completo de tabelas F para muitos valores de α. Pacotes de software para análise estatística são frequentemente úteis, já que valores p geralmente são fornecidos nos resultados.

6.2 Ilustrações

6.2.1 Dados hipotéticos de frequência de prática de natação

Agora estendemos o exemplo anterior sobre frequências da prática de natação (Tabela 5.1) para incluir residentes das regiões rurais periféricas, usando os dados na Tabela 6.2. Vamos formular a hipótese nula de nenhuma diferença na média anual de frequência de prática de natação entre as três regiões:

$$\mu_{SUB} = \mu_{CC} = \mu_R \tag{6.5}$$

Com $\alpha = 0,05$, o valor crítico de F é encontrado usando $k - 1 = 2$ graus de liberdade para o numerador e $n - k = 24 - 3 = 21$ graus de liberdade para o denominador. A Tabela A.5 revela que o valor crítico é igual a 3,47; uma notação comum para isso é $F_{0,05;\, 2;\, 21} = 3,47$. A estatística F observada junto com seus componentes é dada abaixo:

$$\text{Soma total dos quadrados} = SQT = 6.406,96$$

$$\text{Soma dos quadrados entre grupos} = SQE = 1.605,33$$

$$\text{Soma dos quadrados dentro dos grupos} = SQD = 4.801,63 \tag{6.6}$$

$$F = \frac{1605,33/(3-1)}{4801,63/(24-3)} = 3,51$$

Uma vez que o valor observado F excede o valor crítico de 3,47 (encontrado na Tabela A.5, usando 2 e 21 graus de liberdade para o numerador e o denominador, respectivamente), a hipótese nula é rejeitada.

Esses resultados geralmente são apresentados em uma tabela ANOVA, como aquela produzida pelo SPSS e mostrada no meio da Tabela 6.3. A primeira coluna do painel apresenta a soma dos quadrados e a segunda coluna contém os graus de liberdade. A terceira coluna mostra os resultados da divisão da coluna um pela coluna dois (isto é, dividindo cada soma dos quadrados por seus graus de liberdade); isso é chamado de quadrado médio. A próxima coluna dá a estatística F observada, resultante da relação entre os dois quadrados médios. Embora o valor crítico de 3,47 não apareça nesta tabela, o valor p é fornecido na última coluna (sob o título de Sig.); como o valor p para este teste é menor que 0,05, concluímos que é improvável que a estatística F observada tenha ocorrido, se a hipótese nula de médias iguais for realmente verdadeira.

Como as somas dos quadrados são mais facilmente calculadas? Uma abordagem é perceber que a soma total dos quadrados é igual à variância total multiplicada por $n - 1$, onde n é igual ao número total de observações (ou seja, $n = n_1 + \cdots + n_k$). Assim, $6.406,96 = (16,69)^2(23)$. Da mesma forma, a soma dos quadrados dentro dos grupos, para uma determinada coluna de dados, é igual à variação das observações na coluna, multiplicado pelo número de observações no grupo menos um. A soma dos quadrados dentro dos grupos é encontrada simplesmente pelo total dessas somas específicas por coluna. Assim, $4.801,63 = 7 \times (19,88^2 + 12,66^2 + 11,43^2)$. A soma dos quadrados entre grupos, em seguida, é encontrada como a diferença entre a soma dos quadrados total menos aquela dentro dos grupos: SQD = $6.406,96 - 4.801,63$ = $1.605,33$.

6.2.2 Variação diurna na precipitação

Os efeitos das zonas urbanas sobre a temperatura são bem conhecidos – geralmente temperaturas são mais elevadas nas cidades do que na zona rural circundante (conhecido como o efeito de "ilha de calor" urbana). Mas e os efeitos das zonas urbanas na precipitação?

Uma possibilidade é que partículas expulsas por fábricas urbanas formam os núcleos de condensação necessários para precipitação. Se isso estiver correto, poderia-se esperar variação diurna na precipitação, uma vez que as fábricas são normalmente ociosas nos fins de semana. Se não houver qualquer defasagem, a precipitação seria mais leve nos fins de semana e mais pesada durante a semana.

Eu coletei os dados na Tabela 6.4 enquanto era estudante, em uma atividade de minha aula de estatística de Geografia. Para cada dia da semana, os dados foram agregados em categorias de seis meses. Uma consequência desta agregação é fazer a suposição de normalidade mais plausível (já que somas de variáveis de qualquer tipo de distribuição tendem a ser normalmente distribuídos).

Um olhar sobre os dados revela que a maior quantidade de chuva ocorre às sextas-feiras e domingos e a menor às segundas e terças-feiras. Talvez haja um atraso de aproximadamente dois dias entre o acúmulo de partículas durante a semana e os eventos de precipitação.

TABELA 6.3 Saída SPSS para ANOVA

Descrições*

SWINFREQ

	N	média	Desvio padrão	Erro padrão	Intervalo de confiança de 95% para a média		mínimo	máximo
					Intervalo inferior	Intervalo superior		
1.00	8	48,6250	19,8778	7,0278	32,0068	65,2432	20,00	80,00
2.00	8	63,6250	12,6597	4,4759	53,0412	74,2088	39,00	80,00
3.00	8	67,6250	11,4260	4,0397	58,0726	77,1774	50,00	81,00
Total	24	59,9583	16,6902	3,4069	52,9107	67,0060	20,00	81,00

Teste de homogeneidade de variâncias

SWIMFREQ

Estatística Levene	gl. 1	gl. 2	Sig.
1,509	2	21	0,244

ANOVA

SWIMFREQ

	Soma de quadrados	gl	Quadrado médio	F	Sig.
Entre grupos	1605,333	2	802,667	3,510	0,048
Dentro dos grupos	4801,625	21	228,649		
Total	6406,958	23			

Teste de contraste

		Contraste	Valor de contraste	Erro padrão	t	gl	Sig. (bi-caudal)
VAR00001	Assume variâncias iguais	1	17,0000	6,5476	2,596	21	0,017
	Não assume variâncias iguais	1	17,0000	7,6471	2,223	9,648	0,051

Testes Post Hoc

Comparações múltiplas

Variável dependente: VAR00001
Scheffé

(I) VAR00002	(J) VAR00002	Diferença média (I–J)	Erro padrão	Sig.	Intervalo de confiança de 95%	
					Limite inferior	Limite superior
1,00	2,00	–15,0000	7,5606	0,165	–34,9083	4,9083
	3,00	–19,0000	7,5606	0,063	–38,9083	0,9083
2,00	1,00	15,0000	7,5606	0,165	–4,9083	34,9083
	3,00	–4,0000	7,5606	0,870	–23,9083	15,9083
3,00	1,00	19,0000	7,5606	0,063	–0,9083	38,9083
	2,00	4,0000	7,5606	0,870	–15,9083	23,9083

TABELA 6.4 Dados de precipitação no Aeroporto de LaGuardia (em polegadas)

Ano	Sab.	Dom.	Seg.	Ter.	Qua.	Qui.	Sex.
1971 II	2,30	6,84	4,47	3,40	0,94	1,71	8,30
1972 I	5,56	6,81	1,97	2,26	3,03	4,42	5,08
1972 II	5,31	1,50	1,74	3,00	5,89	4,16	2,88
1973 I	2,15	4,39	3,96	1,17	4,35	4,78	7,09
1973 II	1,71	4,12	2,87	0,79	3,90	3,11	5,68
1974 I	2,60	2,50	1,68	1,36	0,45	4,03	5,27
Média	3,27	4,36	2,78	2,00	3,09	3,70	5,72
Desvio Padrão	1,70	2,18	1,20	1,06	2,08	1,12	1,86

Média Global 3,56   Desvio padrão global 1,90

	Soma de quadrados	gl	Variância
Entre:	51,97	6	8,663
Dentro:	96,34	35	2,753

F: 3,15

$F_{0,05;6;35} = 2,37$; $F_{0,01;6;35} = 3,37$

A hipótese nula é de que a precipitação média em cada período de seis meses não varia com o dia da semana. Os resultados da análise de variância, mostrados na tabela, revelam que a hipótese nula é rejeitada usando $\alpha = 0,05$, uma vez que a estatística F observada de 3,15 é maior que o valor crítico de 2,37. O valor crítico é encontrado na tabela usando 6 graus de liberdade para o numerador e 35 graus de liberdade para o denominador. (Note que a hipótese nula seria aceita com $\alpha = 0,01$, já que o valor observado de 3,15 é menor que o valor crítico de 3,37; consequentemente, o valor p está entre 0,01 e 0,05.) Nos exercícios ao final do capítulo, será pedido para repetir esta análise para Boston e Pittsburgh.

6.3 Análise de variância com duas categorias

A análise de variância com duas categorias ($k = 2$) dá os mesmos resultados que o teste t para duas amostras. Para ilustrar, considere mais uma vez as duas primeiras colunas dos dados de frequência da prática de natação (ou seja, o centro da cidade e os subúrbios). A análise de variância produz o seguinte:

$$SQE = 900$$
$$SQD = 3888$$
$$F = \frac{(900/1)}{(3888/14)} = 3,24 \qquad (6.7)$$
$$F_{.05,1,14} = 4,6$$
$$F_{0.10,1,14} = 3,10.$$

A hipótese nula de nenhuma diferença é rejeitada usando-se $\alpha = 0,10$ e aceita usando-se $\alpha = 0,05$. O valor p deve estar perto, mas menor que 0,10. Na verdade, o resultado aqui é o mesmo encontrado no último capítulo usando o teste t de duas amostras sob a hipótese de variâncias iguais. Você também pode observar que o valor F observado (3,24) acaba sendo igual ao quadrado da estatística t observada (1,8); essa é uma relação que sempre se mantém entre os testes.

Quando há duas categorias, o teste F ou o teste t podem ser usados; os resultados serão idênticos.

6.4 Testando as hipóteses

Uma vez que a análise de variância depende de uma série de pressupostos, é importante saber se esses pressupostos são satisfeitos. Uma maneira de testar o pressuposto de homocedasticidade é usar teste de Levene. Há também uma variedade de maneiras de se testar a normalidade. Dois métodos comuns são o teste de Kolmogorov-Smirnov e o Shapiro-Wilk. Embora uma discussão detalhada de todos esses testes esteja além do escopo deste texto, a maioria dos pacotes de software estatístico os oferecem, para permitir que os pesquisadores testem os pressupostos subjacentes.

6.5 Consequências do não cumprimento dos pressupostos

O que fazemos se os pressupostos não forem satisfeitos? O que fazemos se não temos certeza de que os pressupostos são satisfeitos? Uma opção é continuar com a análise de variância mesmo assim e "esperar" que possamos chegar a uma conclusão na qual tenhamos confiança. Felizmente, muitas vezes esse não é um mau caminho a seguir. O teste F é considerado relativamente "robusto" em relação aos desvios dos pressupostos de normalidade e homocedasticidade. Isso significa que os resultados do teste F ainda podem ser usados de forma eficaz, se os pressupostos forem, pelo menos, "razoavelmente próximos" de serem cumpridos. Se (a) os pressupostos estiverem próximos de serem satisfeitos, ou se (b) a estatística F produz uma conclusão "clara" (digamos, por exemplo, um valor p muito menor do que 0,01 ou superior a 0,20), a conclusão geral será aceitável. Na próxima seção, vamos investigar esta hipótese mais detalhadamente.

6.6 Implicações para testes de hipótese quando os pressupostos não são atendidos

Nesta seção, vamos analisar as implicações para testes de hipóteses quando qualquer um dos três pressupostos necessários para a ANOVA não forem atendidos. Essas implicações são ilustradas através do uso de experimentos numéricos controlados. Os experimentos são realizados fazendo com que os dados sejam consistentes com a hipótese nula e dois dos três pressupostos. Desta forma, sabemos que a hipótese nula é verdadeira e podemos isolar os efeitos específicos de cada pressuposto, porque sabemos que os dados são consistentes com os outros dois.

6.6.1 Normalidade

Com $k = 4$ grupos e $n = 15$ observações em cada grupo, foram extraídas observações de distribuições exponenciais, todas com média de 0,5, para avaliar as implicações dos desvios em relação à suposição de normalidade. A análise de variância foi empreendida nos dados, e isso foi repetido 100.000 vezes. Os 100.000 valores F resultantes foram ordenados; o percentil 95 foi 2,67. Se tivéssemos procedido da forma habitual, o valor crítico de $F = 2,77$ (da tabela F, com base em $k - 1 = 3$ e $N - k = 56$ graus de liberdade para o numerador e para o denominador, respectivamente, usando $\alpha = 0,05$) teria sido excedido 4,4% das vezes. Repetiu-se este experimento numérico para uma distribuição exponencial com média de 0,1; o percentil 95 foi 2,69, e o valor crítico de 2,77 da tabela F foi excedido 4,8% das vezes.

Em geral, a ANOVA é relativamente robusta em relação aos desvios da normalidade. Neste exemplo, a ausência de normalidade leva à tomada de decisão um pouco conservadora, no sentido de que Erros Tipo I serão apenas um pouco menos prováveis que o valor escolhido de 5%.

6.6.2 Homocedasticidade

Com $k = 4$ e $n = 15$, foram escolhidas observações para cada grupo apresentando distribuições normais com média zero. Para três desses grupos, a distribuição normal tinha variância igual a um; o quarto grupo tinha variância igual a $v > 1$. Os resultados são mostrados na Tabela 6.5. Vemos que a heterocedasticidade levou a decisões liberais; se o valor crítico de F é usado quando houver heterogeneidade, Erros Tipo I serão cometidos um pouco mais frequentemente do que o valor desejado de α. Idealmente, maiores valores críticos devem ser usados quando essa hipótese não é satisfeita; caso contrário, muitas hipóteses nulas verdadeiras serão rejeitadas. Note, no entanto, que, mais uma vez, há uma boa dose de robustez, e a proporção de hipóteses nulas verdadeiras que são rejeitadas não excedem muito o valor de α.

TABELA 6.5 Efeitos da heterocedasticidade sobre os testes de hipóteses da ANOVA quando H_0 é verdadeira ($\alpha = 0,05$)

v	95º percentil dos valores simulados de F	Porcentagem de hipóteses nulas rejeitadas usando valores tabelados de $F = 2,77$
2	2,99	0,0611
3	3,22	0,0725
4	3,30	0,0760
5	3,32	0,0765
10	3,37	0,0793

TABELA 6.6 Efeitos da dependência sobre os testes de hipóteses da ANOVA quando H_0 é verdadeira ($\alpha = 0,05$)

ρ	95º percentil dos valores de F	Porcentagem de hipóteses nulas rejeitadas usando valores tabelados de $F = 2,77$
0,1	3,32	0,0916
0,2	4,19	0,1524
0,3	5,12	0,2338
0,4	6,83	0,3341
0,5	8,82	0,4633

6.6.3 Independência de observações

Uma das suposições na ANOVA é que as observações dentro de cada categoria são independentes. Com dados espaciais, as observações frequentemente são *dependentes*, e alguns ajustes à análise devem ser feitos. O efeito geral da dependência espacial será processar um número efetivo de observações menor do que o número real de observações. Com um número efetivamente menor de observações, os resultados não são tão significativos como aparecem nos testes F descritos neste capítulo. Com dados espaciais, portanto, é possível que resultados significativos se devam à dependência espacial entre as observações e não a diferenças reais subjacentes nas médias das categorias.

Mais uma vez com $k = 4$ e $n = 15$, as observações para cada coluna foram geradas para ter uma média de zero e uma variância de um. Após a primeira observação ter sido escolhida em uma coluna, observações sucessivas na coluna foram escolhidas de forma a serem dependentes em relação à observação anterior, de acordo com:

$$x_{i+1} = \rho x_i + \varepsilon \tag{6.8}$$

onde ε é normalmente distribuído com média zero e variância $(1 - \rho^2)$. A Tabela 6.6 mostra como a dependência entre as observações afeta o teste de hipóteses. Observe que valores de dependência maiores produzem maiores probabilidades de Erros Tipo I; ou seja, a hipótese nula muitas vezes pode ser rejeitada quando é na verdade verdadeira. Dos três pressupostos que temos examinado, este é o mais sensível. A rejeição da hipótese nula, por conseguinte, pode se dever à dependência nos dados. A dependência em dados espaciais é algo comum, uma vez que observações próximas tendem a apresentar valores semelhantes, e a possibilidade de que a rejeição de uma hipótese nula tenha ocorrido por causa da dependência das observações (em vez de uma falsa hipótese nula) deve ser considerada.

Griffith (1978) propôs um modelo ANOVA espacialmente ajustado. Os detalhes do seu modelo estão além do escopo deste texto. O artigo de Griffith também pode ser de interesse, uma vez que contém citações de outros estudos na área da geografia que também usam a análise de variância.

6.7 O teste não paramétrico de Kruskal–Wallis

Se os dados se afastam drasticamente dos pressupostos, ou se o valor p for próximo do nível de significância, um teste alternativo, que não se baseie nos pressupostos, pode ser considerado. Testes que não fazem suposições sobre como os dados subjacentes são distribuídos são chamados testes *não paramétricos*. O teste não paramétrico para testar a igualdade das médias para duas ou mais categorias é o teste de Kruskal--Wallis.

Há outro conjunto de circunstâncias para o qual o teste de Kruskal-Wallis é útil para testar hipóteses sobre um conjunto de médias – em outras palavras quando somente dados ordenados (ou seja, ordinais) estão disponíveis. Em tais situações, não há informações suficientes para usar a ANOVA, que exige dados em nível de intervalo ou razão. (Lembre que, com dados de intervalo e razão, a magnitude da diferença entre as observações é significativa.)

A aplicação do teste de Kruskal-Wallis começa pelo ordenamento de todo o conjunto de n observações, do mais baixo ao mais alto. Ou seja, à observação mais baixa, é atribuída uma classificação de 1, e à observação mais elevada é atribuída uma classificação de n. A ideia por trás do teste é que, se a hipótese nula é verdadeira, então a soma das classificações em cada coluna deveria ser aproximadamente a mesma. Mais uma vez, não são necessárias suposições sobre a normalidade e homocedasticidade (embora o pressuposto de observações independentes seja mantida). A estatística de teste é:

$$H = \left(\frac{12}{n(n+1)} \sum_{i=1}^{k} \frac{R_i^2}{n_i} \right) - 3(n+1), \tag{6.9}$$

onde R_i é a soma das classificações na categoria i e n_i é o número de observações na categoria i. Sob a hipótese nula de nenhuma diferença nas médias das categorias, a estatística H tem uma distribuição qui-quadrado, com $k-1$ graus de liberdade. A Tabela A.6 contém valores críticos para a distribuição qui-quadrado.

6.7.1 Ilustração: Variação diurna de precipitação

Os dados de precipitação do aeroporto de LaGuardia são classificados e exibidos na Tabela 6.7. Também é mostrada a soma das classificações, para cada coluna. O uso da Equação 6.9 produz um valor de $H = 13,17$. Ele é um pouco maior do que o valor crítico de 12,59, então a hipótese nula de nenhuma variação de precipitação por dia da semana é rejeitada ao nível de significância de $\alpha = 0,05$. Observe que a hipótese teria sido aceita usando $\alpha = 0,01$. O valor p associado com o teste é aproximadamente 0,04, significando que, se a hipótese nula fosse verdadeira, uma estatística de teste dessa magnitude seria observada em apenas 4% das vezes. O leitor deve comparar isso com o valor p associado com os resultados da ANOVA. Os resultados da ANOVA produziram um valor p um pouco maior do que 0,01 (sabemos disso, uma vez

TABELA 6.7 Dados de precipitação classificados para o aeroporto LaGuardia

Classificação das observações (1 = mais baixo; 42 = mais alto)

Ano	Sáb	Dom	Seg	Ter	Qua	Qui	Sex
1971 II	14	40	31	22	3	8	42
1972 I	36	39	11	13	20	30	33
1972 II	35	6	10	19	38	27	18
1973 I	12	29	24	4	28	32	41
1973 II	9	26	17	2	23	21	37
1974 I	16	15	7	5	1	25	34
Soma	122	155	100	65	113	143	205

Estatística Kruskal-Wallis: $H = 13{,}17$

Valor crítico: $\chi^2_{0,05;6} = 12{,}59$; $\chi^2_{0,01;6} = 16{,}81$

que o valor F observado é apenas um pouco menor que o valor crítico de F de 3,37, usando $\alpha = 0{,}01$). Este é um resultado típico – o teste de Kruskal-Wallis, apesar de não contar com tantos pressupostos como a análise de variância, não é tão poderoso. Ou seja, é mais difícil rejeitar hipóteses falsas. Assim, teríamos rejeitado H_0 com a ANOVA, usando, digamos, $\alpha = 0{,}02$ ou maior, enquanto só teríamos rejeitado H_0 usando o teste Kruskal-Wallis se tivéssemos escolhido $\alpha = 0{,}04$ ou maior.

6.7.2 Mais informações sobre o teste de Kruskal-Wallis

Se existem valores para os quais as classificações são as mesmas, um ajustamento é feito para o valor de H. Suponha que temos $n = 10$ observações originais, classificadas da mais baixa à mais alta: 3,2; 4,1; 4,1; 4,6; 5,1; 5,2; 5,2; 5,2; 6,1; e 7,0. Há dois conjuntos de observações repetidas. Quando são atribuídas classificações aos dados, os valores repetidos são associados à classificação média. Assim, as classificações dessas dez observações são: 1; 2,5; 2,5; 4; 5; 7; 7; 7; 9; 10; ao segundo e ao terceiro itens da lista são atribuídos 2,5, e aos itens 6, 7 e 8 da lista são atribuídos uma classificação de 7, que é a média de 6, 7 e 8. Em casos onde existem classificações repetidas, o valor usual de H é dividido pela quantidade:

$$1 - \frac{\sum_i (t_i^3 - t_i)}{n^3 - n}, \qquad (6.10)$$

onde t_i é o número de observações repetidas em uma determinada classificação, e a soma é feita para todos os conjuntos de classificações repetidas. Neste exemplo contendo dez observações, o ajuste é:

$$1 - \frac{(2^3 - 2) + (3^3 - 3)}{10^3 - 10} = 1 - \frac{30}{990} = \frac{32}{33}. \qquad (6.11)$$

O efeito desse ajuste é tornar H ligeiramente maior, e, portanto, dar ao teste Kruskal-Wallis um poder ligeiramente superior, de modo que seja mais fácil rejeitar hipóteses falsas.

6.8 O teste não paramétrico da mediana

Uma alternativa ao teste de Kruskal-Wallis é o teste da mediana. Como o teste de Kruskal-Wallis, o teste da mediana é um teste não paramétrico que não faz nenhuma suposição sobre a distribuição dos dados (e, no caso da ANOVA, isso significa que não é necessário assumir que os dados em cada categoria provêm de uma distribuição normal).

O teste da mediana é simples e pode ser descrito da seguinte forma. Primeiro reúna todos os dados e classifique-os do mais baixo ao mais alto. Para cada um dos k grupos, categorize as observações entre aquelas que caem abaixo da mediana e aquelas que são iguais ou superiores à mediana. Isso resulta em uma tabela de $2 \times k$. Os resultados observados nessa tabela são, em seguida, comparados com aqueles esperados, quando a hipótese nula é verdadeira. Encontram-se os valores esperados para cada célula da tabela $2 \times k$ dividindo o produto da soma da coluna e da soma da linha na tabela observada pelo número total de observações. Em seguida, calcula-se a estatística qui-quadrado:

$$\chi^2 = \sum_{todas\ as\ células} \frac{(f_{obs} - f_{esp})^2}{f_{esp}} \qquad (6.12)$$

onde os subscritos referem-se às frequências observadas e esperadas ocupando as células das tabelas $2 \times k$ observada e esperada, respectivamente.

Quando a hipótese nula é verdadeira, essa estatística tem uma distribuição qui-quadrado com $k - 1$ graus de liberdade. Um valor observado da estatística qui-quadrado que exceda o valor crítico encontrado na tabela implica que a hipótese nula deve ser rejeitada, uma vez que existem diferenças significativas entre as frequências observadas e esperadas. Isso, por sua vez, significa que alguns dos k grupos apresentam, significativamente, mais observações menores que a mediana do que seria esperado, enquanto outros grupos têm, significativamente, menos observações menores que a mediana, em comparação com o que seria de se esperar se a hipótese nula fosse verdadeira.

6.8.1 Ilustração

Os dados na Tabela 6.8 mostram as tabelas 2×7 observada e esperada, que resultam da categorização dos dados de precipitação do LaGuardia, em observações que estão abaixo da mediana e aquelas que são iguais ou superiores à mediana. A tabela observada é construída, inicialmente, com os dados na Tabela 6.4 e encontrando-se a mediana. A mediana é 3,255, a meio caminho entre a 21ª observação (3,11) e a 22ª (3,4). Uma simples contagem das observações iguais ou superiores à mediana e aquelas iguais ou abaixo da mediana (isto é, com classificações de 21 ou menos) é realizada. Por exemplo, na Tabela 6.4, os sábados têm quatro observações menores do que a mediana e duas observações maiores ou iguais à mediana. Esses resultados estão na parte superior da Tabela 6.8.

TABELA 6.8 Ilustração do teste da mediana usando dados de precipitação do LaGuardia

Observado	Sáb	Dom	Seg	Ter	Qua	Qui	Sex	Total
≥ mediana	2	4	2	1	3	4	5	21
< mediana	4	2	4	5	3	2	1	21
Total	6	6	6	6	6	6	6	42
Esperado	**Sáb**	**Dom**	**Seg**	**Ter**	**Qua**	**Qui**	**Sex**	**Total**
≥ mediana	3	3	3	3	3	3	3	21
< mediana	3	3	3	3	3	3	3	21
Total	6	6	6	6	6	6	6	42

Cada elemento na tabela esperada (ou seja, a parte inferior da Tabela 6.8) é encontrado multiplicando-se a soma da linha (que, neste exemplo, é sempre igual a 21) pela soma da coluna (sempre 6, neste exemplo), e dividindo-se o resultado pelo total (42).

Os dados na Tabela 6.8, em seguida, são usados para calcular a estatística qui-quadrado estabelecida na Equação 6.13. Primeiramente, cada elemento esperado na tabela é subtraído de seu elemento correspondente na tabela observada, e os resultados são elevados ao quadrado. Em seguida, esse resultado é dividido pelo valor esperado. Os resultados para cada célula são somados para produzir a estatística qui-quadrado:

$$\chi^2 = 4\left(\frac{(2-3)^2}{3}\right) + 4\left(\frac{(4-3)^2}{3}\right)$$
$$+ 2\left(\frac{(1-3)^2}{3}\right) + 2\left(\frac{(5-3)^2}{3}\right) = 8. \quad (6.13)$$

(Há quatro células com observações de valor dois, quatro células com observações de valor quatro, duas células com observações de valor um e duas células com observações de valor cinco.)

A estatística observada de 8 é menor que o valor crítico de 12,59 (encontrado ao usar $\alpha = 0,05$ e $k - 1 = 6$ graus de liberdade na tabela qui-quadrado). Assim, aceitamos a hipótese nula. Observe que rejeitamos a hipótese nula com base no teste Kruskal-Wallis. Pode-se esperar que o teste da mediana seja menos poderoso do que o teste de Kruskal-Wallis (ou seja, será menos capaz de rejeitar hipóteses nulas falsas), porque usa menos informações. Essa redução no poder estatístico associada com o teste da mediana é, por vezes, equilibrada pelo fato de ele ser relativamente mais rápido e mais simples de ser realizado.

6.9 Contrastes

A análise de variância, como um teste para a igualdade de médias, pode, por vezes, deixar o analista com um sentimento de insatisfação. Caso a hipótese nula seja rejeitada, o que aprendemos? Aprendemos que há evidências significativas de que as médias não são iguais, mas não sabemos *quais* médias diferem entre si. Podemos examinar os dados e ter uma ideia de quais médias parecem altas e quais parecem baixas, mas seria bom ter uma maneira de testar para ver se combinações específicas de categorias tinham médias significativamente diferentes. Suponha que queremos saber, em um exemplo que envolve cinco categorias, se a diferença entre as categorias 2 e 5 (isto é, $\mu 2 - \mu 5$) diferem significativamente de zero. Diferenças que são de interesse podem envolver mais de duas médias separadas. Por exemplo, com os dados de precipitação, poderíamos contrastar fins de semana com dias da semana. Neste caso, desejaríamos comparar a média das duas primeiras categorias (sábado e domingo) com a média das categorias dos últimos cinco dias da semana. Isso poderia ser representado como:

$$\frac{\mu_{SAB} + \mu_{DOM}}{2} - \frac{\mu_{SEG} + \cdots + \mu_{SEX}}{5}. \tag{6.14}$$

Scheffé (1959) descreveu um procedimento formal para contrastar conjuntos de médias uns com os outros. Um *contraste*, ψ, é definido como uma combinação de médias da população. Geralmente, define-se combinações lineares da seguinte forma:

$$\psi = \sum_{i=1}^{k} c_i \mu_i, \tag{6.15}$$

onde os valores de c_i são especificados pelo analista, de maneira que seja consistente com o contraste de interesse. Em nosso primeiro exemplo, as categorias 2 e 5 seriam contrastadas com as outras usando valores $c_1 = 0$, $c_2 = 1$, $c_3 = 0$, $c_4 = 0$ e $c_5 = -1$. Essa escolha de coeficientes surge a partir de:

$$\mu_2 - \mu_5 = 0\mu_1 + 1\mu_2 + 0\mu_3 + 0\mu_4 + (-1)\mu_5. \tag{6.16}$$

No exemplo de precipitação, os coeficientes para os dias de fim de semana seriam iguais a 1/2 cada um, e os coeficientes para os dias da semana seriam –1/5 cada um. Por quê? Essa combinação pode ser percebida a partir da Equação 6.15, que pode ser escrita como:

$$\frac{\mu_{SAB} + \mu_{DOM}}{2} - \frac{\mu_{SEG} + \cdots + \mu_{SEX}}{5} =$$
$$1/2\mu_{SAB} + 1/2\mu_{DOM} - 1/5\mu_{SEG} - \cdots - 1/5\mu_{SEX}. \tag{6.17}$$

Observe que a soma dos coeficientes (isto é, a c_i) é sempre igual a zero. Se a hipótese nula original de nenhuma diferença entre as k médias é rejeitada, então há pelo menos um contraste significativamente diferente de zero. Se a hipótese nula original de nenhuma diferença entre as k médias *não* é rejeitada, não há nenhum contraste significativo.

6.9.1 Contrastes a priori

Contrastes, como os descritos, podem ser contrastes *a posteriori* (ou *post hoc*) ou contrastes *a priori*, uma vez que podem ser criados após ou antes do teste de análise de variância. Por exemplo, com os dados de natação, podemos encontrar resultados significativos a partir da análise de variância, e depois de avaliá-los, podemos suspeitar que as frequências de prática de natação entre os residentes das áreas rurais sejam diferentes daquelas dos demais. O contraste entre esses dois grupos (rurais *versus* resto da população) seria um contraste *post hoc*. Com os dados de precipitação, antes de realizar a análise de variância, podemos estabelecer a hipótese nula de que as magnitudes de fim de semana e dias da semana não são diferentes (pensando que eles realmente *podem* diferir). Isso seria um exemplo de um contraste a *priori*.

Quando os contrastes para a análise de variância são especificados antes, os intervalos de confiança são mais estreitos em comparação com a largura de intervalos de confiança *a posteriori*. Isso permite que mais hipóteses nulas associadas com os contrastes sejam rejeitadas. Assim, é preferível, se possível, configurar os contrastes antes da análise de variância, para melhorar a possibilidade da rejeição da hipótese nula de nenhum contraste significativo.

Na Seção 6.10 é apresentado um exemplo que ilustra o uso de contrastes.

6.10 ANOVA fator único no SPSS 16.0 for Windows

6.10.1 Entrada de dados

Agora vamos ver como os dados na Tabela 6.2 podem ser analisados usando o SPSS. Como no teste de médias de duas amostras, há uma linha separada para cada observação. Uma vez que agora temos um total de 24 observações, temos 24 linhas e duas colunas. Mais uma vez, a segunda coluna designa o número do grupo, e agora adicionamos um terceiro valor para corresponder à região rural. Os dados são inseridos no Data Editor do SPSS do seguinte modo:

Nadar	Localidade
38	1
42	1
50	1
57	1
80	1
70	1
32	1
20	1

58	2
66	2
80	2
62	2
73	2
39	2
73	2
58	2
80	3
70	3
60	3
55	3
72	3
73	3
81	3
50	3

6.10.2 Análise de dados e interpretação

A análise de variância é realizada no SPSS 16.0 for Windows, clicando em Analyze, então em Compare Means e, em seguida, em One-Way ANOVA. Nadar (ou o nome que é dado à variável na primeira coluna), em seguida, é realçado e movido para a caixa de diálogo intitulada Dependent List, e Local realçada e movida para a caixa de diálogo intitulada Factor. Nesse momento, pode-se simplesmente clicar em OK para prosseguir com a análise, mas aqui também iremos clicar em Options e marcar as caixas intituladas Descriptive e Homogeneity-of-Variance. Contrastes *post hoc* podem ser feitos simplesmente clicando-se em Post Hoc e, em seguida, na caixa denominada Scheffé. Contrastes *a priori* são escolhidos clicando sobre a caixa Contrasts. Suponha que queremos contrastar frequência de prática de natação no centro da cidade com a média de frequência de natação nas outras duas regiões. Depois de escolher Contrasts, clique em Polynomial e deixe Linear como o polinômio selecionado. Em seguida, precisamos especificar os coeficientes de contraste (c's, na Equação 6.15). Aqui, poderíamos usar $c_1 = 1$, $c_2 = -0,5$ e $c_3 = -0,5$, ou $c_1 = -1$, $c_2 = 0,5$ e $c_3 = 0,5$. Insira os coeficientes um de cada vez, clicando em Add depois de cada entrada. Finalmente, escolha Continue e, em seguida, em OK. A saída resultante é mostrada na Tabela 6.3.

A primeira caixa fornece informações descritivas sobre a variável em cada região. Note que a frequência média entre os entrevistados na região rural é superior (67,625) a de outras regiões, e o desvio padrão é inferior (11,426).

A segunda caixa nos dá os resultados de um teste da hipótese de homocedasticidade. O teste de Levene corrobora a hipótese nula de que as variâncias das respostas das três regiões poderiam ser iguais (uma vez que a coluna intitulada "Sig." tem uma entrada maior que 0,05), e que tenhamos observado simplesmente uma variação amostral. Se o valor p associado com este teste fosse menor que 0,05, teríamos que ter mais cautela com os resultados da análise de variância, uma vez que um dos pressupostos subjacentes teria sido violado.

A próxima caixa exibe os resultados da análise de variância. O quadro apresenta a soma dos quadrados, os quadrados médios, os graus de liberdade e a estatística F. Note que estes correspondem aos resultados discutidos anteriormente (como deveriam!). É importante notar que a saída também inclui o valor p associado com o teste, sob a coluna denominada "Sig". Uma vez que esse valor é menor que 0,05, rejeitamos a hipótese nula e concluimos que existem diferenças significativas nas frequências de prática de natação entre os moradores dessas três regiões, e essas diferenças não podem ser atribuídas apenas à variação amostral (a menos que tenhamos obtido uma amostra bastante incomum).

Os resultados dos contrastes *a priori* são mostrados a seguir e indicam que, de fato, existe uma diferença significativa entre as frequências de prática de natação no centro da cidade e nas outras áreas. O valor do contraste é 17, que é a diferença média nas frequências de prática de natação (65,63 − 48,63). A significância ou valor p é indicado na última coluna e é menor que 0,05 quando as variâncias são consideradas iguais (e igual a 0,051 quando as variâncias não são consideradas iguais). Os resultados de contrastes *post hoc* indicam que há uma diferença entre pares que está próxima da significativa – aquela entre o centro da cidade (região 1) e a região rural (região 3). Isso é indicado pelo valor p (na coluna intitulada "Sig.") de 0,063. Os intervalos de confiança para a diferença de frequências de prática de natação associadas com cada comparação entre pares também são fornecidos.

6.11 ANOVA fator único no Excel

Como no caso com o teste t de duas amostras, o formato de entrada com o Excel é mais intuitivo do que com o SPSS: simplesmente alocam-se as observações para cada variável em uma coluna separada. Por exemplo, os dados na Tabela 6.2 seriam inscritos em três colunas, cada uma com oito entradas, e com a planilha completa parecendo exatamente como é na Tabela 6.2. Uma vez que os dados são inseridos, selecione Tools: Data Analyzis e Anova: Single Factor. Em seguida, as células usadas para entrada são especificadas na caixa Input Range (por exemplo, com os dados na Tabela 6.2 para a entrada em uma planilha, digitaríamos A1:C8, refletindo o fato de que os dados foram inseridos nas oito primeiras linhas e nas três primeiras colunas da planilha).

A Tabela 6.9 mostra o formato de saída usado para mostrar os resultados.

TABELA 6.9 Saída Excel para ANOVA

Anova: single factor				
SUMMARY				
Groups	Count	Sum	Average	Variance
Column 1	8	389	48.625	395.125
Column 2	8	509	63.625	160.2679
Column 3	8	541	67.625	130.5536
ANOVA				
Source of variation	SS	df	MS	F	P-value	F crit
Between groups	1605.333	2	802.6666667	3.510478	0.04838732	3.46679485
Within groups	4801.625	21	228.6488095			
Total	6406.958	23				

EXERCÍCIOS RESOLVIDOS

1. Dados sobre a distância (em milhas) que indivíduos moram de seus pais são coletados de quatro comunidades separadas. Os resultados são os seguintes:

Comunidade:	1	2	3	4	
Tamanho da amostra	15	15	20	20	Total: 70
Média	30	40	20	20	Média total: 26,42
Desvio Padrão	20	10	10	20	Desvio padrão total: 18

Preencha a tabela de análise de variância (ANOVA), localize o valor crítico e opte por aceitar ou rejeitar a hipótese nula de que não há diferença na distância média entre as quatro comunidades.

Solução. A soma total dos quadrados baseia-se na variância total e no tamanho da amostra e é igual a $(n-1)s^2 = 69(18^2) = 22.356$. A soma dos quadrados dentro dos grupos é igual a esta mesma quantidade como determinada para cada categoria e, em seguida, somada ao longo das categorias; assim, a soma dos quadrados dentro dos grupos é igual a $(15-1)(20^2) + (15-1)(10^2) + (20-1)(20^2) + (20-1)(10^2) = 5.856$. A soma dos quadrados entre grupos é igual à diferença entre a soma dos quadrados total e dentro dos grupos e, por conseguinte, é igual a $22.356 - 5.856 = 16.500$. Os graus de liberdade são iguais ao número de categorias (4), menos 1, para a soma dos quadrados entre grupos e é igual ao tamanho total da amostra (70), menos um, para a soma dos quadrados total. A soma dos quadrados dentro dos grupos tem graus de liberdade iguais ao tamanho da amostra (70), menos o número de categorias (4). Os quadrados médios são encontrados dividindo-se a soma dos quadrados pelos graus de liberdade apropriados; assim, a soma dos quadrados entre grupos é $5.856/3 = 1.952$, a soma dos quadrado dentro dos grupos é igual a $16.500/66 = 250$. Finalmente, a estatística F é a relação entre esses dois resultados: $F = 1.952/250 = 7,808$.

(continua)

(continuação)

	Soma dos quadrados	gl	Quadrado médio	F
Entre grupos	5.856	3	1.956	7,808
Dentro dos grupos	19.500	66	250	
Total	22.356	69		

Da tabela F, o valor crítico, usando $\alpha = 0,05$ com 3 e 66 graus de liberdade para o numerador e para o denominador, respectivamente, é aproximadamente 2,75 (da Tabela A.5). Uma vez que a estatística observada (7,808) é maior que o valor crítico, podemos rejeitar a hipótese nula e concluir que existem diferenças na distância média das quatro comunidades.

2. Um teste ANOVA fator único para a igualdade das médias é efetuado. Existem seis categorias. Há um total de 48 observações e o desvio padrão dessas observações é 50. A soma dos quadrados entre grupos é de 25.000. Preencha a tabela ANOVA. Encontre e indique o valor crítico de F da tabela. Você aceita ou rejeita a hipótese nula de que as médias das categorias são iguais?

Solução. Uma vez que a variância é igual à soma total dos quadrados, dividida por $n - 1$, a soma total dos quadrados é igual à variância, multiplicada por $n - 1$. Assim, a soma total dos quadrados é igual a $50^2(48 - 1) = 117.500$. Uma vez que nos é dado que a soma dos quadrados entre grupos é igual a 25.000, a soma dos quadrados dentro dos grupos deve ser igual a $117.500 - 25.000 = 92.500$. Os graus de liberdade para a soma total dos quadrados são sempre iguais a $n - 1$. Para a soma dos quadrados entre grupos, os graus de liberdade são iguais a $k - 1$, onde k é o número de categorias. Assim, aqui temos gl = 6 - 1 = 5. Para a soma dos quadrados dentro dos grupos, os graus de liberdade são iguais a $N - k$, ou $48 - 6 = 42$. Os quadrados médios são encontrados dividindo-se as respectivas somas dos quadrados por seus graus de liberdade. Assim, $25.000/5 = 5.000$ e $92.500/42 = 2.202,38$. Finalmente, a estatística F observada é encontrada dividindo-se a soma dos quadrados entre grupos pela soma dos quadrados dentro dos grupos. Assim, $F = 5.000/2.202,38 = 2,27$.

	Soma dos quadrados	gl	Quadrado médio	F
Entre grupos	25.000	5	5.000	2,27
Dentro dos grupos	92.500	42	2.202,38	
Total	117.500	47		

(continua)

(continuação)

O valor crítico é encontrado na Tabela A.5. Essa tabela é organizada usando diferentes valores de α; aqui utilizamos a tabela $\alpha = 0{,}05$. Usamos a coluna encabeçada por gl = 5 (esses são os graus de liberdade para o numerador) e, em seguida, descemos pela linha encabeçada "gl = 40", uma vez que é a mais próxima do valor desejado de gl = 42. Encontramos o valor 2,45; o valor crítico real é um pouco menor do que isso, uma vez que a entrada para o gl = 60 é 2,37. Se desejarmos, podemos interpolar entre os dois valores para obter um valor mais preciso. Uma vez que nossa estatística observada é menor que o valor crítico, não rejeitamos a hipótese nula de que todas as médias são iguais.

EXERCÍCIOS

1. Usando os seguintes dados: Precipitação no Aeroporto de Boston (polegadas)

Ano	Sáb	Dom	Seg	Ter	Qua	Qui	Sex
1971 II	0,83	3,14	4,20	1,28	1,16	4,25	2,08
1972 I	4,66	4,15	3,40	1,74	3,91	5,15	5,06
1972 II	3,03	5,80	2,29	3,17	3,50	3,40	3,04
1973 I	3,69	3,72	4,29	2,06	3,04	2,30	4,26
1973 II	2,35	3,62	3,56	2,27	4,46	2,52	3,36
1974 I	3,18	3,28	1,82	3,75	2,07	3,54	2,27

(a) Encontre a média e o desvio padrão para cada dia da semana.
(b) Use o SPSS e efetue o teste de Levene para determinar se a hipótese da homocedasticidade é justificada.
(c) Faça uma análise de variância para testar a hipótese nula de que a precipitação não varia por dia da semana. Mostre a soma de quadrados entre e dentro dos grupos, a estatística F observada e o valor F crítico.
(d) Repita a análise usando dados para Pittsburgh:

Precipitação no Aeroporto de Pittsburgh (polegadas)

Ano	Sáb	Dom	Seg	Ter	Qua	Qui	Sex
1971 II	1,64	5,55	3,19	2,45	1,44	1,07	1,66
1972 I	2,20	3,37	0,78	2,63	2,32	5,57	2,80
1972 II	2,75	1,72	2,34	3,40	3,68	3,48	2,50
1973 I	2,23	4,31	2,02	1,83	4,35	4,07	2,66
1973 II	3,65	2,66	3,95	2,31	1,85	2,63	1,11
1974 I	4,96	3,00	2,61	1,75	2,70	2,45	4,06

(continua)

(continuação)

2. Suponha que uma análise de variância é conduzida para um estudo onde existem $N = 50$ observações e $k = 5$ categorias. Preencha os espaços em branco na tabela ANOVA abaixo:

	Somas dos quadrados	Graus de liberdade	Quadrado médio	F
Entre grupos	____	____	116,3	____
Dentro de grupos	2000	____	____	
Total	____	____		

Com $\alpha = 0,05$, qual é sua conclusão sobre a hipótese nula de que as médias das categorias são iguais?

3. Quais são os pressupostos da análise de variância? O que significa dizer que a análise de variância é relativamente robusta em relação ao afastamento dos pressupostos? O que significa dizer que o teste de Kruskal-Wallis não é tão poderoso como a ANOVA?

4. Preencha os espaços em branco na tabela de análise de variância abaixo. Em seguida, compare o valor F com o valor crítico, usando $\alpha = 0,05$.

	Somas dos quadrados	gl	Quadrado médio	F
Entre grupos	34,23	2	____	___
Dentro de grupos	____	__	____	
Total	217,34	35		

5. Usando

$$SQD = \sum_{i=1}^{k}(n_i - 1)s_i^2$$

(a) Encontre a soma dos quadrados dentro dos grupos para os seguintes dados:

Níveis de toxinas em moluscos (mg)

Observação	Long Island Sound	Great South Bay	Shinnecock Bay
1	32	54	15
2	23	27	18
3	14	18	19
4	42	11	21
5	13	10	28

(continua)

(continuação)

	6	22	34	9
Média		24,33	25,67	18,33
Desvio padrão		11,08	16,69	6,31
Média total: 22,78			Desvio padrão total: 11,85	

(b) Encontre o valor da estatística de teste e a compare com o valor crítico.

(c) Classifique os dados (1 = inferior), usando a média de classificações para cada conjunto de observações repetidas. Em seguida, obtenha a estatística de Kruskal-Wallis

$$H = \left(\frac{12}{n(n+1)} \sum_{i=1}^{k} \frac{R_i^2}{n_i}\right) - 3(n+1),$$

então, ajuste o valor de H dividindo-o por

$$1 - \frac{\sum_{i}(t_i^3 - t_i)}{n^3 - n},$$

onde t_i é o número de observações que são repetidas para um determinado conjunto de classificações. Compare esta estatística de teste com o valor crítico do qui-quadrado (com $\alpha = 0{,}05$), que tem $k - 1$ graus de liberdade para optar por aceitar ou rejeitar a hipótese nula.

6. Há uma diferença significativa entre as distâncias percorridas por indivíduos de baixa e de alta renda? Doze pessoas em cada uma das categorias de rendimento são entrevistadas, com os seguintes resultados para as distâncias associadas com os movimentos residenciais:

Entrevistado	Baixa renda	Alta renda
1	5	25
2	7	24
3	9	8
4	11	2
5	13	11
6	8	10
7	10	10
8	34	66
9	17	113

(continua)

(continuação)

10	50	1
11	17	3
12	25	5
Média	17,17	23,17
Desvio padrão	13,25	33,45

Teste a hipótese nula de homogeneidade das variâncias, calculando a razão s_1^2/s_2^2, que tem uma razão F com $n_1 - 1$ e $n_2 - 1$ graus de liberdade. Em seguida, use a ANOVA (com $\alpha = 0,10$) para testar se há diferenças nas duas médias populacionais. Elabore as hipóteses nula e alternativa, escolha um valor de α e uma estatística de teste e teste a hipótese nula. Qual a hipótese do teste que provavelmente não será satisfeita?

7. Há intervalos de confiança associados com contrastes *a priori* em ANOVA mais estreitos ou mais largos que contrastes *a posteriori*? Por quê? Qual seria mais poderoso em rejeitar a hipótese nula do que o contraste igual a zero?

8. Um estudo classifica 72 observações em nove grupos, com oito observações em cada grupo. O estudo constata que a variância entre as 72 observações é 803. Complete a tabela ANOVA a seguir:

	Somas dos quadrados	gl	Quadrado médio	F
Entre grupos	6.000	—	_____	—
Dentro de grupos	_____	—	_____	
Total	_____			

O que você conclui sobre a hipótese de que as médias de todos os grupos são iguais? Assuma $\alpha = 0,05$. O que você pode concluir sobre o valor p?

9. É retirada uma amostra de rendimentos em três bairros, produzindo os seguintes dados:

	Bairro			
	A	B	C	Total (amostra combinada)
n	12	10	8	30
média	43,2	34,3	27,2	35,97
desvio padrão	36,2	20,3	21,4	29,2

Use a análise de variância (com $\alpha = 0,05$) para testar a hipótese nula de que as médias são iguais.

10. Use o teste de Kruskal-Wallis (com $\alpha = 0,05$) para determinar se você deveria aceitar a hipótese nula de que as médias das quatro colunas de dados são iguais:

(continua)

(continuação)

Col 1	Col 2	Col 3	Col 4
23,1	43,1	56,5	10002,3
13,3	10,2	32,1	54,4
15,6	16,2	43,3	8,7
1,2	0,2	24,4	54,4

11. Uma pesquisadora está interessada em diferenças no comportamento de viagem dos moradores de quatro regiões diferentes. De uma amostra de tamanho 48 (12 em cada região), ela encontra que a média de distância da mobilidade pendular é 5,2 milhas, e que o desvio padrão é 3,2 milhas. Qual é a soma dos quadrados total? Suponha que os desvios padrão para cada uma das quatro regiões são 2,8; 2,9; 3,3; e 3,4. Qual é soma dos quadrados dentro dos grupos? Preencha a tabela:

	Somas dos quadrados	gl	Quadrado médio	F
Entre grupos	_____	__	_____	__
Dentro de grupos	_____	__	_____	
Total	_____			

12. Um pesquisador deseja saber se a distância percorrida para trabalhar varia de acordo com a renda. Onze pessoas em cada um de três grupos de rendimento são pesquisadas. Os dados resultantes são os seguintes (em milhas de mobilidade pendular, em uma só direção):

	Renda		
Observações	Baixa	Média	Alta
1	5	10	8
2	4	10	11
3	1	8	15
4	2	6	19
5	3	5	21
6	10	3	7
7	6	16	7
8	6	20	4
9	4	7	3
10	12	3	17
11	11	2	18

Use a análise de variância (com $\alpha = 0,05$) para testar a hipótese de que as distâncias de deslocamentos não variam de acordo com a renda. Também avalie (usando, por exemplo, o SPSS e o teste de Levene) a hipótese da homocedasticidade. Finalmente, agrupe todos os dados, construa um histograma e comente se a hipótese de normalidade parece ser satisfeita.

(continua)

(continuação)

13. Dados sobre propriedade de automóveis são coletados entrevistando-se residentes no centro das cidades, nos subúrbios e nas zonas rurais. Os resultados são:

	Centro das cidades	Subúrbios	Áreas rurais
N° de observações	10	15	15
Média	1,5	2,6	1,2
Desvio padrão	1,0	1,1	1,2
Média total: 1,725			
Desvio padrão total: 1,2			

Teste a hipótese nula de que as médias são iguais em todas as três áreas.

14. Usando SPSS, com $\alpha = 0,05$, use os dados do exercício 1 e:

    (a) Realize um teste de hipótese *a priori* de que a precipitação no fim de semana é diferente da precipitação do dia de semana em Boston.
    (b) Repita (a), usando os dados de Pittsburgh.
    (c) Repita (a) e (b), mas use dois dias de intervalo (de modo que a hipótese nula seja de que a precipitação na segunda e terça-feira não é diferente da precipitação durante os outros dias da semana).

15. Use o conjunto de dados Tyne and Wear para determinar se a área construída de uma casa varia com a época em que foi construída (use as variáveis pré-guerra, entre-guerras, pós-guerra, anos sessenta e mais recente para definir as categorias).

Correlação 7

> **OBJETIVOS DE APRENDIZAGEM**
> - Compreender a natureza da relação entre duas variáveis 183
> - Compreender os efeitos do tamanho da amostra em testes de significância 189
> - Testes alternativos de correlação quando os pressupostos não são razoáveis 191

7.1 Introdução e exemplos de correlação

Um objetivo comum dos pesquisadores é determinar se duas variáveis estão associadas uma com a outra. O auxílio de um serviço público varia de acordo com a renda? A interação varia com a distância? Será que os preços das casas variam de acordo com a acessibilidade às vias principais? Os pesquisadores estão interessados em como as variáveis *covariam*. O conceito de *covariância* é uma extensão direta do conceito de variância. Enquanto a variância amostral é baseada nos quadrados dos desvios das observações de uma única variável em relação à sua média, a covariância amostral de duas variáveis (digamos, X e Y) é baseada no produto dos respectivos desvios das médias:

$$\text{Cov}(X, Y) = \frac{\sum_{i=1}^{n}(x_i - \bar{x})(y_i - \bar{y})}{n - 1} \tag{7.1}$$

Observe que a covariância de uma variável consigo mesma pode ser encontrada através da substituição dos y's pelos x's, e esta é simplesmente a fórmula para a variância.

A covariância entre X e Y pode ser negativa ou positiva. As observações consistindo de pares x, y são representadas graficamente na Figura 7.1. Os eixos representam a média de cada variável e são usados para definir quatro quadrantes. A covariância será positiva se a maioria dos pontos estiverem nos quadrantes I e III, e será negativa quando a maioria dos pontos estiver nos quadrantes II e IV. Na Figura 7.1a, a covariância é positiva; as coordenadas x e y estão simultaneamente acima de suas médias (quadrante I) ou simultaneamente abaixo de suas médias (quadrante III). Tanto os pontos do quadrante I como os do quadrante III produzem contribuições positivas para o numerador da Equação 7.1. Na Figura 7.1b, a covariância é negativa; quando o x está acima da sua média, y está abaixo da sua média (estes são os pontos do quadrante IV), e quando x está abaixo da sua média, y está acima da sua média (estes são os pontos do quadrante II). Os pontos dos quadrantes II e IV produzem

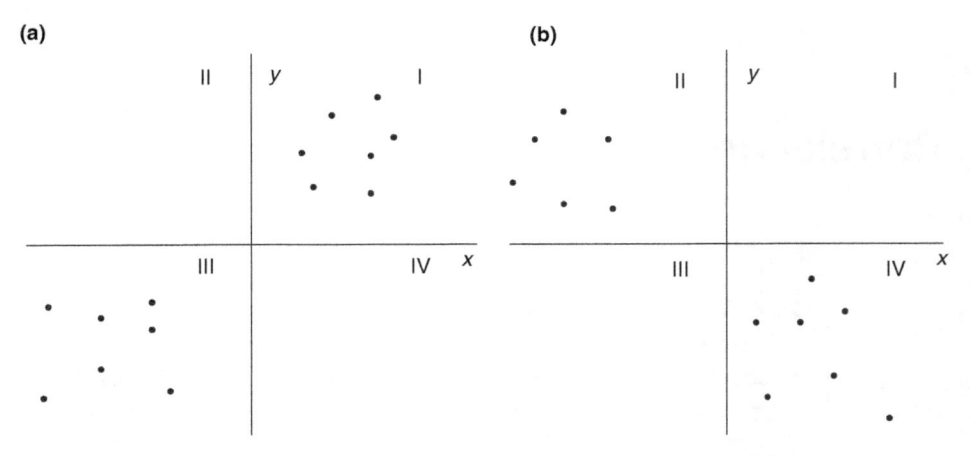

FIGURA 7.1 Gráfico de dispersão ilustrando correlação (a) positiva e (b) negativa.

contribuições negativas para o numerador da Equação 7.1, uma vez que um valor positivo é multiplicado por um valor negativo.

A magnitude da covariância dependerá das unidades de medida. A covariância pode ser padronizada de modo que seus valores fiquem no intervalo de −1 a +1 fazendo-se a divisão pelo produto dos desvios padrão. Essa covariância padronizada é conhecida como *coeficiente de correlação*. O coeficiente de correlação fornece uma medida padronizada de associação linear entre duas variáveis. O coeficiente de correlação da amostra, r, pode ser encontrado a partir de

$$r = \frac{\sum_{i=1}^{n}(x_i - \bar{x})(y_i - \bar{y})}{(n-1)s_x s_y} \qquad (7.2)$$

onde s_x e s_y são os desvios padrão amostrais das variáveis x e y, respectivamente. Isso é conhecido como coeficiente de correlação de *Pearson*. Observe que ele é equivalente a

$$r = \frac{\sum_{i=1}^{n} z_x z_y}{n-1}, \qquad (7.3)$$

onde z_x e z_y são os escores z associados com x e y, respectivamente (os escores z são obtidos subtraindo-se a média de cada observação e, então, dividindo o resultado pelo desvio padrão).

É importante observar que o coeficiente de correlação é uma medida da força da associação *linear* entre as variáveis. Os pontos situados precisamente ao longo de uma linha reta com inclinação positiva terão correlação igual a +1, enquanto pontos que ficam exatamente ao longo de uma linha com inclinação negativa terão correlação igual a −1. Pontos que estão aleatoriamente dispersos no gráfico terão correlação próxima de zero. No entanto, como pode ser visto na Figura 7.2, uma correlação igual a zero não significa necessariamente que x e y não estão relacionados – simplesmente significa que eles não estão relacionados de forma linear. A figura reforça o fato de que é possível ter uma forte associação *não linear* entre duas variáveis e ainda ter um coeficiente de correlação próximo de zero. Uma implicação disso é a importância de representar graficamente os dados (o termo *gráfico de dispersão* é usado frequentemente para se referir a gráficos como os das Figuras 7.1 e 7.2, onde cada observação é representada por um ponto no plano, e onde os dois eixos representam os valores das duas variáveis), já que possíveis associações entre as variáveis podem ser reveladas nos casos em que o valor de r é baixo.

Também é importante compreender que a existência de uma forte associação linear não implica necessariamente que haja uma conexão de *causalidade* entre as duas variáveis. Já foi encontrada uma forte correlação entre a produção britânica de carvão e a taxa de morte de pinguins na Antártica, mas seria necessário um esforço de imaginação para conectar os dois eventos de forma direta! Alterações, tanto na produção de carvão britânico, quanto na taxa de mortalidade dos pinguins na Antártica, seguiram na mesma direção ao longo de um período de tempo, mas isso não implica necessariamente uma conexão causal entre os dois. Outro artigo destacou a forte ligação entre o número anual de tornados e o volume do tráfego de automóveis nos Estados Unidos. A alegação foi que, tanto o número de tornados, quanto o volume do tráfego de automóveis aumentaram nos Estados Unidos em todo o século XX. Se o volume de tráfego para cada ano fosse usado como variável x, e o número de tornados como variável y, uma correlação muito forte e positiva seria observada; anos com muitos furacões poderiam coincidir com anos com volumes altos de tráfego. Muitas vezes, fortes relações lineares provocam profundas reflexões sobre possíveis explicações, e, neste caso, uma explicação (provavelmente feita em tom de brincadeira) foi proposta. Considerou-se que a correlação ocorria devido ao fato de que os americanos dirigem na pista da direita da estrada! Como os carros passam uns pelos outros, movimentos anti-horários do ar são gerados, e todos sabemos que os movimentos anti-horários de ar são associados a sistemas de baixa pressão. Alguns desses sistemas de baixa pressão geram

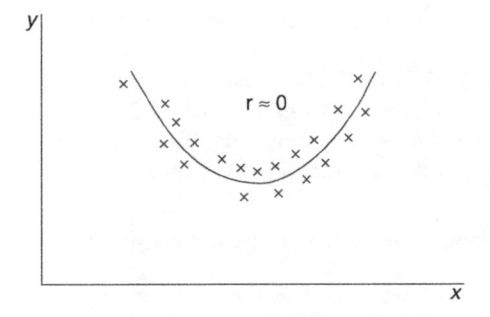

FIGURA 7.2 Relação não linear com *r* aproximadamente igual a 0.

tornados. Então, seria compreensível que o aumento do tráfego levaria a mais tornados. Além disso, uma vez que os britânicos dirigem do lado esquerdo, não deveria ser nenhuma surpresa constatar que não há muitos tornados lá! (Embora eu duvide que se possa alegar que eles possuem o ótimo clima esperado de sistemas de alta pressão criados por movimentos no sentido horário de correntes de ar geradas pelo tráfego!) Uma explicação melhor sobre a relação é que as duas variáveis têm aumentado ao longo do tempo, mas por razões muito diferentes. O aumento no número de tornados provavelmente deve-se ao simples fato de que a rede de observação meteorológica está melhor do que costumava ser. A busca de uma relação causal é importante, mas, às vezes, o esforço é levado longe demais!

7.2 Mais ilustrações

7.2.1 Mobilidade e tamanho da coorte

Easterlin (1980) sugeriu que jovens adultos membros de uma grande coorte (como o *baby boom**) terão que enfrentar um momento mais difícil nos mercados de trabalho e de moradia. Consequentemente, haverá uma tendência a uma maior taxa de hipoteca e desemprego quando grandes coortes passarem por seus anos de jovens adultos. Da mesma forma, as taxas de hipoteca e de desemprego tenderão a ser menores quando pequenas coortes alcançarem seus vinte ou trinta anos. Rogerson (1987) estendeu esse argumento à hipótese de que grandes coortes de jovens adultos apresentarão menores taxas de mobilidade, já que, para essa coorte, as oportunidades de mudança de residência deverão ficar limitadas pela situação relativamente pior dos mercados de trabalho e moradia. A taxa de mobilidade é medida como a porcentagem de indivíduos que mudam de residência durante o período de um ano, e o tamanho da coorte de jovens adultos é medida pela fração da população total que está em uma faixa etária específica de jovens adultos. Dados anuais sobre essas variáveis para o período 1948-1984 são apresentados na Tabela 7.1.

Para a faixa de 20-24 anos, $n = 28$ e o coeficiente de correlação entre a taxa de mobilidade e o tamanho da coorte é igual a $-0,747$; para 25-29 anos de idade, $r = -0,805$. Os detalhes do cálculo para a faixa de 20-24 anos de idade são os seguintes. O produto cruzado $(x_i-\bar{x})$ $(y_i-\bar{y})$ (isto é, o numerador da covariância) é $-0,694$. Dividindo por $n - 1 = 27$, encontra-se uma covariância de $-0,257$. Os desvios padrão para x e y são 3,371 e 0,0102, respectivamente. Dividindo a covariância pelo produto dos desvios padrão como na Equação 7.2, obtém-se o coeficiente de correlação de $-0,747$. Os dados para a faixa de 20-24 anos estão representados graficamente na Figura 7.3, onde a relação negativa entre as variáveis é evidente.

7.2.2 Taxas estaduais de mortalidade infantil e renda

Como parte de um exercício durante o meu pós-graduação, decidi investigar a variação geográfica das taxas de mortalidade infantil nos Estados Unidos. Os dados coletados estavam no nível estadual. Eu estava interessado em saber se as taxas de

---

*N. de T.: *Baby boom*: termo que se popularizou no pós-Segunda Guerra Mundial, com a alta taxa de natalidade observada após o retorno dos soldados americanos.

TABELA 7.1 Taxa de mobilidade dos Estados Unidos, 1948-1984

Ano	Taxa de mobilidade		Fração da população total	
	20-24	25-29	20-24	25-29
1948–49	35,0	*	0,0804	0,0829
1949–50	34,0	*	0,0784	0,0821
1950–51	37,7	33,6	0,0767	0,0812
1951–52	37,8	31,6	0,0746	0,0794
1952–53	40,5	33,4	0,0720	0,0774
1953–54	38,1	30,5	0,0757	0,0762
1954–55	41,8	31,3	0,0735	0,0758
1955–56	44,5	32,3	0,0713	0,0750
1956–57	41,2	32,0	0,0694	0,0734
1957–58	42,6	34,6	0,0671	0,0715
1958–59	42,5	33,2	0,0645	0,0701
1959–60	41,2	32,1	0,0617	0,0682
1960–61	43,6	34,4	0,0616	0,0605
1961–62	43,2	33,0	0,0625	0,0592
1962–63	42,0	34,6	0,0641	0,0582
1963–64	43,4	35,2	0,0672	0,0580
1964–65	45,0	35,8	0,0692	0,0528
1965–66	42,4	35,5	0,0708	0,0584
1966–67	41,0	33,0	0,0715	0,0593
1967–68	41,5	33,2	0,0767	0,0609
1968–69	42,5	32,6	0,0787	0,0638
1969–70	41,8	32,6	0,0813	0,0658
1970–71	41,2	32,4	0,0839	0,0669
...				
1975–76	38,0	32,6	0,0897	0,0790
1980–81	36,8	30,1	0,0943	0,0859
1981–82	35,5	30,0	0,0949	0,0868
1982–83	33,7	29,8	0,0939	0,0892
1983–84	34,1	30,1	0,0928	0,0904

Nota: Dados indisponíveis para os anos faltantes.
Fonte: Rogerson(1987).

mortalidade infantil variavam de acordo com fatores como nível educacional, renda, acesso a cuidados de saúde, etc. Como parte da análise, representei graficamente a relação entre as taxas de mortalidade infantil e a renda pessoal da população branca. O gráfico é mostrado na Figura 7.4. A maioria dos Estados ficou perto de uma linha com inclinação negativa, variando de Estados como Mississippi (MS) e Kentucky (KY), com valores baixos de renda pessoal mediana e alta mortalidade infantil, a Estados como Connecticut (CT), onde a renda pessoal mediana era elevada e as taxas de mortalidade eram baixas. O coeficiente de correlação de Pearson para os 50 Estados é igual a −0,28. Observe a presença de seis Estados com níveis de mortalidade infantil acima do nível esperado, dada a renda das pessoas nos Estados (TX, CO, AZ, WY, NM e NV, correspondente ao Texas, Colorado, Arizona, Wyoming, Novo México e Nevada). Casos como esses, que não se ajustam à tendência

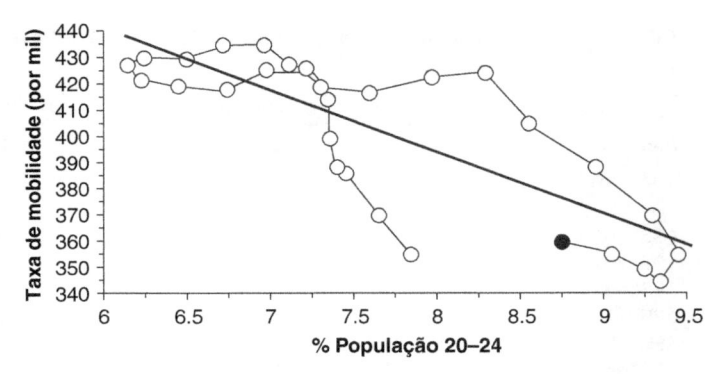

FIGURA 7.3 Correlação da mobilidade com o tamanho da coorte.
Fonte: Plane and Rogerson (1991)

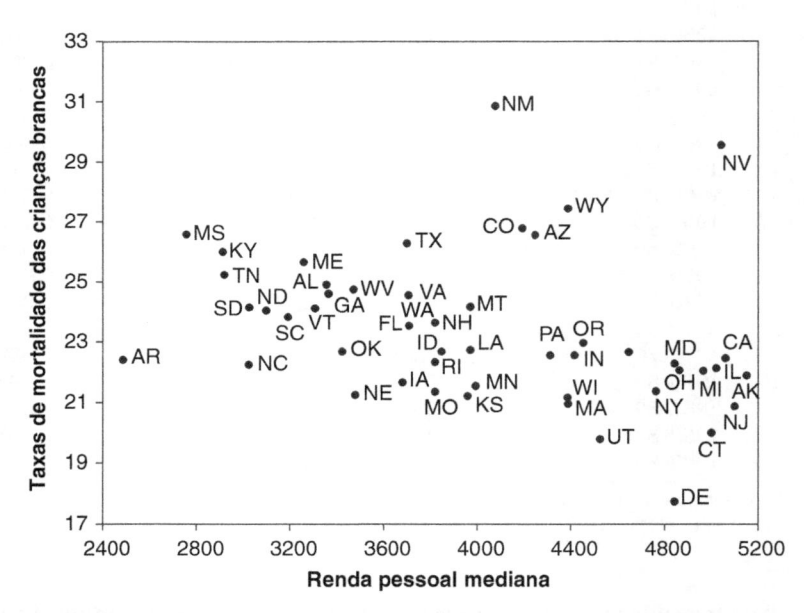

FIGURA 7.4 Taxas de mortalidade das crianças brancas como função da renda pessoal mediana.

geral, são conhecidos como *discrepantes*. É interessante notar que esses Estados também formam um conjunto geográfico compacto. Uma inspeção adicional dos dados havia levantado a possibilidade de que esses seis Estados tivessem um número relativamente pequeno de médicos por 100.000 habitantes. Um teste t bilateral confirmou que, na verdade, eles tinham um número significativamente menor de médicos por 100.000 habitantes em relação aos outros Estados.

O tratamento dos valores discrepantes depende das circunstâncias. Um bom entendimento subjacente do *por quê* pontos específicos são discrepantes fornece alguns fundamentos para a remoção desses pontos da análise. Neste caso, temos uma explicação razoavelmente boa para a discrepância e temos motivos para perguntar como seria a correlação sem os valores discrepantes (que é $r = -0,64$, uma relação negativa muito mais forte do que aquela encontrada com as 50 observações originais). É claro que não gostaríamos de assumir o hábito de representar graficamente as variáveis e, arbitrariamente, eliminar aqueles pontos que não estão próximos da reta só porque podemos registrar um alto valor de r. Mas é uma boa prática representar graficamente os dados e pensar cuidadosamente sobre as razões de qualquer discrepância.

7.3 Teste de significância para r

Para testar a hipótese nula de que o coeficiente de correlação verdadeiro, ρ, é igual a zero, supõe-se que os dados de cada variável vêm de distribuições normais. Além disso, presume-se que as observações para cada variável são independentes: uma observação de x não afeta, e não é influenciada, por outros valores de x. O mesmo é mantido para y. Se esses pressupostos são satisfeitos, o teste pode ser realizado através da estatística t:

$$t = \frac{r\sqrt{n-2}}{\sqrt{1-r^2}}. \tag{7.4}$$

Se a hipótese nula for verdadeira, esta estatística tem uma distribuição t com $n - 2$ graus de liberdade.

7.3.1 Ilustração

Os dados da Tabela 7.1 para as $n = 28$ observações de 20-24 anos de idade geram um coeficiente de correlação de $r = -0,747$. Para a hipótese nula, $H_0: \rho = 0$, e um teste bilateral com $\alpha = 0,05$, a estatística t é:

$$t = \frac{(-0,747)\sqrt{28-2}}{\sqrt{1-(-0,747)^2}} = -5,73. \tag{7.5}$$

A tabela t revela que os valores críticos de t, adotando $\alpha = 0,05$ em um teste bilateral com 26 graus de liberdade, são ±2,056. A hipótese nula de que o coeficiente de correlação é zero é rejeitada e pode-se concluir que o verdadeiro valor do coeficiente de correlação não é igual a zero.

7.4 O coeficiente de correlação e o tamanho da amostra

Um ponto extremamente importante é a influência do tamanho da amostra sobre o coeficiente de correlação. É muito mais fácil rejeitar a hipótese nula de que $\rho = 0$ em uma amostra grande que em uma amostra pequena. Para ver isso, compare a situação em que $r = 0,4$ com uma amostra de tamanho igual a 11, e a situação em que $r = 0,4$

com uma amostra de tamanho $n = 62$. No primeiro caso, a estatística t observada é $1,31$ ($= 0,4\sqrt{9}/\sqrt{1-0,4^2}$), que é inferior ao valor crítico $t_{0,05;9}= 2,262$, e a hipótese nula é aceita. No último caso, quando $n = 62$, a estatística t é $3,38 = 0,4\sqrt{60}/\sqrt{1-0,4^2}$, e a hipótese nula é rejeitada, uma vez que a estatística t é maior que o valor crítico, $t_{0,05;9}= 2,00$.

Uma das implicações disso é que realmente não deveriam existir as regras práticas populares que são adotadas para se decidir se r é alto o suficiente para deixar o pesquisador feliz com o nível de correlação. Tais regras práticas parecem existir mesmo – por exemplo, um valor de r igual a $0,7$ ou $0,8$ é muitas vezes tomado como importante ou significativo. Mas, como acabamos de ver, se um coeficiente de correlação é verdadeiramente significativo, ou não, depende do tamanho da amostra. Assim, quando o pesquisador está trabalhando com grandes conjuntos de dados, um valor relativamente baixo de r não deve ser tão decepcionante quanto o mesmo valor de r para uma amostra de tamanho menor. Um valor de $r = 0,4$ poderia ser bastante significativo se $n = 1000$, e o pesquisador não precisa, necessariamente, jogar os resultados janela afora apenas porque o valor de r é visivelmente inferior a 1 e, talvez, menor que algumas regras práticas arbitrárias para seu valor, tais como $r = 0,8$. A Tabela 7.2 indica, para vários valores de n, o valor absoluto mínimo de r necessário para alcançar significância. Por exemplo, com uma amostra de $n = 50$, qualquer valor de r superior a $0,288$ ou menor que $-0,288$ poderia ser admitido como significativo utilizando-se o teste t, descrito anteriormente. O leitor vai notar que até mesmo valores muito pequenos de r são significantes quando o tamanho da amostra é apenas modestamente grande. Para valores de $n > 30$, a quantidade de $2/\sqrt{n}$ é igual ao valor absoluto aproximado de r necessário para alcançar a significância usando $\alpha = 0,05$. Por exemplo, se $n = 49$, um coeficiente de correlação com valor absoluto superior a $2/\sqrt{49} = 0,286$ seria significativo.

Embora tenhamos argumentado que não devemos descartar apressadamente os resultados de uma análise por causa de uma correlação aparentemente baixa (uma vez que, com uma amostra de tamanho grande, uma correlação deve ser significativamente diferente de zero), há também alguma preocupação com a importância *demasiada* dada aos resultados de um teste de significância. Meehl (1990) observou que, em muitos conjuntos de dados, há uma forte tendência a se encontrar que "tudo está correlacionado com todo o resto em certa medida" (p. 204). Refere-se a isso, às vezes,

TABELA 7.2 Valores mínimos de *r* exigidos para significância

Tamanho da amostra, *n*	Valor absoluto mínimo de *r* necessário para alcançar significância (usando $\alpha = 0,05$)
15	0,514
20	0,444
30	0,361
50	0,279
100	0,197
250	0,124

Para *n* grande, r_{crit} é aproximadamente $2/\sqrt{n}$.

como o *crud factor**. Não há motivo especial para acreditar que a correlação entre duas variáveis quaisquer escolhidas da maioria dos conjuntos de dados sejam *exatamente* zero, e, portanto, se o tamanho da amostra é grande o suficiente, seremos capazes de rejeitar a hipótese nula de que eles não estão relacionados. Por exemplo, Standing *et al*. (1991) constatam que, em um conjunto de dados contendo 135 variáveis relacionadas aos atributos educacionais e pessoais de 2058 indivíduos, a variável típica apresentou correlação significativa com 41% das demais variáveis. O caso extremo foi a variável de medição dos resultados do *Grade 5*** de matemática – que estava significativamente correlacionada com 76% das outras variáveis, levando os autores a concluirem que "o número de *causas* possíveis, estatisticamente significativas, de sucesso na matemática disponíveis ao teórico mais empolgado será quase tão grande" (p. 125).

7.5 Coeficiente de correlação por postos de Spearman

Nas situações em que apenas os dados de posição estão disponíveis, ou quando a suposição de normalidade requerida para o teste de H_0: $\rho = 0$ não é satisfeita, é conveniente usar um teste não paramétrico baseado no coeficiente de correlação por postos de Spearman. Como o nome indica, o coeficiente de correlação por postos é uma medida de correlação baseada apenas nas posições dos dados. Dois conjuntos distintos de postos são gerados, um para cada variável. A classificação 1 é atribuída ao menor valor, e um posto de n à maior observação em cada coluna. O coeficiente de correlação por postos de Spearman, r_s, é:

$$r_s = 1 - \frac{6 \sum_{i=1}^{n} d_i^2}{n^3 - n}, \qquad (7.6)$$

onde d_i^2 é o quadrado da diferença entre as posições da observação i e n é o tamanho da amostra.

Os dados de mobilidade para 20-24 anos de idade, no período 1950-1984, são repetidos na Tabela 7.3, com as posições adjacentes para as variáveis de mobilidade e de tamanho da coorte. Observe que valores iguais são substituídos pela média dos postos iguais. As diferenças de postos, d_i, são dadas na última coluna da tabela. Para esses dados, $r_s = 1 - (6(5076,5))/(26^3 - 26) = -0,735$. Para testar a hipótese, podemos usar o fato de que a quantidade $r_s\sqrt{n-1}$ tem uma distribuição t com $n - 1$ graus de liberdade. No nosso exemplo, o valor observado de t é, assim, $-0,735\sqrt{25} = -3,68$. Esse valor é menor que o valor crítico, $t_{0,05;25} = -2,06$, e, assim, a hipótese nula de não associação é rejeitada. Quando as posições estão relacionadas, a Equação 7.6 não deve ser usada; como alternativa, calcula-se o coeficiente de correlação de Spearman pelo cálculo do coeficiente de correlação de Pearson (Equação 7.2), usando as posições como observações.

---

* N. de T.: *Crud Factor:* termo sem tradução para o português, mas que sugere a presença de algum *ruído* no conjunto de dados que interfere no resultado final.
** N. de T.: Grade 5: Série educacional nos Estados Unidos com crianças na faixa de 10 a 11 anos de idade.

TABELA 7.3 Dados de mobilidade dos Estados Unidos, 1948-84, compostos

	Taxa de mobilidade		Fração da população total		
Ano	20-24	Posto	20-24	Posto	di
1950–51	37,7	5	0,0768	18	−13
1951–52	37,8	6	0,0746	15	−9
1952–53	40,5	9	0,0720	13	−4
1953–54	38,1	8	0,0757	16	−8
1954–55	41,8	16	0,0735	14	2
1955–56	44,5	25	0,0713	11	14
1956–57	41,2	12	0,0694	9	3
1957–58	42,6	21	0,0671	6	15
1958–59	42,5	20	0,0645	5	15
1959–60	41,2	12	0,0617	2	10
1960–61	43,6	24	0,0616	1	23
1961–62	43,2	22	0,0625	3	19
1962–63	42,0	17	0,0641	4	13
1963–64	43,4	23	0,0672	7	16
1964–65	45,0	26	0,0692	8	18
1965–66	42,3	18	0,0708	10	8
1966–67	41,0	10	0,0715	12	−2
1967–68	41,5	14	0,0767	17	−3
1968–69	42,4	19	0,0787	19	0
1969–70	41,7	15	0,0813	20	−5
1970–71	41,2	12	0,0839	21	−9
...					
1975–76	38,0	7	0,0897	22	−15
1980–81	36,8	4	0,0943	25	−21
1981–82	35,5	3	0,0949	26	−23
1982–83	33,7	1	0,0939	24	−23
1983–84	34,1	2	0,0928	23	−21

Fonte: Plane and Rogerson (1991). Dados modificados para evitar postos iguais.

7.6 Tópicos adicionais

7.6.1 O efeito da dependência espacial em testes de significância para coeficientes de correlação

Os testes de significância descritos tanto para o r de Pearson quanto para o r de Spearman supõem que as observações de x sejam independentes e que os valores de y também sejam independentes. Quando as variáveis x e y vêm de localizações espaciais, essa suposição de independência não pode ser satisfeita. De fato, um dos pontos mais importantes neste livro é que *os dados espaciais frequentemente apresentam dependência* – o valor de x em um local está, muitas vezes, relacionado com o valor de x em locais próximos. Assim, duas localidades vizinhas não fornecem necessariamente duas partes independentes da informação. No caso extremo de dependência perfeita, em que uma observação pode ser predita a partir da outra, podemos efetivamente ter apenas uma observação ao invés de duas. Assim, o tamanho da nossa amostra não consiste efetivamente de n partes independentes de informação. Ela contém efetivamente menos que n partes de informações independentes; se agirmos

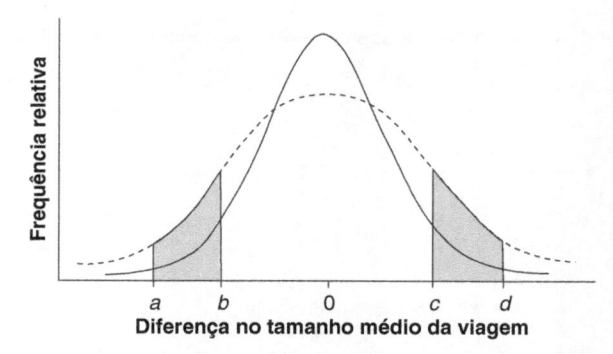

FIGURA 7.5 Variabilidade assumida (———) e real (- - - - -) de *r* quando a dependência espacial está presente mas não contabilizada.

como se tivéssemos *n* observações, estaremos muito propensos a rejeitar hipóteses nulas verdadeiras. Por sua vez, a dependência espacial afeta os resultados dos testes estatísticos, e este ponto deve estar sempre em mente ao interpretarem-se os resultados estatísticos.

Quando a dependência espacial está presente e não contabilizada, a variação do coeficiente de correlação sob a hipótese nula de ausência de correlação é superestimada (uma vez que a variabilidade em uma amostra efetivamente menor será maior). Posto de outra forma, quando são tomadas repetidas amostras de dados espacialmente dependentes, e os valores de *x* e *y* seguem a hipótese nula de ausência de correlação entre *x* e *y*, a distribuição de frequência dos valores de *r* será parecida com a linha pontilhada na Figura 7.5. A linha pontilhada tem uma distribuição de frequência maior do que a linha contínua. A linha contínua corresponde à variabilidade presente em *r*, que é calculada quando os testes de significância padrão, como a Equação 7.4, são aplicados. Os valores críticos associados com os testes estatísticos padrão (*b* e *c*) são menores em valor absoluto do que aqueles que *deveriam* ser utilizados (*a* e *d*). Quando os valores amostrais *r* caem nas regiões sombreadas, os testes estatísticos padrões implicam incorretamente que o coeficiente de correlação é significativamente diferente de zero. Os coeficientes de correlação que caem nas regiões sombreadas são provavelmente *não* significantes e podem simplesmente ser resultados da dependência espacial subjacente presente nas variáveis *x* e *y*. Haining (1990a) afirma o seguinte:

> A questão importante aqui é não usar procedimentos convencionais para testar a significância do coeficiente de correlação e reconhecer que um valor grande de *r* (ou r_s) pode ser devido a efeitos da correlação espacial (isto é, dependência)... Os riscos de se inferir uma associação entre as variáveis que nada mais é que produto das características espaciais do sistema são reais e exigem cautela por parte do usuário. (p. 321)

Para ver os efeitos da dependência espacial em testes de correlação, considere o seguinte modelo para o valor de uma variável *a*, na posição x_1, y_1 aplicada às células do interior de uma região que foi subdividida em uma grade de células quadradas:

$$a(x_1, y_1) = \mu + 4\rho(\bar{a} - \mu) + \varepsilon(x_1, y_1), \qquad (7.7)$$

onde μ é a média global, $\bar{a}$ é o valor médio da variável nas quatro células vizinhas e ε (x_1, y_1) é um componente de erro normalmente distribuído com média zero. Se $\rho = 0$,

TABELA 7.4 Probabilidades de Erro Tipo I com dependência espacial

ρ_1	ρ_2	Probabilidade de Erro Tipo I
0	0	0,0566
0	0,2	0,0500
0	0,24	0,0400
0,1	0,1	0,0700
0,1	0,225	0,1000
0,15	0,15	0,1000
0,15	0,225	0,1500
0,2	0,2	0,1900
0,2	0,24	0,3100
0,225	0,225	0,3366
0,24	0,24	0,5000

os valores da variável $a(x_1, y_1)$ são independentes dos valores em outros locais. Neste caso, os valores de a são simplesmente iguais à média global e a componente de erro está normalmente distribuída. Quando $\rho > 0$, o valor no interior de uma determinada célula depende dos valores das quatro células vizinhas. O valor de ρ mede a quantidade de dependência e pode variar até 0,25. Observe que quando $\rho = 0,25$, o valor de a em um local é precisamente igual à média dos valores das localidades vizinhas, mais uma componente de erro. Clifford e Richardson (1985) usam a Equação 7.7 para simular duas variáveis espaciais que não são correlacionadas entre si (assim, eles estão conduzindo tipos de experimentos controlados, onde sabem que a hipótese nula é verdadeira). Em seguida, encontram r e usam a Equação 7.4 e $\alpha = 0,05$ para ver se r é significativo. Espera-se encontrar valores significativos em 5% das vezes (uma vez que 0,05 é a probabilidade do Erro Tipo I).

A Tabela 7.4, conforme relatado por Haining (1990a), apresenta os resultados encontrados. ρ_1 e ρ_2 representam a quantidade de dependência espacial utilizada na geração das duas variáveis.

Quando ρ_1 e ρ_2 são iguais a zero, a probabilidade de Erro Tipo I é próximo de seu valor esperado de 0,05. Observe que, quando uma variável não tem dependência espacial ($\rho_1 = 0$), a outra variável pode apresentar forte dependência espacial (por exemplo, $\rho_2 = 0,24$), e não há, ainda, qualquer efeito sobre o teste de correlação, já que a probabilidade de Erro Tipo I continua próxima de 0,05. Mas, quando as duas variáveis apresentam forte dependência espacial, a probabilidade de Erro Tipo I – aquela onde encontramos, incorretamente, coeficientes de correlação significativos – aumenta dramaticamente. Com forte dependência espacial e nenhuma ação corretiva, muitas vezes hipóteses nulas verdadeiras são rejeitadas.

7.6.2 O problema da unidade de área modificável e a agregação espacial

Gehlke e Biehl (1934) observaram que os coeficientes de correlação tendem a aumentar com o nível de agregação geográfica quando os dados do censo são analisados. Um número menor de grandes unidades geográficas tende a dar um coeficiente de correlação maior do que uma análise com um maior número de pequenas unidades geográficas. Em um estudo clássico, Robinson (1950) observou que a correlação entre raça e analfabetismo aumentou com o nível de agregação geográfica. É importante ter em mente o fato de que o tamanho e a configuração das unidades espaciais podem afetar o resultado da análise. O que é significativo em uma escala espacial pode não ser significativo em outra.

7.7 Correlação no SPSS 16.0 for Windows

Cada variável deve ser representada por uma coluna de dados. Então, clique em Analyze e Correlate. Em seguida, clique em bivariate e passe as variáveis que você deseja correlacionar da lista à esquerda para a caixa à direita. Você pode mover mais de duas variáveis na caixa, se quiser ver uma matriz de correlação entre um número de variáveis. Se desejar, marque a caixa para ter o coeficiente de correlação de Spearman calculado (o coeficiente de correlação de Pearson é calculado por padrão).

7.7.1 Ilustração

Os dados da Tabela 7.5 são uma amostra aleatória de 29 grupos de setores censitários* (áreas de aproximadamente 1000 pessoas) de Erie County, Nova York, em

TABELA 7.5 Dados do censo para uma amostra aleatória de setores censitários de Erie County, Nova York

AREANAME		TO POP90	MEDHSINC	MEDAGE	SAGE	MAGE	PCTOWN
Tract 0010	BG 4	999	20862	49.24	19.08	60	.510
Tract 0016	BG 2	477	17804	50.70	17.49	60	.354
Tract 0026	BG 1	647	10545	51.24	16.92	58	.5
Tract 0028	BG 2	856	14602	50.66	18.29	60	.479
Tract 0045	BG 5	994	33603	45.12	15.36	60	.683
Tract 0057	BG 4	1083	24440	52.31	18.05	60	.516
Tract 0060	BG 1	879	15964	39.43	15.83	60	.416
Tract 0068	BG 2	374	33750	45.07	16.92	60	.202
Tract 0068	BG 4	806	14597	42.93	18.30	60	.346
Tract 0073.02	BG 9	2194	39779	52.49	16.58	39	.906
Tract 0076	BG 4	1150	29250	54.65	17.97	46	.884
Tract 0079.01	BG 3	1720	44205	53.63	13.83	41	.978
Tract 0079.02	BG 5	540	34625	60.55	14.06	44	.967
Tract 0079.02	BG 8	1128	32439	58.49	14.18	44	.899
Tract 0085	BG 1	434	39375	54.07	17.89	54	.967
Tract 0087	BG 3	1415	29513	51.42	17.77	60	.706
Tract 0097.01	BG 2	1639	39104	53.35	12.48	33	.992
Tract 0100.02	BG 1	3072	26174	54.41	16.36	30	.886
Tract 0100.02	BG 5	1715	28477	49.28	15.38	42	.638
Tract 0101.01	BG 5	755	35000	56.58	15.48	54	1
Tract 0101.02	BG 2	731	17647	43.49	16.66	45	.239
Tract 0111	BG 4	544	28438	57.78	17.04	47	.796

(continua)

---

* N. de T.: Adota-se setor censitário no lugar de *Block groups*, mas, na verdade, estes apenas se assemelham aos setores censitários definidos pelo IBGE para o Brasil.

TABELA 7.5 *(continuação)*

AREANAME		TO POP90	MEDHSINC	MEDAGE	SAGE	MAGE	PCTOWN
Tract 0115	BG 1	885	33214	51.68	19.54	47	.862
Tract 0117	BG 2	633	36346	48.22	16.09	47	.856
Tract 0120.02	BG 1	851	28500	59.56	17.39	42	.876
Tract 0142.05	BG 1	681	38125	46.44	18.23	19	.885
Tract 0150.03	BG 2	1270	25515	51.64	16.78	60	.58
Tract 0152.02	BG 9	1334	29554	49.15	17.89	37	.74
Tract 0153.02	BG 1	634	47083	52.38	15.21	46	.86

TABELA 7.6 Correlações bivariadas entre as quatro variáveis vizinhas

		MEDHSING	SAGE	MEDAGE	PCTOWN
MEDHSINC	Pearson Correlation	1.000	−.428*	0.362	.739**
	Sig. (two-tailed)	.	.021	0.053	.000
	N	29	29	29	29
SAGE	Pearson Correlation	−.428*	1.000	−0.242	−.370*
	Sig. (two-tailed)	.021	.	0.207	.048
	N	29	29	29	29
MEDAGE	Pearson Correlation	.362	−.242	1.000	.684*
	Sig. (two-tailed)	.053	.207	.	.000
	N	29	29	29	29
PCTOWN	Pearson Correlation	.739**	−.370*	0.684	1.000
	Sig. (two-tailed)	.000	.048	0.000	.
	N	29	29	29	29

*Correlation is significante at the 0.05 level (two-tailed).
**Correlation is significante at the 0.01 level (two-tailed).

Correlações não paramétricas

			MEDHSING	SAGE	MEDAGE	PCTOWN
Spearman's rho	MEDHSINC	Correlation Coefficiente	1.000	−.433*	.347	.742**
		Sig. (two-tailed)	.	.019	.065	.000
		N	29	29	29	29
	SAGE	Correlation Coefficiente	−.433*	1.000	−.261	−.403*
		Sig. (two-tailed)	.019	.	.172	.030
		N	29	29	29	29
	MEDAGE	Correlation Coefficiente	.347	−.261	1.000	.745**
		Sig. (two-tailed)	.065	.172	.	.000
		N	29	29	29	29
	PCTOWN	Correlation Coefficiente	.742**	−.403*	.745**	1.000
		Sig. (two-tailed)	.000	.030	.000	.
		N	29	29	29	29

*Correlation is significante at the .05 level (two-tailed).
**Correlation is significante at the .01 level (two-tailed).

1990. Para cada setor censitário, existem dados relativos à população (totpop90), renda familiar mediana (medhsinc), idade mediana dos chefes de família (medage), o desvio padrão da idade do chefe de família (sage) (que é uma medida da variabilidade das idades no setor censitário), a idade mediana de habitação (mago) e a porcentagem de habitações que são ocupadas pelo dono (pctown). Rogerson e Plane (1998) discutem a estrutura etária dos chefes de família em bairros residenciais e desenvolvem um modelo que mostra como a estrutura etária está relacionada a variáveis como o tempo de residência no bairro, mobilidade e casa própria.

A Tabela 7.6 mostra os coeficientes de correlação bivariada (Pearson e Spearman) entre quatro variáveis. A idade mediana dos chefes de família nos setores censitários tem uma correlação significativa com casa própria; como se poderia esperar, a associação é positiva, e a idade mediana é maior em áreas de maior proporção de casas próprias. A variabilidade das idades em um bairro (sage) é negativamente relacionada com a renda (bairros de renda alta são mais homogêneos em relação à idade) e negativamente relacionados com a casa própria (onde a proporção de propriedade é alta, as idades dos chefes de família são mais homogêneas). Finalmente, observe a semelhança entre os coeficientes de Pearson e Spearman.

7.8 Correlação no Excel

Cada variável é representada por uma coluna na planilha; as linhas da planilha representam observações. Para encontrar a correlação bivariada de Pearson, clique em Ferramentas, em seguida, em Análise de Dados e, então, em Correlação. A caixa de diálogo que se abre exige que você especifique as células que contêm as variáveis na caixa intitulada "Intervalo de Entrada". Por exemplo, se há 29 observações, e as variáveis a serem correlacionadas estão nas colunas A e B, entraria-se A1:B29 nesta caixa. Há também uma opção para indicar se as observações são agrupadas por linhas ou coluna; uma vez que o botão da coluna está marcado por padrão, não há necessidade alguma de se fazer qualquer mudança nesta seleção.

EXERCÍCIOS RESOLVIDOS

1. Encontre o coeficiente de correlação por postos de Spearman para os dados seguintes:

Obs.	X	Y
1	21	22
2	11	12
3	11	8
4	26	4
5	25	7777
6	24	11

Solução. Use a fórmula $1 - \dfrac{6 \sum_{i=1}^{n} d_i^2}{n^3 - n}$ onde n é o número de observações emparelhadas e d_i é a diferença entre as posições.

(continua)

(continuação)

Primeiro, classificamos cada coluna, usando 1 para o menor valor e 6 para o maior, e adicionamos uma coluna para a diferença entre os postos (apesar de a ordem da subtração não fazer diferença, usamos aqui o "posto de X" menos o "posto de Y"):

Obs.	X	Y	Diferença entre postos (d)
1	3	5	−2
2	1,5	4	−2,5
3	1,5	2	−0,5
4	6	1	5
5	5	6	−1
6	4	3	1

Observe as duas observações iguais a "11" para x. Quando os postos são relacionados a valores idênticos, usamos a média dos postos (e a média de 1 e 2 é 1,5). A quantidade Σd_i^2 é igual a $(-2)^2 + (-2,5)^2 + \ldots + 1^2 = 37,5$. Agora, usando a fórmula, o coeficiente de correlação por postos de Spearman é:

$$1 - \frac{6(37,5)}{6^3 - 6} = 1 - \frac{225}{210} = -0,071$$

2. Uma amostra de tamanho 102 fornece uma correlação de 0,24. Deve-se aceitar ou rejeitar a hipótese nula de que a verdadeira correlação era zero?

Solução. Um teste de hipótese nula é realizado usando-se a Equação 7.4:

$$t = \frac{r\sqrt{n-2}}{1-r^2} = \frac{0,24\sqrt{102-100}}{1-0,24^2} = \frac{2,4}{0,9424} = 2,55$$

Rejeitamos a hipótese nula, uma vez que o valor observado de t é maior que o valor crítico de aproximadamente 1,96, que poderia ser usado em um teste bilateral para grandes amostras.

EXERCÍCIOS

1. (a) Encontre o coeficiente de correlação, r, para a amostra de dados de renda e educação:

Observação	Renda ($\$ \times 1000$)	Educação (Anos)
1	30	12
2	28	12
3	52	18

(continua)

(continuação)

4	40	16
5	35	16

   (b) Teste a hipótese nula $\rho = 0$.
   (c) Encontre o coeficiente de correlação por postos de Spearman para estes dados.
   (d) Teste se o valor observado de r, da parte (c) é significantemente diferente de zero.

2. (a) Desenhe um gráfico representando uma situação em que o coeficiente de correlação é próximo de zero, mas existe um claro relacionamento entre as duas variáveis.
   (b) Desenhe um gráfico representando uma situação onde existe um forte relacionamento positivo entre as duas variáveis, mas onde a presença de um pequeno número de valores discrepantes torna a força do relacionamento menos forte.

3. A distribuição da estatística t para testar a significância de um coeficiente de correlação tem $n - 2$ graus de liberdade. Se o tamanho da amostra é 36 e $\alpha = 0{,}05$, qual é o menor valor absoluto que um coeficiente de correlação deve ter para ser significante? E se o tamanho da amostra é 80?

4. Encontre o coeficiente de correlação para os seguintes dados:

Obs.	X	Y
11	2	6
2	8	6
3	9	10
4	7	4

5. (a) Porque uma "regra prática" para a significância do coeficiente de correlação (por exemplo, r^2 acima de 0,7 é significante) não é uma boa ideia?
   (b) Porque uma amostra muito grande é um "problema" na interpretação dos testes de significância do coeficiente de correlação?

6. Encontre o coeficiente de correlação entre a renda anual mediana nos Estados Unidos e o número de corridas de cavalos vencidas pelo jóquei principal do período 1984-1995:

Ano	Renda mediana	Número de corridas vencidas pelo jóquei principal
1984	35.165	399
1985	35.778	469
1986	37.027	429

(continua)

(continuação)

1987	37.256	450
1988	37.512	474
1989	37.997	598
1990	37.343	364
1991	36.054	430
1992	35.593	433
1993	35.241	410
1994	35.486	317

Teste a hipótese de que o coeficiente de correlação verdadeiro é igual a zero. Interprete seus resultados.

7. Usando SPSS ou Excel e o banco de dados RSSI, encontre a correlação entre declividade e altitude.
8. Usando SPSS ou Excel e o banco de dados Tyne and Wear, encontre a correlação entre a área construída e o número de quartos.

Introdução à Análise de Regressão 8

OBJETIVOS DE APRENDIZAGEM	
• Modelar uma variável como função linear de outra	201
• Ajustar uma reta a um conjunto de pontos representados graficamente em duas dimensões	204
• Relacionamento da regressão com a análise de variância	206
• Pressupostos da regressão linear	211
• Testar a significância da inclinação da regressão	212

8.1 Introdução

Enquanto a correlação é usada para medir a força da associação linear entre variáveis, a análise de regressão refere-se o processo mais completo de estudar o relacionamento entre uma variável dependente e um conjunto de variáveis explicativas independentes. A análise de regressão linear começa admitindo que existe um relacionamento linear entre a variável *dependente* ou *resposta* (y) e as variáveis *independentes* ou *explicativas* (x), em seguida há o ajuste de uma reta ao conjunto de dados observados e, então, preocupa-se com a interpretação e análise dos efeitos da variável x sobre y, e com a natureza do ajuste. Um importante resultado da análise de regressão é uma equação que nos permite predizer valores de y a partir de valores de x.

Conforme discutido no Capítulo 1, o processo de descrição muitas vezes nos leva a suspeitar que duas ou mais variáveis estejam relacionadas. Uma vez que especificamos *como* as variáveis estão relacionadas, temos um modelo que pode ser visto como uma simplificação da realidade. A análise de regressão nos proporciona (a) uma visão simplificada das relações entre as variáveis, (b) uma forma de ajustar o modelo aos nossos dados e (c) um meio para avaliar a importância das variáveis e da exatidão do modelo.

Por exemplo, podemos estar interessados em saber se a distância que os adultos vivem dos seus pais depende do nível educacional, se a queda de neve é dependente da altitude, se a mortalidade infantil está relacionada à renda ou se a frequência a um parque está relacionada com a renda da população que vive a uma certa distância do parque. Em cada caso, um bom lugar para se começar é representar os dados em um gráfico e medir a correlação entre as variáveis. A análise de regressão linear vai um passo adiante encontrando a melhor reta que se ajusta ao do conjunto de pontos.

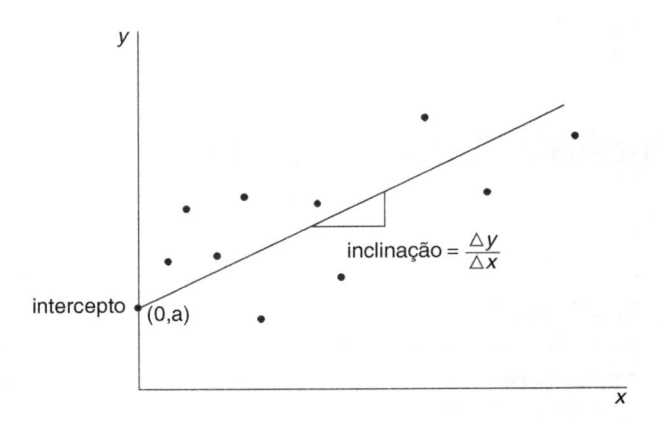

FIGURA 8.1 Reta de regressão através de um conjunto de pontos.

Quando há apenas uma variável explicativa independente, como é o caso dos exemplos anteriores, queremos ajustar uma reta a um conjunto de pontos; a equação dessa reta é

$$\hat{y} = a + bx, \qquad (8.1)$$

onde $\hat{y}$ é o valor predito da variável dependente, x é o valor observado da variável independente, a é o intercepto (ou ponto onde a linha intercepta o eixo vertical) e b é a inclinação da reta. As quantidades a e b representam os *parâmetros* que descrevem a reta e serão estimados a partir dos dados. Este caso, com uma variável independente, é conhecido como *regressão simples* ou *regressão bivariada* e é ilustrado na Figura 8.1. Neste capítulo vamos limitar a nossa atenção para esses casos especiais. Generalizando, a *regressão múltipla* (tratada no capítulo seguinte) refere-se ao caso onde existe mais de uma variável independente.

A inclinação da reta, b, pode ser interpretada como a alteração esperada na variável dependente provocada pela variação de uma unidade na variável independente. Por exemplo, suponha que uma regressão dos preços de venda das residências em função das respectivas áreas tenha retornado a seguinte equação:

$$\hat{p} = 30.000 + 70s, \qquad (8.2)$$

onde $\hat{p}$ é o preço de venda previsto da residência e s representa a área. A inclinação desta equação é 70, e isso significa que um aumento de um pé quadrado* leva, em média, a um aumento de 70 dólares no preço de venda. O preço previsto para uma casa com 2000 pés quadrados é de 30.000 + 70 (2000) = $170.000. A interseção é o valor previsto da variável dependente quando a variável independente é igual a zero. Neste exemplo, uma casa com 0 pés quadrados seria vendida a um preço previsto de $30.000! Essa interseção de $30.000 poderá, neste caso, ser interpre-

---

*N. de T.: 1 pé quadrado = 0,093 metros quadrados.

tada como o valor do terreno em que a casa é construída. De modo geral, nem sempre a interseção tem uma interpretação realista, uma vez que um valor zero para a variável independente pode estar fora do intervalo de valores observados.

Ao estudar o relacionamento linear entre variáveis, cada observação (i) da variável dependente, y_i, pode ser expressa como a soma de um valor predito e um termo residual:

$$y_i = a + bx_i + e_i = \hat{y}_i + e_i, \qquad (8.3)$$

onde $\hat{y}_i = a + bx_i$ é o valor predito e e_i é chamado de *resíduo*. O valor $\hat{y}_i$ representa o valor da variável dependente predito pela reta de regressão. Observe que o resíduo é igual à diferença entre os valores observado e predito:

$$e_i = y_i - \hat{y}_i \qquad (8.4)$$

De acordo com a distinção entre amostra e população, observe que a e b são estimativas de alguma reta de regressão "verdadeira" e desconhecida. A inclinação e o intercepto dessa reta de regressão verdadeira poderiam, em teoria, ser determinados fazendo-se um exame completo de uma amostra de 100% da população. Como de costume, usamos as letras gregas para denotar os valores dos parâmetros da população:

$$y_i = \alpha + \beta x_i + \varepsilon_i, \qquad (8.5)$$

onde α e β são, respectivamente, o intercepto e a inclinação da reta de regressão verdadeira. Cada observação, y_i, pode ser vista como a soma de uma componente que prediga o valor do y_i em função do valor de x_i (usando os valores verdadeiros dos coeficientes α e β) e de algum erro aleatório (ε). O termo do erro reflete o fato de não esperarmos que o modelo trabalhe "perfeitamente"; é inevitável que haja outras variáveis que também influenciem y, apesar de acreditarmos que sua influência seja relativamente menor. As observações da variável dependente podem ser expressas como a soma do valor predito e de um erro "verdadeiro" da população, ε_i, onde:

$$\varepsilon_i = y_i - \tilde{y}_i \qquad (8.6)$$

é a diferença entre o valor observado (y_i) e aquele predito pela reta de regressão verdadeira ($\tilde{y}_i$). A última quantidade é:

$$\tilde{y}_i = \alpha + \beta x_i \qquad (8.7)$$

Na Figura 8.2, são apresentadas a reta de regressão verdadeira (Equação 8.7) e a reta de melhor ajuste baseada na amostra de pontos (Equação 8.1). É importante ter em mente que, se uma amostra diferente tivesse sido coletada, a reta de regressão baseada na amostra seria diferente, mas a reta de regressão verdadeira permaneceria a mesma.

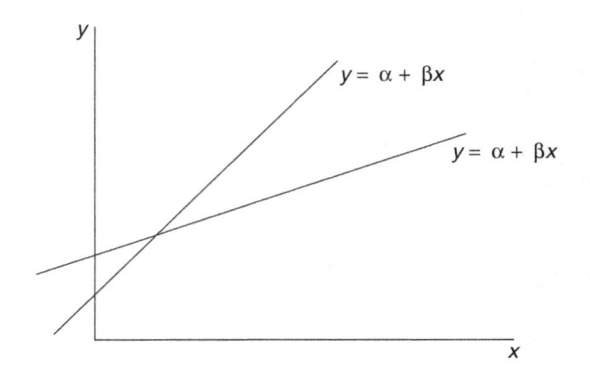

FIGURA 8.2 Linhas de regressão verdadeira e da amostra.

8.2 Ajuste de uma reta de regressão a um conjunto bivariado de dados

A Figura 8.3 mostra uma reta ajustada a um conjunto de pontos organizados em um espaço bidimensional x-y. Na análise de regressão, o objetivo é encontrar a inclinação e o intercepto da reta que melhor se ajusta ao conjunto de pontos observados. Mas o que se entende por melhor ajuste? Há certamente muitas maneiras para ajustar uma reta a um conjunto de pontos. Uma forma seria ajustar uma reta de modo que a soma das menores distâncias das observações à reta seja mínima. Nesse caso, as distâncias são representadas geometricamente na Figura 8.3 como linhas (tracejadas) que vão das observações à reta de regressão e que são perpendiculares à reta de regressão.

Na análise de regressão linear, a soma dos quadrados das distâncias verticais dos pontos observados à reta (ou seja, as linhas contínuas na Figura 8.3) é minimizada. O fato de as distâncias verticais serem usadas é consistente com a ideia de que a variável dependente, que sempre está representada no eixo vertical, está sendo prevista a partir da variável independente (representada no eixo horizontal). De fato, a distância vertical é idêntica ao valor do resíduo, que, como já foi mencionado, é a diferença entre os valores observados e os preditos da variável dependente. Assim, a análise de regressão

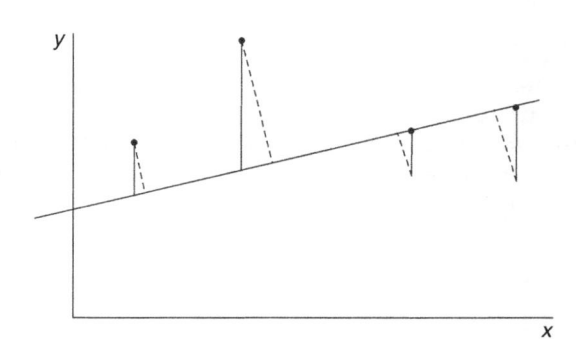

FIGURA 8.3 Medidas alternativas de distância dos pontos à linha de regressão.

minimiza a soma dos quadrados dos resíduos. A soma dos *quadrados* dos resíduos é usada, em parte, por razões de conveniência matemática – fica mais fácil deduzir e apresentar expressões para encontrar os valores de a e b a partir dos dados. Assim, o objetivo é encontrar os valores de a e b que minimizam a soma dos quadrados dos resíduos:

$$\min_{a,b} \sum_{i=1}^{n} (y_i - \hat{y})^2 = \min_{a,b} \sum_{i=1}^{n} (y_i - a - bx_i)^2. \tag{8.8}$$

Geometricamente, esse problema corresponde a encontrar o mínimo de um cone parabólico tridimensional, onde a e b são as coordenadas em um plano bidimensional e a soma dos quadrados dos resíduos é o eixo vertical (Figura 8.4). Vendo a figura, podemos imaginar a tentativa de diferentes valores para a e b – alguns trabalharão relativamente bem no sentido de que a soma dos quadrados dos resíduos será muito pequena, e outras combinações serão medíocres, uma vez que a soma dos quadrados dos resíduos será grande. Os valores de a e b na parte inferior do cone parabólico podem ser determinados usando-se os dados da seguinte maneira (veja o quadro a seguir para mais detalhes):

$$b = \frac{\sum_{i=1}^{n}(x_i - \bar{x})(y_i - \bar{y})}{\sum_{i=1}^{n}(x_i - \bar{x})^2};$$

$$a = \bar{y} - b\bar{x}. \tag{8.9}$$

A solução da Equação 8.8 para encontrar os valores da inclinação e do intercepto é a solução de um problema de cálculo. Resolver o problema de cálculo significa encontrar a combinação a, b que leva à menor soma dos quadrados dos resíduos, na parte inferior da figura parabólica. Para aqueles com embasamento de cálculo, continuamos pela obtenção das derivadas da Equação 8.8 em relação a a e b, igualando cada uma a zero (correspondendo ao fato de que a reta tangente à parte inferior do paraboloide tem inclinação igual a zero) e resolvendo as equações para as duas incógnitas a e b. O resultado é a Equação 8.9.

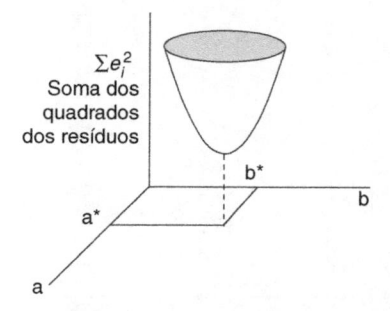

FIGURA 8.4 **Minimização da soma dos quadrados dos resíduos.**

O leitor deve observar que o numerador da expressão para a inclinação, b, é idêntico àquele para o coeficiente de correlação, r. Na realidade, na regressão bivariada, a inclinação pode ser escrita em termos do coeficiente de correlação:

$$b = r \frac{s_y}{s_x}. \tag{8.10}$$

Uma vez que os valores de a e b tenham sido determinados, traçar a reta é fácil. Como indicado na equação usada anteriormente para determinar a, a reta de regressão passa pela média $(\bar{x}, \bar{y})$. Outro ponto da reta é $(0, a)$ (o intercepto). Depois de representar graficamente esses dois pontos, a reta de regressão deve ser traçada ligando os dois pontos com uma reta.

8.2.1 Ilustração: níveis de renda e despesas do consumidor

Um supermercado está interessado em saber como os níveis de renda (x) podem afetar a quantidade de dinheiro gasto por semana por seus clientes (y). A hipótese nula é que os níveis de renda não afetam a quantidade de dinheiro gasto por semana, por clientes, e a hipótese alternativa é que os rendimentos mais elevados estão associados a maiores gastos. A Tabela 8.1 mostra os dados coletados com dez entrevistados.

Para determinar a reta de regressão, podemos, primeiro, calcular as seguintes quantidades:

$$\bar{x} = 52{,}3; \quad \bar{s}_x = 20{,}20$$

$$\bar{y} = 79{,}1; \quad \bar{s}_y = 28{,}34$$

$$\sum_{i=1}^{n}(x_i - \bar{x})(y_i - \bar{y}) = 4301{,}7 \tag{8.11}$$

$$r = \frac{\sum_{i=1}^{n}(x_i - \bar{x})(y_i - \bar{y})}{(n-1)s_x s_y} = \frac{4301{,}7}{9(20{,}2)(28{,}34)} = 0{,}835$$

TABELA 8.1 Dados sobre gasto e renda

Quantia gasta/semana (y)	Renda (×1000) (x)
$120	65
$68	35
$35	30
$60	44
$100	80
$91	77
$44	32
$71	39
$89	44
$113	77

A renda (x) é dada em milhares de dólares, e o gasto semanal em supermercados é dado em dólares. A partir desses valores, devemos encontrar a inclinação por qualquer um dos procedimentos a seguir:

$$b = r\frac{s_y}{s_x} = 0{,}835 \, \frac{28{,}34}{20{,}2} = 1{,}171$$

$$b = \frac{\sum\limits_{i=1}^{n}(x_i - \bar{x})(y_i - \bar{y})}{\sum\limits_{i=1}^{n}(x_i - \bar{x})^2} = \frac{\sum\limits_{i=1}^{n}(x_i - \bar{x})(y_i - \bar{y})}{(n-1)s_x^2} \quad (8.12)$$

$$= \frac{4301{,}7}{(9)\,202^2} = 1{,}171$$

O intercepto é:

$$a = \bar{y} - b\bar{x} = 79{,}1 - 1{,}171(52{,}3) = 17{,}8. \quad (8.13)$$

Nossa reta de regressão pode ser expressada como:

$$\hat{y} = \$17{,}8 + 1{,}171x \quad (8.14)$$

implicando que todo aumento de $1000 na renda leva a um aumento de $1,17 no gasto semanal com supermercado.

Para cada observação, podemos calcular um valor predito e um residual, usando a reta de regressão junto com os valores de x. Por exemplo, para a primeira observação, a renda é de $65.000, e o valor predito da variável dependente é, portanto:

$$\hat{y} = \$17{,}8 + (1{,}171)\,(\$65) = \$93{,}90. \quad (8.15)$$

O resíduo para esta observação é o valor observado de y ($120) menos o valor predito:

$$e = \$120 - \$93{,}90 = \$26{,}1. \quad (8.16)$$

A Tabela 8.2 apresenta os resultados, incluindo os valores residuais e os previstos para todas as observações. A soma dos resíduos (sujeitos a pequenos erros de arredondamento) é igual a zero – a soma dos resíduos positivos que estão acima da reta de regressão é igual à soma dos resíduos negativos que estão abaixo da reta de regressão.

8.3 A regressão em termos das somas dos quadrados explicadas e não explicadas

Outra maneira de se entender a regressão é reconhecer que ela fornece uma maneira para se dividir a variação nos valores observados de uma variável dependente (y). A variabilidade que se observa em y pode, sobretudo, ser decomposta em (a) uma parte

TABELA 8.2 Moradores e valores preditos associados com os dados de gasto e renda

Valor gasto/semana (y)	Renda (×1000) (x)	Predito ŷ	Resíduo e
$120	65	93,9	26,1
$68	35	58,8	9,2
$35	30	52,9	−17,9
$60	44	69,3	−9,3
$100	80	111,5	−11,5
$91	77	108,0	−17
$44	32	55,3	−11,3
$71	39	63,5	7,5
$89	44	69,3	19,7
$113	77	108,0	5

que é explicada pela reta de regressão (a partir da suposição de que y é linearmente relacionada com uma ou mais variáveis independentes) e em (b) uma parte que permanece não explicada.

Mais especificamente, a variabilidade em y pode ser medida pela soma dos quadrados dos desvios dos valores de y de sua média. Parte dessa variabilidade é explicada pela reta de regressão – os valores de y variam, em parte, por causa do relacionamento assumido com as variáveis x. O particionamento do total da soma dos quadrados nos componentes explicado e não explicado é análogo ao da análise de variância, onde a soma dos quadrados é dividida em componentes entre e dentro dos componentes da coluna. Aqui, temos,

$$\sum_{i=1}^{n}(y_i - \bar{y})^2 = \sum_{i=1}^{n}(\hat{y}_i - \bar{y})^2 + \sum_{i=1}^{n}(y_i - \hat{y})^2 \quad (8.17)$$

À esquerda está a *soma total de quadrados*; o desvio entre o valor observado e a média é representado geometricamente pela distância A na Figura 8.5. Na figura, os pontos variam claramente sobre a linha horizontal que representa o valor médio de y. Uma parte dessa variabilidade total pode ser atribuída à reta de regressão; esperamos que os pontos no lado direito do diagrama estejam acima da média, e que os pontos no lado esquerdo do diagrama estejam abaixo da média.

O primeiro termo do lado direito é *a soma de quadrados devido à regressão* (ou *variação explicada*) – é a soma dos quadrados das diferenças entre os valores previstos e o valor médio de y. Essas diferenças são os desvios da reta de regressão à média e constituem a parte "explicada" da variabilidade em y. A distância entre o valor previsto e a média é representada por "C" na Figura 8.5. Finalmente, o segundo termo do lado direito é *a variação não explicada*, ou *soma de quadrados dos resíduos*. Essa é a soma das diferenças ao quadrado entre os valores observados e previstos. É esta a quantidade minimizada quando os coeficientes são estimados. A distância entre a observação e a reta de regressão (ou seja, o resíduo) é representado por "B" na figura.

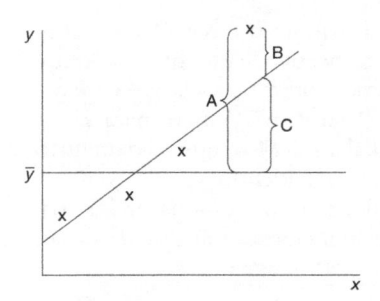

FIGURA 8.5 Particionamento da variabilidade em y.

A proporção da variabilidade total em y explicada pela regressão é, algumas vezes, chamada de *coeficiente de determinação* e é igual ao quadrado do coeficiente de correlação:

$$r^2 = \frac{\text{soma dos quadrados devido à regressão}}{\text{soma dos quadrados total}} = \frac{\sum_{i=1}^{n}(\hat{y}_i - \bar{y})^2}{\sum_{i=1}^{n}(y_i - \bar{y})^2}$$

$$= 1 - \frac{\sum_{i=1}^{n} e_i^2}{(n-1)s_y^2}$$

(8.18)

onde e é o valor do resíduo. Observe que r^2 é igual à soma dos quadrados devido à regressão dividida pela soma dos quadrados totais. Também é igual a um menos a razão da soma dos quadrados dos resíduos pela soma dos quadrados totais.

O valor de r^2 varia de 0 a 1; o valor de zero indicaria que nenhuma variabilidade em y foi explicada pela variável x, enquanto o valor de um implicaria que todos os resíduos são iguais a zero e que a reta de regressão se ajusta perfeitamente sobre todos os pontos observados.

Uma maneira de determinar se a regressão foi bem sucedida em explicar uma parcela significativa da variação em y é testar a hipótese nula de que a proporção da variabilidade em y explicada por x é igual a zero:

$$H_0 : \rho^2 = 0.$$

(8.19)

Esse trabalho é realizado com um teste F, análogo ao teste F utilizado na análise de variância. Para a regressão simples em específico, a hipótese nula de que $\rho^2 = 0$ é testada com a estatística F:

$$F = \frac{r^2(n-2)}{1-r^2},$$

(8.20)

que tem uma distribuição F com 1 e $n - 2$ graus de liberdade para o numerador e denominador, respectivamente, quando a hipótese nula é verdadeira. Ao olhar para o capítulo anterior sobre a correlação, você notará que esta estatística F é o quadrado da estatística t (Equação 7.4) usada para testar a hipótese de que o coeficiente de correlação, ρ, é igual a zero. Os testes são idênticos no sentido de que sempre produzem conclusões e valores p idênticos.

A origem deste teste F está na divisão das somas de quadrados como descrito. Podemos criar uma tabela de análise de variância, para um exemplo hipotético, com 12 observações, como segue:

	Soma de quadrados	gl	Quadrado médio	F
Regressão (explicada)	578	1	578	13,7
Resíduo (não explicado)	422	$n - 2 = 10$	42,2	
Total	1000	$n - 1 = 11$		

A soma dos quadrados totais tem $n - 1$ graus de liberdade associados a ela. Na regressão simples, onde há uma variável independente, há sempre um grau de liberdade associado com a soma dos quadrados devido à regressão, deixando $n - 2$ graus de liberdade associados com a soma dos quadrados dos resíduos. Como foi o caso com a ANOVA, a razão F é encontrada formando-se uma razão de somas de quadrados, onde cada uma foi dividida por seus graus de liberdade associados. Aqui, a razão F é encontrada através da razão (a) da soma dos quadrados devido à regressão, dividida por seus graus de liberdade, com (b) a soma dos quadrados dos resíduos, dividida por seus graus de liberdade associados. As quantidades definidas em (a) e (b) são, às vezes, chamadas de "quadrados médios".

$$F = \frac{\text{SQ da regressão}/1}{(\text{SQ dos resíduos})/(n - 2)} = \frac{578/1}{422/10} = 13,7 \qquad (8.21)$$

Recordando a definição de r^2, essa expressão do tipo ANOVA para F pode ser vista como equivalente à Equação 8.20, uma vez que:

$$F = \frac{\text{SQ devido à regressão}/1}{(\text{SQ dos resíduos})/(n - 2)} = \frac{r^2(n - 2)}{1 - r^2}. \qquad (8.22)$$

O valor calculado de r^2 superestima o valor real, ρ^2. Observe que, se o número de observações é igual ao número de variáveis, r^2 será sempre igual a um, mesmo se as variáveis forem independentes (ou seja, $\rho^2 = 0$). Se $\rho^2 = 0$, então o valor esperado de r^2 é $(p - 1)/(n - 1)$, onde p é o número de variáveis e n é o número de observações. Por exemplo, se $p = 11$ e $n = 21$, então o valor esperado de r^2 é de $10/20 = 0,5$, mesmo quando as variáveis individuais não são verdadeiramente correlacionadas! Isso serve para enfatizar a importância de se ter um grande número de observações, em relação ao número de variáveis. O r^2 *ajustado* representa um ajuste para baixo do r^2 que leva em conta essa diferença entre os valores da amostra e da população. Vamos ver um exemplo desse ajuste nas Seções 8.9 e 8.10.

Introdução à Análise de Regressão

TABELA 8.3 Tabela da análise de variância para regressão

	Soma de quadrados	gl	Quadrado médio	F
Regressão (explicada)	5039,2	1	5039,2	18,4
Resíduo (não explicado)	2189,7	$n-2=8$	273,7	
Total	7228,9	$n-1=9$		

8.3.1 Ilustração

A tabela da análise de variância associada com a regressão feita na Seção 8.2.1, usando os dados da Tabela 8.1, é apresentada na Tabela 8.3.

Essa tabela pode ser construída recordando-se que, para a regressão bivariada, os graus de liberdade associados com a soma da variação explicada é igual a um, e os graus de liberdade associados com soma total dos quadrados é igual a $n - 1$. Recorde também que o quadrado médio é simplesmente a soma dos quadrados dividida pelos graus de liberdade, e a estatística F é a razão das somas dos quadrados. A primeira coluna pode ser preenchida reconhecendo-se que a soma dos quadrados totais é igual à variância de y, multiplicada por $n - 1$:

$$\text{Soma dos quadrados totais} = \sum_{i=1}^{n}(y_i - \bar{y})^2 = (n-1)s_y^2. \tag{8.23}$$

Uma vez que $r^2 = 0{,}835^2$ é a proporção da soma total dos quadrados explicada pela regressão, a soma dos quadrados da variação explicada da regressão é igual a $7228{,}9(0{,}835^2) = 5039{,}2$. A soma dos quadrados dos resíduos é simplesmente a diferença entre a soma dos quadrados total e da regressão.

A razão F de 18,4 observada na tabela pode ser comparada com o valor crítico de 5,32 encontrado na tabela F, usando $\alpha = 0{,}05$ e 1 e 8 graus de liberdade, respectivamente, para numerador e denominador. Uma vez que o valor observado de F supera o valor crítico de 5,32, rejeitamos a hipótese nula de que o verdadeiro coeficiente de correlação, ρ^2, é igual a zero, e concluímos que a renda explica uma parte significativa da variabilidade nas despesas com supermercado.

8.4 Pressupostos da regressão

Os pressupostos da análise de regressão para regressão simples são:

1. O relacionamento entre y e x é linear; ou seja, existe uma equação, $y = \alpha + \beta x + \varepsilon$ que constitui o modelo da população.
2. Os erros (isto é, os resíduos) têm média zero e variância constante; ou seja, $E[\varepsilon] = 0$ e $V[\varepsilon] = \sigma^2$. Os erros sobre a reta de regressão não variam com x; ou seja, $V[\varepsilon \mid x] = \sigma_x^2 = \sigma^2$.
3. Os resíduos são independentes; o valor de um erro não é afetado pelo valor de outro erro.

4. Para cada valor de x, os erros têm uma distribuição normal sobre a reta de regressão. Essa distribuição normal está centrada na reta de regressão. Esse pressuposto pode ser escrito como $\varepsilon \sim N(0, \sigma^2)$.

A regressão múltipla, tratada no próximo capítulo, acrescenta outro pressuposto – a saber, que as variáveis x não têm multicolinearidade (isto é, as variáveis independentes não são significativamente correlacionadas umas com as outras).

8.5 Erro padrão da estimativa

Erro padrão da estimativa é outro nome para desvio padrão dos resíduos; para o caso da regressão simples, ele é estimado por:

$$s_e = \sqrt{\frac{\sum_{i=1}^{n}(y_i - \hat{y}_i)^2}{n-2}} \qquad (8.24)$$

Observe que o erro padrão da estimativa é igual à raiz quadrada do quadrado médio dos resíduos (onde o quadrado médio dos resíduos é a soma dos quadrados dos resíduos dividida pelos graus de liberdade associados). Para os dados da Tabela 8.1, o erro padrão da estimativa é $\sqrt{273,7} = 16,54$. O erro padrão da estimativa pode ser interpretado livremente como a magnitude do resíduo típico.

8.6 Testes de beta

Muitas vezes estamos interessados em testar a hipótese nula de que o valor verdadeiro da inclinação é igual a zero, isto é, $H_0 : \beta = 0$. É claro que, normalmente, estamos interessados na perspectiva de rejeitar a hipótese nula e, assim, acumular algumas evidências de que a variável x é importante para a compreensão de y. Isso pode ser feito através de um teste t:

$$t = \frac{b - \beta}{s_b} = \frac{b}{s_b}, \qquad (8.25)$$

onde s_b é o desvio padrão da inclinação; isso é dado por:

$$s_b = \sqrt{\frac{s_e^2}{(n-1)s_x^2}} \qquad (8.26)$$

Quando a hipótese nula é verdadeira, t tem uma distribuição t com $n - 2$ graus de liberdade.

8.6.1 Ilustração

Podemos testar a hipótese de que o verdadeiro coeficiente de regressão é igual a zero usando as Equações 8.24 – 8.26. Para isso, precisamos encontrar a variância dos resíduos (s_e^2) e o erro padrão da estimativa (s_e):

$$s_e^2 = \frac{\sum_{i=1}^{n} e^2}{n-2} = \frac{2191{,}03}{8} = 273{,}71; \qquad (8.27)$$

$$s_e = \sqrt{273{,}71} = 16{,}54.$$

Em seguida, o desvio padrão da estimativa da inclinação é dado por:

$$s_b = \sqrt{\frac{s_e^2}{(n-1)s_x^2}} = \sqrt{\frac{273{,}71}{9(20{,}2^2)}} = \sqrt{0{,}0745} = 0{,}273 \qquad (8.28)$$

O teste da hipótese nula, H_0: $\beta = 0$ é, então, realizado com a estatística t:

$$t = \frac{b - \beta}{s_b} = \frac{1{,}171}{0{,}273} = 4{,}29. \qquad (8{,}29)$$

Uma vez que o valor observado de t excede o valor crítico de 2,306 encontrado na tabela usando-se um teste bicaudal com $\alpha = 0{,}05$ e $n - 2 = 8$ graus de liberdade, rejeitamos a hipótese nula de que o verdadeiro coeficiente de regressão é igual a zero. Note que o valor observado de t (4,29) é igual à raiz quadrada do valor observado da estatística F associada com a tabela da análise de variância para a regressão (que é apresentada na Tabela 8.3). Esse relacionamento entre t e a estatística F também foi apontado na Seção 6.3. Na regressão bivariada, o teste t e o teste F sempre fornecerão resultados consistentes.

8.7 Ilustração: subsídio estatal às escolas secundárias

No estado de Nova York, as escolas recebem um auxílio do governo estadual. A fórmula do subsídio é baseada em uma série de fatores, mas um dos princípios é que os distritos com moradores que apresentam rendas familiares relativamente altas devem receber relativamente menos ajuda do Estado.

Um gráfico dos auxílios estatais por aluno *versus* renda familiar média de 27 escolas públicas dos distritos no oeste de Nova York revela que, de fato, existe uma tendência decrescente no auxílio com o aumento da renda (ver Figura 8.6). A análise de regressão dos 27 pares de pontos confirma isso:

$$\hat{y} = 6106{,}93 - 0{,}0818x, \qquad (8.30)$$

onde $\hat{y}$ é o montante predito do auxílio escolar por aluno, em dólares, e x é a média da renda familiar. A inclinação implica que cada aumento de $1 na renda familiar traz consigo o declínio de $0,08 no auxílio estatal por aluno. De modo equivalente, cada aumento de $1000 na renda familiar provoca um declínio de $81,80 no auxílio estatal, por aluno (embora essa estimativa também esteja capturando os efeitos de outras variáveis na fórmula do auxílio estatal que foram omitidas aqui; veja Seções 9.1.2 e 9.2). O valor de r^2 é 0,257, e a inclinação é significativamente negativa (um teste t produz $t = -2{,}94$, que é maior que o valor crítico e implica um valor p de 0,007).

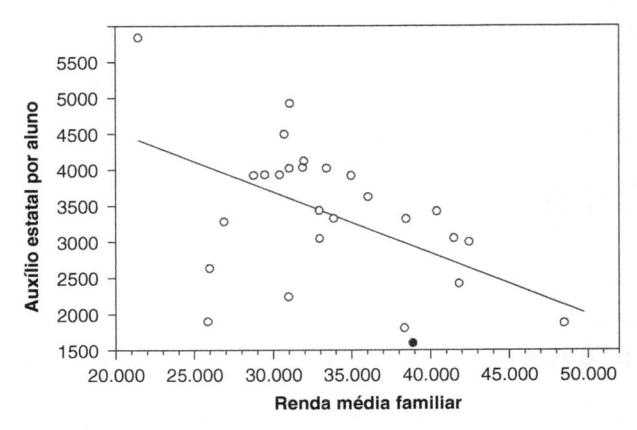

FIGURA 8.6 Auxílio escolar no Estado de Nova York por aluno *versus* renda familiar média.

Eu tinha um interesse especial no círculo escuro do gráfico acima, pois representa a escola do distrito de Amherst onde meus filhos estudavam! Observe que o auxílio estatal por aluno é significativamente menor que o valor esperado, dada a renda média familiar no distrito. Uma explicação parcial para isso está na maneira como o Estado coleta as informações de renda. Cada contribuinte deve indicar seu distrito na declaração de imposto, usando um código de três dígitos retirado de uma lista no verso do manual de instruções do formulário fiscal. O problema é que a escola do distrito de Amherst se encontra na cidade de Amherst, assim como uma série de outros distritos, incluindo os distritos de Williamsville e Sweet Home. Os moradores de Williansville e Sweet Home obedientemente vão ao verso do manual de instruções, começam a procurar na lista, e, rapidamente, se deparam com Amherst, uma vez que ele está próximo do início do alfabeto. Como vivem na cidade de Amherst, eles (incorretamente) copiam o código do distrito da escola de Amherst no formulário fiscal. Funcionários do Estado, então, incorporam a renda de cada distrito, e encontram (incorretamente) que os moradores do distrito da escola de Amherst têm muito dinheiro e, consequentemente, devem receber menos auxílio escolar! O dado renda média familiar usado na Figura 8.6 representa um dado de renda familiar mais acurado obtido do Censo dos Estados Unidos. Apesar de estarem mais desatualizados, uma vez que foram coletados em 1990 e a análise foi feita em 1997, os dados do censo fornecem um quadro mais real de quanto cada distrito é merecedor do auxílio do que os dados da declaração de imposto.

Se o auxílio recebido do Estado pela escola do distrito de Amherst estivesse de acordo com as expectativas, o círculo escuro do gráfico seria elevado verticalmente, de sua posição atual para a reta de regressão. Isso representaria um aumento de mais de $1100 por aluno, que é, aproximadamente, um aumento de 70% sobre o valor mostrado na figura em torno de $1600 por aluno. Como o distrito tem mais de 3000 estudantes, isso representaria um aumento de mais de três milhões de dólares (aproximadamente 10% do orçamento do distrito). Infelizmente, para os moradores do distrito de Amherst, é difícil corrigir o desequilíbrio, e isso é verdade, apesar do potencial dos sistemas de informação geográfica de atribuir o endereço de cada morador ao distrito escolar correto. Há uma cláusula legal que limita o grau em que

O problema pode ser corrigido, uma vez que qualquer alteração que der mais para o distrito de Amherst daria menos para distritos próximos. Assim, apesar do fato de os residentes nos distritos Williamsville e Sweet Home terem menos rendimentos atribuídos ao distrito do que deveriam (e, consequentemente, ajuda maior do estado), o desequilíbrio só foi parcialmente corrigido.

Uma solução que sugeri em uma reunião do Conselho Escolar de Amherst foi de trocarmos o nome de nosso distrito! Uma vez que o problema é causado pelo fato de que o distrito escolar tem o mesmo nome da cidade, talvez pudéssemos simplesmente mudar o nome para algo diferente. Essa sugestão, aparentemente criativa, encontrou grandes dificuldades, tendo em vista que é difícil, se não impossível, mudar legalmente o nome do distrito escolar. Outra abordagem, menos atraente, seria fazer uma campanha para incentivar os moradores do distrito escolar de Amherst a colocarem os códigos das escolas de Sweet Home ou Williamsville em seus formulários de impostos. De qualquer maneira, este exemplo serve para ilustrar como a análise de regressão pode ser usada tanto para estimar a magnitude dos efeitos de uma variável sobre outra (o termo "efeito" no exemplo atual se refere ao efeito da renda sobre os auxílios estatais) quanto para interpretar observações incomuns. O exemplo também ilustra que, devido à natureza peculiar dos dados, potenciais armadilhas abundam quando se tenta estabelecer relações entre uma variável (renda) e outra (auxílios estatais).

8.8 Modelo linear *versus* modelo não linear

Deve-se entender que o termo "linear" se refere ao fato de que, na análise de regressão linear, a relação é do tipo *linear nos parâmetros*. Os parâmetros são os coeficientes do intercepto e da inclinação, a e b. Assim, a regressão linear poderia ser usada para estudar os efeitos do quadrado de alguma variável x na variável y. De modo similar, as equações:

$$y = a + b\sqrt{x}$$
$$y = a + b(\ln x)^2 \tag{8.31}$$

também podem ser estudadas usando-se os métodos de regressão linear, já que os parâmetros a e b aparecem linearmente (ou seja, estão elevados à primeira potência). Um exemplo de uma equação que *não* é linear em seus parâmetros é:

$$y = a + b^2 x \varepsilon, \tag{8.32}$$

pois o parâmetro b está elevado à segunda potência.

Em muitos casos, uma relação não linear ainda pode ser analisada usando-se regressão linear, uma vez que uma curva não linear pode ser transformada em uma linear. Por exemplo, é comum encontrar na pesquisa geográfica o efeito do decrescimento de muitas interações com a distância. Além disso, este efeito é frequentemente bem modelado com uma curva exponencial negativa. A frequência a uma piscina local, por exemplo, pode diminuir exponencialmente com a distância que as pessoas residem da piscina (ver Figura 8.7). Neste exemplo, o decaimento da exponencial negativa poderia ser modelado com uma equação da forma:

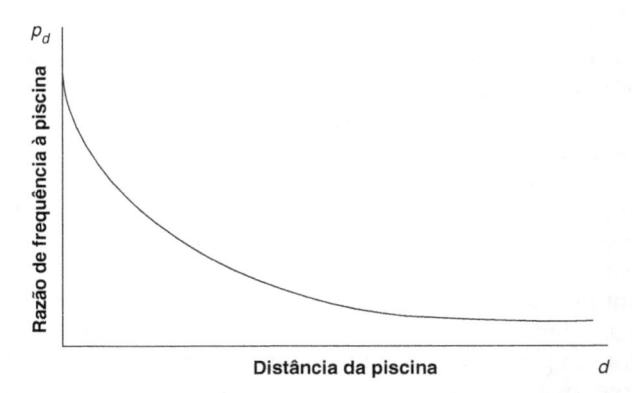

FIGURA 8.7 Declínio exponencial negativo da razão de frequência à piscina com a distância.

$$p_d = p_0 e^{-bd}, \qquad (8.33)$$

onde p_d é a taxa de frequência à piscina entre os moradores que residem a uma distância d da piscina e p_0 é a taxa de frequência entre aqueles que vivem o mais perto possível da piscina. Além disso, e é a constante 2,718..., e b é a taxa com que a frequência decai com a distância (ou seja, é uma medida do grau de inclinação do decaimento exponencial; altos valores de b implicam grandes efeitos da distância sobre a frequência). Neste exemplo, podemos transformar a curva vista na Figura 8.7 para uma linear. Uma das razões para querer fazer isso é a possibilidade de usar métodos de análise de regressão linear, já bastante discutidos. A transformação é feita aplicando-se o logaritmo aos dois lados da Equação 8.33:

$$\ln p_d = \ln p_0 - bd. \qquad (8.34)$$

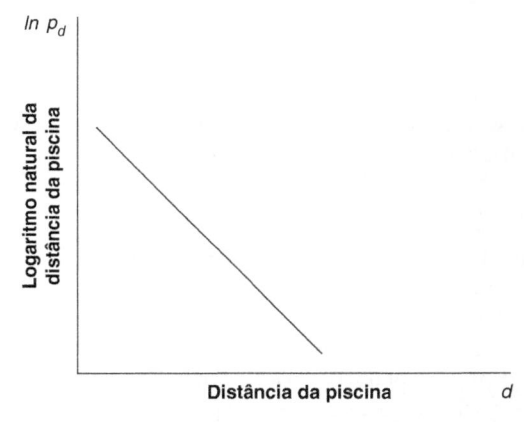

FIGURA 8.8 Declínio linear no logaritmo da razão de frequência à piscina com a distância.

Essa é a equação da reta se a relação é linear, quando p_d é plotado em função da distância (d), o resultado será uma reta, com inclinação igual a b, e intercepto igual a p_0 (veja Figura 8.8).

Observe, também, que modelos com decaimento exponencial negativo devem ser inicialmente escritos com termo multiplicativo de erro, uma vez que ele permite a linearização:

$$p_d = p_0 e^{-bd}\varepsilon \Rightarrow \ln p_d = \ln p_0 - pd + \varepsilon. \quad (8.35)$$

Se um modelo com decaimento exponencial negativo é escrito com um termo aditivo de erro, como se segue:

$$p_d = p_0 e^{-bd} + \varepsilon, \quad (8.36)$$

diz-se que é intrinsecamente não linear, uma vez que não existe uma transformação que possa converter a Equação 8.36 na equação de uma reta.

No próximo capítulo, vamos dar atenção à regressão múltipla, onde o modelo de regressão inclui mais de uma variável explicativa. Isso leva a considerações adicionais, que também serão discutidas no Capítulo 9.

8.9 Regressão no SPSS 16.0 for Windows

8.9.1 Entrada de dados

Cada observação é colocada em uma linha da tabela de dados. Cada coluna da tabela corresponde a uma variável. É com frequência conveniente, mas não necessário, colocar o valor da variável dependente na primeira coluna e o valor da variável independente na segunda coluna.

8.9.2 Análise

Para realizar uma análise de regressão, primeiro clique em Analyse, em seguida em Regression, e, então, em Linear; uma caixa se abrirá. Dentro da caixa, selecione a variável dependente na lista de variáveis à esquerda e use o botão de seta para movê-la para a caixa intitulada Dependent. Da mesma forma, mova as variáveis independentes da esquerda para a caixa da direita intitulada Independent(s). Clicando em OK será realizada a análise de regressão. Isso produzirá as informações de r, s_e, uma tabela de sumário do tipo ANOVA e informações sobre os coeficientes (ou seja, inclinação e intercepto) e sua significância. Saídas opcionais serão discutidas a seguir.

8.9.3 Opções

Saídas adicionais podem ser produzidas clicando-se nas categorias Statistics, Plots e Save. É comum, por exemplo, querer salvar informações adicionais. Em Save, pode-

-se clicar nas caixas para salvar, entre outros itens, valores preditos, resíduos e intervalos de confiança associados tanto com o valor médio predito de y dado x, quanto com valores individuais de y. Novas colunas contendo informações de interesse são adicionadas ao lado direito da tabela de dados.

8.9.4 Saída

Um exemplo de saída é mostrado na Tabela 8.4. Essa saída corresponde aos resultados da regressão associada com os dados da Tabela 8.1. Observe que o valor de r^2 é 0,697.

8.10 Regressão no Excel

8.10.1 Entrada de dados

Cada observação é registrada em uma linha da planilha. Cada coluna corresponde a uma variável.

8.10.2 Análise

Assim que os dados forem registrados, clique em Tools, em seguida em Data Analysis e, então, em Regression. Abre-se uma caixa de diálogo que solicita entradas para "Input Y range" e "Input X range". Também existem opções disponíveis nesta caixa de diálogo para imprimir resíduos (e também valores preditos) e para representar graficamente tanto a reta de regressão como os resíduos. Quando as 10 observações de y da Tabela 8.1 são registradas na Coluna A e as 10 observações de x são registradas na Coluna B, pode-se entrar com A1:A10 para a entrada da variável y e B1:B10 para a variável x. A saída é apresentada na Tabela 8.5.

Também podem-se usar funções separadas para encontrar a inclinação e o intercepto. Use a função =SLOPE(valores de y, valores de x) para obter a inclina-

TABELA 8.4 Regressão do valor gasto por semana vs renda

Variables entered(/)removed[b]

Model	Variables entered	Variables removed	Method
1	INCOME[a]	.	Enter

[a]All requested variables entered.
[b]Dependent variable: AMTWEEK.

Model Summary

Model	R	R square	Adjusted R square	Std. error of the estimate
1	.835[a]	.697	.659	16.5441

[a]Predictors: (Constant), INCOME

ANOVA[b]

Model		Sum of squares	df	Mean square	F	Sig.
1	Regression	5039.248	1	5039.248	18.411	.003 [a]
	Residual	2189.652	8	273.706		
	Total	7228.900	9			

[a]Predictors: (Constant), INCOME.
[b]Dependent variable: AMTWEEK.

Coefficients[a]

Model		Unstandardized coefficients		Standardized coefficients		
		B	Std. error	Beta	t	Sig.
1	(Constant)	17.833	15.207		1.173	.275
	INCOME	1.171	.273	.835	4.291	.003

[a]Dependent variable: AMTWEEK.

TABELA 8.5 Saída do Excel para a regressão do valor gasto por semana vs renda

SUMMARY OUTPUT

Regression statistics	
Multiple R	0.834924
R square	0.697097
Adjusted R square	0.659235
Standard error	16.54408
Observations	10

ANOVA

	df	SS	MS	F	Significance F
Regression	1	5039.248	5039.248	18.41114	0.002648
Residual	8	2189.652	273.7065		
Total	9	7228.9			

	Coefficients	Standard error	t Stat	P-value	Lower 95%	Upper 95%	Lower 95.0%	Upper 95.0%
Intercept	17.8329	15.20692	1.172684	0.274656	–17.2343	52.90014	–17.2343	52.90014
X Variable 1	1.171455	0.273014	4.29082	0.002648	0.541883	1.801027	0.541883	1.801027

ção. Por exemplo, quando as dez observações de *y* da Tabela 8.1 são registradas na coluna A e as 10 observações de *x* são registradas na coluna B, a função é =SLOPE(A1:A10,B1:B10); o Excel retorna uma inclinação de 1,171455.

O intercepto é encontrado de modo similar, trocando a palavra SLOPE pela palavra INTERCEPT. Isso gera um resultado de 17,8329 para o intercepto. O Excel retorna mais dígitos do que o usual ou necessário.

EXERCÍCIOS RESOLVIDOS

1. Encontre a inclinação e o intercepto da reta de regressão das seguintes informações:

	Variável dependente	Variável independente
Média	19,4	10,6
Desvio padrão	8,2	6,4

A correlação entre as variáveis dependente e independente é $r = 0,31$.

Além disso, construa a tabela ANOVA, admitindo que existem 25 observações.

Indique se a variável independente tem efeito significativo sobre a variável dependente e justifique sua resposta.

Solução. Primeiro usamos o relacionamento entre a inclinação e o coeficiente de correlação (Equação 8.10):

$$b = r\frac{S_y}{S_y} \Rightarrow b = 0,31(8,2)/6,4 = 0,3972$$

Podemos encontrar o intercepto identificando que a reta de regressão passa pela média. Usando a segunda equação em (8.9), temos que o intercepto, a, é igual a

$$a = \overline{y} - b\overline{x};\ a = 19,4 - 0,3972(10,6) = 15,19$$

Para a tabela ANOVA, inicialmente podemos reconhecer que a soma dos quadrados totais refere-se à variabilidade na variável dependente (y). A variância é igual à soma dos quadrados dividida por $n - 1$. Assim, a soma (total) dos quadrados é igual à variância de y multiplicada por $n - 1$: $(25-1)(8,2^2) = 1613,76$.

Como r^2 é igual à proporção da variabilidade total em y explicada pela regressão, r^2 também é igual à razão da soma dos quadrados da regressão pelo total da soma dos quadrados. Assim, temos $0,31^2 = $ (soma dos quadrados da regressão)/1613,79. Isso implica que a soma dos quadrados da regressão é igual a $1613,79(0,31^2) = 155,085$. Como as somas dos quadrados da regressão e dos resíduos devem resultar na soma dos quadrados, a soma dos quadrados dos resíduos é igual a $1613,79 - 155,085 = 1458,705$.

Os graus de liberdade associados com a soma dos quadrados da regressão é igual ao número de variáveis independentes (1); os graus de liberdade para a soma dos quadrados totais é igual a $n - 1$ ($=24$), e uma vez que os graus de liberdade das somas da regressão e dos resíduos devem totalizar 24, temos que os graus de liberdade para soma dos quadrados dos resíduos deve ser $n - 2$, ou 23. Os quadrados médios são encontrados dividindo-se as somas dos quadrados pelos respectivos graus de liberdade; assim, $155,085/1 = 155,085$ e $1458,705/23 = 63,422$. Finalmente, a estatística F observada é encontrada pela divisão do quadrado médio da regressão pelo quadrado médio dos resíduos: $155,085/63,422 = 2,445$. Não rejeitamos a hipótese nula, uma vez que esse valor é menor que o valor crítico de F de 4,28, encontrado na Tabela A.5, usando $\alpha = 0,05$ e 1 grau de liberdade para o numerador

(continua)

(continuação)

(que está associado com a primeira coluna da tabela) e 23 graus de liberdade para o denominador.

	Soma dos quadrados	gl	Quadrado médio	F
Regressão	155,085	1	155,085	2,445
Resíduos	1458,705	23	63,422	
Total	1613,79	24		

2. Uma regressão da renda (em milhares de dólares) com a educação (em anos) é executada com os dados coletados de 27 indivíduos. Os resultados estão sumarizados abaixo:

Intercepto   31,8
Inclinação   6,1

	Soma dos quadrados	gl	Quadrado médio	F
Regressão	2000			
Resíduos				
Total	20.000			

(a) Preencha os espaços em branco na tabela ANOVA.
(b) Qual é a renda prevista para alguém com 11 anos de estudo?
(c) Em palavras, qual é o significado do coeficiente 6,1?
(d) O coeficiente de regressão é significativamente diferente de zero? Como você sabe?
(e) Qual é o valor do coeficiente de correlação?
(f) Qual é o desvio padrão dos resíduos?

Solução

(a) As somas dos quadrados da regressão e dos resíduos deve ser igual à soma dos quadrados totais. Os graus de liberdade associados com a soma dos quadrados da regressão é sempre igual ao número de variáveis explicativas independentes. Os graus de liberdade associados com a soma dos quadrados totais é igual ao número de observações menos um. Os quadrados médios são encontrados pela divisão das somas dos quadrados pelos respectivos graus de liberdade: 2.000/1 = 2.000 e 18.000/25 = 720. A razão F é a razão do quadrado médio da regressão pelo quadrado médio dos resíduos.

	Soma dos quadrados	gl	Quadrado médio	F
Regressão	2.000	1	2.000	2,78
Resíduos	18.000	25	720	
Total	20.000	26		

(continua)

(continuação)

(b) A renda prevista para alguém com 11 anos de estudo é encontrada usando-se a equação de regressão, $y = a + bx$, e substituindo-se o intercepto por a, a inclinação por b e 11 em x: 31,8 + 6,1(11) = 98,9. Assim, o valor previsto para a renda é $98.900.

(c) Para cada acréscimo de um ano no estudo, a renda predita para o indivíduo aumentará $6100.

(d) O valor F observado de 2,78 pode ser comparado com o valor crítico de F encontrado na Tabela A.5. Usando a tabela F 0,05 (com 1 e 25 graus de liberdade), veremos que o valor crítico é aproximadamente igual a 4,26 (encontrado usando a primeira coluna e descendo para 24, uma vez que não existe entrada para 25). Como o valor observado de F é menor que o valor crítico, concluímos que o coeficiente de regressão (isto é, a inclinação) não é significativamente diferente de zero.

(e) O valor de r^2 é igual à soma dos quadrados da regressão dividida pela soma dos quadrados totais. Assim, r^2 = 2.000/20.000 = 0,1, r = 0,316.

(f) O desvio padrão dos resíduos é igual à raiz quadrada do quadrado médio dos desvios: $\sqrt{720}$ = 26,83.

EXERCÍCIOS

1. Uma regressão da frequência de idas a compras semanais pela renda anual (dados fornecidos em milhares de dólares) é realizada sobre os dados coletados de 24 respondentes.
   Os resultados estão resumidos abaixo:

   Intercepto   0,46
   Inclinação   0,19

	Soma dos quadrados	gl	Quadrado médio	F
Regressão				
Resíduos	1,7			
Total	2,3			

   (a) Preencha os espaços em branco na tabela ANOVA.
   (b) Qual é o valor predito de idas a compras semanais para alguém que recebe $50.000/ano?
   (c) Em palavras, qual é o significado do coeficiente 0,19?
   (d) O coeficiente de regressão é significativamente diferente de zero? Como você sabe?
   (e) Qual é o valor do coeficiente de correlação?

2. Apresente quatro pressupostos da regressão linear simples.

(continua)

(continuação)

3. Uma regressão das taxas de mortalidade infantil (mortes anuais por milhares de nascimento) pela mediana da renda familiar anual (dados fornecidos em milhares de dólares) é realizada sobre os dados coletados de 34 municípios. Os resultados estão resumidos abaixo:

    Intercepto   18,46
    Inclinação   −0,14

	Soma dos quadrados	gl	Quadrado médio	F
Regressão				
Resíduos	1,8			
Total	3,4			

    (a) Preencha os espaços em branco na tabela ANOVA.
    (b) Qual é o valor predito da taxa de mortalidade infantil em um município onde a renda familiar anual mediana é $40.000?
    (c) Em palavras, qual é o significado do coeficiente −0,14? *Não* diga apenas que é a inclinação ou o coeficiente de regressão; indique qual é significado e como ele pode ser interpretado.
    (d) Qual é o erro padrão dos resíduos?
    (e) Qual é o valor do coeficiente de correlação?

4. Uma regressão simples de *Y versus X* revela, para $n = 22$ observações, que $r^2 = 0{,}73$. O desvio padrão de x é 2,3. A soma dos quadrados da regressão é 1324. Qual é o valor do desvio padrão de y? Qual é o valor da inclinação, b?

5. Dada uma regressão simples com inclinação $b = 3$, $s_y = 8$, $s_x = 2$ e $n = 30$, encontre o erro padrão da estimativa (isto é, o desvio padrão dos resíduos).

6. Os dados abaixo foram coletados num esforço para se determinar se a neve é dependente da altitude:

Neve (polegadas)	Altitude (pés)
36	400
78	800
11	200
45	675

    Sem a ajuda de um computador, mostre seu trabalho nos problemas (a) a (g).

    (a) Encontre os coeficientes de regressão (o intercepto e o coeficiente de inclinação).
    (b) Estime o erro padrão dos resíduos em relação à reta de regressão.
    (c) Teste a hipótese de que o coeficiente de regressão associado com as variáveis independentes é igual a zero. Também determine um intervalo de confiança de 95% para o coeficiente de regressão.
    (d) Encontre o valor de R^2.

(continua)

(continuação)

(e) Construa uma tabela dos valores observados, valores preditos e resíduos.
(f) Faça uma análise da tabela de variância contendo os resultados da regressão.
(g) Represente graficamente os dados e a reta de regressão.

7. Confirme os resultados dados na Seção 8.2.1 usando um software computacional. Você deve esperar pequenas diferenças nos resultados, devido a erros de arredondamento.

8. Use os dados abaixo sobre distância e frequência de interação:

	y Frequência de interação	x Distância
Média	10,3	6,2
Desvio padrão	4,1	2,8

Correlação entre a frequência de interação e a distância: $-0,682$.
Tamanho da amostra: 30.

(a) Encontre a inclinação e o intercepto, onde a frequência de interação é a variável dependente e a distância é a variável independente.
(b) Construa uma tabela ANOVA e indique se a regressão é significante.
(c) Qual é o valor predito da frequência de interação para alguém a uma distância de 5,4 milhas?
(d) Qual é o erro padrão da estimativa (isto é, o desvio padrão dos resíduos)?

9. Use o SPSS ou Excel e o banco de dados RSSI para:

(a) fazer uma regressão usando a RSSI como variável dependente e a distância da torre de celular mais próxima como a variável independente;
(b) repita a parte (a), usando o logaritmo da RSSI como a variável dependente e comente as diferenças entre os resultados.

10. Use o SPSS ou Excel e o banco de dados Tyne and Wear para:

(a) fazer uma regressão usando o preço da casa como variável dependente e o número de quartos como variável independente;
(b) repita a parte (a) usando o número de banheiros como a variável independente e comente os resultados.

Mais sobre Regressão 9

> **OBJETIVOS DE APRENDIZAGEM**
> - Regressão com mais de uma variável independente explicativa — 225
> - Interpretar os coeficientes da regressão múltipla — 227
> - Escolher variáveis explicativas — 241
> - Regressão com variáveis categóricas dependentes — 242
> - Consequências de pressupostos fracamente satisfeitos — 247

9.1 Regressão múltipla

O caso em que mais de uma variável afeta uma variável dependente é mais comum do que se pensa. Por exemplo, os preços das residências são afetados por várias características tanto da residência como da vizinhança. O número de deslocamentos para compras gerados por um bairro residencial é afetado pela renda de seus moradores, pelo número de automóveis de seus próprios residentes, pela acessibilidade a alternativas de compras e assim por diante.

Com p variáveis explicativas independentes, a equação de regressão é:

$$\hat{y} = a + b_1 x_1 + b_2 x_2 + \cdots + b_p x_p \tag{9.1}$$

onde $\hat{y}$ é o valor predito da variável dependente. Para um dado conjunto de observações das variáveis dependente (y) e independente (x), o problema é encontrar os valores dos parâmetros a e $b_1, b_2, ..., b_p$. A solução é encontrada minimizando-se a soma dos quadrados dos resíduos:

$$\min_{\{a,b_1,...b_p\}} (y - a - b_1 x_1 - \cdots - b_p x_p)^2 \tag{9.2}$$

O problema e a solução são idênticos em termos de conceito aos da regressão bivariada discutida no capítulo anterior, exceto por existirem mais parâmetros a estimar e a interpretação geométrica ser realizada em um espaço dimensional maior. Se $p = 2$, queremos encontrar a, b_1 e b_2 ajustando um plano a um conjunto de pontos representados em um espaço tridimensional, onde os eixos são representados pela variável y e

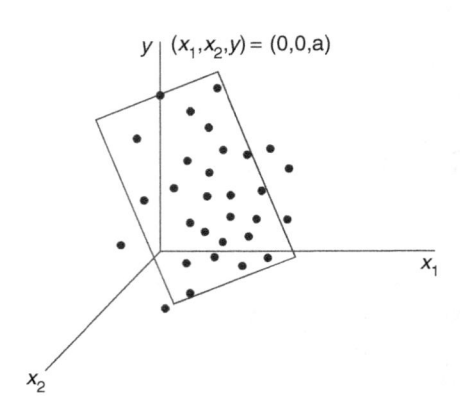

FIGURA 9.1 Ajuste de um plano sobre um conjunto de pontos em três dimensões.

duas variáveis x (veja Figura 9.1). O intercepto a é o ponto do plano no eixo y onde $x_1 = x_2 = 0$. O valor de b_1 descreve o quanto o valor de y muda no plano quando x_1 é aumentado de uma unidade, ao longo de qualquer linha onde x_2 é constante. De forma semelhante, o valor de b_2 descreve a mudança em y quando x_2 varia de uma unidade, enquanto x_1 se mantém constante. Embora seja difícil (se não impossível!) visualizar, queremos encontrar o mínimo de um cone parabólico da quarta dimensão, onde a soma dos quadrados dos resíduos (ou seja, a quantidade sendo minimizada na Equação 9.2) é representada sobre o eixo vertical e os valores de a, b_1 e b_2 são representados sobre as outras dimensões.

De modo geral, para p variáveis independentes, ajustamos um hiperplano de dimensão p sobre o conjunto de pontos que estão plotados em um espaço de dimensão $p + 1$ (uma dimensão para a variável y e p dimensões adicionais, uma para cada variável independente). O coeficiente a e b_1 ..., b_p são encontrados na base de uma parábola de dimensão $p + 2$. Embora, obviamente, não seja possível representar em uma figura estes espaços com altas dimensões, a descrição geométrica serve para reforçar o que realmente está sendo realizado na análise de regressão.

Onde existe mais de uma variável independente, o valor de r^2 pode ser interpretado de pelos menos duas maneiras. A interpretação mais comum é como a proporção da variância na variável dependente que é "explicada" pelas variáveis independentes. Além disso, também pode ser pensado como a correlação máxima entre a variável dependente e uma combinação ponderada das variáveis independentes. (Os pesos são os coeficientes da regressão se as variáveis dependente e independente são colocadas em sua forma padronizada, de escore z.)

9.1.1 Multicolinearidade

Além das hipóteses assumidas para a regressão bivariada no capítulo anterior, a análise de regressão múltipla faz uso de uma hipótese adicional: admite-se que não existe *multicolinearidade* entre as variáveis independentes. Isso significa que a correlação entre as variáveis explicativas x não deve ser elevada. No caso extremo em que duas variáveis estão perfeitamente correlacionadas, não é possível estimar os coeficientes (e os softwares computacionais não fornecerão resultados para esta situação). No caso mais comum onde a multicolinearidade é alta, mas não perfeita, as estimativas dos coeficientes de regressão mostram-se muito sensíveis a observações individuais; a adição ou supressão de algumas poucas observações pode alterar as estimativas dos coeficientes dramaticamente. Além disso, a variância dos coeficientes estimados mostram-se infladas. Como os coeficientes são mais variáveis, não é incomum que insignificantes variáveis explicativas independentes pareçam significativas.

9.1.2 Interpretação dos coeficientes na regressão múltipla

Suponha que a regressão dos preços de casas em dólares (y) em função do tamanho do lote em pés quadrados (x_1) e do número de quartos (x_2) resulta na seguinte equação:

$$\hat{y} = 4000 + 20x_1 + 10.000x_2 \qquad (9.3)$$

O coeficiente do tamanho do lote significa que cada aumento de um pé quadrado adiciona, em média, $20 ao preço da casa, *mantendo constante* o número de quartos. De modo análogo, o coeficiente do número de quartos implica que um quarto adicionado irá aumentar o preço da casa em um valor estimado de $10.000, para casas com lotes de tamanhos idênticos.

Como na regressão simples, os coeficientes nos mostram o efeito na variável dependente do aumento de uma unidade na variável independente. Além disso, eles controlam os efeitos das outras variáveis na equação. Ou seja, para compreender o efeito de uma variável explicativa particular sobre a variável dependente, não é suficiente simplesmente incluí-lo no lado direito da equação de regressão. Uma vez que outras variáveis também podem afetar a variável dependente, elas também devem ser incluídas, e, então, os efeitos individuais de cada variável podem ser estimados. Se nem todas as variáveis relevantes são incluídas, pode-se chegar a um erro de especificação. Isso é melhor explorado na próxima seção.

9.2 Erro de especificação

Suponha que a Equação 9.3 caracterize o "verdadeiro" relacionamento entre o preço da residência, o tamanho do lote e o número de quartos. Vamos examinar os efeitos de um erro de especificação da equação de regressão que tenha uma variável omitida. Primeiro, será gerada uma amostra de dados usando-se a equação:

$$y = 4000 + 20x_1 + 10{,}000x_2 + \varepsilon, \qquad (9.4)$$

onde ε é uma variável normal aleatória com média 0 e variância igual a 3000^2 (isso implica que se pode, com 95% de confiança, predizer os preços das casas dentro de aproximadamente dois desvios padrão, ou $6000). A Tabela 9.1 apresenta os dados

TABELA 9.1 Observações dos preços de residências, tamanho de lote e número de quartos

Preço da residência	Tamanho do lote	Quartos
132.767	5000	3
134.689	5500	2
159.718	6000	4
164.937	6500	3
132.489	5200	2
125.766	5400	1
146.568	5700	3
168.932	6100	4
171.180	6300	4
187.921	6400	5

associados a dez observações, onde o tamanho do lote e o número de quartos são simplesmente hipotéticos e, então, a Equação 9.4 é usada para gerar os preços das casas.

Agora, suponha que assumimos incorretamente que o preço da casa seja uma função apenas do tamanho do lote. Uma regressão do preço da casa em função do tamanho do lote gera:

$$\hat{y} = -57.809{,}7 + 36{,}2x_1$$
$$(-1{,}7) \quad (6{,}21) \tag{9.5}$$

onde os valores t associados a cada coeficiente são dados abaixo da equação (entre parênteses). Vemos que o coeficiente do tamanho do lote é significante (uma vez que seu valor t é maior que o valor crítico unilateral de $t = 1{,}86$ com $n - 2 = 8$ graus de liberdade, usando $\alpha = 0{,}05$), e está na direção "certa" (ou seja, lotes maiores levam a preços de venda maiores, como seria de se esperar), mas ele é maior que o valor "verdadeiro" de 20. Nós superestimamos o efeito do tamanho do lote ao omitir o número de quartos, que também afeta o preço da casa.

Da mesma forma, se tivéssemos assumido, incorretamente, que o preço da casa era uma função apenas do número de quartos, poderíamos encontrar para a equação de regressão, baseada nos dados observados:

$$\hat{y} = 103.361 + 15.580x_2$$
$$(12{,}05) \quad (6{,}1) \tag{9.6}$$

O efeito do número de quartos sobre o preço da casa é significante e está na direção esperada, mas, de novo, superestimamos um pouco o "verdadeiro" efeito da adição de um quarto, que sabemos ser de $10.000.

Finalmente, se usarmos os dados para estimar a equação de regressão com ambas as variáveis independentes, encontramos:

$$\hat{y} = -1993 + 21{,}6x_1 + 9333x_2$$
$$(-0{,}13) \quad (7{,}12) \quad (7{,}24) \tag{9.7}$$

TABELA 9.2 Resultados da regressão associados ao exemplo do preço da residência

	Coeficiente	Desvio padrão	Intervalo de confiança
Intercepto	−1993	14.881	(−37.181, 33.195)
X_1	21,6	2,98	(14,6, 28,7)
X_2	9333	1310	(6234, 12.432)

As duas variáveis têm efeitos significativos sobre os preços de venda e, acima de tudo, estimamos seus efeitos sobre os preços de venda com bastante precisão, uma vez que o coeficiente de 21,6 é próximo de seu valor verdadeiro de 20, e o coeficiente de 9333 é próximo de seu valor verdadeiro de 10.000. O intercepto não está tão próximo de seu valor verdadeiro de 4000, mas notamos na Tabela 9.2 que todos os verdadeiros coeficientes estão dentro de dois desvios padrão de seus valores estimados e que todos os valores verdadeiros dos coeficientes encontram-se dentro de seus intervalos de confiança estimados.

9.3 Variáveis *dummy**

Algumas vezes é necessário incluir variáveis explicativas independentes que são categóricas. Por exemplo, muitas vezes a renda não é informada, mas está classificada em uma categoria. As localizações podem ser classificadas em categorias como central, suburbana ou rural.

Para tratar variáveis independentes que têm, digamos, k categorias na análise de regressão, criamos $k - 1$ variáveis. Uma categoria é arbitrariamente omitida – frequentemente a primeira (por exemplo, menor renda) ou a última categoria (por exemplo, maior renda) é omitida. Cada uma dessas novas variáveis representa uma categoria e é uma variável *dummy* 0-1. A uma observação é atribuído o valor 1 para a variável *dummy* se a observação *está* na categoria correspondente, e é atribuído o valor 0 se ela *não* está nessa categoria.

Considere o exemplo da Tabela 9.3, no qual a cada indivíduo registrado é atribuído uma de três localizações – central, suburbana ou rural. Vamos, arbitrariamente, escolher a região rural como a categoria omitida. Definimos $k - 1 = 2$ categorias, a primeira associada à região central da cidade e a segunda associada ao subúrbio.

Os dois primeiros indivíduos vivem na região central da cidade – a cada um é atribuído $x_1 = 1$ por viverem no centro e $x_2 = 0$ por não viverem no subúrbio. Os indivíduos 3 e 5 vivem no subúrbio, então são atribuídos $x_1 = 0$ por não viverem no centro e $x_2 = 1$ por viverem no subúrbio. Observe que o indivíduo 4 vive na região rural e é atribuído o valor 0 às categorias x_1 e x_2, já que não vive no centro, nem no subúrbio.

---

* N. de T.: Variável artificial (muda ou fictícia) que, mais comumente, assume valor 0 ou 1, indicando ausência ou presença de determinado fenômeno.

TABELA 9.3 Esquema de códigos para as variáveis *dummy*

Indivíduo	Localização	x_1	x_2
1	Central	1	0
2	Central	1	0
3	Suburbana	0	1
4	Rural	0	0
5	Suburbana	0	1

A razão de sempre se omitir uma categoria quando variáveis *dummy* são empregadas tem a ver com a multicolinearidade. Se todas as categorias fossem incluídas, haveria uma multicolinearidade perfeita, e isso viola uma pressuposição da regressão múltipla. Uma multicolinearidade perfeita ocorreria se definíssemos k variáveis *dummy*, uma vez que a soma das k colunas em qualquer linha seria sempre igual a um. No exemplo anterior, incluímos apenas duas das três categorias; não existe razão para incluir uma coluna separada para a terceira categoria, já que isso implica na geração de informação redundante (por exemplo, sabemos que se o indivíduo 4 não vive na região central da cidade ou no subúrbio, ele ou ela deve viver na área rural).

Variáveis *dummy* são codificadas apenas como 0 ou 1, e não, por exemplo, 1 ou 2. A codificação 0/1 é um resultado do fato de que a variável *dummy* é uma variável categórica nominal, e a codificação 0/1 corresponde à ausência/presença.

Uma vez que as variáveis *dummy* são definidas, a análise de regressão prossegue no caminho usual. Suponha que sejam observados 3, 4, 7, 1 e 5 deslocamentos semanais para compras, para os indivíduos de 1 a 5, respectivamente. O resultado da melhor equação de regressão obtida em um programa computacional é:

$$y = 1 + 2{,}5x_1 + 5x_2 \tag{9.8}$$

A Tabela 9.4 apresenta os valores observados e os preditos.

Os coeficientes de regressão podem ser interpretados como se segue. Estar localizado na região rural implica que x_1 e x_2 são iguais a zero, e, então, o valor predito de y é simplesmente o intercepto (igual a 1 neste exemplo). Assim, quando não existem outras variáveis na equação, o intercepto na variável *dummy* de regressão é o valor predito da variável dependente para a categoria omitida. Os coeficientes estimados da regressão (ou seja, inclinações) são interpretados em relação à categoria omitida. Por exemplo, estar localizado na região central "equivale" a 2,5 deslocamentos extras para compras, em relação à categoria omitida. Portanto, predizemos que alguém localizado na região central irá às compras em média 3,5 vezes por semana. Estar no

TABELA 9.4 Frequência de deslocamentos semanais para compras

Indivíduo	Observado	Predito
1	3	3,5
2	4	3,5
3	7	6
4	1	1
5	5	6

Mais sobre Regressão **231**

TABELA 9.5 Um esquema alternativo para codificação

Indivíduo	Localização	x_1	x_2	Deslocamentos semanais para compras
1	Central	0	0	3
2	Central	0	0	4
3	Suburbana	1	0	7
4	Rural	0	1	1
5	Suburbana	1	0	5

subúrbio "equivale" a cinco deslocamentos extras para compras por semana em relação, outra vez, à categoria omitida (rural). Portanto, para indivíduos que residem no subúrbio, são preditos 1 + 5 = 6 deslocamentos semanais para compras.

Neste momento, você pode estar se perguntando o que teria acontecido se tivéssemos omitido outra categoria que não fosse a região rural. Suponha que a região central tenha sido escolhida como a categoria omitida. Então nossos dados ficariam como aqueles na Tabela 9.5.

Aqui, definimos $x_1 = 1$ se o indivíduo vive no subúrbio e $x_2 = 1$ se o indivíduo vive na região rural. Usar esses dados em uma análise de regressão múltipla produz

$$\hat{y} = 3{,}5 + 2{,}5x_1 - 2{,}5x_2. \tag{9.9}$$

Os coeficientes são diferentes, mas quando os interpretamos à luz das novas definições das variáveis, chegamos às mesmas conclusões anteriores (como deveríamos!). Por exemplo, o intercepto de 3,5 é o número predito de deslocamentos semanais feitos por aqueles que vivem na região central (a categoria omitida). O coeficiente +2,5 é o número de deslocamentos extras feitos pelos residentes suburbanos, em relação à categoria omitida. Assim, para os residentes suburbanos são preditos 3,5 + 2,5 = 6 deslocamentos semanais para compras, o mesmo do exemplo anterior. Da mesma forma, o coeficiente –2,5 significa que os residentes da área rural fazem 2,5 deslocamentos a menos que os residentes na região central em cada semana (3,5 – 2,5 = 1,0).

9.3.1 Variável *dummy* de regressão em um exemplo de planejamento de recreação

Uma parte do processo de planejamento estadual de recreação é gerar estimativas e previsões das atividades de recreação. A participação anual em uma atividade de recreação específica é tomada como uma função de variáveis como idade, renda e densidade populacional. No estado de Nova York, foi realizada uma pesquisa com aproximadamente 7500 pessoas. As pessoas eram indagadas sobre suas frequências em várias atividades, e suas idades, rendas e localizações eram registradas. As variáveis independentes explicativas foram registradas como variáveis *dummy*. A variável dependente é o número de vezes que o indivíduo participou das atividades organizadas (em instalações públicas ou privadas), ao longo de um ano. Uma análise de regressão múltipla foi feita para cada atividade de recreação. A Tabela 9.6 apresenta os resultados.

Para cada variável independente, a maior categoria é omitida (ou seja, alta renda, idoso e localizações urbanas). Lembre-se que os coeficientes são interpretados em relação às categorias omitidas. Assim, uma pessoa da categoria baixa renda pratica

TABELA 9.6 Coeficientes da participação em recreação

Atividade	Taxa básica de participação[a]	Renda					Idade				Densidade populacional		
		Baixa	Média-baixa	Média	Média-alta	Jovem	Adulto jovem	Adulto	Meia idade	Rural	Condomínios afastados	Subúrbio
Natação	2,45	-5,55	-4,37	-0,73	3,22	22,83	9,83	8,94	2,91	8,51	5,98	4,78
Ciclismo	-0,06	-0,94	-0,11	-0,92	0,07	21,63	6,21	3,82	1,17	1,64	2,95	1,31
Jogos de quadra	1,34	-0,55	0,63	0,43	1,31	16,41	5,76	1,65	0,12	-3,65	-2,11	-1,54
Acampamento	0,27	-0,13	-0,01	0,34	0,39	1,93	0,44	-0,01	-0,19	1,25	0,41	0,80
Tênis	0,74	-2,30	-2,42	-2,45	-0,46	7,76	4,28	3,31	0,61	1,48	1,78	2,14
Piquenique	0,66	-0,15	0,31	0,48	0,67	1,87	2,23	1,84	0,67	2,30	1,41	1,10
Golfe	0,93	-1,44	-1,38	-0,71	-0,58	-0,30	-0,30	0,28	0,70	1,02	1,34	0,42
Pescaria	-0,21	1,35	0,17	0,57	0,83	3,36	1,26	2,01	0,72	1,77	1,41	1,17
Caminhada	1,31	0,22	0,20	-0,04	0,77	2,49	0,65	0,47	0,18	0,53	0,54	0,30
Navegação	0,24	-1,06	-0,77	-0,09	0,45	3,58	1,42	1,28	0,50	2,36	1,68	1,86
Jogos de campo	-0,17	-0,39	-0,19	1,53	0,86	8,22	2,73	0,94	-0,13	1,48	0,83	0,56
Esqui	0,70	-0,98	-1,10	-0,86	-0,36	0,85	0,37	0,63	0,03	0,19	0,78	0,31
Moto de neve	-0,07	-0,50	-0,48	-0,08	-0,37	0,33	0,85	0,20	0,14	1,52	0,97	0,44
Inverno local	0,66	-1,49	-1,18	-0,80	0,15	5,13	1,34	0,82	0,06	1,84	-0,32	1,05

[a] Os grupos de controle selecionados foram os com maiores renda, idade e densidade. Esta coluna fornece a taxa básica de participação estimada para estes grupos. As outras colunas fornecem as quantidades a serem adicionadas a este valor para obterem-se as taxas de participação para qualquer grupo de renda, idade ou densidade. Taxas de participação negativa são possíveis e devem ser interpretadas como zero.

Fonte: Nova York State Office of Parks and Recreation (1978).

natação, em média, 5,55 vezes menos, por ano, que uma pessoa na categoria omitida de alta renda. Usando esses coeficientes, pode-se estimar a frequência de participação em cada atividade e em cada conjunto de categorias. Por exemplo, quantas vezes um adulto jovem de renda média, vivendo em uma região rural do estado, participa de jogos de quadra por ano? A resposta é 1,34 (o intercepto, chamado de "taxa de participação básica" na tabela), mais 0,43 (o coeficiente associado com aqueles na categoria de renda média), mais 5,76 (por ser um adulto jovem), menos 3,65 (para aqueles que vivem na área rural). Portanto, nossa estimativa é igual a 3,88 vezes por ano. Mas deve-se ter em mente que isto é um taxa de participação *média* de todas as pessoas naquela categoria.

Se um indivíduo estiver em uma categoria omitida, o coeficiente implícito é igual a zero. Assim, idosos com renda média-alta, moradores de áreas urbanas, nadam, em média, 2,45 (taxa de participação básica, ou intercepto), mais 3,22 (coeficiente da renda), mais 0 (uma vez que eles estão numa categoria omitida, a de idosos), mais 0 (uma vez que eles também estão noutra categoria omitida, a de área urbana), que é igual a 5,67 vezes por ano.

Os gestores de recreação usam esses coeficientes para planejar o uso futuro. Projeções demográficas fornecem previsões do número de pessoas em cada categoria de idade/renda/densidade populacional. Se pudermos assumir que os coeficientes na tabela são estimativas confiáveis da participação individual em atividades recreativas, poderemos usar os coeficientes junto com as previsões demográficas para projetar qual a demanda futura para as atividades recreativas. O Estado pode, então, priorizar os projetos de recreação de modo a atender as demandas previstas.

9.4 Ilustração de regressão múltipla: espécies nas ilhas Galápagos

Os dados na Tabela 9.7 contêm duas possíveis variáveis dependentes relacionadas com o número de espécies encontradas em 30 ilhas (número total de espécies e número de espécies nativas), bem como cinco variáveis potenciais independentes que podem nos ajudar a entender porque ilhas diferentes têm diferentes números de espécies. Um mapa da região é apresentado na Figura 9.2.

Em nosso exemplo, usaremos o número total de espécies como a variável dependente. Vamos, agora, explorar algumas das escolhas e questões com que deparamos ao chegar a um modelo de regressão adequado. Todos os resultados apresentados nas tabelas são do SPSS for Windows.

9.4.1 Modelo 1: A abordagem *kitchen-sink**

Uma ideia seria simplesmente colocar as cinco variáveis independentes no lado direito e ver o que acontece – ou seja, tudo é colocado na equação, exceto a pia da cozinha! Essa abordagem *não* é recomendada como um caminho para se chegar a

---

* N. de T.: *Kitchen-sink* é uma expressão metafórica (abordagem da pia da cozinha, em português) que sugere o uso de todas as opções ou os métodos disponíveis para resolver um problema ou alcançar um objetivo.

TABELA 9.7 Ilhas Galápagos: espécies e geografia

Ilha	Espécies observadas Total	Espécies observadas Nativas	Área km²	Elevação (m)	Distância (km) Da ilha mais próxima	Distância (km) De Santa Cruz	Área da ilha adjacente (km²)
1 Baltra	58	23	25,09	–	0,6	0,6	1,84
2 Bartolome	31	21	1,24	109	0,6	26,3	572,33
3 Caldwell	3	3	0,21	114	2,8	58,7	0,78
4 Champion	25	9	0,10	46	1,9	47,4	0,18
5 Coamaño	2	1	0,05	–	1,9	1,9	903,82
6 Daphne Major	18	11	0,34	119	8,0	8,0	1,84
7 Daphne Minor	24	–	0,08	93	6,0	12,0	0,34
8 Darwin	10	7	2,33	168	34,1	290,2	2,85
9 Eden	8	4	0,03	–	0,4	0,4	17,95
10 Enderby	2	2	0,18	112	2,6	50,2	0,10
11 Espanola	97	26	58,27	198	1,1	88,3	0,57
12 Fernandina	93	35	634,49	1494	4,3	95,3	4669,32
13 Gardner*	58	17	0,57	49	1,1	93,1	58,27
14 Gardner†	5	4	0,78	227	4,6	62,2	0,21
15 Genovesa	40	19	17,35	76	47,4	92,2	129,49
16 Isabela	347	89	4669,32	1707	0,7	28,1	634,49
17 Marchena	51	23	129,49	343	29,1	85,9	59,56
18 Onslow	2	2	0,01	25	3,3	45,9	0,10
19 Pinta	104	37	59,56	777	29,1	119,6	129,49
20 Pinzón	108	33	17,95	458	10,7	10,7	0,03
21 Las Plazas	12	9	0,23	–	0,5	0,6	25,09
22 Rabida	70	30	4,89	367	4,4	24,4	572,33
23 San Cristóbal	280	65	551,62	716	45,2	66,6	0,57
24 San Salvador	237	81	572,33	906	0,2	19,8	4,89
25 Santa Cruz	444	95	903,82	864	0,6	0,0	0,52
26 Santa Fe	62	28	24,08	259	16,5	16,5	0,52
27 Santa Maria	285	73	170,92	640	2,6	49,2	0,10
28 Seymour	44	16	1,84	–	0,6	9,6	25,09
29 Tortuga	16	8	1,24	186	6,8	50,9	17,95
30 Wolf	21	12	2,85	253	34,1	254,7	2,33

* Próxima de Espanola   † Próxima de Santa Maria
Os valores marcados com "–" são desconhecidos.
Fonte: Andrews and Herzberg (1985)

uma equação de regressão final e é apresentada aqui apenas para fins ilustrativos. Os resultados na Tabela 9.8 mostram o valor de 0,768 para r^2 (nos resultados, o coeficiente de correlação é denotado pela letra maiúscula R). Existem duas variáveis significativas – a elevação tem um efeito positivo no número de espécies e a área da ilha adjacente tem um efeito negativo. Observe que o sinal da variável área é negativo, o que vai contra a intuição de que mais espécies seriam encontradas em ilhas maiores. O erro padrão da estimativa é 66, que é aproximadamente equivalente ao valor médio absoluto do resíduo (neste caso, o valor médio absoluto real

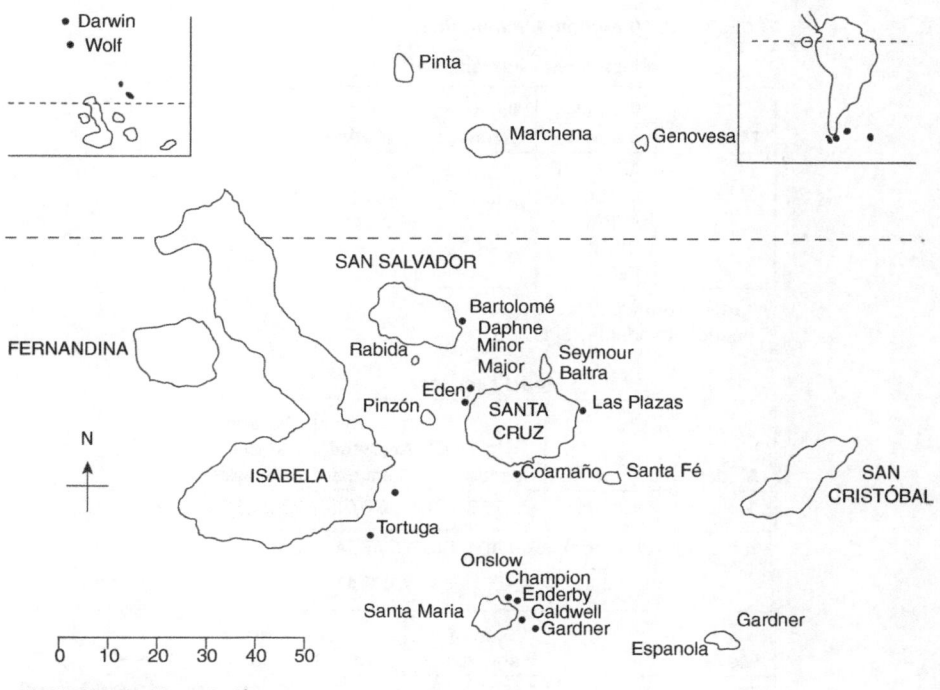

FIGURA 9.2 Ilhas Galápagos.

do resíduo é 44). Isso é muito alto, uma vez que metade das ilhas tem menos de 44 espécies! Finalmente, observe que a tabela ANOVA é similar àquela do caso univariado, com os graus de liberdade da regressão iguais ao número de variáveis independentes.

Muitas vezes é tentador usar a abordagem *kitchen-sink* porque, quando uma variável independente é adicionada à equação de regressão, o valor de r^2 sempre aumenta. É importante perceber que um alto valor de r^2 *não* é o objetivo principal da análise de regressão; se fosse, nós poderíamos simplesmente adicionar variáveis explicativas até alcançarmos o valor desejado de r^2! Uma estratégia mais razoável muitas vezes envolve (a) excluir variáveis que não reduzem muito o valor de r^2 e/ou (b) adicionar variáveis apenas quando elas aumentam r^2 sensivelmente. A seleção de variáveis é discutida com mais detalhes na Seção 9.5.

9.4.2 Valores faltantes

Ir direto à análise sem considerar certas questões pode levar a uma conclusão equivocada. Antes de iniciarmos, devemos decidir como vamos tratar os dados faltantes. Na tabela, existem cinco valores omissos de elevação. Todos os valores faltantes, com exceção da primeira observação, são para ilhas de áreas extremamente pequenas (e, com exceção de Seymour, pequenos números de espécies). Existem vários caminhos que podemos seguir, incluindo:

TABELA 9.8   O modelo *kitchen-sink*

Variables entered/removed[b]

Model	Variables entered	Variables removed	Method
1	AREAADJ, DISSC, AREA, DISNISL, ELEV[a]		Enter

[a]All requested variables entered.
[b]Dependent variable: SPECIES.

Model summary

Model	R	R square	Adjusted R square	Std. error of the estimate
1	.877[a]	.768	.707	65.9482

[a]Predictors: (Constant), AREAADJ, DISSC, AREA, DISNISL, ELEV.

ANOVA[b]

Model		Sum of squares	df	Mean square	F	Sig.
1	Regression	274097.4	5	54819.479	12.605	.000[a]
	Residual	82634.046	19	4349.160		
	Total	356731.4	24			

[a]Predictors: (Constant), AREAADJ, DISSC, AREA, DISNISL, ELEV.
[b]Dependent variable: SPECIES.

Coefficients[a]

Model		Unstandardized coefficients		Standardized coefficients	t	Sig.
		B	Std. error	Beta		
1	(Constant)	11.485	25.626		.448	.659
	AREA	−2.85E−02	.025	−.220	−1.141	.268
	ELEV	.330	.063	1.212	5.270	.000
	DISNISL	−.155	1.149	−.019	−.134	.894
	DISSC	−.260	.243	−.149	−1.068	.299
	AREAADJ	−7.96E−02	.020	−.611	−3.903	.001

[a]Dependent variable: SPECIES

1. Deletar todas as observações com valores faltantes. Essa é a opção padrão usada por vários pacotes de software (e a opção usada para encontrar os resultados apresentados na Tabela 9.8).
2. Substituir os valores faltantes pela média. A maioria dos pacotes de software estatísticos tem uma opção que permite que valores faltantes sejam substituídos

pela média dos valores remanescentes. Muitas vezes essa não é uma boa opção; em várias situações (incluindo a situação em estudo), os valores estão faltando porque *não* são observações típicas e, portanto, substituí-los pela média pode ser um erro.
3. Usar as outras variáveis independentes ou algum subconjunto delas para predizer o valor faltante. Poderíamos realizar uma regressão inicial da elevação em função das outras quatro variáveis independentes para os casos não omissos. Então, podemos usar os resultados para predizer o valor da elevação, baseado nos valores das outras variáveis independentes, para as observações faltantes.

Qual a opção, ou combinação de opções, devemos escolher? A opção dois não é razoável aqui. A elevação média é 412 m e seria tolice supor que as elevações desconhecidas são tão altas nas pequenas ilhas para as quais não temos dados.

As ilhas muito pequenas (observações 5, 9 e 21) podem ser excluídas, justificadamente, da análise. Embora também possamos excluir Baltra e Seymour, vamos estimar suas elevações por uma regressão da elevação pela área. A equação de regressão resultante é:

$$\text{Elevação} = 300 + 0{,}358(\text{Área}) \qquad (9.10)$$

Estimamos as elevações de Baltra como $300 + 25{,}09(0{,}358) = 309$ m e de Seymour como $300 + 1{,}84(0{,}358) = 301$ m.

9.4.3 Valores discrepantes e multicolinearidade

Um exame superficial dos dados revela que existe um pequeno número de grandes ilhas. A presença de valores discrepantes não é uma característica incomum em vários estudos, e é importante sabermos se essas observações estão exercendo um efeito significativo sobre os resultados. Os *valores de influência* são projetados para indicar como observações particulares são influentes na análise de regressão. Se o valor de influência excede $2p/n$, onde p é o número de variáveis independentes, a observação deve ser considerada como um valor discrepante.

Também queremos ter certeza de que a multicolinearidade não está exercendo uma influência indevida sobre os resultados. Uma análise das correlações entre as variáveis independentes revelará aquelas onde altas correlações podem existir. A *tolerância* é igual à proporção da variância em uma variável independente que não é explicada pelas outras variáveis independentes. Ela é igual a $1 - r^2$, onde o r^2 está associado com a regressão da variável independente por todas as outras variáveis independentes. Uma tolerância baixa indica problemas com a multicolinearidade, uma vez que a variável em questão tem uma alta correlação com as outras variáveis independentes. O inverso da tolerância é o *fator de inflação da variância* (VIF); uma regra prática é que, se ele é maior que algo próximo de 5, indica potenciais problemas com a multicolinearidade. No entanto, deve-se ter um pouco de cautela aqui. Como vimos no Capítulo 7, a correlação depende do tamanho da amostra e, portanto, essas regras práticas nem sempre são indicativos de correlação significativa.

9.4.4 Modelo 2

Neste segundo modelo, representamos os valores faltantes de elevação e coletamos informações sobre valores discrepantes e multicolinearidade.

Nos resultados (Tabela 9.9), vemos que a inclusão de Baltra e Seymour não alterou muito os resultados. O valor de r^2 é 0,755, o erro padrão dos resíduos está próximo de 65, e a elevação e a área da ilha adjacente ainda são as únicas variáveis independentes. Aprendemos, no entanto, que o fator de inflação da variância está sensivelmente elevado (embora não seja maior que o valor da regra prática de 5) para elevação e área. Isso não é surpreendente se também inspecionarmos a matriz de correlação, que revela uma correlação muito alta entre essas duas variáveis.

Uma opção para tratar a multicolinearidade é excluir da análise uma das variáveis altamente correlacionadas. Aqui área e elevação estão correlacionadas, e poderíamos decidir abandonar uma das duas, uma vez que estão próximas da redundância (e também porque o sinal de uma delas não está correto). Qual delas devemos abandonar? A escolha deve vir primeiramente da consideração do processo subjacente e, secundariamente, da magnitude dos fatores de inflação da variância. Ambos, área e elevação, podem afetar razoavelmente o número de espécies, mas vamos optar por excluir a área porque se pode argumentar que a elevação é relativamente mais importante em termos da diversidade de espécies. Também deve-se ter um pouco de cautela aqui. O descarte de variáveis da análise só deve ocorrer após uma análise bem fundamentada do processo subjacente. Há pouco avanço no entendimento do processo quando variáveis importantes são excluídas da equação de regressão apenas porque não apresentam bom desempenho.

Os valores de influência (extraídos do SPSS, mas não apresentados na tabela) também revelam que vários valores discrepantes têm impacto importante sobre os resultados. Os valores de influência estão acima do valor da regra prática de $2p/n = 10/27 = 0,37$ para as observações 8, 12, 15 e 16. Fernandina (observação 12) e Isabela (observação 16) têm, de longe, as duas maiores elevações dentre as 30 ilhas. Não parece ser menos justificável a exclusão das outras duas observações. Darwin (observação 8) e Genovesa (15) são valores geográficos discrepantes, mas existem também outros valores geográficos discrepantes com baixos valores de influência.

9.4.5 Modelo 3

Neste terceiro modelo, excluimos a área como uma variável independente e também as observações de Fernandina e Isabela. Observe que escolhemos excluir apenas dois dos dados discrepantes; justificamos tal remoção por causa de suas grandes elevações. Deve-se evitar a remoção de dados discrepantes da análise a menos que se tenha uma fundamentação razoavelmente convincente. Os resultados (Tabela 9.10) mostram que a elevação continua sendo significante. O valor de r^2 continua alto, em 0,736, e o erro padrão da estimativa é sensivelmente menor, em torno de 62. A multicolinearidade não é um problema, uma vez que todos os VIFs são menores que 5. Três observações (Bartolomé, Darwin e Rabida) ainda são discrepantes. Isso se deve, provavelmente, aos seus valores extremos em algu-

TABELA 9.9 Estimativa da regressão com valores discrepantes extraídos

Variables entered/removed[b]

Model	Variables entered	Variables removed	Method
1	AREAADJ, DISSC, AREA, DISNISL, ELEV[a]		Enter

[a]All requested variables entered.
[b]Dependent variable: SPECIES.

Model summary [b]

Model	R	R square	Adjusted R square	Std. error of the estimate
1	.869[a]	.755	.697	64.8830

[a]Predictors: (Constant), AREAADJ, DISSC, AREA, DISNISL, ELEV.
[b]Dependent variable: SPECIES.

ANOVA[b]

Model		Sum of squares	df	Mean square	F	Sig.
1	Regression	272396.7	5	54479.338	12.941	.000[a]
	Residual	88405.975	21	4209.808		
	Total	360802.7	26			

[a]Predictors: (Constant), AREAADJ, DISSC, AREA, DISNISL, ELEV.
[b]Dependent variable: SPECIES.

Coefficients[a]

Model		Unstandardized coefficients		Standardized coefficients	t	Sig.	Collinearity statistics	
		B	Std. error	Beta			Tolerance	VIF
1	(Constant)	3.501	24.263		.144	.887		
	AREA	−2.50E−02	.024	−.192	−1.023	.318	.331	3.026
	ELEV	.325	.061	−1.191	5.291	.000	.230	4.339
	DISNISL	−7.93E−03	1.124	−.001	−.007	.994	.592	1.689
	DISSC	−0.222	.237	−.130	−.936	.360	.604	1.654
	AREAADJ	−7.76E−02	.020	−.594	−3.880	.001	.498	2.009

[a]Dependent variable: SPECIES.

Collinearity diagnostics[a]

Model	Dimension	Eigenvalue	Condition Index	Variance proportions				
				(Constant)	AREA	ELEVL	DISNISL	DISSC
1	1	3.170	1.000	.02	.01	.01	.02	.02
	2	1.416	1.496	.00	.06	.01	.06	.04
	3	.764	2.037	.00	.12	.00	.00	.00
	4	.347	3.021	.45	.09	.00	.23	.05
	5	.231	3.702	.00	.05	.02	.59	.77
	6	7.222E−02	6.625	.52	.67	.95	.10	.12

[a]Dependent variable: SPECIES.

TABELA 9.10 Regressão com valores desconhecidos removidos ou estimados e discrepantes e variável área removida

Variables entered/removed [b]

Model	Variables entered	Variables removed	Method
1	AREAADJ, ELEV, DISNISL, DISSC[a]		Enter

[a]All requested variables entered.
[b]Dependent variable: SPECIES.

Model summary [b]

Model	R	R square	Adjusted R square	Std. error of the estimate
1	.858[a]	.736	.684	62.2581

[a]Predictors: (Constant), AREAADJ, ELEV, DISNISL, DISSC.
[b]Dependent variable: SPECIES.

ANOVA[b]

Model		Sum of squares	df	Mean square	F	Sig.
1	Regression	216670.7	4	54167.666	13.975	.000 [a]
	Residual	77521.336	20	3876.067		
	Total	294192.0	24			

[a]Predictors: (Constant), AREAADJ, ELEV, DISNISL, DISSC.
[b]Dependent variable: SPECIES.

Coefficients[a]

Model		Unstandardized coefficients		Standardized coefficients	t	Sig.	Collinearity statistics	
		B	Std. error	Beta			Tolerance	VIF
1	(Constant)	5.179	24.690		−.210	.836		
	ELEV	.344	.050	.831	6.936	.000	.919	1.088
	DISNISL	−.267	1.086	−.036	−.246	.808	.602	1.662
	DISSC	−.170	.232	−.109	−.730	.474	.591	1.691
	AREAADJ	−.5.15E−02	.081	−.073	−.632	.534	.981	1.020

[a]Dependent variable: SPECIES.

Collinearity diagnostics[a]

Model	Dimension	Eigenvalue	Condition index	Variance proportions				
				(Constant)	ELEV	DISNISL	DISSC	AREAADJ
1	1	3.030	1.000	.02	.03	.03	.02	.02
	2	.932	1.804	.00	.00	.03	.03	.72
	3	.618	2.214	.03	.32	.07	.10	.16
	4	.274	3.325	.22	.09	.64	.25	.03
	5	.146	4.556	.73	.56	.23	.59	.07

[a]Dependent variable: SPECIES.

mas das variáveis independentes. Bartolomé e Rabida estão próximas de grandes ilhas, e Darwin está a uma grande distância de Santa Cruz.

9.4.6 Modelo 4

Para finalizar com um modelo parcimonioso, podemos remover as variáveis que não são significativas. Assim, fazemos a regressão do número de espécies pela elevação. O resultado é a equação:

$$\text{Espécies} = -24{,}27 + 0{,}35(\text{Elevação}) \qquad (9.11)$$

Da Tabela 9.11, o valor de r^2 continua alto em 0,716 (é necessariamente menor que antes, por termos removido variáveis, mas não reduziu muito). O erro padrão da estimativa está em torno de 60. Além disso, uma verificação dos valores de influência revela ausência de dados discrepantes.

9.5 Seleção de variáveis

Como visto no exemplo, um problema comum na análise de regressão é a seleção de variáveis que aparecem como variáveis explicativas no lado direito da equação de regressão. Uma abordagem de força bruta para esta questão seria tentar todas as possíveis combinações. Com p potenciais variáveis independentes, significaria que tentaríamos p regressões separadas que têm apenas uma variável independente, todas as $\binom{p}{2} = p(p-1)/2$ equações que têm duas variáveis, todas as $\binom{p}{3} = p(p-1)(p-2)/6$ equações que têm três variáveis, e assim por diante. Se p é grande, isso significa um monte de equações. Mesmo com $p = 5$, teríamos que tentar 31 equações de regressão. Mas, talvez, a grande desvantagem seja que esta é uma abordagem mais *kitchen-sink* que incluir todas as variáveis no lado direito da equação. Isso equivale a admitir que não sabemos o que estamos fazendo e que nossa estratégia é apenas seguir o que parece melhor. É sempre desejável iniciar pelas hipóteses e pelos processos subjacentes, de acordo com os princípios do método científico descrito no primeiro capítulo. Em um espírito mais exploratório, no entanto, podem existir alguns casos onde realmente temos muito pouco em termos de hipóteses *a priori* – neste caso, todas as possíveis abordagens de regressão podem ser vistas como caminhos potenciais para gerar novas hipóteses.

Um caminho alternativo para selecionar variáveis para inclusão na equação de regressão é a abordagem *seleção para frente*. A variável que estiver mais altamente correlacionada com a variável dependente é introduzida em primeiro lugar. Então, dado que esta variável já está na equação, faz-se uma pesquisa para ver se existem outras variáveis que seriam significantes se adicionadas à equação. Se assim for, aquela com mais significância é adicionada. Desta maneira, uma equação de regressão é obtida. O procedimento termina quando não existirem mais variáveis no conjunto de potenciais variáveis que sejam significantes, se incorporadas à equação.

TABELA 9.11 Equação de regressão final para dados sobre espécies

Variables entered/removed[b]

Model	Variables entered	Variables removed	Method
1	ELEV[a]		Enter

[a]All requested variables entered.
[b]Dependent variable: SPECIES.

Model summary[b]

Model	R	R square	Adjusted R square	Std. error of the estimate
1	.846[a]	.716	.703	60.3225

ANOVA[b]

Model		Sum of squares	df	Mean square	F	Sig.
1	Regression	210499.4	1	210499.4	57.848	.000 [a]
	Residual	83692.624	23	3638.810		
	Total	294192.0	24			

Coefficients[a]

Model		Unstandardized coefficients		Standardized coefficients		
		B	Std. error	Beta	t	Sig.
1	(Constant)	−24.270	18.640		−1.302	.206
	ELEV	.350	.046	.846	7.606	.000

[a]Dependent variable: SPECIES.

A *seleção para trás* inicia com a equação *kitchen-sink*, aquela com todas as possíveis variáveis independentes na equação. Então aquela que contribui menos para o valor r^2 é removida, se a redução no r^2 não for significativa. O processo de remoção de variáveis continua até que a remoção de qualquer variável da equação constitua uma signficativa redução no r^2.

A *regressão gradativa** é uma combinação dos procedimentos para frente e para trás. Inicialmente, as variáveis são adicionadas de acordo com a seleção para frente. No entanto, à medida que cada variável é adicionada, aquelas incorporadas nos passos anteriores são checadas novamente para ver se continuam significativas. Se elas não são mais significativas, são removidas.

9.6 Variável categórica dependente

Existem várias situações em que a variável dependente é uma variável categórica. Por exemplo, podemos querer modelar se as pessoas frequentam um parque em função da

---

* N. de T.: Também chamada de regressão *stepwise*.

distância do parque, ou se as pessoas se deslocam de trem em função do tempo de viagem de automóvel. Podemos querer estimar a probabilidade de um cliente frequentar qualquer um de, digamos, quatro supermercados em uma função das características das lojas e dos clientes.

Em cada um desses casos, a variável dependente é categórica, no sentido de que os resultados possíveis podem ser dispostos em categorias. Uma pessoa vai ao parque ou não vai. Uma pessoa se desloca de trem ou não. Se existem apenas quatro escolhas de supermercados na área, o consumidor pode ser classificado de acordo com aqueles que frequenta.

Quando a variável dependente é categórica, deve-se fazer uma consideração especial sobre como a análise de regressão é feita. Nesta seção, vamos examinar porquê isso acontece e vamos descobrir como a *regressão logística* pode ser usada em tais situações.

9.6.1 Resposta binária

No caso mais simples, existem duas respostas possíveis. Por exemplo, podemos atribuir à variável dependente um valor de $y = 1$ se a pessoa toma o trem para o trabalho e, caso contrário, $y = 0$. Suponha, por exemplo, que tenhamos os dados da Tabela 9.12, para $n = 12$ respondentes.

Uma análise rápida da tabela revela que parece existir uma tendência a tomar o trem quando o tempo de viagem de automóvel é elevado. Onde o tempo de viagem de automóvel não é tão alto, há uma tendência maior para que a variável y seja igual a zero, indicando que a pessoa dirige para o trabalho.

Poderíamos começar executando uma simples análise dos mínimos quadrados; encontraríamos:

$$\hat{y} = -0{,}396 + 0{,}0153x. \tag{9.12}$$

O valor de $\hat{y}$, que é uma variável contínua, pode ser interpretado como a probabilidade predita de tomar o trem, dado um tempo de viagem de automóvel igual a x.

Há vários problemas com esta abordagem. Um é que o pressuposto de homocedasticidade não é atendido; a variância estimada em torno da reta de regressão é

TABELA 9.12 Dados sobre modo de deslocamento e tempo de deslocamento com automóvel

y	x: Tempo de deslocamento com automóvel (min)
0	32
1	89
0	50
1	49
0	80
1	56
0	40
1	70
1	72
1	76
0	32
0	58

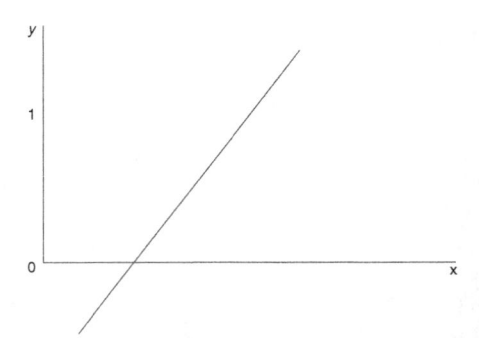

FIGURA 9.3 Probabilidades preditas fora do intervalo (0,1).

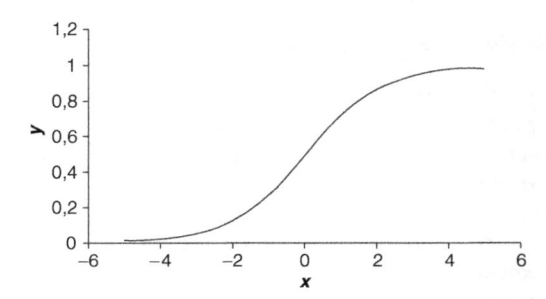

FIGURA 9.4 A curva logística.

igual a $y(1-y)$ e, portanto, não é constante. Talvez o mais preocupante seja que as probabilidade preditas ($\hat{y}$) não fiquem no intervalo (0,1); o leitor pode confirmar que os valores de x inferiores a cerca de 25 produzirão probabilidades negativas e os valores de x maiores que 100 produzirão probabilidades maiores que um! O problema é mostrado na Figura 9.3.

Então, como devemos proceder? Uma ideia é estabelecer as probabilidades relacionadas a x de uma maneira não linear. A curva logística na Figura 9.4 tem a seguinte equação:

$$\hat{y}_i = \frac{e^{\alpha+\beta x_i}}{1+e^{\alpha+\beta x_i}}. \quad (9.13)$$

Observe que, quando $\alpha + \beta x$ é um número negativo grande, a probabilidade predita fica próxima de zero, enquanto que, se $\alpha + \beta x$ é um número positivo grande, a probabilidade predita fica próxima de um. Nesses casos, as probabilidades preditas aproximam-se de suas assíntotas 0 ou 1, mas, na verdade, nunca as alcançam. Assim, já não é possível predizer probabilidades que sejam negativas ou maiores que um.

Enquanto resolvemos um problema mantendo a variável dependente no intervalo (0,1), criamos outro. Como podemos estimar os parâmetros (ou seja, α e β)? Não podemos usar regressão linear, uma vez que a equação é claramente não linear.

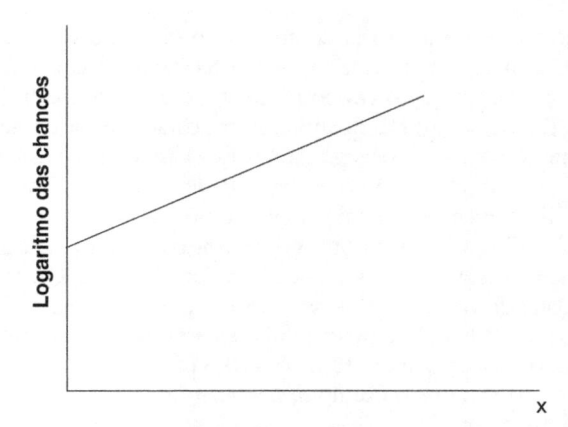

FIGURA 9.5 Relacionamento linear entre o logaritmo das chances e x.

Uma abordagem é usar mínimos quadrados não lineares. Especificamente, queremos encontrar α e β para minimizar a soma dos quadrados dos desvios entre os valores preditos e observados:

$$\min \sum_{i=1}^{n} (y_i - \hat{y}_i)^2, \qquad (9.14)$$

onde o valor predito, $\hat{y}_i$, é dado pela Equação 9.13. Uma forma de conseguir isso é utilizando um software estatístico. Outra seria testar, sistematicamente, várias combinações de α e β para ver qual combinação resulta na menor soma de resíduos quadrados. A resposta, ao se minimizar a soma dos resíduos quadrados para os dados na Tabela 9.12, é $\alpha = -4,501$ e $\beta = 0,080$.

Embora as probabilidades preditas não estejam linearmente relacionadas com x, podemos transformar as probabilidades preditas em uma nova variável, z, que esteja linearmente relacionada com x. A transformação é chamada de transformação *logística* e é obtida, primeiro, encontrando-se $\hat{y}/(1-\hat{y})$ e, então, tomando o logaritmo do resultado. A quantidade $\hat{y}/(1-\hat{y})$ é conhecida como chances (a favor do evento), e, assim, a nova variável é conhecida como "logaritmo das chances". Dessa forma, usando z para definir nossa nova variável, temos:

$$z = \ln\left(\frac{\hat{y}}{1-\hat{y}}\right) = \alpha + \beta x. \qquad (9.15)$$

O modelo de regressão logística é, portanto, aquele que assume que os logaritmos das chances crescem (ou decrescem) linearmente à medida que x cresce (veja Figura 9.5).

Muitas vezes as chances são expressas no lugar de probabilidades de eventos como corridas de cavalos. Se a probabilidade de cada cavalo ganhar uma corrida é $y = 0,2$, a probabilidade de perder é de $1 - y = 0,8$. Enquanto as chances a favor de um evento são iguais a $y/(1-y)$, as chances contra um evento são dadas por $(1-y)/y$. Portanto, as chances contra a vitória de um cavalo são expressas como 4 para 1 (= 0,8/0,2). Suponha que cinco pessoas apostem $1 cada; uma aposta que o cavalo ganhará e as outras quatro que o cavalo perderá. Se o cavalo ganha, a pessoa que apostou no cavalo recebe $5, igual à quantia total apostada (é claro que, na realidade, o vencedor terá que dar parte de seus ganhos para a casa de apostas e para o governo, no pagamento de impostos!). Se a probabilidade do cavalo ganhar aumentar para 0,333, a probabilidade de perder cai para y = 0,667, e as chances contra ele caem para 2 para 1 (= 0,667/0,333). Embora seja menos comum de fazê-lo em corridas de cavalos, poderíamos estabelecer as chances em outra direção. Quando o cavalo tem uma probabilidade de vitória de 0,2, as chances de o cavalo ganhar são $y/(1-y)$ = 0,2/0,8 = 0,25 para 1. Quando a probabilidade de vitória cresce para 0,33, as chances a favor do cavalo crescem para 0,33/0,67 = 0,5 para 1.

Voltando ao nosso exemplo, o logaritmo das chances de um indivíduo tomar um trem é dado por:

$$z = \ln\left(\frac{\hat{y}}{1-\hat{y}}\right) = -4{,}501 + 0{,}080x \tag{9.16}$$

Vemos que o coeficiente da inclinação β nos diz o quanto o logaritmo das chances vai mudar quando x muda de uma unidade. No exemplo atual, quando x = 32 minutos, a probabilidade predita de tomar o trem é 0,1262, usando x = 32 e os valores estimados de α e β. As chances de tomar o trem são dados por 0,1444 (= $\hat{y}$/(1-$\hat{y}$) = 0,1262/(1 -0,1262) para 1. Dito de outra forma, as chances contra tomar o trem são 6,92 (= 1/0,1444) para 1.

Se a pessoa experimenta um aumento no tempo de deslocamento de automóvel de um minuto, o logaritmo das chances de escolher o trem cresceria 0,080. O que significa dizer que o logaritmo das chances cresceu 0,080? Podemos "desfazer" o logaritmo pela exponenciação; se $a = \ln(b)$, então $b = e^a$. Isso significa que, se o logaritmo das chances tem um aumento de 0,080, as chances de escolher o trem foram aumentadas por um fator multiplicativo de $e^{0,080}$ = 1,084. As novas chances a favor de tomar o trem são, agora, iguais a 0,1565 = 0,1444 × 1,084 para 1. De modo equivalente, as chances contra o trem foram reduzidas por um fator de 1,084 e, agora, são de 6,39 (= 6,92/1,084) para 1.

Quando o tempo de deslocamento de automóvel aumenta em um minuto, de x = 32 para x = 33, a probabilidade de tomar o trem cresce de 0,1262 para 0,1353. Isso pode ser verificado usando-se a Equação 9.2 com os valores estimados de α e β e x = 33:

$$\hat{y}_i = \frac{e^{\alpha+\beta x_i}}{1+e^{\alpha+\beta x_i}} = \frac{0{,}1565}{1+0{,}1565} = 0{,}1353. \tag{9.17}$$

Finalmente, observe que, na regressão logística, quando $\alpha + \beta x = 0$, a probabilidade predita é igual a 1/2 (uma vez que $e^0 = 1$). Isso é equivalente a $x = -\alpha/\beta$. No nosso exemplo, $-\alpha/\beta$ = 4,501/0,080, que é aproximadamente igual a 56. Quando o tempo de deslocamento de automóvel está próximo de 56 minutos, a probabilidade de uma pessoa tomar o trem é próxima de 0,5 (ou "50-50").

9.7 Um resumo de alguns problemas que podem aparecer na análise de regressão

A análise de regressão realizada sobre dados espaciais levanta questões específicas. Um problema especialmente complicado é aquele associado com a unidade de área modificável, discutido no Capítulo 7. A regressão de uma variável dependente sobre um conjunto de variáveis independentes pode render conclusões substancialmente diferentes quando realizadas em unidades espaciais de diferentes tamanhos. Fotheringham and Wong (1991) observam que, com as regressões múltipla e logística, a magnitude e a significância dos coeficientes de regressão podem ser muito sensíveis ao tamanho e à configuração das unidades de área. Se possível, a sensibilidade dos resultados às mudanças nos tamanhos e/ou formas das unidades espaciais deve ser explorada.

A Tabela 9.13, adaptada de Haining (1990a), sintetiza alguns dos problemas que podem perturbar a análise de regressão. A tabela descreve as consequências dos problemas, e, além disso, descreve como eles podem ser diagnosticados e corrigidos. Os números de seção referem-se a outras seções deste texto que fornecem discussão relevante sobre o problema.

9.8 Regressão múltipla e regressão logística no SPSS 16.0 for Windows

9.8.1 Regressão múltipla

A entrada de dados é similar àquela para regressão linear simples (Capítulo 8). Cada observação é representada por uma linha na tabela de dados, e cada variável é representada por uma coluna.

Clique em Analyze/Regression/Linear. Então mova a variável dependente para a caixa rotulada Dependent à direita e mova as variáveis independentes desejadas para a caixa rotulada Independents. Clique em OK.

Há uma série de opções comuns que você pode querer escolher antes de clicar em OK. Em Save, é comum marcar as caixas para salvar os valores preditos, resíduos, valores de influência para detectar discrepantes e intervalos de confiança tanto para a média (ou seja, a reta de regressão) quanto para predições individuais. Todas as quantidades salvas serão anexadas como novas colunas no banco de dados. Em Statistics, é desejável marcar Collinearity diagnostics, para avaliar a multicolinearidade. Na caixa onde estão as variáveis indicadas para a regressão, pode-se escolher o método pelo qual as variáveis independentes são inseridas no lado direito da equação. O padrão é "enter", que significa que todas as variáveis independentes serão inseridas. Uma alternativa comum é escolher stepwise, que insere, e remove, variáveis uma por vez, dependendo da sua significância. Observe que não é necessário fazer uma escolha aqui se as variáveis independentes já foram selecionadas movendo-as para a caixa Independent.

TABELA 9.13 Alguns problemas que podem surgir na análise de regressão

Problema	Consequências	Diagnóstico	Ação corretiva
Resíduos:			
Não normal	Testes inferenciais podem ser inválidos	Teste Shapiro-Wilk	Transformar valores de y
Heterocedástico	Estimativa tendenciosa da variância dos erros, levando à inferência inválida	Plotar resíduos contra valores de y e x	Transformar valores de y
Não independente	Subestimar a variância dos coeficientes de regressão. R^2 inflado.	Índice de Moran (10.3.3)	Regressão espacial (11.3)
Relacionamento não linear	Ajuste fraco e resíduos não independentes	Gráfico de dispersão de y contra x Gráfico das variáveis adicionadas (11.2)	Transformar variáveis y e/ou x
Multicolinearidade (9.1.1)	Variância da estimativa da regressão é inflada	Fator de inflação da variância (9.4)	Excluir variável (variáveis)
Conjunto incorreto de variáveis explicativas (9.2)	Dificuldades em fazer uma análise eficiente e estimativas de regressão pobres	Gráfico das variáveis adicionadas (11.2)	Regressão gradativa (9.5)
Valores discrepantes (9.4)	Podem afetar severamente as estimativas do modelo e do ajuste	Gráficos. Valores de influência (9.4)	Exclusão de dados
Variável resposta categórica	Modelo de regressão linear não é apropriado		Regressão logística (9.6)
Parâmetros variando espacialmente	Estimação e inferência inválidas se deletados	Índice de Moran (10.3.3)	Método de expansão; Regressão geograficamente ponderada (11.4)
Dados ausentes (não aleatórios)	Estimação e inferência possivelmente inválidas Poderia perder informações sobre outros casos		Dados ausentes de forma aleatória Estimar valores ausentes (9.4) Excluir observação (9.4)

Nota: Seções relevantes do texto são fornecidas entre parênteses.
Fonte: Adaptado de Haining (1990[a]), pp. 332-333.

9.8.2 Regressão logística

Existem dois caminhos para realizar a regressão logística usando SPSS for Windows. A primeira abordagem é usar o método dos mínimos quadrados não lineares. Esta é mais fácil de entender, uma vez que, como a seção anterior indica, estamos simplesmente procurando pelos valores de α e β que farão a soma dos quadrados dos resíduos tão pequena quanto possível.

9.8.2.1 Entrada de dados
Nos dois casos, a abordagem para entrada de dados é a mesma. Como na regressão linear, as variáveis dependentes e as independentes são organizadas em colunas. Cada linha representa uma observação. É comum, mas não necessário, ter a variável dependente na primeira coluna. Tenha certeza de que a coluna contendo a variável dependente consiste em uma coluna de "0"s e "1"s, de acordo com a natureza da resposta binária.

9.8.2.2 Usando SPSS for Windows 16.0 e mínimos quadrados não lineares

1. Escolha Analyze, Regression, Nonlinear.
2. Em Parameters, defina α e β, forneça os valores estimados e escolha Continue. Como inserir letras gregas não é uma opção, você pode, por exemplo, inserir "a" (sem as aspas) e, em seguida, dar-lhe um valor inicial de zero e, então, clicar em Add. Faça o mesmo para o outro parâmetro, talvez chamando-o de "b". Às vezes, escolher bons valores estimados é importante e nem sempre fácil de fazer. Isso requer um pouco de tentativas e erros. Usar $\alpha = 0$ e $\beta = 0$ muitas vezes não é um mal caminho para se iniciar.
3. Selecione a variável dependente.
4. Configure o modelo; isto se refere à equação para os valores preditos da variável dependente. Para a regressão logística, você deverá definir o modelo como na Equação 9.13. Mais especificamente, quando há uma variável independente, você deve digitar o seguinte: Exp(a+b*VAR)/(1+Exp(a+b*VAR)), trocando "VAR" pelo nome da sua variável independente.
5. Escolha OK para executar a análise dos mínimos quadrados não linear.

Para os dados da Tabela 9.12, você deve obter os resultados descritos na Seção 9.6.1.

A abordagem dos mínimos quadrados não linear, no entanto, é um pouco mais complicada de implementar no SPSS que a outra alternativa, conhecida como método da *máxima verossimilhança* para encontrar α e β. Além disso, a máxima verossimilhança é, para o estatístico, geralmente uma alternativa preferível, uma vez que ela produz estimativas que são imparciais e têm, relativamente, variâncias amostrais menores, ao menos quando os tamanhos das amostras são grandes.

Vários pacotes estatísticos, incluindo o SPSS for Windows, fazem uso da estimação por máxima verossimilhança. A probabilidade de se observar $y = 1$ é:

$$\frac{e^{\alpha+\beta x}}{1 + e^{\alpha+\beta x}} \tag{9.18}$$

De forma semelhante, a probabilidade de se observar $y = 0$ é:

$$P(a < X < b) = \int_a^b f(x)\,dx \qquad (9.19)$$

A probabilidade da amostra é, portanto:

$$L = \left(\frac{e^{\alpha+\beta x}}{1+e^{\alpha+\beta x}}\right)^{\sum y_i} \left(\frac{1}{1+e^{\alpha+\beta x}}\right)^{n-y_i} \qquad (9.20)$$

Vários programas, como SPSS for Windows, escolhem α e β para maximizar a probabilidade de obtenção da amostra observada.

9.8.2.3 Usando a regressão logística no SPSS for Windows

1. Escolha Analyze, Regression, Binary Logistic.
2. Escolha a variável dependente e as covariáveis (variáveis independentes).
3. Escolha OK.

Usando a rotina de regressão logística do SPSS for Windows e os dados na Tabela 9.12, encontramos:

$$z = -4{,}5362 + 0{,}077x \qquad (9.21)$$

Observe que esses valores de $\alpha = -4{,}5362$ e $\beta = 0{,}077$ são similares àqueles encontrados via mínimos quadrados não linear.

9.8.2.4 Interpretando os resultados da regressão logística
As Tabelas 9.14 e 9.15 mostram os resultados da análise de regressão logística dos dados sobre mobilidade pendular na Tabela 9.12. É claro que estamos interessados na inclinação e no intercepto, apresentados na mesma parte dos resultados onde os encontramos na regressão linear. Eles são dados junto com seus desvios padrão (também conhecidos como erros padrão; veja a coluna intitulada S.E.). Se os coeficientes são mais que duas vezes seus erros padrão correspondentes (aproximadamente), podem ser considerados como significativamente diferentes de zero. Neste exemplo, os coeficientes não são significativamente diferentes de zero, o que também é refletido na coluna intitulada Sig., onde encontramos que o valor p associado com cada coeficiente é maior que 0,05.

Observe que os resultados também contêm uma coluna intitulada Exp(B). Esta é a exponencial da inclinação referida no texto, e ela nos diz o quanto as chances serão alteradas quando a variável x é aumentada de uma unidade. Neste exemplo, um aumento de um minuto no tempo de deslocamento leva a chance de tomar o trem a aumentar de um fator multiplicativo de 1,0804.

TABELA 9.14 Resultados da regressão logística

```
Dependent Variable..   TRAIN

Beginning Block Number      0.  Initial Log Likelihood Function

-2 Log Likelihood       16.635532

* Constant is included in the model.

Beginning Block Number      1.  Method: Enter

Variable(s) Entered on Step Number
1..       AUTOTT

Estimation terminated at iteration number 4 because Log Likelihood
decreased by less than .01 percent.

-2 Log Likelihood        12.543
Goodness of Fit          11.629
Cox & Snell - R^2          .289
Nagelkerke - R^2           .385

                 Chi-Square       df     Significance
Model               4.093          1        .0431
Block               4.093          1        .0431
Step                4.093          1        .0431

Classification Table for TRAIN
The Cut Value is .50

                     Predicted
                     .00    1.00   Percent Correct
                      0  |   1
       observed
          .00    0    5  |   1      83.33%
                     ----+----
         1.00    1    2  |   4      66.67%
                     Overall 75.00%

-------------------------Variables in the Equation--------------------

Variable        B        S.E.     Wald     df     Sig.      R      Exp(B)
AUTOTT        .0773     .0456   2.8744     1     .0900    .2293   1.0804
Constant    -4.5362    2.7641   2.6933     1     .1008
```

Outra parte interessante dos resultados é a tabela de classificação dois por dois, que nos mostra que houve seis observações onde $y = 0$ (a pessoa não toma o trem). Destas, cinco foram preditas corretamente pela equação de regressão logística e uma foi predita incorretamente. (Uma predição é classificada como "correta" se o modelo prevê que o resultado real tem uma probabilidade maior que 0,5.) Observe que o quinto indivíduo tem um tempo de viagem observado igual a $x = 80$ minutos. O modelo predisse que haveria uma probabilidade de 0,839 de que o indivíduo tomaria o trem (Tabela 9.15), mas observamos que não o tomou ($y = 0$).

TABELA 9.15 Síntese dos resultados

Y	X: Tempo de deslocamento de automóvel (min)	Probabilidades preditas OLS linear	Probabilidades preditas Logística
0	32	0,093	0,113
1	89	0,963	0,913
0	50	0,368	0,339
1	49	0,352	0,321
0	80	0,826	0,839
1	56	0,459	0,449
0	40	0,215	0,191
1	70	0,673	0,706
1	72	0,704	0,737
1	76	0,765	0,793
0	32	0,093	0,113
0	58	0,490	0,487

Das seis pessoas que *tomaram* o trem, o modelo predisse quatro corretamente e em dois casos o modelo predisse que a pessoa não tomaria o trem quando, na verdade, eles o fizeram. As pessoas 4 e 6 tomaram o trem, mas o modelo previu probabilidades de menos que 0,5 de que eles fariam isso. Esta tabela sintetiza o sucesso do modelo em predizer os resultados reais.

EXERCÍCIOS

1. Os dados abaixo foram coletados num estudo sobre frequência a parques.

Visita parques? 1=Sim; 0=Não	Distância do parque (km)
0	8
0	6
1	1
0	4
1	3
0	2
0	6
1	5
1	7
1	2
1	1
1	3
1	5
1	7

(continua)

(continuação)

0	8
0	9
0	8
0	6
1	4
1	4
0	7
0	9

Use regressão logística para determinar como a probabilidade de visitar o parque varia com a distância a que uma pessoa reside do parque.

2. No futebol americano, a probabilidade de sucesso de um *field goal** decresce com a distância. Os dados abaixo foram coletados durante uma semana de jogos dos times da Liga Nacional de Futebol.

Acertou? 1=Sim; 0=Não	Jardas
0	34
1	20
0	51
1	32
0	51
0	29
1	19
0	37
0	43
1	47
1	24
1	31
1	41
1	22
1	26
1	34
1	41
1	24
1	39
1	43

(a) Use a regressão logística para determinar como as chances de marcar um *field goal* mudam com o aumento da distância.
(b) Use os resultados para traçar um gráfico mostrando como a probabilidade predita de marcar um *field goal* muda com a distância.

---

* N. de T.: Uma das formas de se pontuar no futebol americano em que a bola é chutada entre os postes do gol (*uprights*).

(continua)

(continuação)

(c) Nos segundos finais do SuperBowl XXV, Scott Norwood perdeu um *field goal* de 47 jardas que teria levado o Buffalo Bills à vitória sobre o Nova York Giants. Use seu modelo para predizer a probabilidade de um chutador ter sucesso na tentativa de um *field goal* de 47 jardas. Será que Norwood realmente merece as críticas que recebeu por errar esta tentativa?

3. O que é multicolinearidade? Como ela pode ser detectada? Porque ela é um problema potencial na análise de regressão? Como seus efeitos podem ser amenizados?

4. O número de vezes por ano que uma pessoa usa uma forma de trânsito rápido é uma função linear da renda:

$$Y = 1,2 + 2,4\ X_1 + 8,4\ X_2 + 15,6\ X_3,$$

onde X_1, X_2 e X_3 são variáveis *dummy* para renda média, alta e muito alta, respectivamente (a categoria de baixa renda foi omitida). Qual é o número anual de viagens predito para cada uma das quatro categorias de renda?

5. De acordo os com os dados abaixo:

Y	X
0	8
1	6
0	9
1	4
1	3

o valor de β (a "inclinação" da curva logística) é positivo ou negativo? Responda sem realmente encontrar os coeficientes e justifique sua resposta.

6. Suponha que, para um determinado conjunto de dados, encontramos uma regressão logística com $\beta = -0,43$. Qual é a alteração nas chances para uma mudança de uma unidade em x?

7. Os resultados adiante foram obtidos de uma regressão com $n = 14$ preços de residências (em dólares) em função da renda mediana da família, tamanho da casa e tamanho do lote:

	Soma de quadrados	gl	Quadrado médio	F
Regressão SS	4234	3	—	—
Resíduos SS	3487	—	—	
Total SS	—	—		

(continua)

(continuação)

	Coeficiente (*b*)	Erro padrão (s_b)	VIF
Renda familiar mediana	1,57	0,34	1,3
Tamanho da casa (pés quadrados)	23,4	11,2	2,9
Tamanho do lote (pés quadrados)	−9,5	7,1	11,3
Constante	40.000	1.000	

(a) Preencha os espaços em branco.
(b) Qual é o valor de R^2?
(c) Qual é o erro padrão da estimativa?
(d) Teste a hipótese nula de que $R^2 = 0$ comparando a estatística F da tabela com seu valor crítico.
(e) Os coeficientes estão na direção que você poderia supor?
Se não, quais coeficientes estão com sinais opostos ao que você esperava?
(f) Encontre as estatísticas t associadas com cada coeficiente e teste a hipótese nula de que os coeficientes são iguais a zero. Use $\alpha = 0,05$ e não se esqueça de dar o valor crítico de t.
(g) O que você conclui dos fatores de inflação da variância (VIFs)? Que modificações você recomendaria à luz dos VIFs?
(h) Qual é o preço de venda predito para uma casa que tem 1500 pés quadrados em um lote de 60' × 100' e está em uma vizinhança onde a renda familiar mediana é de $40.000?

8. Escolha uma variável dependente e duas ou três variáveis independentes. As variáveis escolhidas devem ser definidas espacialmente. Devem haver ao menos 15-20, e, preferencialmente, cerca de 30 observações.

(a) Declare todas as hipóteses nulas que você pode ter, bem como as hipóteses alternativas.
(b) Represente graficamente a variável dependente (*y*) *versus* cada variável independente (*x*). Aponte todos os valores discrepantes óbvios.
(c) Represente graficamente cada variável dependente frente a cada uma das outras e comente sobre qualquer multicolinearidade óbvia.
(d) Faça a regressão de *y* em função de cada uma das variáveis independentes separadamente. Também faça a regressão de *y* em função do conjunto com todas as variáveis independentes. Se você tiver três variáveis independentes, você deve fazer a regressão de *y* pelos pares de variáveis independentes. Comente os resultados.

9. Use os dados da Tabela 9.7 para estudar como o número de espécies nativas nas ilhas varia com o tamanho da ilha, a elevação máxima da ilha e as distâncias das ilhas próximas. Existem várias escolhas que você deverá fazer; não existe uma única resposta "correta" para esta questão. Você deve pensar sobre algumas questões, incluindo as seguintes: (a) O número total de espécies ou o

(continua)

(continuação)

número de espécies nativas são as variáveis dependentes mais apropriadas? (b) O que deve ser feito sobre os valores ausentes de elevação que ocorrem em alguns casos? (c) Existem valores discrepantes? Se sim, como eles podem ser identificados? (d) E a multicolinearidade? Algumas variáveis devem ser eliminadas da análise? Um objetivo que você deve ter é o de chegar à "melhor" equação, no sentido de que todas as variáveis na equação são importantes e significativas.

10. (a) Usando SPSS ou Excel e o banco de dados RSSI, construa uma equação de regressão usando a RSSI como a variável dependente e inclinação, altitude, visibilidade, distância e alcance como variáveis independentes. Investigue a importância da multicolinearidade e dos valores discrepantes. Comente sobre os pontos fracos desta especificação e sobre os resultados.

    (b) Tente melhorar a equação de regressão encontrada em (a). Justifique suas decisões na construção e na realização das análises.

11. (a) Usando SPSS ou Excel e o banco de dados Tyne and Wear, construa uma equação de regressão usando o preço da residência como a variável dependente e quartos, banheiros, data da construção, garagem, varanda, área construída e se a casa é afastada das outras como variáveis independentes. Investigue a importância da multicolinearidade e dos valores discrepantes. Comente sobre os pontos fracos desta especificação e sobre os resultados.

    (b) Tente melhorar a equação de regressão encontrada em (a). Justifique suas decisões na construção e na realização da análise.

Padrões Espaciais 10

OBJETIVOS DE APRENDIZAGEM
- Localizar padrões geográficos em dados de ponto e de área   258
- Análise quadrat e análise do vizinho mais próximo   259
- Medidas elementares do padrão espacial e autocorrelação espacial, incluindo o índice de Moran   268
- Introdução à estatística local   274

10.1 Introdução

Um pressuposto da análise de regressão aplicada aos dados geográficos é que os resíduos são independentes e, portanto, não são espacialmente autocorrelacionados – isto é, não há padrão espacial nos erros. Resíduos que não são independentes podem afetar as estimativas de variâncias dos coeficientes e, portanto, dificultar o julgamento de seu significado.

Vimos também em capítulos anteriores que a falta de independência entre as observações pode afetar os resultados dos testes t, ANOVA, correlação e regressão, muitas vezes levando a encontrar resultados significativos, onde não existem de fato. Uma razão para se aprender mais sobre padrões espaciais e a sua detecção é, então, indireta – procuramos avaliar a dependência espacial para que, no final, possamos corrigir nossas análises estatísticas com base em dados espaciais dependentes.

Compreender os efeitos das complicações de observações espacialmente dependentes na análise estatística representa uma motivação importante para se aprender mais sobre padrões espaciais. A análise de padrões espaciais também é importante quando há um interesse direto no fenômeno geográfico e/ou processo em si. Por exemplo, analistas de criminalidade desejam saber se existem clusters de atividade criminosa. Funcionários da saúde procuram aprender sobre clusters de doenças e seus determinantes. Nesses casos, é útil discernir se clusters de atividade poderiam ter surgido somente ao acaso ou, alternativamente, se podem ser atribuídos às manifestações estatisticamente significativas de um processo de agrupamento (de, por exemplo, crime ou doença).

Neste capítulo, investigamos métodos estatísticos destinados à detecção de padrões espaciais e avaliamos sua importância. Em especial, nos concentraremos em testes estatísticos da hipótese nula de que um padrão espacial é aleatório. A estrutura do capítulo deve-se ao fato de que os dados normalmente estão sob a forma de localizações de pontos (onde localizações exatas de, por exemplo, doença ou crime estão disponíveis) ou sob a forma de informações agregadas por áreas (onde, por exemplo, as informações estão disponíveis somente em forma de taxas regionais).

10.2 A análise de padrões de pontos

Efetue o seguinte experimento.

Desenhe um retângulo de 6 polegadas por 5 polegadas em uma folha de papel. Localize 30 pontos de forma aleatória dentro do retângulo. Isso significa que cada ponto deve estar localizado independentemente dos outros pontos. Além disso, para cada ponto que você alocar, cada sub-região de um determinado tamanho deve ter uma probabilidade igual de receber o ponto.

Desenhe uma grade seis por cinco de 30 células quadradas sobre o retângulo. Você pode fazer isso colocando pequenas marcas de intervalos de uma polegada ao longo dos lados do seu retângulo. Conectar as pequenas marcas vai dividir o retângulo original em 30 quadrados, cada um com lado de uma polegada de comprimento.

Dê aos seus resultados uma pontuação, como se segue. Cada célula não contendo nenhum ponto recebe o valor 1. Cada célula contendo um ponto recebe o valor 0. Cada célula contendo dois pontos recebe o valor 1. Células contendo três pontos recebem 4, células contendo quatro pontos recebem 9, células contendo 5 pontos recebem 16, células contendo 6 pontos recebem 25 e células contendo 7 pontos recebem 36. Encontre o valor total, somando os valores que você atribuiu em todas as 30 células.

NÃO CONTINUE LENDO ATÉ QUE VOCÊ TENHA CONCLUÍDO AS INSTRUÇÕES ACIMA!

Classifique seu padrão do seguinte modo:

Se sua pontuação for menor ou igual a 16, seu padrão é significativamente mais uniforme ou regular do que aleatório (ou seja, espacialmente disperso).

Se sua pontuação for entre 17 e 45, seu padrão é caracterizado como aleatório.

Se sua pontuação for superior a 45, seu padrão exibe significativa aglomeração.

Em média, um conjunto de 30 pontos alocados aleatoriamente receberá um valor de 29. Em 95% das vezes, a pontuação estará entre 17 e 45. A maioria das pessoas que tenta fazer essa experiência produz padrões que são mais uniformes ou regulares do que aleatórios e, portanto, suas pontuações são menores que 29. Seus padrões de ponto são mais espalhados do que um padrão verdadeiramente aleatório. Quando indivíduos veem um espaço vazio no seu diagrama, há uma vontade quase irresistível de preenchê-lo, colocando um ponto lá! Consequentemente, a localização dos pontos colocados no mapa por indivíduos não é independente da localização dos pontos anteriores, e, portanto, um pressuposto de aleatoriedade espacial é violado.

Considere as Figuras 10.1 e 10.2 a seguir e suponha que você é um analista de criminalidade olhando a distribuição espacial de crimes recentes. Faça uma fotocópia da página e indique a lápis onde você acha que estão os clusters de criminalidade. Faça isso simplesmente delimitando os clusters (você pode definir mais de um cluster em cada diagrama).

NÃO LEIA O PRÓXIMO PARÁGRAFO ATÉ QUE VOCÊ TENHA CONCLUÍDO ESTE EXERCÍCIO!

Quantos clusters você encontrou? Acontece que ambos os diagramas foram gerados pela localização aleatória de pontos dentro do retângulo! Além de terem problemas para desenhar padrões aleatórios, as pessoas também têm uma tendência a "ver"

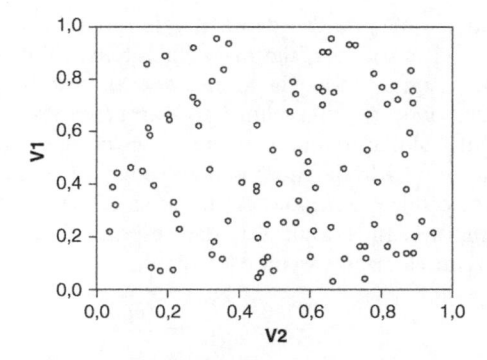

FIGURA 10.1 Padrão espacial hipotético de crime.

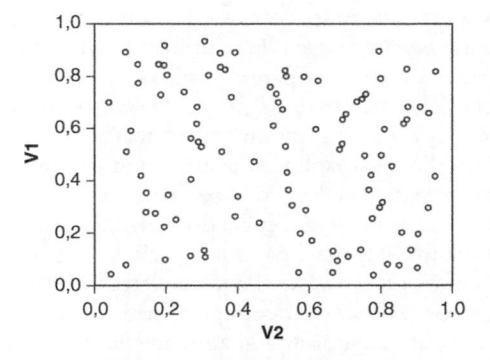

FIGURA 10.2 Outro padrão espacial hipotético de crime.

clusters onde eles não existem. Isso é resultado do forte desejo da mente de organizar a informação espacial.

Ambos os exercícios apontam para a necessidade de medidas objetivas e quantitativas de padrão espacial – simplesmente não é suficiente contar com a interpretação visual de um mapa. Analistas de crime não conseguem identificar verdadeiros clusters de criminalidade só de olhar em um mapa, nem funcionários da saúde podem sempre escolher clusters significativos de doenças a partir, apenas, da inspeção do mapa.

10.2.1 Análise *quadrat*

O experimento envolvendo a contagem de pontos que caem dentro do retângulo "6 × 5" é um exemplo de *análise quadrat*, desenvolvida principalmente pelos ecologistas na primeira metade do século XX. Na análise *quadrat*, uma grade de células quadradas de tamanho igual é usada como uma sobreposição, sobre um mapa de ocorrências. Conta-se, então, o número de ocorrências em cada célula. Em um padrão aleatório, o número médio de pontos por célula será aproximadamente igual à variância do número de pontos por célula.

Se houver uma grande quantidade de variabilidade no número de pontos de uma célula para outra (ou seja, algumas células têm muitos pontos; algumas não têm pontos, etc.), há uma tendência ao *agrupamento*. Se há pouquíssima variabilidade no número de pontos de uma célula para outra (por exemplo, quando todas ou quase todas as células têm aproximadamente o mesmo número de pontos), isso implica uma tendência a um padrão denominado *regular*, *uniforme* ou *disperso* (onde o número de pontos por célula é o mesmo em todas as células). O teste estatístico utilizado para avaliar a hipótese nula de aleatoriedade espacial faz uso de uma estatística qui-quadrado envolvendo a razão variância-média:

$$\chi^2 = \frac{(m-1)\sigma^2}{\bar{x}}, \tag{10.1}$$

onde m é o número de *quadrats*, e $\bar{x}$ e σ^2 são a média e a variância do número de pontos por *quadrat*, respectivamente. Esse valor é comparado com um valor crítico de uma tabela qui-quadrado, com $m - 1$ graus de liberdade.

A análise *quadrat* é fácil de se utilizar e tem sido um apoio no *kit* de ferramentas de detectores de padrões para o analista espacial por várias décadas. Uma questão importante é o tamanho do *quadrat*; se o tamanho da célula é muito pequeno, haverá muitas células vazias, e se existir cluster apenas nas menores escalas espaciais, ele pode ser perdido. Se o tamanho da célula é muito grande, pode-se perder padrões que ocorram *dentro* das células. Pode-se encontrar padrões em algumas escalas espaciais e não em outras, e, assim, a escolha do tamanho do *quadrat* pode influenciar seriamente os resultados. Curtiss e McIntosh (1950) sugerem um tamanho *quadrat* "ideal" de dois pontos por *quadrat*. Bailey e Gatrell (1995) sugerem que o número médio de pontos por *quadrat* deve ser aproximadamente 1,6. Essas sugestões refletem uma preocupação em maximizar a quantidade de informação contida nas células (ou seja, como indicado anteriormente, células que são demasiado pequenas transmitem muito poucas informações, pois muitas delas estão vazias, e células que são demasiado grandes transmitem poucas informações sobre a localização real dos pontos).

10.2.1.1 Resumo do método quadrat
1. Divida uma região de estudo em m células de igual tamanho.
2. Encontre o número médio de pontos por célula ($\bar{x}$). Isso é igual ao número total de pontos dividido pelo número de células (m).
3. Encontre a variância do número de pontos por célula, s^2, da seguinte maneira:

$$s^2 = \frac{\sum_{i=1}^{i=m}(x_i - \bar{x})^2}{m-1} \tag{10.2}$$

onde x_i é o número de pontos na célula i.
4. Calcule a razão variância-média (RVM):

$$\text{RVM} = \frac{s^2}{\bar{x}} \tag{10.3}$$

5. Interprete os resultados da seguinte forma:
   (a) Se $s^2/\bar{x} < 1$, a variância do número de pontos é menor que a média. No caso extremo no qual a relação se aproxima de zero, há muito pouca variação no número de pontos de uma célula para outra. Isso caracteriza situações em que a distribuição de pontos é difusa, ou uniforme, em toda a área de estudo.
   (b) Se $s^2/\bar{x} > 1$, há uma boa dose de variação no número de pontos por célula – algumas células têm, substancialmente, mais pontos do que o esperado (ou seja, $x_i > \bar{x}$ para algumas células i), e algumas células têm, substancialmente, menos do que o esperado (ou seja, $x_i < \bar{x}$). Isso caracteriza situações em que o padrão de pontos é mais aglomerado que aleatório.
   (c) Um valor de $s^2/\bar{x}$ em torno de um indica que os pontos estão próximos de serem distribuídos aleatoriamente em toda a área de estudo.
6. Teste de hipóteses.
   (a) Multiplique a RVM por $m - 1$; a quantidade $\chi^2 = (m - 1)$RVM tem uma distribuição qui-quadrado, com $m - 1$ graus de liberdade, quando H_0 é verdadeira. Esse fato permite-nos obter valores críticos, χ_L^2 e χ_H^2, de uma tabela qui-quadrado. Rejeitaremos, H_0 se $\chi^2 < \chi_L^2$ ou $\chi^2 > \chi_H^2$. Se o número de células (m) é maior que aproximadamente 30, $(m - 1)$ RVM, quando H_0 é verdadeira, terá uma distribuição normal com média $m - 1$ e variância igual a $2(m - 1)$. Isso significa que podemos tratar a quantidade:

$$z = \frac{(m-1)\text{RVM} - (m-1)}{\sqrt{2(m-1)}} = \sqrt{(m-1)/2}\,(\text{RVM} - 1) \qquad (10.4)$$

como uma variável aleatória normal com média 0 e variância 1. Com $\alpha = 0{,}05$, os valores críticos são $z_L = -1{,}96$ e $z_H = 1{,}96$. A hipótese nula de nenhum padrão é rejeitada se $z < z_L$ (implicando uniformidade – isto é, dispersão espacial) ou se $z > z_H$ (implicando aglomeração).

EXEMPLO

Queremos saber se o padrão observado na Figura 10.3 é compatível com a hipótese nula de que os pontos foram alocados de forma aleatória. Primeiro calculamos o RVM. Há 100 pontos na grade 10×10, implicando uma média de um ponto por célula. Existem seis células com três pontos, 20 células com dois pontos, 42 células com um ponto e 32 células sem pontos. A variância é:

$$\frac{\{6(3-1)^2 + 20(2-1)^2 + 42(1-1)^2 + 32(0-1)^2\}}{99} = \frac{76}{99} \qquad (10.5)$$

$$= 0{,}77,$$

(continua)

(continuação)

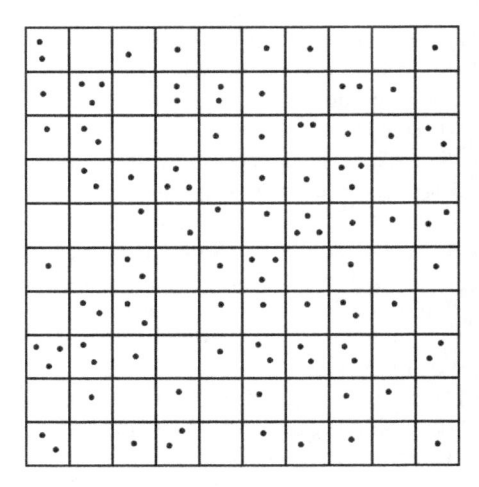

FIGURA 10.3 Um padrão espacial de pontos.

e, uma vez que a média é igual a um, isso também é nossa RVM observada. Uma vez que RVM > 1, há uma tendência a um padrão uniforme. Quão improvável é um valor de 0,77 se a hipótese nula é verdadeira – ele é improvável o suficiente para rejeitarmos a hipótese nula?

Uma vez que o número de graus de liberdade (gl) é grande, a distribuição de amostragem de $\chi^2 = (m-1)\text{RVM}$ começa a aproximar-se da forma de uma distribuição normal. Nesse caso, podemos usar a Equação 10.4; assim, temos:

$$z = \frac{99(0,77) - 99}{\sqrt{2(99)}} = \sqrt{99/2}(0,77 - 1) = -1,618 \qquad (10.6)$$

Isso cai dentro dos valores críticos de z e, portanto, não temos provas fortes suficientes para rejeitar a hipótese nula.

Se células de tamanhos diferentes tivessem sido usadas, os resultados e, possivelmente, as conclusões, teriam sido diferentes. Agregando as células na Figura 10.3 a uma grade 5 × 5 de 25 células, a RVM diminui para 0,687 (baseado na variância de $1,658^2$ e uma média de quatro pontos por célula). O valor de χ^2 é 24(0,687) = 16,5. Sendo que há menos de 30 graus de liberdade, usaremos a tabela qui-quadrado (Tabela A.6) para avaliar a significância. Com 24 graus de liberdade e usando interpolação para localizar os valores críticos correspondentes a $p = 0,025$ e $p = 0,975$, produz-se $\chi_L^2 = 12,73$ e $\chi_U^2 = 40,5$ (na verdade, esses valores foram encontrados usando-se uma tabela mais detalhada). Uma vez que nosso valor observado de 16,5 cai entre esses limites, novamente não rejeitamos a hipótese de aleatoriedade.

(continua)

> *(continuação)*
>
> Para resumir, depois de encontrar a RVM nas etapas de 1 a 4, calcule $\chi^2 = (m - 1)$ RVM e compare-o com os valores críticos encontrados em uma tabela qui-quadrado, usando gl $= m - 1$.
>
> Se $m - 1$ é maior do que aproximadamente 30, você pode usar o fato de que $z = \sqrt{(m - 1)/2}\,(\text{RVM} - 1)$ tem uma distribuição normal com média 0 e variância 1, implicando que, para $\alpha = 0{,}05$, pode-se comparar z com os valores críticos $z_L = -1{,}96$ e $z_H = 1{,}96$.
>
> É interessante notar que a quantidade $\chi^2 = (m - 1)\text{RVM}$ pode ser escrita como:
>
> $$\chi^2 = (m - 1)\,\text{RVM} = \frac{(m - 1)s^2}{\bar{x}}$$
>
> $$= \frac{(m - 1)\sum(x_i - \bar{x})^2}{\bar{x}(m - 1)} = \frac{\sum(x_i - \bar{x})^2}{\bar{x}} \qquad (10.7)$$
>
> A quantidade final $\sum(x_i - \bar{x})^2/\bar{x}$ é a soma, através das células, dos desvios quadrados dos números observados de pontos em relação aos números esperados em cada célula, dividido pelo número esperado de pontos em uma célula. Isso é conhecido como o teste de ajuste qui-quadrado.

10.2.2 Análise do vizinho mais próximo

Clark e Evans (1954) desenvolveram a análise do vizinho mais próximo para analisar a distribuição espacial das espécies de plantas. Eles desenvolveram um método para comparar a distância média observada entre pontos e seus vizinhos mais próximos com a distância que se esperaria entre vizinhos mais próximos em um padrão aleatório.

Vamos começar definindo R_0 como a distância média observada entre os pontos e seus vizinhos mais próximos. R_e é a distância esperada entre os pontos e seus vizinhos mais próximos, quando os pontos são distribuídos aleatoriamente. Intuitivamente, se R_0 é pequeno em relação a R_e, o padrão será agrupado; se R_0 é grande em relação a R_e, o padrão será mais disperso do que aleatório.

R_0 pode ser calculado como $\sum_{i=1}^{n} d_i/n$, onde n é o número de pontos na área de estudo e d_i é a distância do ponto i a seu vizinho mais próximo. Observe que os vizinhos mais próximos podem ser reflexivos – isto é, podem ser os vizinhos mais próximos um do outro.

R_e é calculado como um sobre duas vezes a raiz quadrada da densidade de pontos:

$$R_e = \frac{1}{2\sqrt{\rho}} = \frac{1}{2\sqrt{n/A}} \qquad (10.8)$$

onde ρ é a densidade de pontos e A é o tamanho da área de estudo.

A estatística do vizinho mais próximo, R, é definida como a razão entre os valores observados e esperados:

$$R = \frac{R_0}{R_e} = \frac{\bar{d}}{1/(2\sqrt{\rho})} = 2\bar{d}\sqrt{\rho}. \tag{10.9}$$

R varia de 0 (um valor obtido quando todos os pontos estão em um mesmo local, e a distância entre cada ponto de seu vizinho mais próximo é zero) a um máximo teórico de aproximadamente 2,14, para um padrão perfeitamente uniforme ou sistemático de pontos espalhados em um plano bidimensional infinitamente grande. Um valor de $R = 1$ indica um padrão aleatório, uma vez que a distância média observada entre os vizinhos é igual ao esperado em um padrão aleatório. Sabe-se também que, se examinamos muitos padrões aleatórios, encontramos que a variância da estatística de vizinho mais próximo, R, é:

$$V[R] = \frac{4-\pi}{\pi n} \tag{10.10}$$

onde n é o número de pontos. Assim, podemos fazer um teste z, para testar a hipótese nula de que o padrão é aleatório, com o processo agora familiar de começar subtraindo o valor esperado (1) da estatística (R), e dividindo-o por seu desvio padrão para obter um escore z:

$$z = \frac{(R-1)}{\sqrt{V[R]}} = \frac{\sqrt{\pi n}(R_0 - 1)}{\sqrt{4-\pi}} \approx 1{,}913(R-1)\sqrt{n} \tag{10.11}$$

A quantidade z tem uma distribuição normal com média 0 e variância 1, e, portanto, tabelas de distribuição normal padrão podem ser usadas para avaliar a significância. Um valor de $z > 1{,}96$ implica que o padrão tem uniformidade significativa, e um valor de $z < -1{,}96$ implica que há uma tendência significativa à aglomeração.

A força desta abordagem reside na sua facilidade de compreensão e cálculo. Devem-se notar várias precauções na interpretação da estatística do vizinho mais próximo. A estatística e seu teste associado de significância podem ser afetados pela forma da região. Formas longas, estreitas e retangulares podem ter valores relativamente baixos de R simplesmente por causa de restrições impostas pela forma da região. Pontos em retângulos longos e estreitos estão *necessariamente* próximos uns dos outros.

A localização de pontos relativos ao limite da região de estudo também pode fazer diferença na análise. Uma solução para o problema de fronteira é colocar uma faixa ao redor da área de estudo. Os vizinhos mais próximos são encontrados para todos os pontos dentro da área de estudo (mas não para os pontos da faixa). Pontos dentro da área de estudo (tais como o ponto A na Figura 10.4) podem ter vizinhos mais próximos que se localizam na área da faixa, e essas distâncias também devem ser usadas na análise.

Outra dificuldade potencial com a estatística é que, uma vez que apenas as distâncias dos vizinhos mais próximos são usadas, a aglomeração somente é detectada em

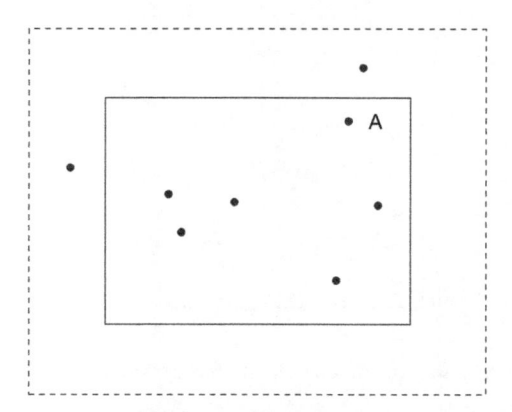

FIGURA 10.4 Efeitos de fronteira na análise do vizinho mais próximo.

uma unidade espacial relativamente pequena. Para superar isso, é possível estender a abordagem para a segunda ordem e para a ordem mais elevada de vizinhos mais próximos.

Mais importante ainda, muitas vezes é de interesse perguntar não apenas se existe cluster, mas se existe cluster acima de algum fator de base (como população). Por exemplo, usar a estatística do vizinho mais próximo para determinar se a criminalidade está aglomerada em uma área urbana muitas vezes não é muito esclarecedor – a análise do vizinho mais próximo provavelmente revela cluster porque a própria população tende a ser agrupada. Métodos do vizinho mais próximo não são particularmente úteis nestas situações, porque só se relacionam com a localização geográfica dos pontos e não levam em conta outros fatores que já sejam conhecidos como influentes da distribuição espacial dos pontos. As abordagens para o estudo de padrão que são descritas na Seção 10.3 não têm essa limitação.

10.2.2.1 Ilustração Para o padrão de pontos na Figura 10.5, há seis localizações (de A até F). As distâncias entre os pontos são dadas ao longo das linhas que conectam os pontos. A distância média entre vizinhos mais próximos é $R_0 = (1 + 2 + 3 + 1 + 3 + 3)/6 = 13/6 = 2,167$. A distância média esperada entre vizinhos mais próximos em um padrão de seis pontos colocados aleatoriamente em uma região de estudo com área de $7 \times 6 = 42$ é:

$$R_e = \frac{1}{2\sqrt{\rho}} = \frac{1}{2\sqrt{6/42}} = 1,323$$

(10.12)

A estatística do vizinho mais próximo é $R = 2,167/1,323 = 1,638$, que significa que o padrão exibe uma tendência à uniformidade. Para avaliar a significância, podemos calcular a estatística z da Equação 10.10 como $1,913(1,638 - 1) \sqrt{6} = 2,99$. Isso é muito maior do que o valor crítico de 1,96, que, por sua vez, implica a rejeição da hipótese nula de um padrão aleatório. No entanto, podemos ter negligenciado efeitos

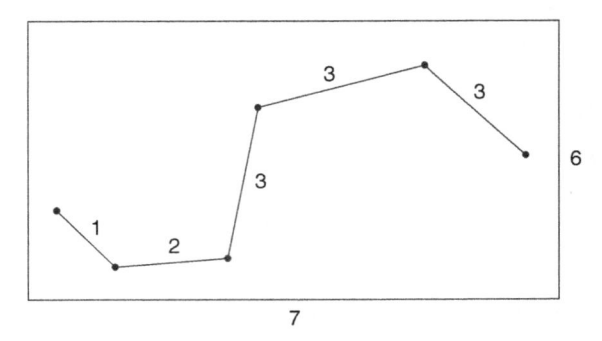

FIGURA 10.5 Distâncias do vizinho mais próximo.

de fronteira, e esses podem ter um efeito significativo sobre os resultados. Como uma maneira alternativa para testar a hipótese nula, podemos escolher aleatoriamente seis pontos pela escolha de coordenadas x aleatórias no intervalo (0, 7) e coordenadas y aleatórias no intervalo (0, 6). Em seguida, calculamos a distância média de cada um dos seis pontos a seus vizinhos mais próximos e repetimos todo o processo muitas vezes. Simulando o posicionamento aleatório de seis pontos na região 7 × 6 de estudo 10.000 vezes, obtivemos uma distância média entre vizinhos mais próximos de 1,62. Isso é maior que a distância esperada de $R_e = 1,323$ referida anteriormente. Essa distância maior que a esperada pode ser atribuída diretamente ao fato de que pontos perto da fronteira da região de estudo estão relativamente mais distantes de outros pontos dessa região do que estariam, a princípio, de pontos imediatamente fora da região de estudo. A ordenação da distância média até os vizinhos mais próximos dos 10.000 resultados, do mais baixo ao mais alto, revela que o 500º mais alto corresponde a 2,29. Isso implica que em apenas 5% das vezes esperaríamos uma distância média do vizinho mais próximo maior que 2,29. Nossa distância observada de 2,167 é menor que 2,29 e, assim, levando em conta os efeitos de fronteira através da simulação de Monte Carlo, deixamos de rejeitar a hipótese nula.

10.3 Padrões geográficos em dados de área

10.3.1 Um exemplo usando um teste qui-quadrado

Em uma regressão dos preços de moradia pelas características do domicílio, suponha que temos dados sobre 51 casas localizadas em três bairros. O que podemos dizer sobre a existência de uma tendência a resíduos positivos ou negativos se aglomerarem em um ou mais bairros? Uma ideia é observar se cada resíduo é positivo ou negativo e, em seguida, tabular os resíduos por bairro (ver dados hipotéticos na Tabela 10.1).

Podemos usar um teste qui-quadrado para determinar se há alguma tendência específica por bairro de os resíduos serem positivos ou negativos. Sob a hipótese nula de nenhum padrão espacial (ou seja, sem interação entre as linhas e colunas da tabela), os valores esperados são iguais ao produto dos totais das linhas e colunas, dividido pelo total global. Por exemplo, podemos esperar 23(16)/51 = 7,22 resíduos positivos no bairro 1. Esses valores esperados são dados entre parênteses na Tabela 10.2.

TABELA 10.1 Resíduos hipotéticos

Sinal do resíduo	Bairro			Total
	1	2	3	
+	10	6	7	23
−	6	15	7	28
Total	16	21	14	51

TABELA 10.2 Frequências observadas e esperadas dos resíduos

Sinal do resíduo	Bairro			Total
	1	2	3	
+	10	6	7	23
	(7,22)	(9,47)	(6,31)	
−	6	15	7	28
	(8,78)	(11,53)	(7,69)	
Total	16	21	14	51

Nota: Valores esperados são dados entre parênteses.

A estatística qui-quadrado é:

$$\chi^2 = \sum_{i=1}^{n} \frac{(O_i - E_i)^2}{E_i} \qquad (10.13)$$

onde O_i e E_i são as frequências observadas e esperadas na célula i, e existem n células na tabela. Quando a hipótese nula é verdadeira, essa estatística tem uma distribuição χ^2, com graus de liberdade iguais ao número de linhas menos um, vezes o número de colunas menos um.

Neste exemplo, o valor observado de qui-quadrado é

$$\begin{aligned}\chi^2 = &\frac{(10-7,22)^2}{7,22} + \frac{(6-9,47)^2}{9,47} + \frac{(7-6,31)^2}{6,31} \\ &+ \frac{(6-8,78)^2}{8,78} + \frac{(15-11,53)^2}{11,53} + \frac{(7-7,69)^2}{7,69} = 4,40\end{aligned} \qquad (10.14)$$

Isso é menor que o valor crítico de 5,99, usando-se a tabela qui-quadrado com α = 0,05 e 2 graus de liberdade. Por conseguinte, a hipótese nula de nenhum padrão não é rejeitada.

Quando é detectada autocorrelação espacial nos resíduos, o que pode ser feito a respeito disso? Uma possibilidade é incluir uma nova variável *dummy* específica por localidade. Isso irá servir para capturar a importância da localização de uma observação em um bairro específico. No nosso presente exemplo de preço de moradia, poderíamos acrescentar duas variáveis, cada uma delas para dois dos três bairros (seguindo a prática usual de se omitir uma categoria). Você também deve observar que, se há k bairros, *não* é necessário ter $k-1$ variáveis *dummy*; em vez disso, você pode optar por ter apenas uma ou duas variáveis *dummy* para aqueles bairros que tenham grandes desvios entre os valores observados e os preditos. A adoção desta abordagem irá produzir melhores estimativas dos coeficientes de regressão que representam os efeitos das características dos domicílios sobre os preços da habitação.

10.3.2 O índice de Moran

A estatística índice de Moran (1948, 1950) é uma das maneiras clássicas (bem como uma das mais comuns) de se medir o grau de autocorrelação espacial em dados de área. O índice de Moran é calculado do seguinte modo:

$$I = \frac{n \sum_i^n \sum_j^n w_{ij}(y_i - \bar{y})(y_j - \bar{y})}{(\sum_i^n \sum_j^n w_{ij}) \sum_i^n (y_i - \bar{y})^2}, \qquad (10.15)$$

onde há n regiões e w_{ij} é uma medida de proximidade geográfica entre as regiões i e j. Ele é interpretado como um coeficiente de correlação. Valores perto de +1 indicam um forte padrão espacial (altos valores tendem a ser localizados perto uns do outros, e valores baixos tendem a ser localizados perto uns dos outros). Valores perto de −1 indicam forte autocorrelação espacial negativa; valores altos tendem a ser localizados perto de valores baixos. (Padrões espaciais com autocorrelação negativa são extremamente raros.) Finalmente, valores perto de 0 indicam ausência de padrão espacial.

Embora a Equação 10.15 possa parecer difícil à primeira vista, é útil perceber que, se a variável de interesse é transformada primeiramente em um escore z $\{z = (x - \bar{x})/s\}$, uma expressão muito mais simples é obtida:

$$I = \frac{n \sum_i \sum_j w_{ij} z_i z_j}{(n - 1) \sum_i \sum_j w_{ij}} \qquad (10.16)$$

A parte conceitualmente importante da fórmula é o numerador, que soma os produtos dos escores z nas regiões vizinhas. Pares de regiões onde *ambas* apresentam escores acima da média (ou escores abaixo da média) irão contribuir em termos positivos para o numerador, e esses pares, por conseguinte, contribuirão para a autocorrelação espacial positiva. Pares onde uma região está acima da média e a outra está abaixo da média irão contribuir negativamente para o numerador e, portanto, para a autocorrelação espacial negativa.

Os pesos $\{w_{ij}\}$ podem ser definidos de várias maneiras. Talvez a definição mais comum seja a de uma *conectividade binária*; $w_{ij} = 1$ se as regiões i e j são contíguas e $w_{ij} = 0$, caso contrário. "Contíguo", por sua vez, pode ser definido como a exigência de que as regiões compartilhem pelo menos um ponto comum (denominado contiguidade do *tipo rainha*), ou, mais restritivamente, um limite comum de comprimento diferente de zero (denominado contiguidade do *tipo torre*). Às vezes, w_{ij} definidos

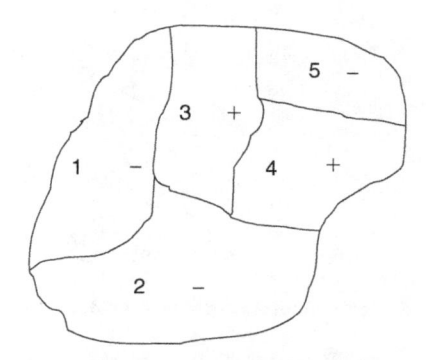

FIGURA 10.6 Resíduos positivos e negativos em um sistema de cinco regiões.

desta forma são, em seguida, padronizados para definir um novo w_{ij}^*, dividindo-os pelo número de regiões às quais i está conectada; ou seja, $w_{ij}^* = w_{ij}/\Sigma_j w_{ij}$. Neste caso, todas as regiões i são caracterizadas por um conjunto de pesos vinculando i a outras regiões, cuja soma é um; ou seja, $\Sigma_j w_{ij} = 1$.

Como alternativa, $\{w_{ij}\}$ pode ser definida como uma função da distância entre i e j (por exemplo, $w_{ij} = d_{ij}^{-\beta}$ ou $w_{ij} = \exp[-\beta d_{ij}]$), onde a distância entre i e j poderia, por exemplo, ser medida ao longo da linha conectando os centroides das duas regiões. É convencional usar $w_{ii} = 0$. Também é comum, mas não necessário, usar pesos simétricos, tal que $w_{ij} = w_{ji}$.

É importante reconhecer que o valor de I é muito dependente da definição de $\{w_{ij}\}$. Usar uma definição de conectividade binária simples para o mapa na Figura 10.6 nos dá:

$$\mathbf{W} = \{w_{ij}\} = \begin{matrix} 0 & 1 & 1 & 0 & 0 \\ 1 & 0 & 1 & 1 & 0 \\ 1 & 1 & 0 & 1 & 1 \\ 0 & 1 & 1 & 0 & 1 \\ 0 & 0 & 1 & 1 & 0 \end{matrix} \qquad (10.17)$$

Neste exemplo, a definição de $\{w_{ij}\}$ faz com que a vizinhança em torno da região 5 seja muito menor do que a vizinhança em torno da região 2. Isso não é necessariamente "errado", mas suponha que estejamos interessados na autocorrelação espacial de uma doença que era caracterizada por taxas que estavam fortemente associadas a pequenas distâncias, mas não correlacionadas a grandes distâncias. Nosso valor observado de I seria uma medida combinada da forte associação entre pares adjacentes próximos (como as regiões 4 e 5) e fraca associação entre pares adjacentes distantes (como as regiões 2 e 3). Em tais casos, pode ser mais apropriado usar uma definição de $\{w_{ij}\}$ baseada em distância.

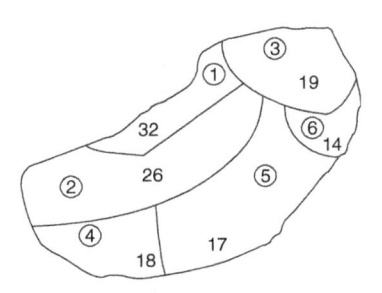

FIGURA 10.7 Sistema hipotético de seis regiões.

10.3.2.1 Ilustração   Considere o sistema de seis regiões na Figura 10.7. Usando uma definição de conectividade binária dos pesos temos:

$$W = \begin{bmatrix} 0 & 1 & 1 & 0 & 0 & 0 \\ 1 & 0 & 1 & 1 & 1 & 0 \\ 1 & 1 & 0 & 0 & 1 & 1 \\ 0 & 1 & 0 & 0 & 1 & 0 \\ 0 & 1 & 1 & 1 & 0 & 1 \\ 0 & 0 & 1 & 0 & 1 & 0 \end{bmatrix} \qquad (10.18)$$

onde uma entrada na linha i e coluna j é representada por w_{ij}. O somatório duplo no numerador de I (ver Equação 10.15) é encontrado tomando-se o produto dos desvios em relação à média, para todos os pares de regiões adjacentes:

$$\begin{aligned}
&(32-21)(26-21) + (32-21)(19-21) + (26-21)(32-21) \\
&+ (26-21)(19-21) + (26-21)(18-21) \\
&+ (26-21)(17-21) + (19-21)(32-21) \\
&+ (19-21)(26-21) + (19-21)(17-21) \\
&+ (19-21)(14-21) + (18-21)(26-21) \qquad (10.19) \\
&+ (18-21)(17-21) + (17-21)(19-21) \\
&+ (17-21)(26-21) + (17-21)(18-21) \\
&+ (17-21)(14-21) + (14-21)(19-21) \\
&+ (14-21)(17-21) = 100
\end{aligned}$$

Uma vez que a soma dos pesos em (10.18) é de 18, e dado que a variância dos valores regionais é de 224/5, com base em (10.15), o índice de Moran é igual a:

$$I = \frac{6(100)}{18(224)} = 0{,}1488. \qquad (10.20)$$

Além desta interpretação descritiva, há uma fundamentação estatística que permite decidir se algum padrão se desvia significativamente de um padrão aleatório.

Se o número de regiões é grande, a distribuição de amostragem de I, sob a hipótese de nenhum padrão espacial, se aproxima de uma distribuição normal, e a média e a variância de I podem ser usadas para criar uma estatística Z da forma habitual:

$$Z = \frac{I - \mathrm{E}[I]}{\sqrt{\mathrm{V}[I]}} \qquad (10.21)$$

onde $\mathrm{E}[I]$ e $\mathrm{V}[I]$ indicam, respectivamente, o valor esperado (ou seja, a média teórica) e a variância de I, quando a hipótese nula de nenhum padrão espacial é verdadeira. Em seguida, o valor é comparado com o valor crítico encontrado na tabela normal (por exemplo, $\alpha = 0{,}05$ implicaria valores críticos de $-1{,}96$ e $+1{,}96$).

A média e a variância são iguais a:

$$E[I] = \frac{-1}{n-1}$$

$$\mathrm{V}[I] = \frac{n^2(n-1)S_1 - n(n-1)S_2 + 2(n-2)S_0^2}{(n+1)(n-1)^2 S_0^2}, \qquad (10.22)$$

onde:

$$S_0 = \sum_i^n \sum_{j \neq i}^n w_{ij}$$

$$S_1 = 0{,}5 \sum_i^n \sum_{j \neq i}^n (w_{ij} + w_{ji})^2 \qquad (10.23)$$

$$S_2 = \sum_k^n \left(\sum_j^n w_{kj} + \sum_i^n w_{ik} \right)^2$$

O cálculo não é complicado, mas é entediante o suficiente para não querer fazê-lo à mão! Infelizmente, poucos softwares que calculam o coeficiente e seu significado estão disponíveis. Uma exceção é o GeoDa, de Anselin (2003).

Felizmente, há também simplificações e aproximações que facilitam o uso do índice de Moran. Uma forma alternativa de encontrar o índice de Moran é simplesmente tirar a razão de dois coeficientes de inclinação de regressão (ver Griffith 1996). O numerador de I é igual à inclinação da regressão obtida quando a quantidade $a_i = \sum_{j=1}^{n} w_{ij} z_j$ é regredida em z_i, e o denominador de I é igual à inclinação da regressão obtida quando a quantidade $b_i = \sum_{j=1}^{n} w_{ij}$ é regredida em $c_i = 1$. Os zs representam os escores z das variáveis originais, e os coeficientes de inclinação são encontrados usando-se uma regressão sem intercepto (ou seja, restringindo o resultado da regressão para que o intercepto seja igual a zero).

Além disso, Griffith considera $2/\Sigma\Sigma w_{ij}$ como uma aproximação para a variação do coeficiente de Moran. Esta expressão, embora funcione melhor somente quando o número de regiões é suficientemente grande (cerca de 20 ou mais), é claramente mais fácil de calcular que aquelas das Equações 10.22 e 10.23! Como alternativa, quando as unidades observacionais estão em uma grade quadrada e a conectividade é indicada pelas quatro células adjacentes, a variância pode ser aproximada por $1/(2n)$, onde n é o número de células. Baseado em uma grade de células hexagonais ou em um mapa mostrando a conectividade "média" com as outras regiões, a variância pode ser aproximada por $1/(3n)$. Um exemplo é dado na Seção 10.5.

O uso da distribuição normal para testar a hipótese nula de aleatoriedade espacial requer um dos dois pressupostos:

1. Normalidade. Pode-se supor que os valores regionais são gerados de variáveis aleatórias normais identicamente distribuídas (ou seja, as variáveis em cada região surgem de distribuições normais nas quais todas têm a mesma média e a mesma variância).
2. Aleatoriedade. Pode-se supor que todas as permutações possíveis (isto é, rearranjos regionais) de valores regionais são igualmente prováveis.

As fórmulas dadas (Equações 10.22 e 10.23) para a variância assumem que a suposição de normalidade é válida. A fórmula da variância para o pressuposto de aleatoriedade é algebricamente mais complexa e fornece valores que são apenas um pouco diferentes daqueles dados anteriormente (ver, por exemplo, Griffith 1987).

Se qualquer um dos dois pressupostos se sustenta, a distribuição de amostragem de I tem uma distribuição normal, caso a hipótese nula de nenhum padrão for verdadeira. Um dos dois pressupostos deve valer para gerar a distribuição de amostragem de I, de maneira que os valores críticos da estatística de teste possam ser estabelecidos. Por exemplo, se o primeiro pressuposto foi usado para gerar os valores regionais, I poderia ser calculado; isto poderia então ser repetido muitas vezes, e um histograma dos resultados poderia ser produzido. O histograma teria a forma de uma distribuição normal, uma média $E[I]$ e uma variância de $V[I]$. Da mesma forma, os valores regionais observados no mapa poderiam ser reorganizados aleatoriamente muitas vezes, e o valor de I calculado a cada vez. Novamente, poderia ser produzido um histograma; mais uma vez ele teria a forma de uma distribuição normal com média $E[I]$ e uma variância ligeiramente diferente de $V[I]$. Se pudermos contar com um destes dois pressupostos, não precisamos realizar essas experiências para gerar histogramas, pois saberemos antecipadamente que eles produzirão distribuições normais com média e variância conhecidas.

Infelizmente, há muitas circunstâncias em aplicações geográficas que levam os analistas a questionar a validade dos dois pressupostos. Por exemplo, mapas de municípios por distrito são caracterizados por altas densidades populacionais nos distritos adjacentes ao centro da cidade e por baixas densidades populacionais nos distritos periféricos. As taxas de criminalidade ou de doença, embora possam ter médias iguais nos distritos, provavelmente não terão variâncias iguais. Isto porque os distritos periféricos são caracterizados por maior incerteza – eles provavelmente experimentam taxas atipicamente altas ou baixas pela simples causa das chances de flutuações associadas com uma população de base relativamente menor. Assim, o primeiro pressuposto não é satisfeito, uma vez que nem todos os valores regionais são provenientes de distribuições idênticas – alguns valores regionais, em especial das regiões periféricas, são caracterizados por variações superiores. Da mesma forma, nem todas as permutações de valores regionais são igualmente prováveis – permutações com valores atipicamente altos ou baixos fora da periferia são mais prováveis do que permutações com valores atipicamente altos ou baixos perto do centro.

Como podemos testar a hipótese nula de nenhum padrão espacial neste exemplo? Uma abordagem é usar a simulação de Monte Carlo. Já que o teste z descrito antes pela Equação 10.21 não é válido, precisamos de uma forma alternativa para chegar aos valores críticos. A ideia é primeiramente assumir que a hipótese nula de nenhum padrão espacial é verdadeira. Suponha que temos dados sobre o número de indivíduos doentes (n_i) e a população (p_i) em cada região. Atribua a doença para cada indivíduo com probabilidade $\Sigma_i n_i / \Sigma_i p_i$, que é a taxa global de doenças na população. Em seguida, calcule o índice de Moran. Isso é repetido várias vezes, e os valores resultantes do índice de Moran podem ser usados para criar um histograma representando as frequências relativas de I quando a hipótese nula é verdadeira. Além disso, os valores podem ser organizados do mais baixo ao mais alto, e essa listagem usada para localizar os valores críticos de I. Por exemplo, se as simulações são realizadas 1.000 vezes e valores críticos são desejados para um teste usando $\alpha = 0,05$, eles podem ser encontrados a partir da lista ordenada de valores I. O menor valor crítico seria o 25º item da lista, e o valor crítico superior seria o item 975º da lista.

ILUSTRAÇÃO DO MÉTODO DE MONTE CARLO

Dominik Hasek, o ex-goleiro medalha de ouro de hóquei no gelo da equipe tcheca nos Jogos Olímpicos de 1998, defendeu 92,4% de todos os arremessos que enfrentou quando jogava profissionalmente no Buffalo Sabres da National Hockey League (NHL). A média percentual de defesas de outros goleiros na NHL é de aproximadamente 90%. Hasek enfrentou cerca de 31 arremessos por jogo, enquanto o Sabres conseguia apenas 25 arremessos por jogo sobre o goleiro adversário. Para avaliar o quanto Hasek significou para o Sabres, compare os resultados de 1.000 jogos usando as estatísticas de Hasek com os resultados de 1.000 jogos assumindo que os Sabres tinham um goleiro "médio", que defendia 90% dos arremessos contra ele.

Solução.

Pegue 31 números aleatórios entre 0 e 1. Conte os maiores que 0,924 como gols contra o Sabres com Hasek no gol. Pegue 25 números de uma distribuição uniforme entre 0 e 1 e conte os maiores que 0,9 como gols para o Sabres. Grave o resultado (vitória, perda ou empate). Repita isso 1.000 vezes (de preferência usando um computador!) e compute os resultados. Finalmente, repita toda a experiência usando números aleatórios maiores que 0,9 (em vez de 0,924) para gerar gols contra o Sabres sem Hasek. Cada vez que a experiência é executada, será obtido um resultado diferente. Em uma comparação, os resultados foram os seguintes:

	Ganhos	Perdas	Empates
Cenário 1 (com Hasek)	434	378	188
Cenário 2 (sem Hasek)	318	515	167

(continua)

> *(continuação)*
>
> Para avaliar o valor de Hasek para a equipe ao longo de uma temporada de 82 jogos, os resultados anteriores podem ser primeiramente convertidos em porcentagens, multiplicados por 82 e, em seguida, arredondados para inteiros produzindo:
>
> | | Ganhos | Perdas | Empates |
> |-----------|--------|--------|---------|
> | Cenário 1 | 36 | 31 | 15 |
> | Cenário 2 | 26 | 42 | 14 |
>
> Assim, Hasek "vale" cerca de 10 vitórias. Isto é, eles ganham cerca de 10 jogos por ano que teriam perdido se tivessem um goleiro "médio".

10.4 Estatísticas locais

10.4.1 Introdução

Besag e Newell (1991) classificam a procura por clusters geográficos em três áreas principais. Primeiro são os testes "gerais", elaborados para fornecer uma única medida de padrão global para um mapa composto por localizações. Esses testes gerais destinam-se a fornecer um teste da hipótese nula, de que não há qualquer padrão subjacente ou desvio da aleatoriedade, entre o conjunto de pontos. Exemplos incluem o teste do vizinho mais próximo, o método *quadrat* e a estatística de Moran, todos descritos anteriormente. Em outras situações, o investigador deseja saber se existe um cluster de eventos em torno de um único ou pequeno número de focos predefinidos. Por exemplo, desejamos saber se doenças se aglomeram em torno de uma localidade de resíduos tóxicos ou queremos saber se o crime se aglomera em torno de um conjunto de estabelecimentos de bebidas alcoólicas. Finalmente, Besag e Newell descrevem "testes para a detecção de cluster". Aqui não há nenhuma ideia *a priori* sobre onde os clusters podem estar; os métodos são destinados a examinar o mapa e descobrir tamanho e a localização de qualquer possível cluster.

Testes gerais são efetuados com as chamadas estatísticas "globais"; novamente, um único valor sintético caracteriza algum desvio de um padrão aleatório. Estatísticas "locais" são usadas para avaliar se o cluster ocorre em torno de pontos particulares e, portanto, são utilizados para testes focalizados e testes para a detecção de clusters. Estatísticas locais têm sido utilizadas tanto de forma confirmatória, para testar hipóteses, quanto de forma exploratória, onde a intenção é mais sugerir, em vez de confirmar, hipóteses.

Estatísticas locais podem ser usadas para detectar clusters, quando o local é pré-especificado (testes focalizados) ou quando não existe ideia *a priori* da localização do cluster. Neste último caso, todas as estatísticas locais no mapa são testadas, e o valor crítico é ajustado para o teste múltiplo que ocorre. Sem esse ajustamento, se um grande número de estatísticas locais está sendo testado, algumas delas excederiam seus valores críticos habituais apenas por acaso. Uma forma de adaptação é o denominado *ajuste de Bonferroni* – em vez de usar um Erro Tipo I de α para cada estatística local, o valor crítico é determinado usando-se α/n, onde n é o número de testes locais a serem realizados.

Quando um teste global não encontra qualquer divergência significativa da aleatoriedade, testes locais podem ser úteis para descobrir pontos isolados de maior incidência. Quando um teste global indicar um grau significativo de aglomeração, estatísticas locais podem ser úteis para decidir se (a) a área de estudo é relativamente homogênea no sentido de que as estatísticas locais são bastante semelhantes em toda a área, ou se (b) há casos extremos locais que contribuem para uma estatística global significativa. Anselin (1995) discute testes locais com mais detalhes.

10.4.2 Estatística de Moran local

A estatística de Moran local é:

$$I_i = n(y_i - \bar{y}) \sum_j w_{ij}(y_j - \bar{y}) \tag{10.24}$$

O somatório do Moran local é igual, a menos de uma constante de proporcionalidade, ao Moran global, ou seja, $\Sigma I_i = I$. Por exemplo, a estatística de Moran local para a região 1 na Figura 10.7 é:

$$I_1 = (32 - 21)[(26 - 21) + (19 - 21)] = 33. \tag{10.25}$$

O valor esperado da estatística local de Moran é:

$$E[I_i] = \frac{-\sum_j w_{ij}(y_j - \bar{y})}{n - 1} \tag{10.26}$$

e a expressão de sua variância é mais complicada. Anselin mostra a variância de I_i e avalia a adequação do pressuposto de que a estatística de teste tem uma distribuição normal sob a hipótese nula.

10.4.3 Estatística G_i de Getis

Para testar se um determinado local i e suas regiões vizinhas têm valores mais elevados do que a média em relação a uma variável (x) de interesse, Ord e Getis (1995) utilizaram a estatística:

$$G_i^* = \frac{\sum_j w_{ij}(d)x_j - W_i^* \bar{x}}{s\{[nS_{1i}^* - W_i^{*2}]/(n-1)\}^{1/2}}, \tag{10.27}$$

onde s é o desvio padrão dos valores de x da amostra e $w_{ij}(d)$ é igual a 1 se a região j está a uma distância d da região i e a 0, caso contrário. Também:

$$W_i^* = \sum_j w_{ij}(d)$$
$$S_{1i}^* = \sum_j w_{ij}^2 \tag{10.28}$$

Pode-se ver que o numerador da Equação 10.27 representa, para a região i, a diferença entre o valor ponderado de x na vizinhança de i e o valor que seria de se esperar se a vizinhança fosse "média" em suas características de x. Ord e Getis notam que, quando a variável subjacente tem uma distribuição normal, a estatística de teste também terá. Além disso, a distribuição é assintoticamente normal, mesmo quando a distribuição subjacente das variáveis x não é normal, se a distância d é suficientemente grande. Uma vez que a estatística (10.26) é escrita na forma normalizada, ela pode ser tomada como uma variável aleatória normal padrão, com média 0 e variância 1.

Para a região 1 na Figura 10.7, vamos usar pesos iguais a 1 para as regiões 1, 2 e 3 e pesos iguais a 0 para as outras regiões. A estatística G_i é:

$$G_1^* = \frac{87 - 3(21)}{6{,}69\sqrt{\frac{6(3)-9}{5}}} = 1{,}543. \qquad (10.29)$$

Uma vez que essa variável tem uma distribuição normal com média 0 e variância 1 sob a hipótese nula de que a região 1 não está localizada em uma região de valores particularmente elevados, podemos usar um teste unilateral com $\alpha = 0{,}05$ e $z = 1{,}645$. Deixamos, portanto, de rejeitar a hipótese nula.

10.5 Encontrando o índice de Moran usando o SPSS 16.0 for Windows

Considere o sistema de seis regiões na Figura 10.7. Com a conectividade definida por um peso binário 0-1 para regiões adjacentes, temos a matriz de peso dada pela Equação 10.17. Para calcular o valor do índice de Moran no SPSS, primeiro convertemos os seis valores regionais em escores z. Eles podem ser encontrados usando-se Analyze, Descriptives e Descriptives, e depois clicando em Save standardized scores as variables. Para as seis regiões, os escores z são 1,64; 0,747; –0,299; –0,448; – 0,598 e –1,046. Em seguida, as quantidades $a_i = \Sigma_j w_{ij} z_j$ são encontradas. Elas são simplesmente somas ponderadas dos escores z e, com pesos binários, isso significa que as regiões às quais i está conectada são os escores z que são somados. Por exemplo, a região 1 está conectada às regiões 2 e 3. Para a região 1, $a_1 = 0{,}747 - 0{,}299 = 0{,}448$. Os escores dos seis a_i são 0,448; 0,299; 0,747; 0,149; –1,046 e –0,896. Agora execute uma regressão, usando os a's como variáveis dependentes e os z's como variáveis independentes. No SPSS, clique em Analyze, Regression, Linear e, em seguida, defina as variáveis dependentes e independentes. Em seguida, em Options, certifique-se de que a caixa Include constant in equation NÃO está habilitada. Isso produz um coeficiente de regressão de 0,446 para o numerador.

Para o denominador, usamos novamente a regressão sem intercepto para regredir seis valores de y sobre seis valores de x. Os seis "valores de y" são a soma dos pesos em cada linha (2, 4, 4, 2, 4 e 2 para as linhas 1-6, respectivamente). Os seis valores de x são 1, 1, 1, 1, 1 e 1 (ele sempre será um conjunto de n, onde n é o número de regiões). Depois de se certificar mais uma vez de que uma constante NÃO está incluída na equação de regressão, encontra-se o coeficiente de regressão 3,0. O índice de Moran é simplesmente a relação entre esses dois coeficientes: $0{,}446/3 = 0{,}1487$.

A variância de I neste exemplo pode ser encontrada com a Equação 10.21:

$$V[I] = \frac{2(36)(5)(18) - 4(6)(5)(60) + 2(4)(18)^2}{7(5)^2(18)^2} = 0{,}033. \qquad (10.30)$$

O valor z associado com um teste de hipótese nula de nenhuma autocorrelação espacial é $0{,}1487 - (-0{,}2)/\sqrt{0{,}033} = 1{,}92$. Isso excederia o valor crítico de 1,645 em um teste unilateral (que usaríamos, por exemplo, se nossa hipótese alternativa inicial fosse de autocorrelação positiva) e seria um pouco menor do que o valor crítico de 1,96 em um teste bilateral. No entanto, percebemos que estamos em terreno movediço ao assumir que esta estatística de teste tem uma distribuição normal, uma vez que o número de regiões é pequeno. Verificamos também que, neste caso, a aproximação de $1/(3n)$ descrito na Seção 10.3.3 para a variância de I teria produzido uma variância de $1/18 = 0{,}0555$, que não é muito distante do encontrado anteriormente usando a Equação 10.21. A aproximação de dois dividido pela soma dos pesos, também descrito na Seção 10.3.3, teria produzido $2/18 = 0{,}1111$. Essa aproximação funciona melhor para sistemas com um maior número de regiões.

10.6 Encontrando o índice de Moran usando o GeoDa

O GeoDa é um software livre para download que facilita a análise espacial. Até o momento desta edição (fevereiro de 2009), versões para o Windows Vista e para o MacIntosh não estavam disponíveis, mas o lançamento estava sendo planejado. Nesta seção, descreveremos o uso do GeoDa para calcular e testar o índice de Moran.

O GeoDa vem com vários conjuntos de dados de exemplo; aqui usaremos um conjunto de dados sobre a incidência de mortes da Síndrome da Morte Súbita Infantil (SMSI), na Carolina do Norte. O conjunto de dados consiste principalmente do número de casos de SIDS e o número de nascimentos em cada um dos 100 municípios na Carolina do Norte, para os períodos 1974-78 e 1979-84; mais detalhes são dados por Cressie (1993). Para começar, escolha File, em seguida, Open Project e escolha o arquivo sids.shp – é um mapa dos municípios da Carolina do Norte. Em seguida, clique em OK. O conjunto de dados vem com informações sobre o número de casos de SIDS e o número de nascimentos; se estivermos interessados em um mapa de taxas de SIDS, primeiro teremos de criá-las a partir das informações dadas. Para fazer isso, clique no ícone da planilha, depois em Table e, em seguida, escolha Field Calculation no submenu. Há duas maneiras alternativas para criar uma nova coluna com a taxa de SIDS – uma é clicar na guia Binary Operations e outra é clicar na guia Rate Operations. Vamos supor que você clique na guia Binary Operations. Isso abre uma janela com caixas rotuladas Result, Variable, Operand e Variable2. Na caixa Result, crie um nome para a variável de taxa (por exemplo, "sidrate74"). Na primeira caixa Variables, use o menu para escolher sids74. Na caixa de execução dos dados, escolha Divide no menu e, na segunda caixa de variáveis, escolha bir74. Em seguida, clique em Apply. Será criada uma nova coluna do lado direito da janela de cálculo que conterá a recém- -definida variável sidrate74, definida como a fração de todos os nascimentos que resultam em casos de SIDS (ou, alternativamente, a probabilidade de que um parto resulte em um caso de SIDS, assumindo uma população homogênea).

Em seguida, vamos apresentar um mapa e, depois, calcular e interpretar o índice de Moran. Comece clicando na barra azul da parte superior da janela do mapa para tornar essa janela ativa. Em seguida, escolha Map e Quantile. Aqui você pode escolher o número de classes para o mapa coroplético (o padrão são 4 classes ou cores para o mapa). Escolha a variável recém-definida (sidrate74) no menu que lista as variáveis na tabela. Para localizar o índice de Moran, precisamos especificar uma matriz de peso.

Isso pode ser feito primeiramente escolhendo Tools e, em seguida, Weights e, em seguida, Create. A nova janela pede um arquivo de entrada (clique no ícone de pasta e, em seguida, digite o nome do arquivo de fronteira – neste caso, entramos com sids.shp) e um arquivo de saída (vamos chamar o arquivo de pesos sidswt – o software irá, por padrão, atribuir a esse arquivo uma extensão "gal", para que o resultado seja um arquivo de peso chamado sidswt.gal. Aqui clicamos em rook contiguity, e vamos deixar a ordem de contiguidade com seu valor padrão de 1. Uma ordem de contiguidade de 2 implicaria que nossa vizinhança em torno de qualquer município seria definida não só por municípios adjacentes que com ele compartilham uma fronteira comum, mas também por municípios adjacentes (ou seja, compartilhando uma fronteira) àqueles municípios adjacentes. Existem outras opções para definições alternativas de pesos – por exemplo, as definições que são baseadas em distância entre centroides de municípios. Finalmente, clique em Create para criar o arquivo. Agora selecione Space e, em seguida, Univariate Moran. Na nova janela, selecione a variável de interesse (ou seja, a taxa criada SIDS, sidrate 74) e o arquivo de peso criado anteriormente (por exemplo, sidswt.gal) e clique em OK. Um gráfico (chamado de *Moran scatterplot*) será exibido, com o valor do índice de Moran na parte superior – neste caso, o valor é $I = 0{,}2477$. O gráfico tem 100 pontos – um para cada município. O eixo horizontal dá o valor da taxa SIDS (padronizada) do município (se ela se situa à esquerda do eixo vertical, a taxa SIDS está abaixo da média e, se situa à direita, está acima da média). O eixo vertical dá a soma ponderada das taxas SIDS em torno dos municípios, onde os pesos são aqueles definidos anteriormente. Municípios localizados no quadrante "nordeste" contribuem para a autocorrelação espacial positiva, uma vez que são locais com taxas SIDS acima da média, e estão em uma "vizinhança" que tem taxas acima da média. Da mesma forma, municípios no quadrante sudoeste contribuem para a autocorrelação espacial positiva, uma vez que estes representam municípios com taxas abaixo da média que têm municípios vizinhos com taxas abaixo da média. Municípios localizados nos outros dois quadrantes do gráfico contribuem para a autocorrelação espacial negativa. A inclinação da linha ajustada por esses pontos é igual ao valor do índice de Moran. O GeoDa apresenta recursos de janelas vinculadas, de tal forma que, clicando em um município no mapa, o município correspondente será realçado no gráfico e na tabela. Da mesma forma, usando o *mouse* para destacar um retângulo que contenha pontos do Moran scatterplot será possível realçar os municípios correspondentes no mapa e na tabela.

EXERCÍCIOS

1. A tabela a seguir representa o número de resíduos observados em uma regressão da produção de trigo em função da precipitação e da temperatura em uma área de seis municípios:

Município:	1	2	3	4	5	6	
+		7	10	12	9	14	15	Número de resíduos positivos
–		12	8	19	10	10	10	Número de resíduos negativos

(continua)

(continuação)

Use o teste qui-quadrado para determinar se há alguma interação entre o local e a tendência de os resíduos serem positivos ou negativos. Se você rejeitar a hipótese nula de nenhum padrão, descreva, em seguida, como você pode proceder na análise de regressão.

2. Uma regressão das vendas em função da renda e da educação gera os resíduos seguintes:

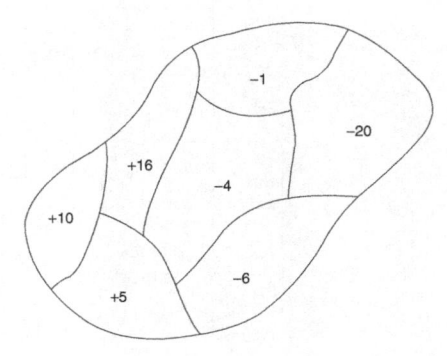

Use o índice de Moran para determinar se há um padrão espacial nos resíduos. Assuma a conectividade binária para determinar os pesos. Se você rejeitar a hipótese nula, descreva como você procederia com a análise de regressão.

3. (a) Encontre a estatística do vizinho mais próximo para o seguinte padrão, assumindo uma área de estudo de 40 km^2:

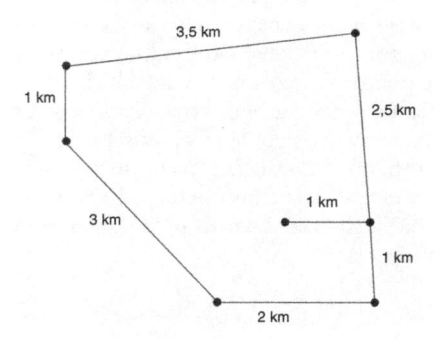

(b) Teste a hipótese nula de que o padrão é aleatório, encontrando a estatística z:

$$z = 1{,}913(R-1)\sqrt{n}.$$

(c) Encontre a estatística qui-quadrado, $\chi^2 = (m-1)\sigma^2/\bar{x}$ para um conjunto de 81 *quadrats*, onde 1/3 dos *quadrats* têm 0 pontos, 1/3 têm 1 ponto e 1/3 têm 2 pontos. Em seguida, encontre o valor de z para testar a hipótese de aleatoriedade, onde

$$z = \frac{\chi^2 - (m-1)}{\sqrt{2(m-1)}},$$

(continua)

(continuação)

e onde m é o número de células. Compare-o com os valores críticos de $z = -1{,}96$ e $z = +1{,}96$.

4. Parcelas de lotes vagos encontram-se nos seguintes locais:

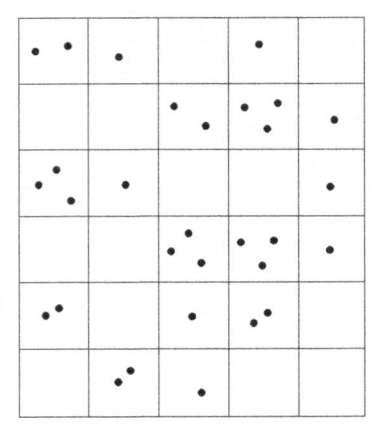

Encontre a variância e a média do número de parcelas vagas por célula, e use a razão variância-média para testar a hipótese de que as parcelas são distribuídas aleatoriamente (contra a hipótese bicaudal de que elas não são).

5. Encontre a estatística do vizinho mais próximo (a razão entre as distâncias médias observadas e esperadas até os vizinhos mais próximos) quando n pontos são equidistantes uns dos outros na circunferência de um círculo com raio r, e há um ponto adicional localizado no centro do círculo. Suponha que a viagem entre pontos vizinhos na circunferência só pode ocorrer ao longo da circunferência. Observe que você pode dividir a solução em duas partes – uma onde a distância entre os pontos vizinhos ao longo da circunferência é inferior a r, e outra em que a distância é maior ou igual a r. Dicas: a área de um círculo é πr^2 e a circunferência de um círculo é $2\pi r$.

6. Para o teste do vizinho mais próximo, prove que os dois escores z seguintes são equivalentes:

$$\frac{R-1}{\sigma_R} = \frac{r_o - r_e}{\sigma_r},$$

onde:

$$\sigma_R = 0{,}52/\sqrt{n};\ \sigma_r = \frac{0{,}26}{\sqrt{n\rho}};\ R = r_o/r_e$$

Assim, há duas maneiras equivalentes de realizar o teste do vizinho mais próximo.

7. Encontre a estatística do vizinho mais próximo para quatro pontos localizados nos vértices de um retângulo de comprimento 5 e de largura 4.

8. Usando o GeoDa, encontre o índice de Moran para os dados de SIDS, do período de 1979-84.

Alguns Aspectos Espaciais da Análise de Regressão 11

> **OBJETIVOS DE APRENDIZAGEM**
> - Gráficos das variáveis adicionadas — 282
> - Como incluir considerações espaciais à análise de regressão — 283
> - Análise de regressão espacial — 283
> - Parâmetros variáveis espacialmente, incluindo o método de expansão e a regressão ponderada geograficamente — 284

11.1 Introdução

Já chamamos a atenção para o fato de a autocorrelação espacial causar dificuldades para estimar relações de regressão. Em alguns casos, e sem interesse maior, podemos estar interessados no padrão dos resíduos correlacionados espacialmente. A Figura 11.1 é um mapa que produzi para um projeto da graduação, mostrando os resíduos de uma regressão da precipitação de neve em função da temperatura, elevação e latitude. Neste caso, a proposta inicial era obter uma impressão visual do efeito dos Grandes Lagos da América do Norte sobre o padrão de precipitação de neve no Estado de Nova York. Pode-se, claramente, ver duas faixas de excesso de neve, uma na direção do vento do lago Erie e outra na direção do vento do lago Ontário. Os efeitos do vento na direção do lago Erie são especialmente fortes, variando de 50-60 polegadas por ano a mais que o valor predito apenas pela temperatura, elevação e latitude. O restante do mapa tem resíduos relativamente pequenos. Pode-se especular, também, que os resíduos negativos ao longo da fronteira nordeste do Estado constituem um efeito da sombra sobre a precipitação, uma vez que esta área está imediatamente ao leste das Montanhas Adirondack, e grande parte da umidade teria precipitado antes de alcançar a fronteira oriental.

No exemplo da precipitação de neve, não era necessário ter estimativas precisas dos efeitos da temperatura, da elevação e da latitude sobre a precipitação de neve, uma vez que o interesse principal estava no padrão espacial dos resíduos. No entanto, a autocorrelação espacial dos resíduos viola uma suposição básica da regressão ordinária pelos mínimos quadrados e, então, devem ser consideradas alternativas quando se deseja equações de regressão confiáveis. Uma abordagem para modelos de regressão espacial é remediar a situação adicionando, também, à lista de variáveis explicativas os valores de x e/ou y de regiões vizinhas. Isso é tratado na Seção 11.2. A Seção 11.3 trata da abordagem de modelar a autocorrelação espacial nos resíduos diretamente.

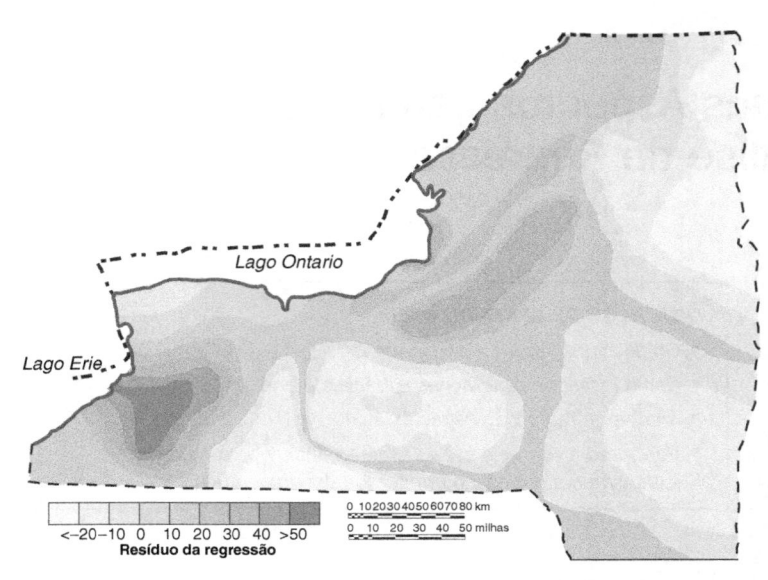

FIGURA 11.1   Resíduos da análise de regressão da precipitação de neve.

Até este ponto, assumimos que os valores dos coeficientes da regressão eram globais, no sentido de que eram pensados para serem aplicados para a região como um todo. Entretanto, é possível que os coeficientes variem no espaço – ou seja, é possível que localidades diferentes tenham coeficientes de regressão diferentes. A Seção 11.4 examina duas abordagens dos parâmetros da regressão que variam espacialmente. A seção final apresenta uma ilustração dos vários métodos.

11.2 Gráficos das variáveis adicionadas

Quando os resíduos da regressão apresentam autocorrelação espacial, isso sugere que os resultados da regressão podem se beneficiar da inclusão de variáveis explicativas. Haining (1990b) identifica quatro situações nas quais os efeitos espaciais podem ser inseridos no lado direito da equação de regressão:

1. O valor de y depende de valores de y nas proximidades.
2. O valor de y em um local não depende apenas de valores de x do local, mas, também, de valores de x de locais próximos.
3. O valor de y em um local depende do valor de x no local e de valores de x e y de locais próximos.
4. O tamanho do erro em um local está relacionado ao tamanho do erro em locais próximos.

O caso (4) é estatisticamente indistinguível do caso (3).

Assim, pode valer a pena tentar novas variáveis, incluindo $x_i^* = \sum_j w_{ij} x_j$ e/ou $y_i^* = \sum_j w_{ij} y_j$ no lado direito da equação de regressão, onde w_{ij} são os pesos que servem para definir a vizinhança em torno do ponto i. Ambos, x_i^* e y_i^*, são definidos para cada localização espacial, i, e consistem em somas ponderadas dos valores de y ou x na vizinhança em torno do local i.

A eficácia potencial dessas variáveis de vizinhança também pode ser avaliada graficamente. Haining observa que os *gráficos das variáveis adicionadas* são "dispositivos gráficos que são usados para decidir se uma nova variável explicativa deve ser adicionada à regressão" (veja também Weisberg, 1985; Johnson and McCulloch, 1987). A ideia por trás dos gráficos das variáveis adicionadas é ver se existe um relacionamento entre y, uma vez que foi ajustado pelas variáveis já presentes na equação, e algumas variáveis omitidas. Considere a variável omitida denotada por x_p. O procedimento é o seguinte:

1. Obtenha os resíduos da regressão de y nas variáveis x, onde o último é o conjunto de todas as variáveis já incluídas na equação.
2. Obtenha os resíduos da regressão de x_p nas variáveis x.
3. Represente graficamente os resíduos obtidos em (1) no eixo vertical e os resíduos de (2) no eixo horizontal.

O resultado é o relacionamento entre x_p e y, ajustado pelos outros x's. Se os pontos no gráfico se encontram ao longo ou perto de uma linha reta, isso sugere que a variável deve ser adicionada à equação de regressão.

11.3 Regressão espacial: erros autocorrelacionados

É possível especificar um modelo de regressão espacial da mesma forma que um modelo de regressão linear usual, com a ressalva de que os resíduos são modelados como funções dos resíduos circundantes (ver, por exemplo, Bailey and Gatrell, 1995). Se usarmos ε para denotar o termo do resíduo usual ou erro, o resíduo para uma observação particular será escrito como uma função linear de outros resíduos:

$$\varepsilon_i = \rho \sum_{j=1}^{n} w_{ij} \varepsilon_j + u_i, \qquad (11.1)$$

onde w_{ij} é uma medida da conexão entre a região i e a região j (muitas vezes tomada como uma medida binária de conectividade), ρ é uma medida da força da correlação dos resíduos e u_i é o termo do erro remanescente, depois que a correlação entre os resíduos tiver sido contabilizada. Observe que, se $\rho = 0$, o modelo se reduz ao modelo de regressão linear simples.

Para estimar o modelo, pode-se definir as quantidades:

$$y^* = y - \rho \sum_{j=1}^{n} w_{ij} y_j$$

$$x^* = x - \rho \sum_{j=1}^{n} w_{ij} x_j \qquad (11.2)$$

Assim, as regressões de y^* *versus* x^* são julgadas por uma variedade de valores ρ, começando em zero. Os resíduos de cada regressão são inspecionados, e o valor de ρ associado com o conjunto de resíduos mais adequado é adotado. Bailey e Gatrell observam que esse procedimento de estimação não é, de forma alguma, o melhor procedimento, do ponto de vista estatístico, e a abordagem mais sofisticada que existe. No entanto, deve dar ao analista uma boa ideia dos efeitos espaciais que podem estar presentes em um modelo.

11.4 Parâmetros variáveis espacialmente

11.4.1 O método de expansão

Na regressão linear, os parâmetros inclinação e intercepto são "globais", porque se aplicam a todas as observações. O método de expansão (Casetti, 1972; Jones III and Casetti, 1992) sugere que esses parâmetros podem ser funções de outras variáveis. Assim, em uma regressão linear dos preços de residências (y) pelo tamanho do lote (x_1) e pelo número de quartos (x_2):

$$y = b_0 + b_1 x_1 + b_2 x_2 + \varepsilon, \qquad (11.3)$$

o efeito do tamanho do lote sobre o preço da residência (b_1) pode depender da existência de um parque próximo (por exemplo, lotes grandes podem ser mais valiosos em um subúrbio se não existe outro espaço verde próximo). Então, adicionamos uma equação de expansão:

$$b_1 = c_0 + c_1 d, \qquad (11.4)$$

onde d é a distância até o parque mais próximo. Podemos esperar que c_1 seja positivo; grandes distâncias até o parque mais próximo significariam que o valor de b_1 é elevado, o que, por sua vez, significa que pequenos incrementos nos tamanhos dos lotes têm uma grande influência sobre os preços das residências.

Se substituirmos essa equação de expansão na equação original, encontramos:

$$\begin{aligned} y &= b_0 + (c_0 + c_1 d) x_1 + b_2 x_2 + \varepsilon \\ &= b_0 + c_0 x_1 + c_1 d x_1 + b_2 x_2 + \varepsilon \end{aligned} \qquad (11.5)$$

Para estimar os coeficientes, realizamos uma regressão linear de y pelas variáveis x_1, x_2 e dx_1. Na Equação 11.5, a nova quantidade, dx_1, pode ser entendida como uma nova variável, criada pela multiplicação da distância do parque (d) pelo tamanho do lote (x_1). Quando o coeficiente c_1 é significante, diz-se que é um efeito da *interação*; o efeito do tamanho do lote sobre o preço da residência interage com a, ou depende da, distância até o parque (ou, alternativamente, o efeito da distância ao parque depende do tamanho do lote).

Para dar um exemplo explicitamente espacial, o coeficiente de regressão pode ser considerado como uma função da coordenada x e/ou da coordenada y; tal especificação seria apropriada se considerarmos que o efeito de uma variável explicativa sobre a variável dependente variou numa direção leste-oeste e/ou norte-sul.

O material editado de Jones III e Casetti (1992) contém uma grande variedade de aplicações do método de expansão. Elas incluem aplicações a modelos de qualidade de vida, crescimento populacional e desenvolvimento, escolha do destino do migrante, desenvolvimento urbano, descentralização metropolitana e estrutura espacial da agricultura. O material também inclui contribuições metodológicas que focam sobre aspectos estatísticos do modelo, incluindo sua relação com a dependência espacial nos dados.

11.4.2 Regressão geograficamente ponderada

Em uma série de artigos, Fotheringham e seus colegas de Newcastle delinearem uma abordagem alternativa ao método de expansão que considera parâmetros variáveis espacialmente (ver, por exemplo, Brunsdon *et al.* 1996, 1999; Fotheringham *et al.* 1998). Sua técnica de regressão geograficamente ponderada (GWR*) está baseada no ponto de vista "local" da regressão, como observado em cada local de dados. Para cada localização em particular, pode-se estimar uma equação de regressão, onde pesos são atribuídos para as observações vizinhas. Pesos relativamente grandes são atribuídos a pontos próximos da localização, e pesos menores são atribuídos a observações distantes do local. Como Fotheringham *et al.* (2000) observam:

> Existe uma superfície contínua de valores de parâmetros... Na calibração do modelo GWR admite-se que o dado observado próximo do ponto i tem influência maior na estimativa dos [coeficientes de regressão] que os dados distantes de i. (p.108)

Mais formalmente, a variável dependente no local i é modelada como se segue:

$$y_i = b_{i0} + \sum_{j=1}^{p} b_{ij} x_{ij} + \varepsilon_i \qquad (11.6)$$

onde, como é o caso da regressão linear simples, existem p variáveis independentes, e x_{ij} representa a observação da variável j no local i. Um ponto importante a salientar é que os coeficientes b têm i subscritos, indicando que eles são específicos para o local da observação i.

Uma escolha razoável para os pesos é uma função exponencial negativa da distância ao quadrado:

$$w_{ij} = e^{-\beta d_{ij}^2} = \exp(-\beta d_{ij}^2) \qquad (11.7)$$

---

* N. de T.: GWR é a sigla de Geographically Weighted Regression.

de modo que a pontos mais distantes serão atribuídos pesos menores.

Para estimar os coeficientes da regressão no local i, deve-se, inicialmente, definir os pesos (w_{ij}), usando um "palpite" inicial para o valor de β (uma possibilidade seria usar $\beta = 0$, que corresponde ao caso dos mínimos quadrados ordinário). Em seguida, definem-se as quantidades:

$$y_j^* = \sqrt{w_{ij}} y_j$$
$$x_j^* = \sqrt{w_{ij}} x_j \quad j = 1 \ldots, n \qquad (11.8)$$

Essas são as observações ponderadas. No local i, execute uma regressão linear de y^* em x^*, omitindo a observação i da análise. Use os coeficientes da regressão resultantes para predizer o valor de y no local i. Então encontre o quadrado da diferença entre o valor observado de y (denotado por y_i) e esse valor predito:

$$\{y_i - \hat{y}_{\neq i}(\beta)\}^2 \qquad (11.9)$$

onde $\hat{y} \neq i(\beta)$ é o valor predito da variável dependente no local i quando a observação i não foi usada na estimação, e o β nos lembra que essa predição foi feita usando-se um valor específico de β. Depois de se repetir isso para cada local i, pode-se calcular a soma total dos desvios ao quadrado entre os valores observados e preditos como:

$$s(\beta) = \sum_{i=1}^{n} \{y_i - \hat{y}_{\neq i}(\beta)\}^2 \qquad (11.10)$$

O próximo passo é repetir esse procedimento para vários valores de β, escolhendo como o "melhor" valor de β aquele que minimiza o escore β. Esse valor final de β fornece o melhor conjunto de pesos. Os coeficientes finais da regressão em cada local são dados como se segue: primeiro, use o último valor ótimo de β para definir os pesos e, então, faça a regressão de y^* e x^* usando *todas* as observações.

Para mais detalhes, o leitor pode consultar Fotheringham *et al.*(2002); esse livro é inteiramente voltado para o tema da regressão ponderada geograficamente e, também, inclui um software para implementar a técnica.

11.5 Ilustração

A Figura 11.2 apresenta a localização de 30 residências hipotéticas em uma área de estudo quadrada que possui um parque em seu centro. O conjunto de dados na Tabela 11.1 foi gerado assumindo-se que os preços das residências estavam relacionados com o tamanho do lote, número de quartos e a presença de uma lareira. Além disso, efeitos espaciais foram adicionados na geração dos dados. Os tamanhos dos lotes foram gerados de modo que estivessem espacialmente correlacionados, e o efeito do tamanho do lote sobre o preço da residência foi feito para ser uma função do quanto a residência estava distante do parque localizado no centro. Mais especificamente, às residências foram atribuídas lareiras com probabilidade 0,3 e foi atribuído um nú-

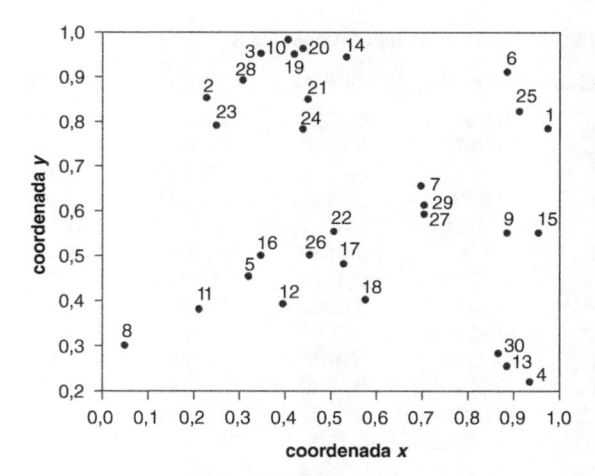

FIGURA 11.2 Localização das 30 residências hipotéticas.

mero de quartos adotando inteiros no intervalo 2–6 com probabilidades iguais. Os tamanhos dos lotes foram distribuídos normalmente com média 6 e desvio padrão 0,8. Os preços das residências foram gerados usando as equações:

$$p = 20.000 + b_1 x_i + 20.000 x_2 + 20.000 x_3 + \varepsilon$$
$$b_1 = 10.000 + 20.000 d \tag{11.11}$$
$$\varepsilon \sim N(0, 20.000^2)$$

onde p é o preço, x_i é o tamanho do lote (em milhares de pés quadrados), x_2 é o número de quartos e x_3 é uma variável *dummy* indicando a presença ou ausência de uma lareira (1 = presença; 0 = ausência). A quantidade d é a distância do parque localizado no centro e ε é um termo de erro distribuído normalmente com média 0 e desvio padrão igual a 20.000. Todos os dígitos foram mantidos nos preços gerados, embora, na prática, seria de se esperar que fossem arredondados para, digamos, a centena mais próxima.

Assim, os dados "verdadeiros" seguem, muito de perto, um modelo de equação de expansão, e esperamos que, como um modelo, irá funcionar muito bem. Mas, por ora, vamos supor que confrontamos simplesmente os dados na Tabela 11.1 e que queremos modelar os preços das residências como uma função de variáveis independentes.

11.5.1 Mínimos quadrados ordinários

A Tabela 11.2 apresenta os resultados da regressão por mínimos quadrados ordinários do preço da residência em função do tamanho do lote, número de quartos e presença de lareira. Todos os coeficientes são significantes. O valor de r^2 é 0,562 e o

TABELA 11.1 Dados hipotéticos das 30 casas

CASE	XCOORD	YCOORD	PRICE	LOTSIZE	BEDRMS	FIREPLC
1	0.9619	0.7817	224323	5.987	3	1
2	0.2378	0.8520	143510	4.241	2	1
3	0.3481	0.9440	233533	5.039	6	1
4	0.9329	0.2235	192328	3.100	4	1
5	0.3258	0.4532	158553	5.133	2	0
6	0.8847	0.9136	297893	6.397	5	1
7	0.7063	0.6176	150054	7.590	2	1
8	0.0473	0.2902	193785	4.848	6	0
9	0.8927	0.5538	206744	4.272	6	0
10	0.4131	0.9766	159585	5.126	3	0
11	0.2189	0.3649	212046	4.583	5	0
12	0.3957	0.3827	171795	4.589	3	1
13	0.8909	0.2550	125737	2.343	3	0
14	0.5363	0.9402	253078	7.138	4	1
15	0.9574	0.5488	189896	5.016	4	0
16	0.3571	0.5017	228830	6.783	5	1
17	0.5396	0.4733	163033	8.169	2	1
18	0.5687	0.3996	202935	5.199	2	1
19	0.4256	0.9444	205478	6.426	3	0
20	0.4431	0.9568	207324	6.199	2	1
21	0.4555	0.8451	249965	7.895	3	0
22	0.5191	0.5430	193800	8.689	4	0
23	0.2518	0.7851	203844	5.000	5	0
24	0.4458	0.7717	153122	5.654	2	0
25	0.9242	0.8261	252367	6.959	4	0
26	0.4457	0.4998	101089	5.376	2	0
27	0.7138	0.5867	196954	6.806	4	0
28	0.3222	0.8879	158972	4.352	2	1
29	0.7107	0.6137	191339	8.170	4	0
30	0.8657	0.2810	184990	3.377	4	0

erro padrão da estimativa é 29.080. Os resíduos indicam uma autocorrelação espacial positiva (determinada pelo mapeamento dos resíduos), indicando potenciais problemas com a estimação. O coeficiente do tamanho do lote é um pouco baixo, uma vez que sabemos, da maneira como os dados foram gerados, que ele varia de um mínimo de 10.000 próximo ao parque a um máximo em torno de 20.000 (= 10.000 + 20.000(0,5)) próximo da periferia.

11.5.2 Gráficos das variáveis adicionadas

Começamos tomando a decisão arbitrária de que os vizinhos são definidos, neste exemplo, como as três observações mais próximas. Assim, $w_{ij} = 1$ se a observação j é um dos três vizinhos mais próximos de i, e 0, caso contrário.

Seguindo o exemplo de Haining, vamos considerar a adição de novas variáveis. As possibilidades que vamos considerar são:

TABELA 11.2 Resultados da regressão OLS

Variables entered/removed[b]

Model	Variables entered	Variables removed	Method
1	FIREPLC, LOTSIZE, BEDRMS[a]	.	Enter

[a]All requested variables entered.
[b]Dependent variable: PRICE.

Model summary

Model	R	R square	Adjusted R square	Std. error of the estimate
1	.749[a]	.562	.511	29080.13

[a]Predictors: (Constant), FIREPLC, LOTSIZE, BEDRMS.

ANOVA[b]

Model		Sum of squares	df	Mean square	F	Sig.
1	Regression	2.8E+10	3	9.4E+09	11.108	.000[a]
	Residual	2.2E+10	26	8.5E+08		
	Total	5.0E+10	29			

[a]Predictors: (Constant), FIREPLC, LOTSIZE, BEDRMS.
[b]Dependent variable: PRICE.

Coefficients[a]

Model		Unstandardized coefficients		Standardized coefficients		
		B	Std. error	Beta	t	Sig.
1	(Constant)	51249.856	26866.791		1.908	.068
	LOTSIZE	10323.904	3444.409	.391	2.997	.006
	BEDRMS	20628.873	4153.976	.661	4.966	.000
	FIREPLC	24834.295	10942.393	.301	2.270	.032

[a]Dependent variable: PRICE.

$$y_i^* = \sum_{j=1}^{n} w_{ij} y_j$$

$$x_i^* = \sum_{j=1}^{n} w_{ij} x_j$$

(11.12)

A primeira sugere que o valor de y em um local é uma função não apenas de x nesse local, mas, também, dos valores de y em locais vizinhos. A segunda equação su-

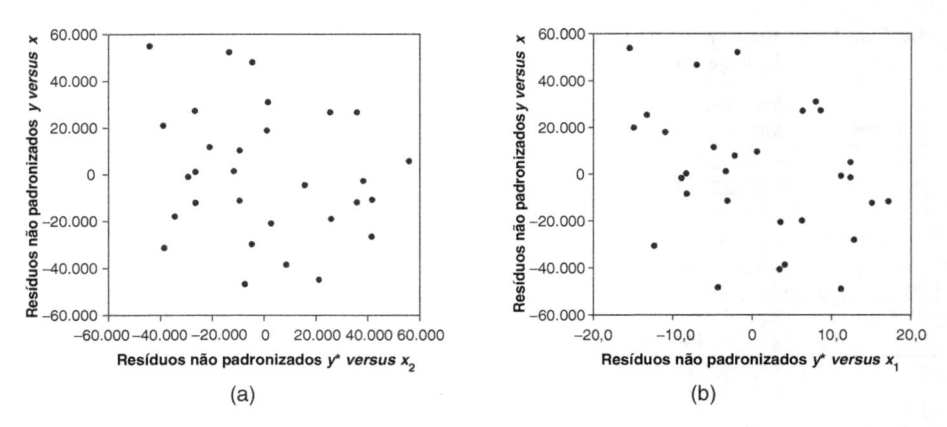

FIGURA 11.3 Gráficos das variáveis adicionadas.

gere que o valor de *y* em um local também pode ser uma função dos valores de *x* nos locais vizinhos. Para construir os gráficos da variável adicionada para cada uma dessas adições potenciais para a equação de regressão, precisamos (a) dos resíduos da regressão pelos mínimos quadrados ordinários (da Seção 11.5.1), e (b) dos resíduos das regressões de y_i e x_i em *x*. Esses gráficos residuais são mostrados nos painéis (a) e (b) da Figura 11.3. Nenhum gráfico mostra uma correlação significativa e, então, concluímos que essas variáveis não melhorariam a especificação da equação de regressão.

11.5.3 Regressão espacial: erros autocorrelacionados

Seguindo o modelo de erros autocorrelacionados da Seção 11.3 e usando a mesma definição de pesos (w) usada na Seção 11.5.2, definimos as quantidades:

$$y^* = y - \rho \sum_{j=1}^{n} w_{ij} y_j$$

$$x^* = x - \rho \sum_{j=1}^{n} w_{ij} x_j.$$

(11.13)

Gostaríamos de escolher um valor de ρ que esteja associado com um "bom" conjunto de resíduos. Embora existam diferentes maneiras de se fazer isso, após tentar diferentes valores de ρ, encontramos que $\rho = 0{,}18$ minimiza o erro padrão da estimativa (ver Figura 11.4). Quando y^* é regredido em x^* usando esse valor de $\rho = 0{,}18$, obtemos os resultados na Tabela 11.3. O erro padrão da estimativa foi reduzido para 26.795, e o valor de r^2 agora é de 0,883. Todas as variáveis são significativas, como antes, e os valores *t* para todos os coeficientes são maiores que aqueles via mínimos quadrados ordinários (Seção 11.5.1). Além disso, o coeficiente do tamanho do lote na equação é igual a 17.910, que está mais próximo do valor médio, de aproximada-

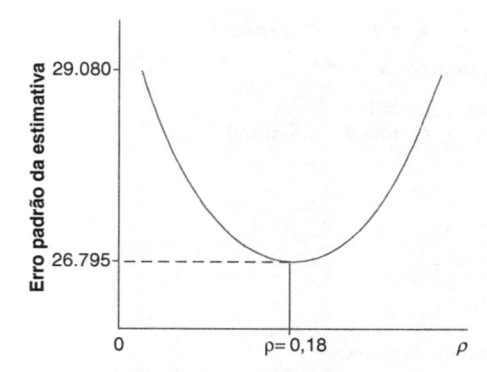

Alguns Aspectos Espaciais da Análise de Regressão **291**

FIGURA 11.4 Minimizando o erro padrão da estimativa.

mente 15.000 (lembre-se de que geramos os dados de modo que o verdadeiro tamanho do lote variou de 10.000 a cerca de 20.000).

11.5.4 Método de expansão

A seguir, estimamos o modelo de expansão:

$$p = b_0 + b_1 x_1 + b_2 x_2 + b_3 x_3 + \varepsilon$$
$$b_1 = \gamma_0 + \gamma_1 d \tag{11.14}$$

onde as variáveis são como definidas antes, γ_0 e γ_1 são os coeficientes de regressão que nos dizem como a influência do tamanho do lote sobre os preços das residências varia com a distância do parque. Isso pode ser reescrito como:

$$p = b_0 + (\gamma_0 + \gamma_1 d) x_1 + b_2 x_2 + b_3 x_3 + \varepsilon \tag{11.15}$$

que é idêntico a:

$$p = b_0 + \gamma_0 x_1 + \gamma_1 d x_1 + b_2 x_2 + b_3 x_3 + \varepsilon \tag{11.16}$$

Os resultados obtidos quando são usados os mínimos quadrados nesta equação são mostrados na Tabela 11.4.

TABELA 11.3 Resultados da regressão espacial com $\rho = 0,18$

	Coeficiente	Erro padrão	t
Intercepto	2926,9	4914	0,60
Tamanho do lote	17910	3341	5,30
Número de quartos	22921	3139	7,30
Lareira	27233	9003	3,02

TABELA 11.4 Resultados do método da expansão

Variables entered/removed [b]

Model	Variables entered	variables removed	Method
1	DPLOT FIREPLC, LOTSIZE, BEDRMS[a]		Enter

[a]All requested variables entered.
[b]Dependent variable: PRICE.

Model summary [b]

Model	R	R square	Adjusted R square	Std. error of the estimate
1	.864[a]	.747	.706	22552.50

[a]Predictors: (Constant), DPLOT, FIREPLC, LOTSIZE, BEDRMS.
[b]Dependent variable: PRICE.

ANOVA[b]

Model		Sum of squares	df	Mean square	F	Sig.
1	Regression	3.7E+10	4	9.4E+09	18.409	.000[a]
	Residual	1.3E+10	25	5.1E+08		
	Total	5.0E+10	29			

[a]Predictors: (Constant), DPLOT, FIREPLC, LOTSIZE, BEDRMS.
[b]Dependent variable: PRICE.

Coefficients[a]

Model		Unstandardized coefficients		Standardized coefficients		
		B	Std. error	Beta	t	Sig.
1	(Constant)	42361.839	20939.718		2.023	.054
	FIREPLC	20632.446	8543.021	.250	2.415	.023
	BEDRMS	16482.800	3364.706	.528	4.899	.000
	LOTSIZE	8313.839	2712.410	.315	3.065	.005
	DPLOT	19743.607	4624.268	.454	4.270	.000

[a]Dependent variable: PRICE.

O valor r^2 é igual a 0,747, e todos os parâmetros, incluindo aqueles associados com a equação de expansão, são significantes. Além disso, todos os valores dos parâmetros estão próximos de seus valores "verdadeiros", e o erro padrão da estimativa é 22.552.

Naturalmente, deve-se manter em mente que um dos motivos para que essa abordagem em particular tenha trabalhado relativamente bem aqui é que o modelo estimado é consistente com a maneira com que os dados foram gerados. Ajudamos a nós mesmos escolhendo expandir o modelo usando a relação entre os efeitos do tamanho do lote e a distância do parque – essa foi uma boa escolha porque foi assim que os dados foram criados!

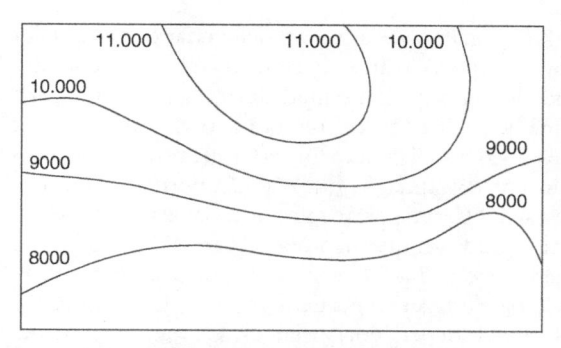

FIGURA 11.5 Variação espacial do coeficiente do tamanho do lote.

11.5.5 Regressão ponderada geograficamente

Usando os pesos definidos na Equação 11.7 e o método delineado na Seção 11.5.2, o valor ótimo de β foi considerado 0,13. Isso define um conjunto de pesos que estão associados com as variáveis na Equação 11.8. As regressões são executadas uma vez para cada ponto de dados, usando esses pesos. A Figura 11.5 mostra um mapa do coeficiente do tamanho do lote. Na figura, pode-se ver que o parâmetro é maior longe do parque, o que está de acordo com nossas expectativas, uma vez que o efeito do tamanho do lote nos preços da residências foi feito para ser maior nos locais periféricos. Uma verificação da correlação entre o coeficiente do tamanho do lote e sua distância ao parque revela que $r = 0,361$, que é significante ao nível de 0,05.

11.6 Regressão espacial com GeoDa 0.9.5-i

Nesta seção, vamos ilustrar como alguns métodos para regressão espacial, descritos neste capítulo, estão implementados no GeoDa. Uma compreensão plena de ambos, da regressão espacial e de todas as facilidades disponíveis no GeoDa, está além do escopo deste texto, mas o software é bastante amigável, sendo relativamente simples a execução da regressão usando dados espaciais.

O GeoDa vem acompanhado de uma série de exemplos de conjuntos de dados e, aqui, vamos tratar de uma regressão dos preços das residências em função da idade da residência, em Baltimore, Maryland (EUA). Começamos a ilustração clicando em File e, então, Open Project. Clique sobre o ícone de pasta; vamos usar o arquivo denominado baltim.shp. O primeiro passo é definir uma matriz de pesos. Uma vez que o arquivo particular contém os centroides das regiões geográficas, mas não os limites dessas sub-regiões, não podemos definir os pesos usando, por exemplo, as contiguidades *rook* ou *queen**. Em vez disso, vamos definir a "vizinhança" em torno de cada centroide como consistindo dos quatro centroides mais próximos (essa escolha de quatro, feita aqui, é arbitrária; em última análise, a escolha deve ser feita baseada nas considerações sobre a escala espacial apropriada ao processo. Muitas vezes não se sabe disso e não é uma má ideia explorar os resultados através de várias escalas espaciais,

---

* N. de T.: Denominações relacionadas com os movimentos das peças do xadrez: *rook* (torre) e *queen* (rainha).

realizando a análise várias vezes). Para criar os pesos, clique em Tools, em seguida em Weights, e depois Create. Selecione o arquivo de entrada clicando no ícone de pasta e escolhendo balt.shp. Em seguida, escolha um nome para o arquivo de saída clicando no ícone de pasta e forneça um nome para o arquivo – neste ponto, um arquivo com a extensão .gwt será criado. Observe que todas as opções em "Contiguity Weight" estão acinzentadas, uma vez que não há informação sobre fronteiras. Clique no botão k-nearest neighbors na parte inferior da janela e certifique-se de que "4" está escolhido.

Em seguida, clique na guia "Regress", marque a caixa Moran's I que abre na nova janela e escolha OK. Na janela que se abre, escolha PRICE e clique na seta para movê-lo para a caixa Dependent Variable. Escolha AGE e clique na seta para movê-la para a caixa Independent Variables. Clique no ícone de pasta e escolha a matriz de peso criada anteriormente e escolha Run. Isso executará o modelo *Classic* de regressão pelos mínimos quadrados ordinários (como descrito no Capítulo 8) e produzirá uma saída que inclui o índice de Moran associado com os resíduos. A equação de regressão é:

$$\text{Price} = 55,08 - 0,358 \text{ (Age)}$$
$$(t = -4,56)$$
$$p < 0,001$$
(11.17)

O valor de R^2 é 0,0904. O coeficiente negativo para a variável *AGE* implica que os preços das residências tendem a aumentar para residências mais novas (que, obviamente, têm idades menores). O coeficiente é altamente significativo. No entanto, o valor do índice de Moran associado com os resíduos é alto (0,427) e significante ($p < 0,001$). Isso sugere que as considerações espaciais são importantes; se não fosse significativo, poderíamos encerrar nossa análise neste ponto. Além disso, o índice de Moran foi calculado para as variáveis *PRICE* ($I = 0,5105$) e *AGE* ($I = 0,4348$), usando os passos descritos ao final do Capítulo 10. Ambos são altamente significativos e, como foi sugerido em 7.6.1, é possível que a aparente relação entre essas duas variáveis seja devida, ao menos em parte, à autocorrelação espacial exibida por cada uma delas.

Existem dois modos alternativos de regressão espacial que podem ser executados dentro do GeoDa. Esses são os modelos de defasagem espacial e erro espacial. O primeiro corresponde à ideia de adicionar à regressão uma variável que consiste em uma combinação ponderada da variável dependente (isto é, a primeira equação na Equação 11.12). O modelo de erro espacial é o mesmo que denominamos como modelo de erros autocorrelacionados na Seção 11.3. Para realizar a abordagem de defasagem espacial (isto é, para incluir uma "variável adicionada" constituída da variável dependente ponderada), volte à guia Regress, clique OK (a caixa Moran's *I* não precisa ser marcada agora), escolha as variáveis e pesos, como antes e escolha o botão de diálogo Spatial Lag antes de escolher Run e OK. O resultado da equação de regressão é:

$$\text{Price} = 25,92 - 0,188 \text{ (Age)} + 0,547 \text{ (w\_price)}$$
$$(t = -2,95) \quad (t = 8,82)$$
$$p = 0,003 \quad (p < 0,001)$$
(11.18)

O valor de R^2 aumentou para 0,414. Observe, também, que a variável *AGE* tem uma magnitude que é menor, em valor absoluto (0,188 contra 0,358 no primeiro modelo) e é menos significativa do que era no primeiro modelo (ainda é altamente significante, mas o valor de t é muito menor, e o valor p é maior). Além disso, a nova variável construída para cada região (a saber, preço na vizinhança daquela região) é, também, muito significante – os preços dependem não apenas da idade da residência, mas dos preços na proximidade de cada sub-região.

O modelo de erro espacial (ou erro autocorrelacionado) é executado da mesma maneira, com a exceção de que o diálogo Spatial Error é escolhido antes de se clicar em Run e OK. O resultado é:

$$\text{Price} = 48{,}82 - 0{,}137(\text{Age})$$
$$(t = -1{,}78)$$
$$p = 0{,}075 \tag{11.19}$$

O valor de R^2, aqui, é igual a 0,401. A variável *AGE* já não é mais significativa. A medida de autocorrelação associada com os termos de erro (como usado na Equações 11.1 e 11.13) é igual a 0,552. (Observe que essa quantidade é dada usando-se a notação ρ nas Equações 11.1 e 11.3, enquanto é chamada de lambda, ou λ no GeoDa.) Ela é altamente significativa ($t = 8{,}82$ e $p < 0{,}001$).

Essa ilustração serve para demonstrar que ignorar a autocorrelação espacial pode resultar tanto num erro de interpretação do coeficiente de regressão como numa avaliação incorreta da importância das variáveis independentes.

Para determinar qual dos dois modelos espaciais é mais apropriado, o seguinte procedimento pode ser adotado:

Depois que o modelo Classic é executado, examine a coluna valores de p (fornecida em "PROB") para Multiplicador de Lagrange (defasagem) e Multiplicador de Lagrange (erro). Se ambos são insignificantes (isto é, maiores que 0,05), nenhuma análise adicional é necessária. Se um é significante ($p < 0{,}05$) e outro não, execute o modelo espacial correspondente ao valor p significante (defasagem espacial ou erro espacial). Se ambos são significantes, examine os valores de p associados com LM Robusto (defasagem) e LM Robusto (erro). Eles geralmente são um significante e outro não; execute o modelo de regressão espacial associado com aquele significativo. Mais detalhes são fornecidos no livro que pode ser encontrado no website do GeoDa (Anselin, 2005).

EXERCÍCIOS

1. Use um gráfico de variável adicionada para determinar se a distância até o parque deve ser adicionada à regressão do preço da residência em função do tamanho do lote, do número de quartos e da presença ou ausência de lareira. Use os dados na Tabela 11.1.

(continua)

(continuação)

2. Usando os dados na Tabela 11.1 e a regressão ponderada geograficamente, produza um mapa que mostre a variação espacial do coeficiente de número de quartos. Alternativamente, você pode fornecer uma tabela mostrando o coeficiente de regressão para o número de quartos em cada um dos 30 locais de amostragem.
3. Com os dados na Tabela 11.1, primeiro, execute uma regressão dos mínimos quadrados ordinários com o preço da residência como a variável dependente e o tamanho do lote como variável independente. Então use o método de expansão, com o coeficiente do tamanho do lote dependendo do número de quartos. Interprete os resultados.
4. Use o método de regressão espacial delineado nas Seções 11.3 e 11.5.3 com os dados na Tabela 11.1 para uma regressão dos preços das residências em função do tamanho do lote e do número de quartos.

Redução de Dados: Análise Fatorial e Análise de Agrupamentos

12

> **OBJETIVOS DE APRENDIZAGEM**
> - Introdução aos métodos multivariados para redução de dados, incluindo análise de componentes principais, análise fatorial e análise de agrupamentos   297
> - Interpretação geométrica dos métodos   297
> - Interpretação dos resultados gerados pelo SPSS para análise fatorial e de agrupamentos   300

12.1 Introdução

Muitos estudos de fenômenos geográficos complexos começam com um conjunto de dados e noções de hipóteses e teorias que são vagos na melhor das hipóteses. Frequentemente grandes bancos de dados estão organizados em tabelas, onde as linhas consistem em observações e as colunas representam variáveis. Por exemplo, cada setor censitário em um município pode ser representado por uma linha de dados; as entradas da linha consistem, por exemplo, em dados numéricos de variáveis socioeconômicas e demográficas. Uma coluna de dados representaria um conjunto de observações de uma dessas variáveis, para todos os setores censitários.

Um primeiro passo é, de alguma maneira, reduzir o conjunto de dados de modo que fique mais interpretável. Neste capítulo, vamos aprender sobre duas abordagens comuns para a redução de dados – ou seja, *análise fatorial* e *análise de agrupamentos*. A análise fatorial reduz as colunas do banco de dados para construir um número menor de novos fatores ou índices que são combinações lineares das variáveis originais. A análise de agrupamentos reduz as linhas de dados encontrando-se as linhas que são similares a outras. Desta maneira, são criadas categorias, ou agrupamentos, de observações similares.

12.2 Análise fatorial e análise de componentes principais

A análise fatorial pode ser usada como um método de redução de dados para reduzir um conjunto de dados contendo um grande número de variáveis para um tamanho mais tratável. Quando muitas das variáveis originais são altamente correlacionadas, é possível reduzir um grande número de variáveis originais para um número menor de fatores subjacentes.

Uma interpretação geométrica ajuda a entender o propósito da análise fatorial. Um conjunto de dados consistindo em n observações e p variáveis pode ser represen-

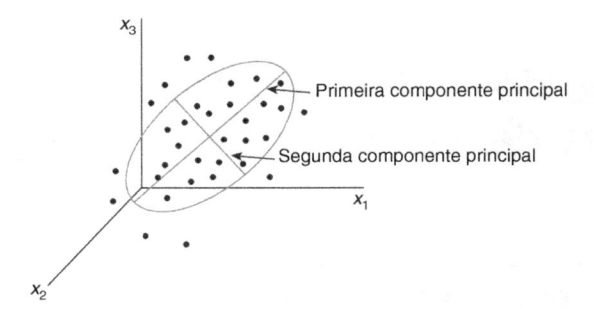

FIGURA 12.1 Elipsoide dos dados em $p = 3$ dimensões.

tado como n pontos representados graficamente em um espaço p-dimensional. Isso é fácil de imaginar quando $p = 1$, 2 ou 3, e o último caso é ilustrado na Figura 12.1. A figura busca representar uma figura elipsoidal que contém a maioria dos pontos de dados. A ideia por trás da análise fatorial é construir fatores que representem uma grande proporção da variabilidade do conjunto de dados. Os eixos originais correspondem às variáveis originais; o maior eixo do elipsoide é uma *nova* variável, que é uma combinação linear das variáveis originais. Essa nova variável, ou fator, capta o máximo possível da variabilidade no conjunto de dados.

Assim, o primeiro fator corresponde, geometricamente, ao maior eixo do elipsoide. Um segundo fator é obtido encontrando-se o segundo maior eixo do elipsoide, de modo que este segundo eixo seja perpendicular ao primeiro eixo. O fato de que os eixos do elipsoide são perpendiculares implica que os fatores recém-definidos não serão correlacionados um com o outro – eles representam aspectos separados e independentes dos dados subjacentes.

Um conjunto de dados caracterizado por um elipsoide extremamente alongado poderia ser representado por um único fator – essa combinação de variáveis explicaria quase toda a variabilidade nos dados originais. No caso extremo, os dados representados graficamente poderiam cair sobre uma única linha, que constituiria o eixo ou fator único que captaria *toda* a variabilidade nos dados. No outro extremo, o elipsoide poderia ser esférico; neste caso, todos os fatores explicariam quantidades iguais da variabilidade nos dados originais (desde que todos os eixos tivessem tamanhos iguais) e não existiriam fatores dominantes.

Nesta discussão, focaremos mais sobre a interpretação dos resultados da análise fatorial e menos em seus aspectos matemáticos. A próxima subseção trata da interpretação dos resultados da análise fatorial por meio de um exemplo usando dados do censo de 1990 de Erie County, Nova York, que contém a cidade de Buffalo.

12.2.1 Ilustração: dados do censo de 1990 para Erie County, Nova York

Frequentemente, os geógrafos usam muitas variáveis do censo em suas análises, e um conjunto de variáveis pode, facilmente, conter subconjuntos que medem essencialmente o mesmo fenômeno. O exemplo seguinte ilustra, para um pequeno conjunto de dados do censo, como o número de variáveis originais pode ser reduzido a um número menor de fatores não correlacionados.

Uma tabela 235 × 5 de dados foi construída pela coleta e geração das seguintes informações para os 235 setores censitários de Erie County, Nova York (os nomes das variáveis estão entre parênteses):

(a) Renda familiar mediana (medhsinc)
(b) Porcentagem de famílias chefiadas por mulheres (femaleh)
(c) Porcentagem de graduados no ensino médio que têm um diploma profissional (educ)
(d) Porcentagem de residências ocupadas pelo proprietário (tenure)
(e) Porcentagem de residentes que se mudaram para sua residência atual antes de 1959 (lres)

Essas cinco variáveis captam diferentes características socioeconômicas e demográficas dos setores censitários. Elas representam dimensões separadas da estrutura socioeconômica e demográfica, ou existe uma significativa redundância no que elas medem, indicando que as variáveis devem ser reduzidas a um número menor de índices subjacentes ou fatores?

Um lugar natural para se começar é com a matriz de correlação. A Tabela 12.1 revela que as maiores correlações são com a variável renda familiar mediana; áreas de alta renda têm menores porcentagens de residências chefiadas por mulheres, altas porcentagens de proprietários, altas porcentagens de graduados com diploma profissional e uma proporção relativamente baixa de residentes antigos. Usando o teste de significância descrito no Capítulo 5, todas as correlações com valor absoluto maior que $2/\sqrt{235} = 0{,}130$ são significantes.

O segundo passo é examinar o resultado da representação dos dados como um elipsoide, como descrito anteriormente. O método das *componentes principais* é usado para traçar os p eixos da elipse (que, por sua vez, é construída em um espaço p-dimensional, onde p é o número de variáveis). Os comprimentos relativos dos eixos são chamados de *autovalores*. Eles são referidos na Tabela 12.2 como "extraction sums of squared loadings", que significa "extração das somas dos quadrados das cargas fatoriais". Um "loading", ou carga fatorial, é a correlação entre uma componente ou fator e a variável original. Ao somar os quadrados das correlações entre um fator e todas as variáveis originais, o resultado seria igual ao autovalor, ou o tamanho do eixo correspondente da elipse. Na tabela, vemos que o maior autovalor é 2,6 e que o segundo maior é 0,96. Observe que a coluna mostrando esses valores tem soma igual a cinco – os autovalores (ou seja, "extração das somas dos quadrados das cargas fatoriais") sempre terão soma igual ao número de variáveis. Em caso extremo, haveria um único componente com correlações perfeitas com todas as variáveis originais. O autovalor para essa componente seria igual a $1^2 + 1^2 + \cdots + 1^2 = p$. Todos os outros autovalores seriam iguais a zero, e a elipse seria reduzida a uma única linha.

TABELA 12.1 Correlação entre as variáveis

Correlation matrix

		MEDHSINC	FEMALEH	EDUC	TENURE	LRES
Correlation	MEDHSINC	1.000	–.595	.415	.569	–.455
	FEMALEH	–.595	1.000	–.348	–.531	.221
	EDUC	.415	–.348	1.000	.117	–.161
	TENURE	.569	–.531	.117	1.000	–.438
	LRES	–.455	.221	–.161	–.438	1.000

TABELA 12.2 Variância explicada por cada componente

Total variance explained

Component	Extraction sums of squared loadings			Rotation sums of squared loadings		
	Total	% of variance	Cumulative %	Total	% of variance	Cumulative %
1	2.602	52.032	52.032	1.035	20.707	20.707
2	.957	19.149	71.181	1.032	20.637	41.344
3	.741	14.826	86.007	1.018	20.358	61.702
4	.362	7.244	93.251	1.005	20.110	81.812
5	.337	6.749	100.000	.909	18.188	100.000

Extraction Method: Principal Component Analysis.

Esta tabela também nos fornece informações valiosas sobre quantos fatores são necessários para descrever adequadamente os dados. Existem duas "regras práticas" que são usadas para decidir sobre o número de fatores. Uma dessas regras é reter componentes com autovalores maiores que um. Essa seria uma regra infeliz para se aplicar neste caso, uma vez que o segundo autovalor é apenas ligeiramente menor que um (0,96). Uma alternativa é representar os autovalores no eixo vertical e o número do fator (variando de 1 a p) no eixo horizontal de um gráfico. Em seguida, inspecione o gráfico para localizar um ponto em que o gráfico (denominado *scree plot*) achata; tal característica implica que fatores adicionais não contribuem muito para a explicação da variabilidade no conjunto de dados. A Figura 12.2 mostra um *scree plot* para o nosso exemplo atual. É necessário algum julgamento e poderíamos, neste caso, justificar a extração de dois ou três fatores.

Suponha que decidimos extrair dois fatores. O próximo passo é examinar as cargas fatoriais, ou correlações entre os fatores e as variáveis originais. Este é um passo chave na análise, pois é onde o "significado" e a interpretação de cada fator ocorre.

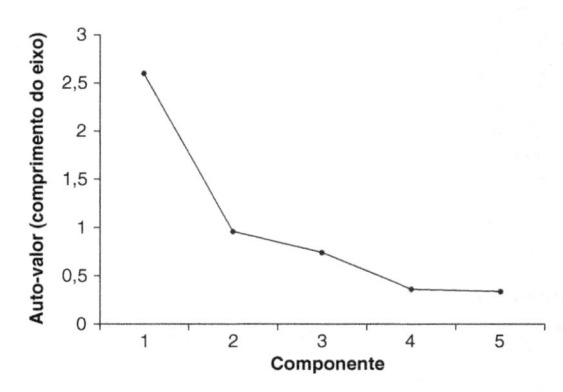

FIGURA 12.2 *Scree plot* para o exemplo de Erie County.

TABELA 12.3 Cargas fatoriais

Rotated component matrix[a]

	Component	
	1	2
MEDHSINC	.668	.562
FEMALEH	−.515	−.608
EDUC	−3.79E−02	.912
TENURE	.848	.154
LRES	−.766	−2.78E−03

Extraction Method: Principal Component Analysis.
Rotation Method: Varimax with Kaiser Normalization.
[a]Rotation converged in three iterations.

Para auxiliar esta interpretação, a componente extraída é girada no espaço p-dimensional, de modo que as cargas fatoriais tendem a ser aumentadas (próximas de mais ou menos um) ou reduzidas (próximas de zero).

A Tabela 12.3 mostra que a solução com dois fatores pode ser descrita como segue. O primeiro fator é aquele em que a renda, a porcentagem de residências ocupadas pelo proprietário e o tempo de residência "pesam fortemente". Podemos imaginar essas variáveis sendo combinadas para formar um único índice (o fator), que descreve com um único número o que as três variáveis representam. O segundo fator está associado com as outras duas variáveis – educação e estrutura familiar. A tentativa de dar nomes descritivos aos fatores tratados é prática comum. Tendo tomado conhecimento disso, muitas vezes é difícil chegar a algo criativo! O primeiro fator aqui pode ser pensado como um fator residencial/econômico e, o segundo, um fator sociológico.

A diferença entre a análise de componentes principais e a análise fatorial pode ser resumida como se segue. Componentes principais é um método descritivo de decomposição da variação entre um conjunto de p variáveis originais em p componentes. As componentes são combinações lineares das variáveis originais. Ela é frequentemente usada como um prelúdio para a análise fatorial, que tenta modelar a variabilidade presente no conjunto original de variáveis em um número reduzido de fatores, que é menor que p. Na análise fatorial, os valores das variáveis originais podem ser reconstruídos escrevendo-os como combinações lineares dos fatores, mais um termo de "singularidade". Posto de outra forma, na análise fatorial, parte da variabilidade nas variáveis originais é capturada pelos fatores (essa porção é denominada comunalidade) e parte não é capturada pelos fatores (essa porção é denominada singularidade). A Tabela 12.4 mostra as comunalidades para a solução com dois fatores. A maior comunalidade é para educação (0,833) e a menor é para tempo de residência (0,587). A comunalidade para uma variável é igual à soma dos quadrados das correlações da variável com os fatores. Por exemplo, a comunalidade para a educação é igual ao quadrado da sua correlação com o fator um $(0,0379^2)$, mais o quadrado da sua correlação com o fator dois $(0,912^2)$. O tempo de residência tem a maior singularidade, uma vez que não está altamente correlacionado com os dois fatores.

TABELA 12.4 Comunalidades

	Extraction
MEDHSINC	.762
FEMALEH	.635
EDUC	.833
TENURE	.742
LRES	.587

Extraction Method: Principal Component Analysis.

É importante perceber que o resultado de uma análise fatorial é uma função forte dos dados de entrada. O fato de o tempo de residência não estar fortemente relacionado com um ou outro fator não significa que não é uma importante característica da estrutura urbana. Os fatores que emergem da análise fatorial não são necessariamente os "mais importantes", mas sim aqueles que captam a natureza do conjunto de dados. Se tivermos um conjunto de dados com 15 variáveis, e 11 das 15 variáveis fossem medidas alternativas de renda, podemos ter certeza de que um fator renda iria surgir como o principal fator, simplesmente porque muitas variáveis estariam altamente intercorrelacionadas.

Finalmente, um dos resultados da análise fatorial é o *escore*. Em vez de fazer p mapas separados descrevendo o padrão espacial de cada variável, tem-se o interesse de fazer um número de mapas igual ao número de fatores subjacentes. Para cada fator, e para cada observação, um escore pode ser calculado como uma combinação linear das variáveis originais. O resultado é uma nova tabela de dados; em vez da tabela original n por p, temos uma tabela n por k, onde k é o número de fatores. As Figuras 12.3 e 12.4 mostram os escores de cada um dos nossos dois fatores para os setores censitários de Erie County.

12.2.2 Os escores na análise de regressão

Como vimos, o principal uso da análise de componentes principais é resumir um grande número de variáveis em termos de um conjunto de componentes não correlacionados. Isso pode ser ideal para escolher variáveis explicativas independentes para a análise de regressão, uma vez que nos deparamos com frequência com um grande número de variáveis possivelmente correlacionadas, e o objetivo é usar um pequeno subconjunto de variáveis não correlacionadas que seja útil na explicação da variabilidade na variável dependente.

A análise de regressão pode ser realizada sobre os escores, garantindo não só que as variáveis independentes formem um subconjunto parcimonioso, capturando as dimensões subjacentes no conjunto total de potenciais variáveis independentes, mas que elas também não sejam correlacionadas. Essa ideia é muito usada para eliminar a multicolinearidade (por exemplo, veja Ormrod and Cole, 1996; Ackerman, 1998; O'Reilly and Webster, 1998). Uma desvantagem é que fica um pouco mais difícil interpretar os coeficientes da regressão. Eles indicam agora o quanto a variável dependente varia quando o escore varia de uma unidade, e é mais difícil definir exatamente o que o aumento de uma unidade no escore realmente implica. Hadi

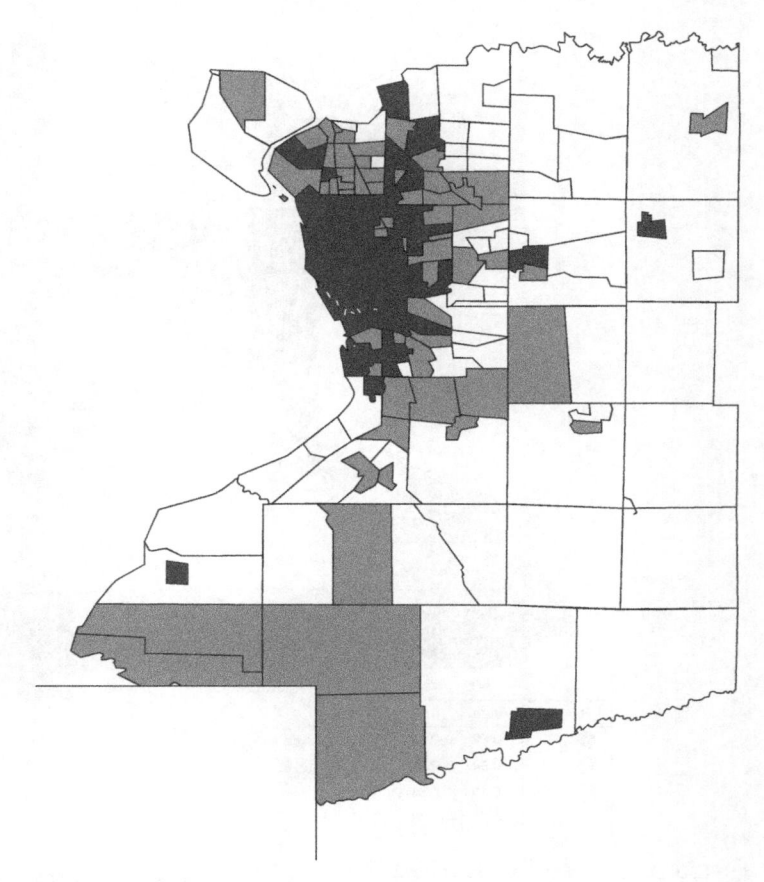

FIGURA 12.3 Escores do fator 1.

e Ling (1998) também observam algumas armadilhas no uso da regressão pelas componentes principais.

12.3 Análise de agrupamentos

Considerando que a análise fatorial trabalha pesquisando *variáveis* semelhantes, a análise de agrupamentos tem como objetivo agrupar *observações* semelhantes. Uma vez que é convencional representar cada observação como uma linha na tabela de dados e cada variável como uma coluna, a análise de agrupamentos tem no seu cerne a busca por linhas de dados similares. A análise fatorial está baseada na similaridade entre as colunas de dados.

Como a análise fatorial, a análise de agrupamentos pode ser vista como uma técnica de redução de dados. Buscamos reduzir as n observações originais em g grupos, onde $1 \leq g \leq n$. Para alcançar esta redução das n observações para um número menor

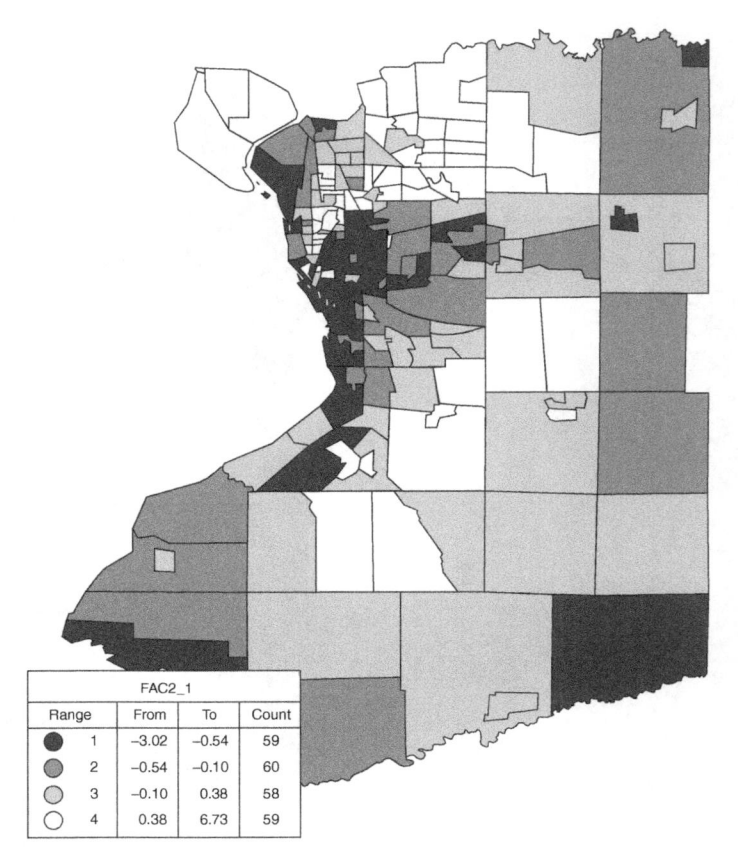

	FAC2_1		
Range	From	To	Count
1	–3.02	–0.54	59
2	–0.54	–0.10	60
3	–0.10	0.38	58
4	0.38	6.73	59

FIGURA 12.4   Escores do fator 2.

de grupos, um objetivo geral é minimizar a variação dentro do grupo e maximizar a variação entre grupos. Na Figura 12.5, há relativamente pouca variabilidade dentro dos grupos, medida pela variação na localização dos pontos em torno dos centroides dos seus grupos. Em relação a essa variabilidade dentro do grupo, existe muito mais variação nas posições dos centroides dos grupos em relação ao centroide para o conjunto total de dados.

Uma das aplicações mais difundidas da análise de agrupamentos na Geografia tem sido na área de Geodemografia, em que os analistas procuram reduzir um grande número de sub-regiões (por exemplo, setores censitários) classificando-as em um número pequeno de tipos (ver, por exemplo, o Capítulo 10 de Plane e Rogerson, 1994). A análise de agrupamentos também tem sido usada como um método de regionalização, em que o objetivo é dividir a região em um número menor de sub-regiões contíguas. Neste caso, é necessário modificar ligeiramente as abordagens tradicionais para a análise de agrupamentos para garantir que os grupos criados sejam compostos de sub-regiões contíguas (ver, por exemplo, Murtagh, 1985).

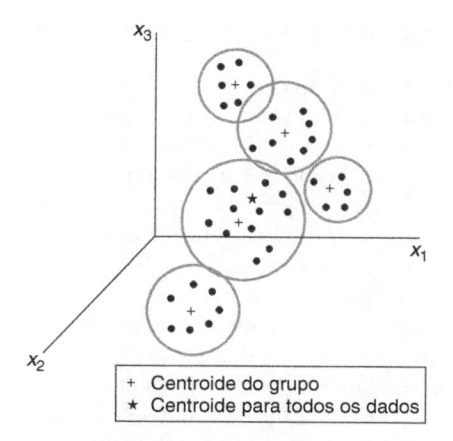

FIGURA 12.5 Agrupamentos em $p = 3$ dimensões.

+ Centroide do grupo
* Centroide para todos os dados

As abordagens para a análise de agrupamentos podem ser categorizadas em dois tipos gerais. Os métodos *aglomerativos* ou *hierárquicos* começam com n grupos (onde n é o número de observações); cada observação está, assim, em seu próprio grupo. Então dois grupos são fundidos, de modo que permanecem $n - 1$ grupos. Esse processo continua até que apenas um grupo permaneça (esse grupo contém todas as n observações). O processo é hierárquico porque a união de dois grupos em cada etapa da análise não pode ser desfeita nos estágios posteriores. Uma vez que duas observações foram colocadas juntas em um mesmo grupo, elas ficam juntas para o resto do processo de agrupamento.

Em contrapartida, os métodos *não hierárquicos* ou *não aglomerativos* começam com uma decisão *a priori* de formar g grupos. Então inicia-se, ou com um conjunto de g pontos-sementes, ou com uma partição inicial dos dados em g grupos. Ao se começar com um conjunto de pontos-sementes, uma partição de dados em g grupos é obtida através da atribuição de cada observação ao ponto-semente mais próximo. Se iniciar com uma partição dos dados em g grupos, g pontos-sementes locais são calculados como os centroides desses g grupos particionados. Em ambos os casos surge um processo iterativo, onde novos pontos-sementes são calculados a partir das partições e, então, novas partições são criadas a partir dos pontos-sementes. Esse processo continua até que não ocorra realocações de observações de um grupo para outro. A convergência desse processo iterativo, em geral, é muito rápida.

Os métodos não hierárquicos têm a vantagem de requerer menos recursos computacionais e, por esta razão, são os métodos preferidos quando o número de observações é muito grande. Eles têm a desvantagem de que o número de grupos deve ser especificado antes da análise, embora, na prática, não seja incomum encontrar soluções para uma gama de valores de g.

Para ambos os métodos, hierárquicos e não hierárquicos, uma importante etapa inicial é padronizar os dados – se isso não for feito, os resultados dependerão da unidade de medida (por exemplo, diferentes resultados serão obtidos se uma análise usar dólares e outra usar libras para representar a renda). Além disso, as medidas de distância entre as observações dependerão mais de algumas variáveis que de outras.

12.3.1 Mais sobre métodos aglomerativos

Nos métodos aglomerativos, em cada etapa funde-se o par mais próximo de agrupamentos. Há muitas definições possíveis que podem ser usadas para "mais próximo". Considere todos os pares de distâncias entre elementos do grupo A e do grupo B. Se há n_A elementos no grupo A e n_B elementos no grupo B, existem $n_A n_B$ de tais pares. O método da ligação simples (ou do vizinho mais próximo) define a distância entre grupos como a menor distância entre todos os pares. O método da ligação completa (ou do vizinho mais distante) define a distância entre os grupos como a maior distância entre todos os pares.

Um dos métodos mais comumente usados é o método de Ward. Em cada etapa, todas as fusões potenciais reduzirão o número de grupos atuais em uma unidade. Cada uma dessas fusões potenciais resultará em um aumento no total da soma de quadrados internos. (A soma de quadrados internos pode ser pensada como a quantidade de dispersão sobre o grupo de centroides. Com n grupos, a soma de quadrados é igual a zero, uma vez que não há dispersão de outros membros sobre o grupo de centroides. Com um grupo, a soma de quadrados é máxima.) O método de Ward escolhe aquela fusão que resulta no menor aumento na soma de quadrados internos. Isso é conceitualmente interessante, uma vez que gostaríamos que a variabilidade dentro do grupo permanecesse a menor possível.

12.3.2 Ilustração: dados do censo de 1990 para Erie County, Nova York

Aqui vamos ilustrar algumas das características da análise de agrupamentos usando o banco de dados descrito anteriormente, na ilustração da análise fatorial.

A Tabela 12.5 apresenta os resultados de uma análise de agrupamentos de k-médias não hierárquica, onde as soluções variam de $k = 2$ a $k = 4$. Três variáveis foram usadas como variáveis de agrupamento: a variável educação, a renda familiar mediana e a porcentagem de residências chefiadas por mulheres.

Após a padronização, os escores z resultantes foram usados na análise de agrupamentos. Para a solução com dois grupos, os centros dos agrupamentos finais revelam que o primeiro grupo é aquele onde três apresentam baixos escores z nas variáveis educação e renda familiar mediana e altos escores z na porcentagem de residências chefiadas por mulheres. O segundo grupo tem características opostas, uma vez que o centroide do grupo final é caracterizado por valores de educação e renda que estão acima da média, e a porcentagem de residências chefiadas por mulheres está abaixo da média. Há 126 observações no primeiro agrupamento e 105 no segundo (e há cinco observações com falta de dados).

A tabela ANOVA revela que todas as variáveis estão contribuindo fortemente para o sucesso do agrupamento, uma vez que todos os valores F são extremamente altos e significantes. É importante observar que, uma vez que a análise de agrupamentos é *projetada* para fazer a estatística F alta, pela minimização da variação dentro do grupo, essas estatísticas F não devem ser interpretadas da maneira habitual. *Esperamos*, sobretudo, que a estatística F seja alta, uma vez que estamos criando grupos para

Redução de Dados: Análise Fatorial e Análise de Agrupamentos

TABELA 12.5 (a) Solução com dois grupos; (b) solução com 3 grupos; (c) solução com 4 grupos

(a) Centros dos agrupamentos finais

	Cluster	
	1	2
Zscore (EDUC)	-.49757	.58646
Zscore (FEMALEH)	.51941	-.62329
Zscore (MEDHSINC)	-.55645	.76299

ANOVA

	Cluster		Error			
	Mean square	df	Mean square	df	F	Sig.
Zscore (EDUC)	67.302	1	.639	229	105.276	.000
Zscore (FEMALEH)	74.784	1	.678	229	110.335	.000
Zscore (MEDHSINC)	99.708	1	.496	229	201.103	.000

O teste F deve ser usado apenas para propósitos descritivos, porque os agrupamentos foram escolhidos para maximizar as diferenças entre casos em diferentes grupos. Os níveis de significância observados não estão corrigidos para isto e, então, não podem ser interpretados como testes de hipóteses de que as médias dos grupos são iguais.

Number of cases in each cluster

Cluster	1	126.000
	2	105.000
Valid		231.000
Missing		5.000

(b) Centros dos agrupamentos finais

	Cluster		
	1	2	3
Zscore(EDUC)	-.58897	-.27850	1.39280
Zscore(FEMALEH)	1.60968	-.27974	-.68224
Zscore(MEDHSINC)	-1.05910	.03641	1.11887

ANOVA

	Cluster		Error			
	Mean square	df	Mean square	df	F	Sig.
Zscore(EDUC)	57.715	2	.431	228	133.904	.000
Zscore(FEMALEH)	73.226	2	.366	228	199.830	.000
Zscore(MEDHSINC)	53.347	2	.467	228	114.152	.000

O teste F deve ser usado apenas para propósitos descritivos, porque os agrupamentos foram escolhidos para maximizar as diferenças entre casos em diferentes grupos. Os níveis de significância observados não estão corrigidos para isto e, então, não podem ser interpretados como testes de hipóteses de que as médias dos grupos são iguais.

(continua)

TABELA 12.5 *(Continuação)*

Number of cases in each cluster

Cluster	1	44.000
	2	141.000
	3	46.000
Valid		231.000
Missing		5.000

(c) Centros dos agrupamentos finais

	Cluster			
	1	2	3	4
Zscore(EDUC)	4.76906	−.30937	.99199	−.62440
Zscore(FEMALEH)	−1.02424	−.17113	−.68459	1.98402
Zscore(MEDHSINC)	−.87318	−.11596	1.19929	−1.13847

ANOVA

	Cluster		Error			
	Mean square	df	Mean square	df	F	Sig.
Zscore(EDUC)	41.594	3	.392	227	106.188	.000
Zscore(FEMALEH)	52.519	3	.319	227	164.566	.000
Zscore(MEDHSINC)	40.720	3	.401	227	101.478	.000

O teste *F* deve ser usado apenas para propósitos descritivos, porque os agrupamentos foram escolhidos para maximizar as diferenças entre casos em diferentes grupos. Os níveis de significância observados não estão corrigidos para isto e, então, não podem ser interpretados como testes de hipóteses de que as médias dos grupos são iguais.

Number of cases in each cluster

Cluster	1	2.000
	2	143.000
	3	54.000
	4	32.000
Valid		231.000
Missing		5.000

produzir *F* alto. Ainda assim, elas podem ser usadas como diretrizes grosseiras para indicar o sucesso do agrupamento, e o relativo sucesso que as variáveis individuais têm na definição da solução do grupo.

A solução com três grupos é similar à solução com dois grupos, com a adição de um grupo "intermediário" que tem valores das três variáveis que estão próximas da média do condado. Há 44 observações no primeiro grupo (caracterizado por baixos níveis de educação e renda, e uma alta porcentagem de residências chefiadas por mulheres), 141 observações no grupo intermediário e 46 setores no terceiro grupo. Outra vez, todas as estatísticas *F* são altas, implicando que todas as três variáveis ajudam a colocar as observações nos grupos.

Redução de Dados: Análise Fatorial e Análise de Agrupamentos **309**

Um dos grupos na solução com quatro grupos tem apenas duas observações. Essas duas observações são caracterizadas pela porcentagem extremamente alta de pessoas com diploma profissional.

Parece que existem dois grupos distintos, com um terceiro grupo bastante grande caracterizado por valores médios nas variáveis. Além disso, a análise de agrupamentos foi útil na localização de dois setores censitários que poderiam ser caracterizados como discrepantes, devido a seus altos valores na variável educação. A Figura 12.6 mostra a localização dos setores na solução com quatro grupos. As regiões cinza representam os locais das observações que caem nos grupos de baixa renda/educação. As áreas brancas correspondem às observações no segundo grande grupo e contêm valores relativamente médios nas variáveis. O cinza escuro corresponde ao agrupamento de regiões com altos valores em renda e educação e uma baixa porcentagem de residências chefiadas por mulheres. O sombreamento mais escuro é usado para representar as duas observações discrepantes.

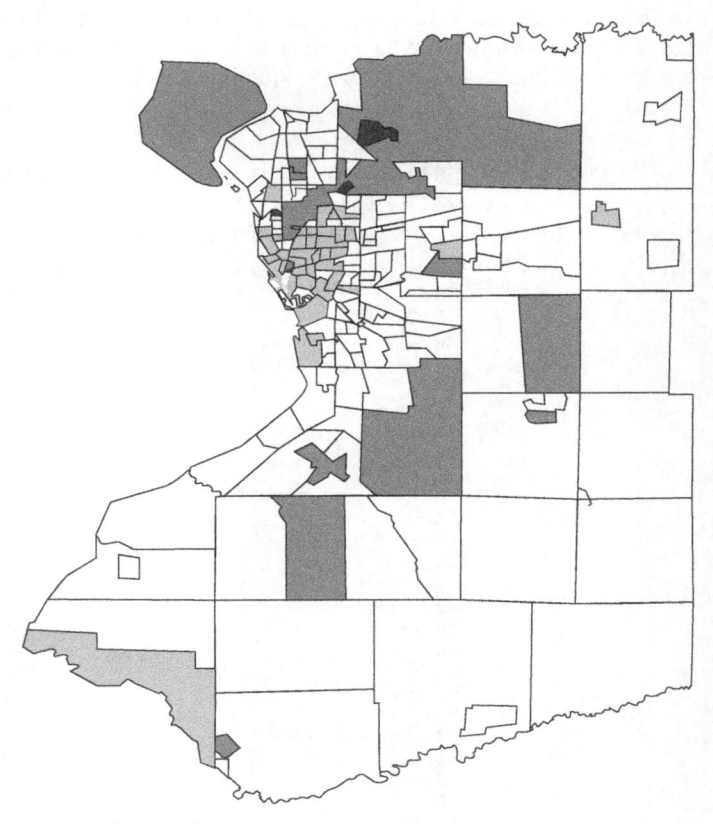

FIGURA 12.6 Solução com três grupos.

Um importante elemento dos resultados da análise de agrupamentos hierárquica é o *dendrograma* diagrama em forma de árvore. O dendrograma capta a história do processo de agrupamento hierárquico, como um procedimento da esquerda para a direita ao longo dele. Com propósito ilustrativo, é muito difícil mostrar o dendrograma que acompanha uma análise de agrupamentos hierárquica realizada para um grande número de observações. Em vez disso, a Figura 12.7 mostra um dendrograma para um subconjunto de 30 setores que foram selecionados aleatoriamente do banco de dados. À esquerda do dendrograma, os ramos indicam as observações que foram agrupadas. Por exemplo, os setores 70 e 146 estavam muito próximos no espaço definido pelas três variáveis e foram agrupados no início do processo. Na verdade, o cronograma de aglomeração (mostrado na Tabela 12.6) indica que elas são as duas primeiras observações que foram agrupadas. A escala horizontal do dendrograma indica a distância entre as observações ou grupos que são agrupados. À esquerda do dendrograma, as observações são postas próximas quando são agrupadas. À direita do dendrograma, existe apenas um pequeno número de grupos e a distância entre esses grupos é maior.

Para decidir sobre o número de grupos, pode-se imaginar tomar uma linha vertical e seguir da esquerda para a direita ao longo do dendrograma. Prosseguindo-se, o número de linhas do dendrograma que intercepta essa linha vertical decresce, de

```
* * * * * * * H I E R A R C H I C A L   C L U S T E R   A N A L Y S I S * * * * * *
           Dendrogram using Ward Method
                    Rescaled Distance Cluster Combine
      CASE    0        5        10       15       20       25
     Label Num  +--------+--------+--------+--------+--------+
         70  ┐
        146  ┤
        175  ┤
         72  ┤
        173  ┤
         32  ┤
         21  ┤
         43  ┤
         34  ┤
        181  ┤
        159  ┤
         20  ┐
        174  ┤
         12  ┤
         29  ┘
        156  ┐
        171  ┤
        209  ┤
        178  ┤
         97  ┤
        145  ┤
          9  ┤
         10  ┤
         60  ┤
        131  ┤
        138  ┤
        117  ┐
        126  ┤
         79  ┘
```

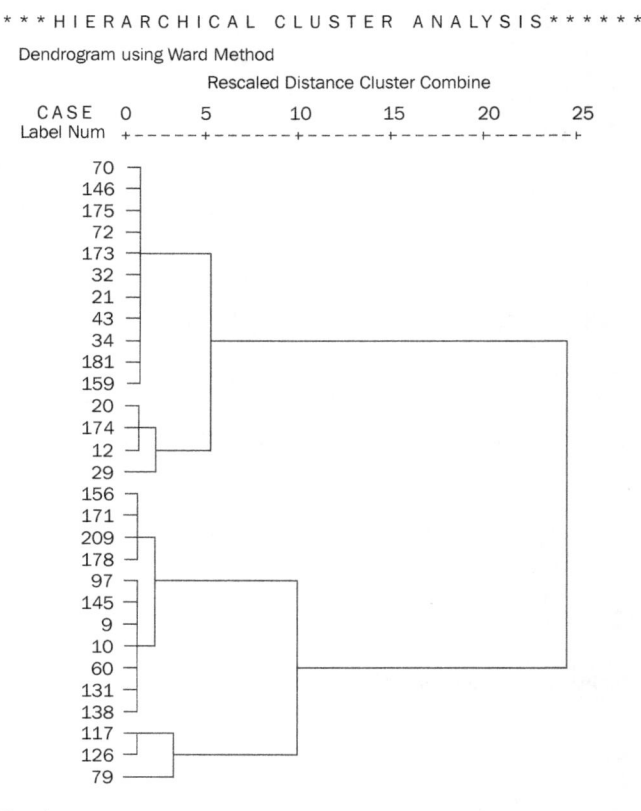

FIGURA 12.7 Dendrograma.

n a 1. Uma boa escolha para o número de grupos é aquela em que há uma variação horizontal razoavelmente grande no dendrograma onde o número de grupos não se altera. Na Figura 12.7, faria pouco sentido escolher cinco grupos, uma vez que esses cinco grupos poderiam facilmente ser reduzidos a quatro seguindo-se um pouco mais para a direita do dendrograma. A figura mostra que existem dois grupos mais evidentes de setores. Os setores que estão em cada um desses grupos podem ser encontrados seguindo-se para a esquerda, de cada uma das duas linhas paralelas horizontais no dendrograma. Seguindo essas linhas horizontais todo o caminho para a esquerda, através de todos os ramos, revelam-se todos os setores em cada agrupamento. Por exemplo, um dos dois grupos consiste nas observações 156, 171, 209, 178, 97, 145, 9, 10, 60, 131, 138, 117, 126 e 79. Observe que a solução com três grupos subdividiria esse agrupamento em especial em dois subgrupos e um desses subgrupos seria muito pequeno (constituído apenas das observações 117, 126 e 79). O próximo passo na análise seria examinar as características das observações em cada agrupamento. Por exemplo, as observações 117, 126 e 79 têm valores bastante elevados na variável educação, juntamente com altas rendas residenciais medianas.

12.4 Métodos de redução de dados no SPSS 16.0 for Windows

12.4.1 Análise fatorial

Clique em Analyze, depois em Data Reduction e, em seguida, em Factor. Escolha as variáveis que entrarão na análise fatorial. Em Rotation, escolha Varimax (este *não* é o padrão). Esse é o método de rotação mais comumente usado, e você deve usá-lo, a menos que tenha um bom motivo para escolher outra alternativa! Em Extraction, o mais comum é escolher Principal Components, e escolher como significantes Eigenvalues over 1. Essas são as escolhas padrão e, então, a menos que você queira mudá-las, não deve fazer nada. Em Scores, escolha Save as Variables. Os escores serão salvos como novas variáveis, adicionando um número de colunas ao seu banco de dados que é igual ao número de fatores significativos. Em Descriptive, escolha Univariate Descriptives, se desejar. Também é útil marcar a caixa denominada "coeficients" em Correlation Matrix, para produzir uma tabela dos coeficientes de correlação entre as variáveis.

12.4.2 Análise de agrupamentos

12.4.2.1 Métodos hierárquicos Escolha Analyze, depois Classify, e, então, Hierarchical Cluster. Em seguida, escolha as variáveis que serão agrupadas. Então, em Method, escolha o método de agrupamento a ser usado. Nota: embora o método de Ward talvez seja o mais usado, *não* é a escolha padrão. Na verdade, deve-se percorrer a lista de métodos para baixo para encontrá-lo ao final. Em seguida, escolha a medida de distância que será usada para determinar o quanto as observações estão distantes umas das outras; o quadrado da distância euclidiana é o padrão e é uma escolha razoável (e compreensível!). Ainda nesta seção, você provavelmente vai querer escolher *escores z* na caixa denominada "standardize"; outra vez, essa não é a opção padrão. Em Plots, muitas vezes deseja-se desativar o padrão "icicle plot" e marcar a caixa denominada "dendogram". Em Save, você pode salvar os membros dos grupos,

TABELA 12.6 Cronograma de aglomerações para o agrupamento hierárquico

Agglomeration schedule

Stage	Cluster combined		Coefficients	Stage cluster first appears		Next stage
	Cluster 1	Cluster 2		Cluster 1	Cluster 2	
1	70	146	1.578E−02	0	0	7
2	34	181	3.158E−02	0	0	8
3	97	145	5.184E−02	0	0	9
4	72	173	7.689E−02	0	0	10
5	156	171	.104	0	0	14
6	21	43	.135	0	0	13
7	70	175	.168	1	0	17
8	34	159	.226	2	0	13
9	9	97	.295	0	3	12
10	32	72	.391	0	4	17
11	60	131	.514	0	0	19
12	9	10	.732	9	0	22
13	21	34	.978	6	8	21
14	156	209	1.237	5	0	20
15	20	174	1.545	0	0	16
16	12	20	1.858	0	15	23
17	32	70	2.259	10	7	21
18	117	126	2.721	0	0	25
19	60	138	3.193	11	0	22
20	156	178	3.782	14	0	24
21	21	32	4.642	13	17	26
22	9	60	5.718	12	19	24
23	12	29	7.126	16	0	26
24	9	156	8.771	22	20	27
25	79	117	11.396	0	18	27
26	12	21	17.329	23	21	28
27	9	79	28.934	24	25	28
28	9	12	58.941	27	26	0

que adicionará uma coluna de dados à tabela de dados indicando o grupo a que cada observação pertence. Isso pode ser feito tanto para uma escolha simples e predefinida do número de grupos, quanto para um intervalo predefinido do número de grupos.

12.4.2.2 Agrupamento não hierárquico Clique em Analyze, em seguida em *k*-means. Depois escolha as variáveis para agrupar (e vale lembrar que sempre é uma boa ideia padronizar os dados calculando os escores *z* antes de fazer isso; isso pode ser feito clicando em Analyze, Descriptives, Descriptives e, então, marcando a caixa para salvar os escores padronizados como variáveis), escolha o número de grupos desejado. Geralmente, também é uma boa ideia clicar em Save e salvar "cluster membership", que adiciona uma coluna à tabela de dados indicando o grupo de cada observação. Este é um procedimento iterativo, e o número padrão de iterações é igual a dez. Pode-se verificar o resultado para ver se a solução convergiu (ou seja, não existem mudanças nas localizações dos centros dos agrupamentos de uma iteração para outra). Se não convergiu, o número de iterações deve ser aumentado (por exemplo, para 50) e, então, verificada novamente a convergência. Por exemplo, a solução com dois grupos descrita na Seção 12.3.2 solicitou 15 iterações para convergir; as soluções com três e quatro grupos cada convergiu dentro do número padrão (10) de iterações.

EXERCÍCIOS

1. Explique e interprete a tabela abaixo de cargas fatoriais rotacionadas.

	Fator 1	Fator 2
% < 15 anos de idade	0,88	0,21
% operários	0,13	0,86
% > 65 anos de idade	−0,92	−0,11
% trabalhadores de colarinho branco	−0,17	−0,81
Renda mediana	0,24	−0,71

2. Execute uma análise de agrupamentos hierárquica usando os dados abaixo e comente os resultados.

Região	Idade média	% Não familiar	Renda mediana (×1000)
1	34	50	34
2	45	44	44
3	32	58	38
4	50	50	59
5	55	70	44
6	26	62	29
7	37	38	33
8	42	36	43
9	47	39	56
10	46	49	58
11	51	68	61
12	38	36	39
13	33	44	41
14	29	66	38

3. Quantos fatores significativos seriam extraídos na análise fatorial a seguir? Quantas variáveis estavam na análise original? Explique sua resposta.

(continua)

(continuação)

Fator	Autovalor	Porcentagem cumulativa da variância explicada
1	3,0	45
2	2,5	70
3	1,5	78
4	0,9	89
5	0,3	92
6	0,2	94
7	0,2	96
8	0,2	98
9	0,1	99
10	0,1	100

4. Um pesquisador coleta as seguintes informações para um conjunto de setores censitários:

Setor	Idade mediana	Renda (×1000)	% Não familiar	Nº automóveis	% de Residentes novos	% Operários
1	26	29	32	1	23	33
2	35	38	24	2	21	21
3	48	49	29	3	16	44
4	47	55	55	3	18	44
5	36	39	66	2	23	41
6	29	32	42	2	33	40
7	55	58	38	3	10	31
8	56	66	36	3	11	24
9	29	32	33	1	23	28
10	33	44	29	2	21	29
11	44	49	31	2	18	31
12	47	46	38	2	15	30
13	51	52	55	3	12	20
14	44	49	52	2	18	19
15	37	40	38	1	19	43
16	38	41	34	2	21	31

Use a análise fatorial para resumir os dados.
Suponha que os dados vêm de uma grade 4 × 4 colocada sobre a cidade, como segue:

1	2	3	4
5	6	7	8
9	10	11	12
13	14	15	16

(a) Execute uma análise fatorial para resumir os dados acima.
(b) Quantos fatores são suficientes para descrever os dados (ou seja, têm autovalores maiores que 1)?

(continua)

(continuação)

(c) Descreva as cargas fatoriais rotacionadas, descrevendo cada fator em termos das variáveis mais importantes que o compõem. Tente dar nomes para os fatores. (Nota: nesta parte da questão, discuta apenas aqueles fatores com autovalores maiores que 1.)

(d) Salve os escores e faça um mapa dos escores no fator 1.

5. Use o banco de dados Tyne and Wear para realizar uma análise fatorial usando as seguintes variáveis: data de construção, número de quartos, número de banheiros, porcentagem da população na faixa de 25-64 anos de idade, porcentagem da população desempregada, porcentagem de residências ocupadas pelo proprietário e porcentagem da população na indústria. Salve os escores e interprete os resultados.

6. Use o banco de dados Tyne and Wear para realizar uma análise de agrupamentos. Use o método não hierárquico k-médias, usando os escores obtidos na Questão 5. Experimente as soluções com $k = 2, 3, 4$ e 5 e comente sobre os méritos de cada uma.

Epílogo

O objetivo principal deste livro foi o de proporcionar um embasamento de algumas ferramentas estatísticas básicas usadas pelos geógrafos. O foco foi nos métodos inferenciais. Métodos estatísticos inferenciais são atraentes porque se ajustam bem à estrutura tradicional do método científico. Fica claro que existem limitações ao uso destes métodos. Muitas das preocupações estão relacionadas com a natureza dos testes de hipóteses. Por que testamos se duas populações têm a mesma média? Uma listagem de duas comunidades quase certamente mostraria que a "verdadeira" média da população de, digamos, distâncias de deslocamento eram, de fato, diferentes. Por que testamos se um coeficiente de regressão verdadeiro é zero? As variáveis independentes quase sempre têm *algum* efeito sobre a variável dependente, mesmo que seja pequeno. A questão principal aqui é que, em várias situações, a hipótese nula não será verdadeira, então por que estamos testando isso? A resposta para esta preocupação é que a estrutura inferencial fornece não apenas um caminho para testar hipóteses – ele fornece também um caminho para estabelecer intervalos de confiança em torno de parâmetros estimados. Assim, podemos afirmar, com um dado nível de confiança, a magnitude da diferença no número de deslocamentos e podemos especificar com um certo nível de precisão a magnitude de um coeficiente de regressão.

Acompanhando a crescente disponibilidade de grandes conjuntos de dados, tem ocorrido um adequado desenvolvimento de métodos exploratórios. Tais métodos exploratórios são extremamente úteis na "mineração de dados" e no "arrasto de dados" para sugerir novas hipóteses. Finalmente, a confirmação dessas novas hipóteses é necessária e, para isso, os métodos inferenciais são mais adequados.

Por onde o estudante de métodos quantitativos em Geografia pode avançar a partir daqui? Os livros de Longley *et al.* (1998) e Fotheringham *et al.* (2000) são dois bons exemplos de esforços em resumir alguns dos desenvolvimentos mais recentes na área. Eles incluem considerações sobre os novos desenvolvimentos nas áreas de análise exploratória de dados espaciais e geocomputação. O *Handbook of Spatial Analysis* (Fotheringham and Rogerson 2008) e o *Handbook of Applied Spatial Analysis* (Fischer e Getis 2009) reúnem contribuições recentes para a análise espacial, guiando os pesquisadores da área. Keylock e Dorling (2004) recentemente chamaram a atenção para a ampliação dos currículos previstos para os alunos de métodos quantitativos, tanto em termos da relevância das aplicações específicas da Geografia, como em termos de métodos estatísticos e matemáticos alternativos, como as abordagens bayesianas (para uma visão em um contexto geográfico, ver Davies Withers, 2002).

Em ordem crescente de sofisticação matemática, temos os livros sobre análise de dados espaciais de Bailey e Gatrell (1995), Haining (1990a) e Cressie (1993). Haining (2003) também apresentou uma boa cobertura da análise espacial em seu novo livro. Esses textos pedem um embasamento mais profundo do que o esperado para a leitura deste livro, mas isso não deve deter o estudante interessado em explorá-los. Mesmo se não absorver todos os detalhes matemáticos, é possível obter uma boa noção dos tipos de perguntas e a gama de problemas que a análise espacial pode responder.

A seguir, temos uma pequena lista de alguns exemplos da utilização de métodos estatísticos na geografia:

Testes para duas amostras
   Nelson 1997

Análise fatorial na regressão
   Ormrod and Cole 1996
   O'Reilly and Webster 1998
   Ackerman 1998

Regressão logística
   Myers *et al.* 1997

Correlação
   Allen and Turner 1996
   Williams and Parker 1997

Correlação de Spearman
   Keim 1997
   Cringoli *et al.* (2004)

Correlação e regressão
   Wyllie and Smith 1996 [regressão passo a passo]
   Fan 1996

Regressão espacial
   Rey and Montouri 1999
   Lloyd and Shuttleworth 2005
   Gao *et al.* 2005
   Uma lista de artigos relacionados com a regressão ponderada geograficamente é encontrada em: www.pop.psu.edu/gia-core/litsearches/SAM_GWR_list.pdf

Componentes principais e análise fatorial
   Webster 1996
   Clarke and Holly 1996
   Hemmasi and Prorok 2002
   Liu *et al.* 2003

Análise de agrupamentos
   Comrie 1996
   Dagel 1997
   Staehli 2003
   Poon 2004

Apêndice A

TABELA A.1 Números aleatórios

Cada posição na tabela tem a mesma probabilidade de ser o dígito 0, 1, 2, 3, 4, 5, 6, 7, 8 ou 9.

39203	59841	91168	32021	82081	60164	3738S	52925	91004	71887
39965	79079	97829	95836	26651	12495	68275	20281	73978	07258
17752	87652	07004	95860	89325	56997	70904	91993	13209	50274
04284	63927	07533	60557	41339	16728	96512	11116	92345	04612
03440	97786	37416	24541	36408	63936	36480	87028	05094	95318
07466	12899	31434	06525	81175	38234	24468	30891	89620	50129
83343	72721	52695	36309	67961	73792	63300	89222	10618	24229
03745	48015	85373	77206	76214	85412	83510	73998	13500	65084
27975	70407	56983	07913	38682	89173	40739	40168	95705	46872
54284	28109	48080	80215	85753	64411	27938	56201	16005	49409
79521	93795	56291	03839	16098	44436	22678	37566	45822	26879
17817	48797	59971	28104	68171	05068	98190	33721	13991	73487
56213	82716	77356	91791	31267	19598	25159	28785	57736	72346
75194	03658	65212	50828	73031	12498	30153	80522	30866	05307
44549	28479	49939	43539	66337	61547	25104	27361	27060	17720
11543	45735	21121	46119	96548	48237	30815	01082	00715	18213
27327	47369	72686	74153	67849	91820	22255	91564	28009	19796
65332	83444	40231	84229	48713	46748	54693	63440	03439	97497
45214	30409	35466	73494	39421	86061	88928	55676	68453	66827
77929	36175	61017	71350	93393	32687	29040	74575	45306	22552
54366	88887	16301	19105	51147	31217	41907	42982	64904	63597
08535	65466	48869	58315	23905	24696	66332	22822	37808	78375
36947	67802	81864	59051	52076	34284	06530	51015	39540	61780
28323	33789	56413	16652	28571	53781	63579	42659	53203	29708
16748	41349	75175	66405	75745	33003	32043	01747	49361	61584
33178	69744	11252	49458	86585	85536	92257	24864	48761	31924
26466	93243	88962	31547	05650	29480	92795	39219	22342	60169
36535	14197	72029	40094	61100	17633	38541	08250	04353	13417
66835	93340	09121	97179	24446	47809	87930	83677	46036	07924
09357	02826	35480	92998	35244	39454	50956	36244	31511	40640
07296	75285	29833	78926	48012	97299	56635	57142	00203	77302
01106	48819	40679	96311	90666	91712	16907	65802	94408	76429
15742	99837	87999	36431	96530	84598	62879	82602	57911	18505
16523	51356	37907	65491	39889	49415	97503	09430	39471	12136
03536	42548	50478	54022	18614	03129	68513	08643	91870	93123
73445	35057	97928	83183	57729	35701	70757	28092	97686	90810
52017	99654	63051	87131	S7755	29329	52001	24808	54075	48002
63724	57039	06679	46472	92762	75952	54470	88720	57702	61299
16675	01990	38803	84706	24066	41937	26551	58381	04810	35915
01377	36919	49327	24518	61098	25962	04427	33234	04480	02438
49752	61849	05823	84198	18174	74419	10322	95196	47893	77825
40734	81595	96763	68282	34155	29452	94005	23972	66115	40478
64213	91973	62604	00789	21825	25568	00981	89250	24446	86013
24505	41214	03031	34756	31600	84374	36871	83645	80482	22081
34248	31337	78109	49077	10187	84757	45754	51435	52726	24296

(continua)

TABELA A.1 *(Continuação)*

Cada posição na tabela tem a mesma probabilidade de ser o dígito 0, 1, 2, 3, 4, 5, 6, 7, 8 ou 9.

60229	06451	61294	53777	17640	85533	10178	23212	02002	08264
36712	16560	35055	99750	53169	58659	37377	53580	16829	10472
94150	42762	54989	58564	12434	81297	36197	84099	55629	03717
36402	94992	51794	59245	87178	84460	58370	34416	75064	07568
15853	95261	90876	66395	72788	66605	08718	96740	45414	81015
84807	71928	78331	51465	39259	63729	32989	80330	57238	98955
98408	62427	04782	69732	83461	01420	68618	11575	24972	14040
61825	69602	11652	56412	22210	03517	40796	29470	49044	10343
39883	29540	45090	05811	62559	50967	66031	48501	05426	82446
68403	57420	50632	05400	81552	91661	37190	95155	26634	01135
58917	60176	48503	14559	18274	45809	09748	19716	15081	84704
72565	19292	16976	41309	04164	94000	19939	55374	26109	58722
58272	12730	89732	49176	14281	57181	02887	84072	91832	97489
92754	47117	98296	74972	38940	45352	58711	43014	95376	57402
34520	96779	25092	96327	05785	76439	10332	07534	79067	27126
18388	17135	08468	31149	82568	96509	32335	65895	64362	01431
06578	34257	67618	62744	93422	89236	53124	85750	98015	00038
67183	75783	54437	58890	02256	53920	61369	65913	65478	62319
26942	92564	92010	95670	75547	20940	06219	28040	10050	05974
06345	01152	49596	02064	85321	59627	28489	88186	74006	18320
24221	12108	16037	99857	73773	42506	60530	96317	29918	16918
83975	61251	82471	06941	48817	76078	68930	39693	87372	09600
86232	01398	50258	22868	71052	10127	48729	67613	59400	65886
04912	01051	33687	03296	17112	23843	16796	22332	91570	47197
15455	88237	91026	36454	18765	97891	11022	98774	00321	10386
88430	09861	45098	66176	59598	98527	11059	31626	10798	50313
48849	11583	63654	55670	89474	75232	14186	52377	19129	67166
33659	59617	40920	30295	07463	79923	83393	77120	38862	75503
60198	41729	19897	04805	09351	76734	10333	87776	36947	88618
55868	53145	66232	52007	81206	89543	66226	45709	37114	78075
22011	71396	95174	43043	68304	56773	83931	43631	50995	68130
90301	54934	08008	00565	67790	84760	82229	64147	28031	11609
07586	90936	21021	54066	87281	63574	41155	01740	29025	19909
09973	76136	87904	54419	34370	75071	56201	16768	61934	12083
59750	42528	19864	31595	72097	17005	24682	43560	74423	59197
74492	19327	17812	63897	65708	07709	13817	95943	07909	75504
69042	57646	38606	30549	34351	21432	50312	10566	43842	70046
16054	32268	29828	73413	53819	39324	13581	71841	94894	64223
17930	78622	70578	23048	73730	73507	69602	77174	32593	45565
46812	93896	65639	73905	45396	71653	01490	33674	16888	53434
04590	07459	04096	15216	56633	69845	85550	15141	56349	56117
99618	63788	86396	37564	12962	96090	70358	23378	63441	36828
34545	32273	45427	30693	49369	27427	28362	17307	45092	08302
04337	00565	27718	67942	19284	69126	51649	03469	88009	41916
73810	70135	72055	90111	71202	08210	76424	66364	63081	37784
60555	94102	39146	67795	05985	43280	97202	35613	25369	47959
58261	16861	39080	22820	46555	32213	38440	32662	48259	61197
98765	65802	44467	03358	38894	34290	31107	25519	26585	34852
39157	58231	30710	09394	04012	49122	26283	34946	23590	25663
08143	91252	23181	51183	52102	85298	52008	48688	86779	21722
66806	72352	64500	89120	13493	85813	93999	12558	24852	04575
08289	82806	36490	96421	81718	63075	54178	39209	03050	47089
12989	31280	71466	72234	26922	04753	61943	86149	26938	53736
44154	63471	30657	62298	56461	48879	54108	97126	43219	95349
63788	18000	10049	49041	28807	64190	39753	17397	48026	76947

TABELA A.2   Distribuição normal

As entradas tabeladas representam a proporção p da área total abaixo da curva que está na cauda da curva normal à direita do valor z indicado. (Exemplo: 0,0694 ou 6,94% da área está à direita de $z = 1,48$. Isso é encontrado usando-se a linha do $z = 1,4$ e a coluna 0,08 da tabela). Se o valor de z é negativo, a entrada tabelada correspondente ao valor absoluto de z representa a área menor que z. (Exemplo: 0,3015 ou 30,15% da área está à esquerda de $z = -0,52$ e este valor é encontrado usando-se $z = +0,52$ na tabela.)

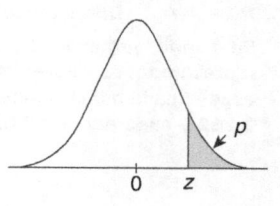

z	\multicolumn{10}{c}{Segunda casa decimal de z}
	0,00	0,01	0,02	0,03	0,04	0,05	0,06	0,07	0,08	0,09
0,0	0,5000	0,4960	0,4920	0,4880	0,4840	0,4801	0,4761	0,4721	0,4681	0,4641
0,1	0,4602	0,4562	0,4522	0,4483	0,4443	0,4404	0,4364	0,4325	0,4286	0,4247
0,2	0,4207	0,4168	0,4129	0,4090	0,4052	0,4013	0,3974	0,3936	0,3897	0,3859
0,3	0,3821	0,3783	0,3745	0,3707	0,3669	0,3632	0,3594	0,3557	0,3520	0,3483
0,4	0,3446	0,3409	0,3372	0,3336	0,3300	0,3264	0,3228	0,3192	0,3156	0,3121
0,5	0,3085	0,3050	0,3015	0,2981	0,2946	0,2912	0,2877	0,2843	0,2810	0,2776
0,6	0,2743	0,2709	0,2676	0,2643	0,2611	0,2578	0,2546	0,2514	0,2483	0,2451
0,7	0,2420	0,2389	0,2358	0,2327	0,2297	0,2266	0,2236	0,2206	0,2177	0,2148
0,8	0,2119	0,2090	0,2061	0,2033	0,2005	0,1977	0,1949	0,1922	0,1894	0,1867
0,9	0,1841	0,1814	0,1788	0,1762	0,1736	0,1711	0,1685	0,1660	0,1635	0,1611
1,0	0,1587	0,1562	0,1539	0,1515	0,1492	0,1469	0,1446	0,1423	0,1401	0,1379
1,1	0,1357	0,1335	0,1314	0,1292	0,1271	0,1251	0,1230	0,1210	0,1190	0,1170
1,2	0,1151	0,1131	0,1112	0,1093	0,1075	0,1056	0,1038	0,1020	0,1003	0,0985
1,3	0,0968	0,0951	0,0934	0,0918	0,0901	0,0885	0,0869	0,0853	0,0838	0,0823
1,4	0,0808	0,0793	0,0778	0,0764	0,0749	0,0735	0,0721	0,0708	0,0694	0,0681
1,5	0,0668	0,0655	0,0643	0,0630	0,0618	0,0606	0,0594	0,0582	0,0571	0,0559
1,6	00548	0,0537	0,0526	0,0516	0,0505	0,0495	0,0485	0,0475	0,0465	0,0455
1,7	0,0446	0,0436	0,0427	0,0418	0,0409	0,0401	0,0392	0,0384	0,0375	0,0367
1,8	0,0359	0,0351	0,0344	0,0336	0,0329	0,0322	0,0314	0,0307	0,0301	0,0294
1,9	0,0287	0,0281	0,0274	0,0268	0,0262	0,0256	0,0250	0,0244	0,0239	0,0233
2,0	0,0228	0,0222	0,0217	0,0212	0,0207	0,0202	0,0197	0,0192	0,0188	0,0183
2,1	0,0179	0,0174	0,0170	0,0166	0,0162	0,0158	0,0154	0,0150	0,0146	0,0143
2,2	0,0139	0,0136	0,0132	0,0129	0,0125	0,0122	0,0119	0,0116	0,0113	0,0110
2,3	0,0107	0,0104	0,0102	0,0099	0,0096	0,0094	0,0091	0,0089	0,0087	0,0084
2,4	0,0082	0,0080	0,0078	0,0075	0,0073	0,0071	0,0069	0,0068	0,0066	0,0064
2,5	0,0062	0,0060	0,0059	0,0057	0,0055	0,0054	0,0052	0,0051	0,0049	0,0048
2,6	0,0047	0,0045	0,0044	0,0043	0,0041	0,0040	0,0039	0,0038	0,0037	0,0036
2,7	0,0035	0,0034	0,0033	0,0032	0,0031	0,0030	0,0029	0,0028	0,0027	0,0026
2,8	0,0026	0,0025	0,0024	0,0023	0,0023	0,0022	0,0021	0,0021	0,0020	0,0019
2,9	0,0019	0,0018	0,0018	0,0017	0,0016	0,0016	0,0015	0,0015	0,0014	0,0014
3,0	0,0013	0,0013	0,0013	0,0012	0,0012	0,0011	0,0011	0,0011	0,0010	0,0010

Adaptada, com arredondamento, da Tabela II de Fischer e Yates, 1974.

TABELA A.3 Distribuição *t* de Student

Para vários graus de liberdade (gl), as entradas tabeladas representam os valores críticos de *t* acima do qual uma proporção especificada *p* da distribuição *t* cai. (Exemplo: para gl = 9, um *t* de 2,262 é superado por 0,025 ou 2,5% da distribuição total.)

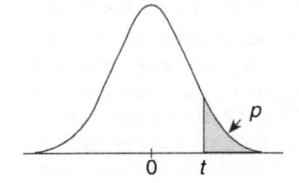

gl	p (probabilidades unilaterais)				
	0,10	0,05	0,025	0,01	0,005
1	3,078	6,314	12,706	31,821	63,657
2	1,886	2,920	4,303	6,965	9,925
3	1,638	2,353	3,182	4,541	5,841
4	1,533	2,132	2,776	3,747	4,604
5	1,476	2,015	2,571	3,365	4,032
6	1,440	1,943	2,447	3,143	3,707
7	1,415	1,895	2,365	2,998	3,499
8	1,397	1,860	2,306	2,896	3,355
9	1,383	1,833	2,262	2,821	3,250
10	1,372	1,812	2,228	2,764	3,169
11	1,363	1,796	2,201	2,718	3,106
12	1,356	1,782	2,179	2,681	3,055
13	1,350	1,771	2,160	2,650	3,012
14	1,345	1,761	2,145	2,624	2,977
15	1,341	1,753	2,131	2,602	2,947
16	1,337	1,746	2,120	2,583	2,921
17	1,333	1,740	2,110	2,567	2,898
18	1,330	1,734	2,101	2,552	2,878
19	1,328	1,729	2,093	2,539	2,861
20	1,325	1,725	2,086	2,528	2,845
21	1,323	1,721	2,080	2,518	2,831
22	1,321	1,717	2,074	2,508	2,819
23	1,319	1,714	2,069	2,500	2,807
24	1,318	1,711	2,064	2,492	2,797
25	1,316	1,708	2,060	2,485	2,787
26	1,315	1,706	2,056	2,479	2,779
27	1,314	1,703	2,052	2,473	2,771
28	1,313	1,701	2,048	2,467	2,763
29	1,311	1,699	2,045	2,462	2,756
30	1,310	1,697	2,042	2,457	2,750
40	1,303	1,684	2,021	2,423	2,704
60	1,296	1,671	2,000	2,390	2,660
120	1,289	1,658	1,980	2,358	2,617
∞	1,282	1,645	1,960	2,326	2,576

Adaptado da Tabela III de Fisher and Yates, 1974.

TABELA A.4 Distribuição cumulativa da distribuição t de Student

t\v	\multicolumn{10}{c}{Graus de liberdade (gl)}									
	1	2	3	4	5	6	7	8	9	10
0,0	0,50000	0,50000	0,50000	0,50000	0,50000	0,50000	0,50000	0,50000	0,50000	0,50000
0,1	0,53173	0,53527	0,53667	0,53742	0,53788	0,53820	0,53843	0,53860	0,53873	0,53884
0,2	0,56283	0,57002	0,57286	0,57438	0,57532	0,57596	0,57642	0,57676	0,57704	0,57726
0,3	0,56283	0,57002	0,57286	0,57438	0,57532	0,57596	0,57642	0,57676	0,57704	0,57726
0,4	0,62112	0,63608	0,64203	0,64520	0,64716	0,64850	0,64946	0,65019	0,65076	0,65122
0,5	0,64758	0,66667	0,67428	0,67834	0,68085	0,68256	0,68380	0,68473	0,68546	0,68605
0,6	0,67202	0,69529	0,70460	0,70958	0,71267	0,71477	0,71629	0,71745	0,71835	0,71907
0,7	0,69440	0,72181	0,73284	0,73875	0,74243	0,74493	0,74674	0,74811	0,74919	0,75006
0,8	0,71478	0,74618	0,75890	0,76574	0,76999	0,77289	0,77500	0,77659	0,77784	0,77885
0,9	0,73326	0,76845	0,78277	0,79050	0,79531	0,79860	0,80099	0,80280	0,80422	0,80536
1,0	0,75000	0,78868	0,80450	0,81305	0,81839	0,82204	0,82469	0,82670	0,82828	0,82955
1,1	0,76515	0,80698	0,82416	0,83346	0,83927	0,84325	0,84614	0,84834	0,85006	0,85145
1,2	0,77886	0,82349	0,84187	0,85182	0,85805	0,86232	0,86541	0,86777	0,86961	0,87110
1,3	0,79129	0,83838	0,85777	0,86827	0,87485	0,87935	0,88262	0,88510	0,88705	0,88862
1,4	0,80257	0,85177	0,87200	0,88295	0,88980	0,89448	0,89788	0,90046	0,90249	0,90412
1,5	0,81283	0,86380	0,88471	0,89600	0,90305	0,90786	0,91135	0,91400	0,91608	0,91775
1,6	0,82219	0,87464	0,89605	0,90758	0,91475	0,91964	0,92318	0,92587	0,92797	0,92966
1,7	0,83075	0,88439	0,90615	0,91782	0,92506	0,92998	0,93354	0,93622	0,93833	0,94002
1,8	0,83859	0,89317	0,91516	0,92688	0,93412	0,93902	0,94256	0,94522	0,94731	0,94897
1,9	0,84579	0,90109	0,92318	0,93488	0,94207	0,94691	0,95040	0,95302	0,95506	0,95669
2,0	0,85242	0,90825	0,93034	0,94194	0,94903	0,95379	0,95719	0,95974	0,96172	0,96331
2,1	0,85854	0,91473	0,93672	0,94817	0,95512	0,95976	0,96306	0,96553	0,96744	0,96896
2,2	0,86420	0,92060	0,94241	0,95367	0,96045	0,96495	0,96813	0,97050	0,97233	0,97378
2,3	0,86945	0,92593	0,94751	0,95853	0,96511	0,96945	0,97250	0,97476	0,97650	0,97787
2,4	0,87433	0,93077	0,95206	0,96282	0,96919	0,97335	0,97627	0,97841	0,98005	0,98134
2,5	0,87888	0,93519	0,95615	0,96662	0,97275	0,97674	0,97950	0,98153	0,98307	0,98428
2,6	0,88313	0,93923	0,95981	0,96998	0,97587	0,97967	0,98229	0,98419	0,98563	0,98675
2,7	0,88709	0,94292	0,96311	0,97295	0,97861	0,98221	0,98468	0,98646	0,98780	0,98884
2,8	0,89081	0,94630	0,96607	0,97559	0,98100	0,98442	0,98674	0,98840	0,98964	0,99060
2,9	0,89430	0,94941	0,96875	0,97794	0,98310	0,98633	0,98851	0,99005	0,99120	0,99208
3,0	0,89758	0,95227	0,97116	0,98003	0,98495	0,98800	0,99003	0,99146	0,99252	0,99333
3,1	0,90067	0,95490	0,97335	0,98189	0,98657	0,98944	0,99134	0,99267	0,99364	0,99437
3,2	0,90359	0,95733	0,97533	0,98355	0,98800	0,99070	0,99247	0,99369	0,99459	0,99525
3,3	0,90634	0,95958	0,97713	0,98503	0,98926	0,99180	0,99344	0,99457	0,99539	0,99599
3,4	0,90895	0,96166	0,97877	0,98636	0,99037	0,99275	0,99428	0,99532	0,99606	0,99661
3,5	0,91141	0,96358	0,98026	0,98755	0,99136	0,99359	0,99500	0,99596	0,99664	0,99714
3,6	0,91376	0,96538	0,98162	0,98862	0,99223	0,99432	0,99563	0,99651	0,99713	0,99758
3,7	0,91598	0,96705	0,98286	0,98958	0,99300	0,99496	0,99617	0,99698	0,99754	0,99795
3,8	0,91809	0,96860	0,98400	0,99045	0,99369	0,99552	0,99664	0,99738	0,99789	0,99826
3,9	0,92010	0,97005	0,98504	0,99123	0,99430	0,99601	0,99705	0,99773	0,99819	0,99852
4,0	0,92202	0,97141	0,98600	0,99193	0,99484	0,99644	0,99741	0,99803	0,99845	0,99874
4,2	0,92560	0,97386	0,98768	0,99315	0,99575	0,99716	0,99798	0,99850	0,99885	0,99909
4,4	0,92887	0,97602	0,98912	0,99415	0,99649	0,99772	0,99842	0,99886	0,99914	0,99933
4,6	0,93186	0,97792	0,99034	0,99498	0,99708	0,99815	0,99876	0,99912	0,99936	0,99951
4,8	0,93462	0,97962	0,99140	0,99568	0,99756	0,99850	0,99902	0,99932	0,99951	0,99964
5,0	0,93717	0,98113	0,99230	0,99625	0,99795	0,99877	0,99922	0,99947	0,99963	0,99973
5,2	0,93952	0,98248	0,99309	0,99674	0,99827	0,99899	0,99937	0,99959	0,99972	0,99980
5,4	0,94171	0,98369	0,99378	0,99715	0,99853	0,99917	0,99950	0,99968	0,99978	0,99985
5,6	0,94375	0,98478	0,99437	0,99750	0,99875	0,99931	0,99959	0,99975	0,99983	0,99989
5,8	0,94565	0,98577	0,99490	0,99780	0,99893	0,99942	0,99967	0,99980	0,99987	0,99991
6,0	0,94743	0,98666	0,99536	0,99806	0,99908	0,99952	0,99973	0,99984	0,99990	0,99993
6,2	0,94910	0,98748	0,99577	0,99828	0,99920	0,99959	0,99978	0,99987	0,99992	0,99995
6,4	0,95066	0,98822	0,99614	0,99847	0,99931	0,99966	0,99982	0,99990	0,99994	0,99996
6,6	0,95214	0,98890	0,99646	0,99863	0,99940	0,99971	0,99985	0,99992	0,99995	0,99997
6,8	0,95352	0,98953	0,99675	0,99878	0,99948	0,99975	0,99987	0,99993	0,99996	0,99998
7,0	0,95483	0,99010	0,99701	0,99890	0,99954	0,99979	0,99990	0,99994	0,99997	0,99998
7,2	0,95607	0,99063	0,99724	0,99901	0,99960	0,99982	0,99991	0,99995	0,99997	0,99999
7,4	0,95724	0,99111	0,99745	0,99911	0,99964	0,99984	0,99993	0,99996	0,99998	0,99999
7,6	0,95836	0,99156	0,99764	0,99920	0,99969	0,99986	0,99994	0,99997	0,99998	0,99999
7,8	0,95941	0,99198	0,99781	0,99927	0,99972	0,99988	0,99995	0,99997	0,99999	0,99999
8,0	0,96042	0,99237	0,99796	0,99934	0,99975	0,99990	0,99996	0,99998	0,99999	0,99999

Nota: As entradas na tabela fornecem a probabilidade de um valor menor que o valor especificado de t, para determinados graus de liberdade. Por exemplo, quando gl = 4, 79,05% dos valores t serão menores que $t = 0,9$.

Fonte: Pearson e Harley, 1966 (com autorização).

	Graus de liberdade (gl)									
t\v	11	12	13	14	15	16	17	18	19	20
0,0	0,50000	0,50000	0,50000	0,50000	0,50000	0,50000	0,50000	0,50000	0,50000	0,50000
0,1	0,53893	0,53900	0,53907	0,53912	0,53917	0,53921	0,53924	0,53928	0,53930	0,53933
0,2	0,57744	0,57759	0,57771	0,57782	0,57792	0,57800	0,57807	0,57814	0,57820	0,57825
0,3	0,61511	0,61534	0,61554	0,61571	0,61585	0,61598	0,61609	0,61619	0,61628	0,61636
0,4	0,65159	0,65191	0,65217	0,65240	0,65260	0,65278	0,65293	0,65307	0,65319	0,65330
0,5	0,68654	0,68694	0,68728	0,68758	0,68783	0,68806	0,68826	0,68843	0,68859	0,68873
0,6	0,71967	0,72017	0,72059	0,72095	0,72127	0,72155	0,72179	0,72201	0,72220	0,72238
0,7	0,75077	0,75136	0,75187	0,75230	0,75268	0,75301	0,75330	0,75356	0,75380	0,75400
0,8	0,77968	0,78037	0,78096	0,78146	0,78190	0,78229	0,78263	0,78293	0,78320	0,78344
0,9	0,80630	0,80709	0,80776	0,80883	0,80883	0,80927	0,80965	0,81000	0,81031	0,81058
1,0	0,83060	0,83148	0,83222	0,83286	0,83341	0,83390	0,83433	0,83472	0,83506	0,83537
1,1	0,85259	0,85355	0,85436	0,85506	0,85566	0,85620	0,85667	0,85709	0,85746	0,85780
1,2	0,87233	0,87335	0,87422	0,87497	0,87562	0,87620	0,87670	0,87715	0,87756	0,87792
1,3	0,88991	0,89099	0,89191	0,89270	0,89339	0,89399	0,89452	0,89500	0,89542	0,89581
1,4	0,90546	0,90658	0,90754	0,90836	0,90907	0,90970	0,91025	0,91074	0,91118	0,91158
1,5	0,91912	0,92027	0,92125	0,92209	0,92282	0,92346	0,92402	0,92452	0,92498	0,92538
1,6	0,93105	0,93221	0,93320	0,93404	0,93478	0,93542	0,93599	0,93650	0,93695	0,93736
1,7	0,94140	0,94256	0,94354	0,94439	0,94512	0,94576	0,94632	0,94683	0,94728	0,94768
1,8	0,95034	0,95148	0,95245	0,95328	0,95400	0,95463	0,95518	0,95568	0,95612	0,95652
1,9	0,95802	0,95914	0,96008	0,96089	0,96158	0,96220	0,96273	0,96321	0,96364	0,96403
2,0	0,96460	0,96567	0,96658	0,96736	0,96803	0,96861	0,96913	0,96959	0,97000	0,97037
2,1	0,97020	0,97123	0,97209	0,97283	0,97347	0,97403	0,97452	0,97495	0,97534	0,97569
2,2	0,97496	0,97593	0,97675	0,97745	0,97805	0,97858	0,97904	0,97945	0,97981	0,98014
2,3	0,86945	0,92593	0,94751	0,95853	0,96511	0,96945	0,97250	0,97476	0,97650	0,97787
2,4	0,98238	0,98324	0,98396	0,98457	0,98509	0,98554	0,98594	0,98629	0,98660	0,98688
2,5	0,98525	0,98604	0,98671	0,98727	0,98775	0,98816	0,98853	0,98885	0,98913	0,98938
2,6	0,98765	0,98839	0,98900	0,98951	0,98995	0,99033	0,99066	0,99095	0,99121	0,99144
2,7	0,98967	0,99035	0,99090	0,99137	0,99177	0,99211	0,99241	0,99267	0,99290	0,99311
2,8	0,99136	0,99198	0,99249	0,99291	0,99327	0,99358	0,99385	0,99408	0,99429	0,99447
2,9	0,99278	0,99334	0,99380	0,99418	0,99450	0,99478	0,99502	0,99523	0,99541	0,99557
3,0	0,99396	0,99447	0,99488	0,99522	0,99551	0,99576	0,99597	0,99616	0,99632	0,99646
3,1	0,99495	0,99541	0,99578	0,99608	0,99634	0,99656	0,99675	0,99691	0,99705	0,99718
3,2	0,99577	0,99618	0,99652	0,99679	0,99702	0,99721	0,99738	0,99752	0,99764	0,99775
3,3	0,99646	0,99683	0,99713	0,99737	0,99757	0,99774	0,99789	0,99801	0,99812	0,99821
3,4	0,99703	0,99737	0,99763	0,99784	0,99802	0,99817	0,99830	0,99840	0,99850	0,99858
3,5	0,99751	0,99781	0,99804	0,99823	0,99839	0,99852	0,99863	0,99872	0,99880	0,99887
3,6	0,99791	0,99818	0,99838	0,99855	0,99869	0,99880	0,99890	0,99898	0,99905	0,99911
3,7	0,99825	0,99848	0,99867	0,99881	0,99893	0,99903	0,99911	0,99918	0,99924	0,99929
3,8	0,99853	0,99874	0,99890	0,99902	0,99913	0,99921	0,99928	0,99934	0,99939	0,99944
3,9	0,99876	0,99895	0,99909	0,99920	0,99929	0,99936	0,99942	0,99948	0,99952	0,99956
4,0	0,99896	0,99912	0,99924	0,99934	0,99942	0,99948	0,99954	0,99958	0,99962	0,99965
4,2	0,99926	0,99938	0,99948	0,99955	0,99961	0,99966	0,99970	0,99973	0,99976	0,99978
4,4	0,99947	0,99957	0,99964	0,99970	0,99974	0,99978	0,99980	0,99983	0,99988	0,99986
4,6	0,99962	0,99969	0,99975	0,99979	0,99983	0,99985	0,99987	0,99989	0,99990	0,99991
4,8	0,99972	0,99978	0,99983	0,99986	0,99988	0,99990	0,99992	0,99993	0,99994	0,99995
5,0	0,99980	0,9998S	0,99988	0,99990	0,99992	0,99993	0,99995	0,99995	0,99996	0,99997
5,2	0,99985	0,99989	0,99992	0,99993	0,99995	0,99996	0,99996	0,99997	0,99997	0,99998
5,4	0,99989	0,99992	0,99994	0,99995	0,99996	0,99997	1,99998	0,99998	0,99998	0,99999
5,6	0,99992	0,99994	0,99996	0,99997	0,99997	0,99998	1,99998	0,99990	0,99999	0,99999
5,8	0,99994	0,99996	0,99997	0,99998	0,99998	0,99999	0,99999	0,99999	0,99999	0,99999
6,0	0,99995	0,99997	0,99998	0,99998	0,99999	0,99999	0,99999	0,99999		
6,2	0,99997	0,99998	0,99998	0,99999	0,99999	0,99999				
6,4	0,99997	0,99998	0,99999	0,99999	0,99999					
6,6	0,99998	0,99999	0,99999	0,99999						
6,8	0,99998	0,99999	0,99999							
7,0	0,99999	0,99999								

TABELA A.5 Distribuição F

Para vários pares de graus de liberdade v_1, v_2, as entradas tabeladas representam os valores críticos de F acima do qual a proporção p da distribuição cai. (Exemplo: para gl = 4 e 16 um F = 2,33 tem 10% da área à sua direita.) São fornecidas tabelas para valores de p iguais a 0,10, 0,05, 0,01.

$p = 0,10$ valores

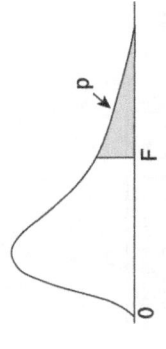

Graus de liberdade para o denominador v_2	Graus de liberdade para o numerador v_1														
	1	2	3	4	5	6	7	8	9	10	12	15	20	30	40	60	120	∞
1	39,86	49,50	53,59	55,83	57,24	58,20	58,91	59,14	59,86	60,19	60,71	61,22	61,71	62,26	62,53	62,79	63,06	63,33
2	8,53	9,00	9,16	9,24	9,29	9,33	9,35	9,37	9,38	9,39	9,41	9,42	9,41	9,46	9,47	9,47	9,48	9,49
3	5,54	5,46	5,39	5,34	5,31	5,28	5,27	5,25	5,24	5,23	5,22	5,20	5,18	5,17	5,16	5,15	5,14	5,13
4	4,54	4,32	4,19	4,11	4,05	4,01	3,98	3,95	3,94	3,92	3,90	3,87	3,84	3,82	3,80	3,79	3,78	3,76
5	4,06	3,78	3,62	3,52	3,45	3,40	3,37	3,34	3,32	3,30	3,27	3,24	3,21	3,17	3,16	3,14	3,12	3,10
6	3,78	3,46	3,29	3,18	3,11	3,05	3,01	2,98	2,96	2,94	2,90	2,87	2,84	2,80	2,78	2,76	2,74	2,72
7	3,59	3,26	3,07	2,96	2,88	2,83	2,78	2,75	2,72	2,70	2,67	2,63	2,59	2,56	2,54	2,51	2,49	2,47
8	3,46	3,11	2,92	2,81	2,73	2,67	2,62	2,59	2,56	2,54	2,50	2,46	2,42	2,38	2,36	2,34	2,32	2,29
9	3,36	3,01	2,81	2,69	2,61	2,55	2,51	2,47	2,44	2,42	2,38	2,34	2,30	2,25	2,23	2,21	2,18	2,16
10	3,29	2,92	2,73	2,61	2,52	2,46	2,41	2,38	2,35	2,32	2,28	2,24	2,20	2,16	2,13	2,11	2,08	2,06
11	3,23	2,86	2,66	2,54	2,45	2,39	2,34	2,30	2,27	2,25	2,21	2,17	2,12	2,08	2,05	2,03	2,00	1,97
12	3,18	2,81	2,61	2,48	2,39	2,33	2,28	2,24	2,21	2,19	2,15	2,10	2,06	2,01	1,99	1,96	1,93	1,90
13	3,14	2,76	2,56	2,43	2,35	2,28	2,23	2,20	2,16	2,14	2,10	2,05	2,01	1,96	1,93	1,90	1,88	1,85
14	3,10	2,73	2,52	2,39	2,31	2,24	2,19	2,15	2,12	2,10	2,05	2,01	1,96	1,91	1,89	1,86	1,83	1,80
15	3,07	2,70	2,49	2,36	2,27	2,21	2,16	2,12	2,09	2,06	2,02	1,97	1,92	1,87	1,85	1,82	1,79	1,76
16	3,05	2,67	2,46	2,33	2,24	2,18	2,13	2,09	2,06	2,03	1,99	1,94	1,89	1,84	1,81	1,78	1,75	1,72
17	3,03	2,64	2,44	2,31	2,22	2,15	2,10	2,06	2,03	2,00	1,96	1,91	1,86	1,81	1,78	1,75	1,72	1,69
18	3,01	2,62	2,42	2,29	2,20	2,13	2,08	2,04	2,00	1,98	1,93	1,89	1,84	1,78	1,75	1,72	1,69	1,66
19	2,99	2,61	2,40	2,27	2,18	2,11	2,06	2,02	1,98	1,96	1,91	1,86	1,81	1,76	1,73	1,70	1,67	1,63
20	2,97	2,59	2,38	2,25	2,16	2,09	2,04	2,00	1,96	1,94	1,89	1,84	1,79	1,74	1,71	1,68	1,64	1,61
21	2,96	2,57	2,36	2,23	2,14	2,08	2,02	1,98	1,95	1,92	1,87	1,83	1,78	1,72	1,69	1,66	1,62	1,59
22	2,95	2,56	2,35	2,22	2,13	2,06	2,01	1,97	1,93	1,90	1,86	1,81	1,76	1,70	1,67	1,64	1,60	1,57
23	2,94	2,55	2,34	2,21	2,11	2,05	1,99	1,95	1,92	1,89	1,84	1,80	1,74	1,69	1,66	1,62	1,59	1,55
24	2,93	2,54	2,33	2,19	2,10	2,04	1,98	1,94	1,91	1,88	1,83	1,78	1,73	1,67	1,64	1,61	1,57	1,53
30	2,88	2,49	2,28	2,14	2,05	1,98	1,93	1,88	1,85	1,82	1,77	1,72	1,67	1,61	1,57	1,54	1,50	1,46
40	2,84	2,44	2,23	2,09	2,00	1,93	1,87	1,83	1,79	1,76	1,71	1,66	1,61	1,54	1,51	1,47	1,42	1,38
60	2,79	2,39	2,18	2,04	1,95	1,87	1,82	1,77	1,74	1,71	1,66	1,60	1,54	1,48	1,44	1,40	1,35	1,29
120	2,75	2,35	2,13	1,99	1,90	1,82	1,77	1,72	1,68	1,65	1,60	1,55	1,48	1,41	1,37	1,32	1,26	1,19
∞	2,71	2,30	2,08	1,94	1,85	1,77	1,72	1,67	1,63	1,60	1,55	1,49	1,42	1,34	1,30	1,24	1,17	1,00

(continua)

TABELA A.5 *(Continuação)*

$p = 0{,}05$ valores

Graus de liberdade para o denominador v_2	Graus de liberdade para o numerador v_1														
	1	2	3	4	5	6	7	8	9	10	12	15	20	30	40	60	120	∞
1	161,4	199,5	215,7	224,6	230,2	234,0	236,8	238,9	240,5	241,9	243,9	245,9	248,0	250,1	251,1	252,2	253,3	254,3
2	18,51	19,00	19,16	19,25	19,30	19,33	19,35	19,37	19,38	19,40	19,41	19,43	19,45	19,46	19,47	19,48	19,49	19,50
3	10,13	9,55	9,28	9,12	9,01	8,94	8,89	8,85	8,81	8,79	8,74	8,70	8,66	8,62	8,59	8,57	8,55	8,53
4	7,71	6,94	6,59	6,39	6,26	6,16	6,09	6,04	6,00	5,96	5,91	5,86	5,80	5,75	5,72	5,69	5,66	5,63
5	6,61	5,79	5,41	5,19	5,05	4,95	4,88	4,82	4,77	4,74	4,68	4,62	4,56	4,50	4,46	4,43	4,40	4,36
6	5,99	5,14	4,76	4,53	4,39	4,28	4,21	4,15	4,10	4,06	4,00	3,94	3,87	3,81	3,77	3,74	3,70	3,67
7	5,59	4,74	4,35	4,12	3,97	3,87	3,79	3,73	3,68	3,64	3,57	3,51	3,44	3,38	3,34	3,30	3,27	3,23
8	5,32	4,46	4,07	3,84	3,69	3,58	3,50	3,44	3,39	3,35	3,28	3,22	3,15	3,08	3,04	3,01	2,97	2,93
9	5,12	4,26	3,86	3,63	3,48	3,37	3,29	3,23	3,18	3,14	3,07	3,01	2,94	2,86	2,83	2,79	2,75	2,71
10	4,96	4,10	3,71	3,48	3,33	3,22	3,14	3,07	3,02	2,98	2,91	2,85	2,77	2,70	2,66	2,62	2,58	2,54
11	4,84	3,98	3,59	3,36	3,20	3,09	3,01	2,95	2,90	2,85	2,79	2,72	2,65	2,57	2,53	2,49	2,45	2,40
12	4,75	3,89	3,49	3,26	3,11	3,00	2,91	2,85	2,80	2,75	2,69	2,62	2,54	2,47	2,43	2,38	2,34	2,30
13	4,67	3,81	3,41	3,18	3,03	2,92	2,83	2,77	2,71	2,67	2,60	2,53	2,46	2,38	2,34	2,30	2,25	2,21
14	4,60	3,74	3,34	3,11	2,96	2,85	2,76	2,70	2,65	2,60	2,53	2,46	2,39	2,31	2,27	2,22	2,18	2,13
15	4,54	3,68	3,29	3,06	2,90	2,79	2,71	2,64	2,59	2,54	2,48	2,40	2,33	2,25	2,20	2,16	2,11	2,07
16	4,49	3,63	3,24	3,01	2,85	2,74	2,66	2,59	2,54	2,49	2,42	2,35	2,28	2,19	2,15	2,11	2,06	2,01
17	4,45	3,59	3,20	2,96	2,81	2,70	2,61	2,55	2,49	2,45	2,38	2,31	2,23	2,15	2,10	2,06	2,01	1,96
18	4,41	3,55	3,16	2,93	2,77	2,66	2,58	2,51	2,46	2,41	2,34	2,27	2,19	2,11	2,06	2,02	1,97	1,92
19	4,38	3,52	3,13	2,90	2,74	2,63	2,54	2,48	2,42	2,38	2,31	2,23	2,16	2,07	2,03	1,98	1,93	1,88
20	4,35	3,49	3,10	2,87	2,71	2,60	2,51	2,45	2,39	2,35	2,28	2,20	2,12	2,04	1,99	1,95	1,90	1,84
21	4,32	3,47	3,07	2,84	2,68	2,57	2,49	2,42	2,37	2,32	2,25	2,18	2,10	2,01	1,96	1,92	1,87	1,81
22	4,30	3,44	3,05	2,82	2,66	2,55	2,46	2,40	2,34	2,30	2,23	2,15	2,07	1,98	1,94	1,89	1,84	1,78
23	4,28	3,42	3,03	2,80	2,64	2,53	2,44	2,37	2,32	2,27	2,20	2,13	2,05	1,96	1,91	1,86	1,81	1,76
24	4,26	3,40	3,01	2,78	2,62	2,51	2,42	2,36	2,30	2,25	2,18	2,11	2,03	1,94	1,89	1,84	1,79	1,73
30	4,17	3,32	2,92	2,69	2,53	2,42	2,33	2,27	2,21	2,16	2,09	2,01	1,93	1,84	1,79	1,74	1,68	1,62
40	4,08	3,23	2,84	2,61	2,45	2,34	2,25	2,18	2,12	2,08	2,00	1,92	1,84	1,74	1,69	1,64	1,58	1,51
60	4,00	3,15	2,76	2,53	2,37	2,25	2,17	2,10	2,04	1,99	1,92	1,84	1,75	1,65	1,59	1,53	1,47	1,39
120	3,92	3,07	2,68	2,45	2,29	2,17	2,09	2,02	1,96	1,91	1,83	1,75	1,66	1,55	1,50	1,43	1,35	1,25
∞	3,84	3,00	2,60	2,37	2,21	2,10	2,01	1,94	1,88	1,83	1,75	1,67	1,57	1,46	1,39	1,32	1,22	1,00

TABELA A.5 *(Continuação)*

$p = 0,01$ valores

Graus de liberdade para o denominador v_2	Graus de liberdade para o numerador v_1														
	1	2	3	4	5	6	7	8	9	10	12	15	20	30	40	60	120	∞
1	4052	4999,5	5403	5625	5764	5859	5928	5981	6022	6056	6106	6157	6209	6261	6287	6313	6339	6366
2	93,50	99,00	99,17	99,25	99,30	99,33	99,36	99,37	99,39	99,40	99,42	99,43	99,45	99,47	99,47	99,48	99,49	99,50
3	34,12	30,82	29,46	28,71	28,24	27,91	27,67	27,49	27,35	27,23	27,05	26,87	26,69	26,50	26,41	26,32	26,22	26,13
4	21,20	18,00	16,69	15,98	15,52	15,21	14,98	14,80	14,66	14,55	14,37	14,20	14,02	13,84	13,75	13,65	13,56	13,6
5	16,26	13,27	12,06	11,39	10,97	10,67	10,46	10,29	10,16	10,05	9,89	9,72	9,55	9,38	9,29	9,20	9,11	9,02
6	13,75	10,92	9,78	9,15	8,75	8,47	8,26	8,10	7,98	7,87	7,72	7,56	7,40	7,23	7,14	7,06	6,97	6,88
7	12,25	9,55	8,45	7,85	7,46	7,19	6,99	6,84	6,72	6,62	6,47	6,31	6,16	5,99	5,91	5,82	5,74	5,65
8	11,26	8,65	7,59	7,01	6,63	6,37	6,18	6,03	5,91	5,81	5,67	5,52	5,36	5,20	5,12	5,03	4,95	4,86
9	10,56	8,02	6,99	6,42	6,06	5,80	5,61	5,47	5,35	5,26	5,11	4,96	4,81	4,65	4,57	4,48	4,40	4,31
10	10,04	7,56	6,55	5,99	5,64	5,39	5,20	5,06	4,94	4,85	4,71	4,56	4,41	4,25	4,17	4,08	4,00	3,91
11	9,65	7,21	6,22	5,67	5,32	5,07	4,89	4,74	4,63	4,54	4,40	4,25	4,10	3,94	3,86	3,78	3,69	3,60
12	9,33	6,93	5,95	5,41	5,06	4,82	4,64	4,50	4,39	4,30	4,16	4,01	3,86	3,70	3,62	3,54	3,45	3,36
13	9,07	6,70	5,74	5,21	4,86	4,62	4,44	4,30	4,19	4,10	3,96	3,82	3,66	3,51	3,43	3,34	3,25	3,17
14	8,86	6,51	5,56	5,04	4,69	4,46	4,28	4,14	4,03	3,94	3,80	3,66	3,51	3,35	3,27	3,18	3,09	3,00
15	8,68	6,36	5,42	4,89	4,56	4,32	4,14	4,00	3,89	3,80	3,67	3,52	3,37	3,21	3,13	3,05	2,96	2,87
16	8,53	6,23	5,29	4,77	4,44	4,20	4,03	3,89	3,78	3,69	3,55	3,41	3,26	3,10	3,02	2,93	2,84	2,75
17	8,40	6,11	5,18	4,67	4,34	4,10	3,93	3,79	3,68	3,59	3,46	3,31	3,16	3,00	2,92	2,83	2,75	2,65
18	8,29	6,01	5,09	4,58	4,25	4,01	3,84	3,71	3,60	3,51	3,37	3,23	3,08	2,92	2,84	2,75	2,66	2,57
19	8,18	5,93	5,01	4,50	4,17	3,94	3,77	3,63	3,52	3,43	3,30	3,15	3,00	2,84	2,76	2,67	2,58	2,49
20	8,10	5,85	4,94	4,43	4,10	3,87	3,70	3,56	3,46	3,37	3,23	3,09	2,94	2,78	2,69	2,61	2,52	2,42
21	8,02	5,78	4,87	4,37	4,04	3,81	3,64	3,51	3,40	3,31	3,17	3,03	2,88	2,72	2,64	2,55	2,46	2,36
22	7,95	5,72	4,82	4,31	3,99	3,76	3,59	3,45	3,35	3,26	3,12	2,98	2,83	2,67	2,58	2,50	2,40	2,31
23	7,88	5,66	4,76	4,26	3,94	3,71	3,54	3,41	3,30	3,21	3,07	2,93	2,78	2,62	2,54	2,45	2,35	2,26
24	7,82	5,61	4,72	4,22	3,90	3,67	3,50	3,36	3,26	3,17	3,03	2,89	2,74	2,58	2,49	2,40	2,31	2,21
30	7,56	5,39	4,51	4,02	3,70	3,47	3,30	3,17	3,07	2,98	2,84	2,70	2,55	2,39	2,30	2,21	2,11	2,01
40	7,31	5,18	4,31	3,83	3,51	3,29	3,12	2,99	2,89	2,80	2,66	2,52	2,37	2,20	2,11	2,02	1,92	1,80
60	7,08	4,98	4,13	3,65	3,34	3,12	2,95	2,82	2,72	2,63	2,50	2,35	2,20	2,03	1,94	1,84	1,73	1,60
120	6,85	4,79	3,95	3,48	3,17	2,96	2,79	2,66	2,56	2,47	2,34	2,19	2,03	1,86	1,76	1,66	1,53	1,38
∞	6,63	4,61	3,78	3,32	3,02	2,80	2,64	2,51	2,41	2,32	2,18	2,04	1,88	1,70	1,59	1,47	1,32	1,00

Adaptado da Tabela 18 de Pearson e Hartley, 1966.

TABELA A.6   Distribuição χ^2

Para vários graus de liberdade (gl), as entradas tabeladas representam os valores de χ^2 acima do qual a proporção *p* da distribuição cai. (Exemplo: para gl = 5, χ^2 = 11,070 é superado por p = 0,05 ou 5% da distribuição.)

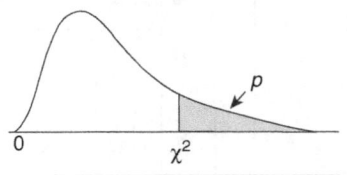

gl	\multicolumn{7}{c}{*p*}
	0,99	0,95	0,90	0,10	0,05	0,01	0,001
1	0,03157	0,00393	0,0158	2,706	3,841	6,635	10,827
2	0,0201	0,103	0,211	4,605	5,991	9,210	13,815
3	0,115	0,352	0,584	6,251	7,815	11,345	16,266
4	0,297	0,711	1,064	7,779	9,488	13,277	18,467
5	0,554	1,145	1,610	9,236	11,070	15,086	20,515
6	0,872	1,635	2,204	10,645	12,592	16,812	22,457
7	1,239	2,167	2,833	12,017	14,067	18,475	24,322
8	1,646	2,733	3,490	13,362	15,507	20,090	26,125
9	2,088	3,325	4,168	14,684	16,919	21,666	27,877
10	2,558	3,940	4,865	15,987	18,307	23,209	29,588
11	3,053	4,575	5,578	17,275	19,675	24,725	31,264
12	3,571	5,226	6,304	18,549	21,026	26,217	32,909
13	4,107	5,892	7,042	19,812	22,362	27,688	34,528
14	4,660	6,571	7,790	21,064	23,685	29,141	36,123
15	5,229	7,261	8,547	22,307	24,996	30,578	37,697
16	5,812	7,962	9,312	23,542	26,296	32,000	39,252
17	6,408	8,672	10,085	24,769	27,587	33,409	40,790
18	7,015	9,390	10,865	25,989	28,869	34,805	42,312
19	7,633	10,117	11,651	27,204	30,144	36,191	43,820
20	8,260	10,851	12,443	28,412	31,410	37,566	45,315
21	8,897	11,591	13,240	29,615	32,671	38,932	46,797
22	9,542	12,338	14,041	30,813	33,924	40,289	48,268
23	10,196	13,091	14,848	32,007	35,172	41,638	49,728
24	10,856	13,848	15,659	33,196	36,415	42,980	51,179
25	11,524	14,611	16,473	34,382	37,652	44,314	52,620
26	12,198	15,379	17,292	35,563	38,885	45,642	54,052
27	12,879	16,151	18,114	36,741	40,113	46,963	55,476
28	13,565	16,928	18,939	37,916	41,337	48,278	56,893
29	14,256	17,708	19,768	39,087	42,557	49,588	58,302
30	14,953	18,493	20,599	40,256	43,773	50,892	59,703

Adaptado da Tabela IV de Fisher e Yates, 1974.

Apêndice B
Convenções Matemáticas e Notações

A quantidade de notações matemáticas usadas neste livro é realmente muito pequena, mas, no entanto, é útil rever algumas notações básicas e convenções matemáticas.

B.1 Convenções matemáticas

Sobre o termo "convenções matemáticas", aqui não estamos nos referindo aos encontros de matemáticos nas conferências, mas sim aos padrões usados na escrita e no uso do material matemático. Estamos preocupados com as convenções primárias, como aquelas relacionadas aos parênteses e às ordens das operações matemáticas. Em uma expressão matemática, faz-se as operações na seguinte ordem, organizadas das operações que são realizadas primeiro às que são realizadas por último:

1. fatoriais (o fatorial de um número inteiro m é o produto dos inteiros de 1 a m e é definido adiante)
2. potências e raízes
3. multiplicação e divisão
4. adição e subtração

Então, a expressão

$$3 + 10/5^2 \tag{B.1}$$

é calculada, primeiro, elevando 5 ao quadrado e encontrando $10/25 = 0,4$ e, então, adicionando 3 para encontrar o resultado de 3,4. Não se pode simplesmente ir da esquerda para a direita; se você fizesse assim, adicionaria incorretamente 10 a 3, então dividiria por 5 para encontrar 2,6 e, então, elevaria 2,6 ao quadrado para uma resposta final (incorreta) de 6,76.

Se existe mais de uma operação em qualquer uma das quatro categorias acima, realiza-se essas operações específicas da esquerda para a direita. Assim, para calcular:

$$3 + 10/5 + 6 \times 7 \tag{B.2}$$

pode-se fazer a divisão primeiro e a multiplicação depois, obtendo

$$3 + 2 + 42 = 47. \tag{B.3}$$

Embora seja raro ver algo escrito desta maneira,

$$6/3/3 \qquad (B.4)$$

é igual a 2/3, uma vez que 6/3 pode ser calculado primeiro.

As operações entre parênteses sempre são realizadas antes daquelas que não estão entre parênteses, e aquelas aninhadas dentro de parênteses são tratadas primeiro fazendo-se as operações dentro dos parênteses mais internos do conjunto. Assim, por exemplo:

$$3 \times ((5 + 3)^2/2) + 4 = 3 \times (8^2/2) + 4 = 3 \times 32 + 4 = 100. \qquad (B.5)$$

Embora esses princípios básicos sejam ensinados antes do Ensino Médio, não é incomum precisar de uma pequena revisão! É importante perceber também que não são apenas os estudantes de estatística que precisam praticá-los – desenvolvedores de softwares e tomadores de decisão às vezes não respeitam essas convenções. Por exemplo, novas variáveis que são criadas dentro de um sistema de informação geográfica (SIG) ArcView 3.1 são criadas simplesmente executando operações da esquerda para a direita. Embora os parênteses sejam reconhecidos, a ordem fundamental das operações, como mostrado acima, não é. Isto leva os planejadores e outros pelo mundo todo a tomar decisões baseadas em informações imprecisas!

Suponha que temos dados sobre a proporção de pessoas que se deslocam de trem (variável 1), o número de pessoas que se deslocam de ônibus (variável 2) e o número total de passageiros (variável 3) para um certo número de setores censitários em nossa base de dados. Pensando que o ArcView certamente usará a ordem padrão das operações matemáticas, calculamos uma nova variável refletindo a proporção de pessoas que se deslocam de ônibus ou trem (variável 4):

$$\text{Var. } 4 = \text{Var. } 1 + \text{Var. } 2/\text{Var. } 3 \qquad (B.6)$$

O *ArcView* irá nos fornecer uma coluna de respostas onde:

$$\text{Var. } 4 = (\text{Var. } 1 + \text{Var. } 2)/\text{Var. } 3 \qquad (B.7)$$

quando, de fato, o que queríamos era:

$$\text{Var. } 4 = \text{Var. } 1 + (\text{Var. } 2/\text{Var. } 3) \qquad (B.8)$$

Uma forma de garantir que problemas como este não apareçam é usar conjuntos extras de parênteses, como na última equação (e, de fato, para obter a variável desejada no ArcView, eles *devem* ser usados).

B.2 Notação matemática

A notação matemática mais usada neste livro é a notação somatório. A letra grega Σ é usada como uma forma abreviada de indicar que uma soma deve ser efetuada.

Por exemplo,

$$\sum_{i=1}^{i=n} x_i \qquad (B.9)$$

indica que a soma de n observações deve ser efetuada; a expressão é equivalente a:

$$x_1 + x_2 + \cdots + x_n \qquad (B.10)$$

O "$i = 1$" sob o símbolo refere-se a onde a soma dos termos começa e o "$i = n$" refere-se ao ponto onde ela termina. Assim,

$$\sum_{i=3}^{i=5} x_i = x_3 + x_4 + x_5 \qquad (B.11)$$

implica que devemos somar apenas a terceira, a quarta e a quinta observações. Existe um número de regras que regem o uso desta notação. Elas podem ser resumidas como se segue, onde a é uma constante, n é o número de observações, e x e y são variáveis:

$$\begin{aligned}
\sum_{i=1}^{i=n} a &= na \\
\sum_{i=1}^{i=n} a x_i &= a \sum_{i=1}^{i=n} x_i \\
\sum_{i=1}^{i=n} (x_i + y_i) &= \sum_{i=1}^{i=n} x_i + \sum_{i=1}^{i=n} y_i
\end{aligned} \qquad (B.12)$$

A primeira afirma que, somando-se uma constante n vezes obtém-se um resultado igual a *an*. Logo:

$$\sum_{i=1}^{i=3} 4 = 4 + 4 + 4 = 4 \times 3 = 12. \qquad (B.13)$$

A segunda regra em B.12 indica que as constantes podem ser colocadas fora do sinal de somatório. Assim, por exemplo:

$$\sum_{i=1}^{i=3} 3x_i = 3 \sum_{i=1}^{i=3} x_i = 3(x_1 + x_2 + x_3). \qquad (B.14)$$

A terceira regra implica que a ordem da adição não importa quando somas de somas estão sendo feitas.

Outras convenções incluem:

$$\sum_{i=1}^{i=n} x_i y_i = x_1 y_1 + x_2 y_2 + \cdots + x_n y_n$$

$$\sum_{i=1}^{i=n} x_i^2 = x_1^2 + x_2^2 + \cdots + x_n^2 \qquad (B.15)$$

$$\left(\sum_{i=1}^{i=n} x_i\right)^2 = (x_1 + x_2 + \cdots + x_n)^2$$

Versões resumidas da notação somatório omitem o limite superior do somatório e, às vezes, o limite inferior também. Isto é feito nas situações onde *todos* os termos, e não apenas algum subconjunto deles, devem ser somados. Os seguintes são todos equivalentes:

$$\sum_{i=1}^{i=n} x_i = \sum_{i}^{n} x_i = \sum_{i} x_i = \sum x_i \qquad (B.16)$$

Também deve ser entendido que a letra "i" é usada nesta notação simplesmente como um indicador (para indicar quais observações ou termos somar); poderíamos facilmente usar qualquer outra letra:

$$\sum_{i=1}^{i=n} x_i = \sum_{k=1}^{k=n} x_k. \qquad (B.17)$$

Em cada caso, encontramos o resultado somando todas as observações. Na verdade, muitas vezes temos que usar mais de um indicador de somatório. Os somatórios duplos são necessários quando queremos indicar a soma de todas as observações em uma tabela. Uma tabela de deslocamentos tais como aqueles na Tabela 2.1 indica as origens e destinos das pessoas. O valor de qualquer célula é denotado por x_{ij}, que se refere ao número de migrantes da origem i que se deslocam para o destino j. O número de migrantes indo para o destino j de todas as origens é $\sum_{i=1}^{i=n} x_{ij}$ (onde existem n zonas de transporte), e o número de migrantes deixando a origem i para todos os destinos é $\sum_{j=1}^{j=n} x_{ij}$. O número total de migrantes é determinado pelo somatório duplo, $\sum_{i=1}^{n} \sum_{j=1}^{n} x_{ij}$. Usando os dados na Tabela B.1, por exemplo, encontramos:

$$\sum_{i} x_{i2} = 160, \sum_{j} x_{1j} = 220 \quad \text{e} \quad \sum_{i}\sum_{j} x_{ij} = 500$$

Considerando que a notação somatório refere-se à adição de termos, a notação produtório aplica-se à multiplicação de termos. Denota-se isso pela letra grega maiúscula Π, e é usada da mesma maneira que a notação somatório. Por exemplo,

$$\prod_{i=1}^{n}(x_i + y_i) = (x_1 + y_1)(x_2 + y_2), \ldots, (x_n + y_n) \tag{B.18}$$

O *fatorial* de um inteiro positivo, n, é igual ao produto dos n primeiros inteiros. Talvez seja surpreendente que, fatoriais sejam denotados por um ponto de exclamação. Assim:

$$5! = 5 \times 4 \times 3 \times 2 \times 1 = 120 \tag{B.19}$$

Observe que poderíamos expressar os fatoriais em termos da notação produtório:

$$n! = \prod_{i=1}^{n} i. \tag{B.20}$$

Há, também, uma convenção de que $0! = 1$; os fatoriais não são definidos para inteiros negativos ou para não inteiros.

Os fatoriais surgem no cálculo de *combinações*. O termo combinações se refere ao número de possíveis resultados que um experimento probabilístico pode ter (veja Seção 3.3). Especificamente, o número de maneiras que r itens podem ser escolhidos de um grupo de n itens é denotado por $\binom{n}{r}$ e é igual a

$$\binom{n}{r} = \frac{n!}{r!(n-r)!} \tag{B.21}$$

Por exemplo,

$$\binom{5}{2} = \frac{5!}{2!3!} = \frac{120}{2 \cdot 6} = 10. \tag{B.22}$$

O que significa isso? Se, por exemplo, nós agrupamos as rendas em $n = 5$ categorias, então existem dez maneiras de escolher duas delas. Se rotulamos as cinco categorias de (a) até (e), então as dez combinações possíveis de duas categorias de renda são *ab ac ad ae bc bd be cd ce de*.

Exemplos

$$6! = 6 \times 5 \times 4 \times 3 \times 2 \times 1 = 720 \tag{B.23}$$

$$\prod_{i=1}^{i=4} i^2 = 1^2 2^2 3^2 4^2 = 576 \tag{B.24}$$

$$34 + (26/13) \times 12 = 58 \tag{B.25}$$

Agora, considere $a = 3$ e admita um conjunto de valores ($n = 3$) de x e y iguais a $x_1 = 4, x_2 = 5, x_3 = 6, y_1 = 7, y_2 = 8, y_3 = 9$. Então:

$$\sum ax_i = 3(4 + 5 + 6) = 45$$

$$\sum_{i=1}^{2} x_i y_i = (4)(7) + (5)(8) = 68$$

$$\sum x_i^3 = 4^3 + 5^3 + 6^3 = 405 \quad \text{(B.26)}$$

$$\bar{x} = \frac{\sum x_i}{n} = \frac{4 + 5 + 6}{3} = 5$$

$$s_y^2 = \frac{\sum (y_i - \bar{y})^2}{n - 1} = \frac{(7 - 8)^2 + (8 - 8)^2 + (9 - 8)^2}{3 - 1} = 1$$

Observe que a soma dos produtos não é igual ao produto das somas:

$$\sum x_i y_i = (4 \times 7) + (5 \times 8) + (6 \times 9) = 122$$
$$\neq \sum x_i \sum y_i = (4 + 5 + 6) \times (7 + 8 + 9) = 360. \quad \text{(B.27)}$$

TABELA B.1 Dados hipotéticos de deslocamento

	Destino		
Origem	1	2	3
1	130	40	50
2	20	100	10
3	30	20	100

Apêndice C
Revisão e Extensão da Teoria da Probabilidade

Uma variável aleatória discreta, X, tem uma distribuição de probabilidade (algumas vezes chamada de função massa de probabilidade) indicada por $P(X = x) = p(x)$, onde x é o valor assumido por X. Uma variável aleatória contínua tem uma distribuição de probabilidade (também chamada de função densidade de probabilidade ou f.d.p.) indicada por $f(x)$. A probabilidade de se encontrar um valor específico x é zero, uma vez que a distribuição é contínua. A probabilidade de se encontrar um valor dentro de um intervalo $a < x < b$ é igual à área abaixo da curva, $f(x)$, que se encontra entre a e b. Para aqueles familiarizados com Cálculo, esta área é dada pela integral de $f(x)$ de a a b:

$$P(a < X < b) = \int_a^b f(x)\, dx \tag{C.1}$$

Para aqueles não familiarizados com Cálculo, o sinal de integral pode ser visto como similar ao sinal somatório; a única diferença é que, com uma variável aleatória contínua, temos um número infinito de valores para somar. Uma vez que a probabilidade de se encontrar um valor entre mais e menos infinito é igual a um, a área total sob a curva $f(x)$ deve ser igual a um:

$$\int_{-\infty}^{+\infty} f(x)\, dx = 1 \tag{C.2}$$

Funções de distribuição cumulativas são indicadas com um "F" maiúsculo e nos dão a probabilidade de uma variável aleatória ser menor que ou igual a um valor particular. Para uma variável aleatória discreta, a probabilidade de se obter um valor menor ou igual a a é;

$$F(a) = \sum_{x \leq a} p(x) \tag{C.3}$$

Para uma variável aleatória contínua, temos:

$$F(a) = p(X \leq a) = \int_{-\infty}^{a} f(x) \tag{C.4}$$

C.1 Valores esperados

O valor esperado de uma variável aleatória, $E[X]$, também conhecido como média teórica, é indicado por μ. O valor esperado é definido como a média ponderada dos possíveis valores que a variável aleatória pode assumir, onde os pesos são as probabilidades de encontrar tais valores. Para uma variável aleatória discreta,

$$E[X] = \mu = \sum_x \frac{xp(x)}{\sum_x p(x)} = \sum_x xp(x) \qquad (C.5)$$

Para uma variável aleatória continua,

$$E[X] = \mu = \frac{\int_{-\infty}^{+\infty} xf(x)\,dx}{\int_{-\infty}^{+\infty} f(x)\,dx} = \int_{-\infty}^{+\infty} x\,f(x)\,\mathrm{d}x \qquad (C.6)$$

Como exemplo, considere o experimento que consiste em jogar um dado. Qual é o valor esperado do dado? Isso é equivalente a perguntar qual é a média esperada em um grande número de lançamentos. Usando a Equação C.5,

$$\sum_{x=1}^{6} 1\left(\frac{1}{6}\right) + 2\left(\frac{1}{6}\right) + 3\left(\frac{1}{6}\right) + \cdots + 6\left(\frac{1}{6}\right) = 3{,}5 \qquad (C.7)$$

Qual é o valor esperado de uma variável aleatória uniforme – ou seja, uma variável aleatória que tem probabilidade de resultados igualmente prováveis dentro do intervalo (a, b)? Tal variável aleatória tem uma função densidade de probabilidade dada por:

$$f(x) = \frac{1}{b-a} \qquad (C.8)$$

Então, o valor esperado é:

$$E[X] = \mu = \int_a^b \frac{x}{b-a}\,dx = \frac{1}{b-a}\left(\frac{b^2-a^2}{2}\right) = \frac{a+b}{2} \qquad (C.9)$$

O valor esperado de qualquer função de uma variável aleatória, $g(x)$, é uma média ponderada de valores de $g(x)$, onde os pesos são, novamente, as probabilidades de encontrar os valores de $g(x)$. Então, temos:

$$\left.\begin{array}{l} E[g(X)] = \displaystyle\sum_x g(x)p(x) \\[1em] E[g(X)] = \displaystyle\int_{-\infty}^{+\infty} g(x)f(x)\,\mathrm{d}x \end{array}\right\} \qquad (C.10)$$

para variáveis aleatórias discretas e contínuas, respectivamente. Algumas regras úteis para se trabalhar com valores esperados são: (i) o valor esperado de uma constante é simplesmente a constante; (ii) o valor esperado de um constante vezes uma variável aleatória é a constante vezes o valor esperado da variável aleatória; (iii) o valor esperado de uma soma é igual à soma dos valores esperados. Essas regras estão resumidas a seguir:

$$\left.\begin{array}{ll} E[a] = a & \text{(i)} \\ E[bX] = bE[X] & \text{(ii)} \\ E[a + bX] = a + bE[X] & \text{(i, ii e iii)} \end{array}\right\} \quad \text{(C.11)}$$

C.2 Variância de uma variável aleatória

A variância de uma variável aleatória, $\sigma^2 = V[X]$, é o valor esperado do quadrado do desvio de uma observação em relação à média:

$$V[X] = \sigma^2 = E[(X - E[X])^2] = E[(X - \mu)^2] \quad \text{(C.12)}$$

Usando as regras para valores esperados,

$$\begin{aligned} V[X] &= E[X^2 - 2X\mu + \mu^2] = E[X^2] - 2\mu E[X] + \mu^2 \\ &= E[X^2] - \mu^2 \end{aligned} \quad \text{(C.13)}$$

Para ilustrar, vamos retornar ao experimento envolvendo o lançamento de um dado. A variância da variável aleatória X neste caso é igual a $E[X^2] - 3,5^2$. O valor esperado de X^2 é encontrado usando a Equação C.10:

$$E[X^2] = 1^2 \left(\frac{1}{6}\right) + 2^2 \left(\frac{1}{6}\right) + \cdots + 6^2 \left(\frac{1}{6}\right) = 15{,}17 \quad \text{(C.14)}$$

A variância é, portanto, igual a $15{,}17 - 3{,}5^2 = 2{,}92$. Para ilustrar a origem da variância usando uma variável contínua, vamos continuar com o exemplo de uma variável aleatória uniforme. Temos:

$$E[X^2] = \int_a^b x^2 \frac{1}{b-a} = \frac{b^3 - a^3}{3(b-a)} \quad \text{(C.15)}$$

Então:

$$V[X] = \frac{b^3 - a^3}{3(b-a)} - \frac{(a+b)^2}{4} = \frac{b-a}{12} \quad \text{(C.16)}$$

C.3 Covariância de variáveis aleatórias

Como duas variáveis covariam? Existe uma tendência de uma variável a apresentar altos valores quando as outras apresentam? Ou as variáveis são independentes? A covariância de duas variáveis aleatórias, X e Y, é definida como o valor esperado do produto dos desvios em relação às médias:

$$\text{Cov}[X, Y] = E[(X - \mu_X)(Y - \mu_Y)] \tag{C.17}$$

Isso pode ser reescrito na forma:

$$\begin{aligned}\text{Cov}[X, Y] &= E[(XY - X\mu_Y - Y\mu_X + \mu_X\mu)] \\ &= E[XY] - \mu_X\mu_Y\end{aligned} \tag{C.18}$$

Para encontrar a covariância observada para um conjunto de dados, calculamos o valor médio dos produtos dos desvios:

$$\text{Cov}[x, y] = \sum_{i=1}^{n} \frac{(x_i - \bar{x})(y_i - \bar{y})}{n} \tag{C.19}$$

O coeficiente de correlação é a covariância padronizada:

$$\rho = \frac{\text{Cov}[X, Y]}{\sigma_X \sigma_Y} \tag{C.20}$$

Referências

Ackerman, W.V. 1998. Socioeconomic correlates of increasing crime rates in smaller communities. Professional Geographer 50: 372–87.
Akella, M.R., Bang, C., Beutner, R., Delmelle, E.M., Wilson, G., Blatt, A., Batta, R., and Rogerson, P. 2003. Evaluating the reliability of automated collision notification systems. Accident Analysis and Prevention. 35: 349–60.
Allen, J.P., and Turner, E. 1996. Spatial patterns of immigrant assimilation. Professional Geographer 48: 140–55.
Andrews, D. F. and Herzberg, A.M. 1985. Data: a collection of problems from many fields for the student and research worker. Nova York: Springer.
Anselin, L. 1995. Local indicators of spatial association – LISA. Geographical Analysis 27: 93–115.
Anselin, L. 2003. GeoDa. Software available from the center for Spatially Integrated Social Science at www.csiss.org.
Anselin, L. 2005. Exploring spatial data with GeoDa: a workbook. Center for Spatially Integrated Social Science at www.csiss.org.
Bachi, R. 1963. Standard distance measures and related methods for spatial analysis. Papers of the Regional Science Association 10: 83–132.
Bailey, A., and Gatrell, A. 1995. Interactive spatial data analysis. Essex: Longman (published in the USA by Wiley).
Beckmann, P. 1971. A history of pi. Nova York: St. Martin's Press.
Besag, J., and Newell, J. 1991. The detection of clusters in rare diseases. Journal of the Royal Statistical Society Series A 154: 143–55.
Bostrom, N. 2001. Cars in the next lane really do go faster. Plus (November). Available at www.pass.maths.org.uk/issue17/features/traffic/index.html
Brunsdon, C., Fotheringham, A.S., and Charlton, M. 1996. Geographically weighted regression: a method for exploring spatial nonstationarity. Geographical Analysis 28: 281–98.
Brunsdon, C., Fotheringham, A.S., and Charlton, M. 1999. Some notes on parametric significance tests for geographically weighted regression. Journal of Regional Science 39: 497–524.
Casetti, E. 1972. Generating models by the expansion method: applications to geographic research. Geographical Analysis 4: 81–91.
Clark, P., and Evans, F.C. 1954. Distance to nearest neighbor as a measure of spatial relationships in populations. Ecology 35: 445–53.
Clarke, A.E., and Holly, B. 1996. The organization of production in high technology industries: an empirical assessment. Professional Geographer 48: 127–39.
Cliff, A., and Ord, J.K. 1975. The comparison of means when samples consist of spatial autocorrelated observations. Environment and Planning A 7: 725–34.
Clifford, P., and Richardson, S. 1985. Testing the association between two spatial processes. Statistics and Decisions Supplement No. 2: 155–60.
Cohen, J., 1995. How many people can the earth support? Nova York: W.W. Norton and Co.
Comrie, A.C. 1996. An allseason synoptic climatology of air pollution in the U.S. Mexico border region. Professional Geographer 48: 237–51.
Cornish, S.L. 1997. Strategies for the acquisition of market intelligence and implications for the transferability of information inputs. Annals of the Association of American Geographers 87: 451–70.

Cressie, N. 1993. Statistical analysis of spatial data. Nova York: Wiley.

Cringoli, G., Taddei, R., Rinaldi, L., Veneziano, V., Musella, V., Cascone,, C., Sibilio, G., and Malone, J.B. 2004. Use of remote sensing and geographical information systems to identify environmental features that influence the distribution of paramphistomosis in sheep from the southern Italian Apennines. Veterinary Parasitology 122 (1): 15–26.

Curtiss, J., and McIntosh, R. 1950. The interrelations of certain analytic and synthetic phytosociological characters. Ecology 31: 434–55.

Dagel, K.C. 1997. Defining drought in marginal areas: the role of perception. Professional Geographer 49: 192–202.

Davies Withers, S. 2002. Quantitative methods: Bayesian inference, Bayesian thinking. Progress in Human Geography 26: 553–66.

Dawson, C.B., and Riggs, T.D. 2004. Highway relativity. College Mathematics Journal 35: 246–50.

Easterlin, R. 1980. Birth and fortune: the impact of numbers on personal welfare. Nova York: Basic Books.

Eilon, S., WatsonGandy, C.D.T. and Christofides, N. 1971. Distribution management: mathematical modeling and practical analysis. London: Griffin.

Fan, C. 1996. Economic opportunities and internal migration: a case study of Guangdong Province, China. Professional Geographer 48: 28–45.

Fischer, M., and Getis, A. 2009. Handbook of applied spatial analysis: software tools, methods, and applications. Nova York: Springer.

Fisher, R.A., and Yates, F. 1974. Statistical tables for biological agricultural, and medical research, 6th edition. London: Longman.

Fotheringham, A.S., and Rogerson, P. 1993. GIS and spatial analytical problems. International Journal of Geographical Information Systems 7: 3–19.

Fotheringham, A.S., and Rogerson, P. 2008. Handbook of spatial analysis. London: Sage.

Fotheringham, A.S., and Wong, D. 1991. The modifiable area unit problem in multivariate statistical analysis. Environment and Planning A 23: 1025–44.

Fotheringham, A.S., Charlton, M.E., and Brunsdon, C. 1998. Geographically weighted regression: a natural evolution of the expansion method for spatial data analysis. Environment and Planning A 30: 1905–27.

Fotheringham, A.S., Brunsdon, C., and Charlton, M.E. 2000. Quantitative geography: perspectives on spatial data analysis. London: Sage. Fotheringham, A.S., Brunsdon, C., and Charlton, M.E. 2002. Geographically weighted regression: the analysis of spatially varying relationships. Nova York: Wiley.

Gao, X., Asami, Y., and Ching, CJ.F. 2006. An empirical evaluation of spatial regression models. Computers and Geosciences 32: 1040–51.

Gehlke, C., and Biehl, K. 1934. Certain effects of grouping upon the size of the correlation coefficient in census tract material. Journal of the American Statistical Association 29: 169–70.

Getis, A., and Ord, J. 1992. The analysis of spatial association by use of distance statistics. Geographical Analysis 24: 189–206.

Gott, R. 1993. Implications of the Copernican principle for our future prospects. Nature 363: 315–19.

Griffith, D.A. 1978. A spatially adjusted ANOVA model. Geographical Analysis 10: 296–301.

Griffith, D.A. 1987. Spatial autocorrelation: a primer. Washington, DC: Association of American Geographers.

Griffith, D.A. 1996. Computational simplifications for space–time forecasting within GIS: the neighbourhood spatial forecasting model. In Spatial analysis: modelling in a GIS environment. Eds. P. Longley and M. Batty. pp. 247–60. Cambridge: Geoinformation International (distributed by Wiley).

Griffith, D.A., Doyle, P.G., Wheeler, D.C., and Johnson, D.L. 1998. A tale of two swaths: urban childhood bloodlead levels across Syracuse, Nova York. Annals of the Association of American Geographers 88: 640–65.

Hadi, A.S., and Ling, R.F. 1998. Some cautionary notes on the use of principal components regression. American Statistician 52(1): 15–19.
Haining, R. 1990a. Spatial data analysis in the social and environmental sciences. Cambridge: Cambridge University Press.
Haining, R. 1990b. The use of added variable plots in regression modelling with spatial data. The Professional Geographer 42: 336–45.
Haining, R. 2003. Spatial data analysis: theory and pratice. Cambridge: Cambridge University Press.
Hammond, R., and McCullagh, P.S. 1978. Quantitative techniques in geography. Oxford: Clarendon Press.
Hemmasi, M., and Prorok, C. 2002. Women's migration and quality of life in Turkey. Geoforum 33: 399–411.
Johnson, B.W., and McCulloch, R.E. 1987. Added variable plots in linear regression. Technometrics 29: 427–33.
Jones III, J.P., and Casetti, E. 1992. Applications of the expansion method. London: Routledge.
Karlin, S., and Taylor, H.M. 1975. A first course in stochastic processes. Nova York: Academic Press.
Keim, B.D. 1997. Preliminary analysis of the temporal patterns of heavy rainfall across the Southeastern United States. Professional Geographer 49: 94–104.
Keylock, C.J., and Dorling, D. 2004. What kind of quantitative methods for what kind of geography? Area 36: 358–66.
Liu, C.W., Lin, K.H., and Kuo, Y.M. 2003. Application of factor analysis in the assessment of ground water quality in a blackfoot disease area in Taiwan. Science of the Total Environment 313(1–3): 77–89.
Lloyd, C., and Shuttleworth, I. 2005. Analyzing commuting using local regression techniques. Environment and Planning A 37: 81–103.
Longley, P., Brooks, S.M., McDonnell, R., and Macmillan, B. 1998. Geocomputation: a primer. Chichester: Wiley.
MacDonald, G.M., Szeicz, J.M., Claricoates, J., and Dale, K.A. 1998. Response of the central Canadian treeline to recent climatic changes. Annals of the Association of American Geographers 88: 183–208.
Mallows, C. 1998. The zeroth problem. American Statistician 52(1): 1–9.
Mardia, K.V., and Jupp, P. 1999. Directional statistics. Nova York: Wiley.
McGrew, J.C.J., and Monroe, C.B. 2000. Introduction to statistical problem solving in geography. Boston, MA: McGrawHill.
Meehl, P. 1990. Why summaries of research on psychological theories are often uninterpretable. Psychological Reports 66: 195–244. (Monograph Supplement 1–V66.)
Moran, P. A. P. 1948. The interpretation of statistical maps. Journal of the Royal Statistical Society Series B 10: 245–51.
Moran, P. A. P. 1950. Notes on continuous stochastic phenomena. Biometrika 37: 17–23.
Murtagh, F. 1985. A survey of algorithms for contiguityconstrained clustering and related problems. The Computer Journal 28: 82–8. Myers, D., Lee, S.W., and Choi, S.S. 1997. Constraints of housing age and migration on residential mobility. Professional Geographer 49: 14–28.
Nelson, P. W. 1997. Migration, sources of income, and community change in the Pacific Northwest. Professional Geographer 49: 418–30.
O'Loughlin, J., Ward, M.D., Lofdahl, C.L., Cohen, J.S., Brown, D.S., Reilly, D., Gleditsch, K.S., and Shin, M. 1998. The diffusion of democracy, 1946–1994. Annals of the Association of American Geographers 88: 545–74.
O'Reilly, K., and Webster, G.R. 1998. A sociodemographic and partisan analysis of voting in three antigay rights referenda in Oregon. Professional Geographer 50: 498–515.

Ord, J., and Getis, A. 1995. Local spatial autocorrelation statistics: distributional issues and an application. Geographical Analysis 27: 286–306.

Ormrod, R.K., and Cole, D.B. 1996. The vote on Colorado's Amendment Two. Professional Geographer 48: 14–27.

Pearson, E.S., and Hartley, H.O. (eds.) (1966) Biometrika tables for statisticians, vol. 1. Cambridge: Cambridge University Press.

Plane, D., and Rogerson, P. 1991. Tracking the baby boom, the baby bust, and the echo generations: how age composition regulates US migration. Professional Geographer 43: 416–39.

Plane, D., and Rogerson, P. 1994. The geographical analysis of population: with applications to planning and business. Nova York: Wiley.

Poon, J.P.H., Eldredge, B., and Yeung, D. 2004. Rank size distribution of international financial centers. International Regional Science Review 27: 411–30.

Redelmeier, D.A., and Tibshirani, R.J. 2000. Are those other drivers really going faster? Chance 13(3): 8–14. Available at www.public.iastate.edu/~chance99/ 133.redelmeier.pdf.

Rey, S., and Montouri, B. 1999. US regional income convergence. Regional Studies 33: 146–56.

Robinson, W. 1950. Ecological correlation and the behavior of individuals. American Sociological Review 15: 351–57.

Rogers, A. 1975. Matrix population models. Thousand Oaks, CA: Sage.

Rogerson, P. 1987. Changes in U.S. national mobility levels. Professional Geographer 39: 344–51.

Rogerson, P., and Plane, D. 1998. The dynamics of neighborhood composition. Environment and Planning A 30: 1461–72.

Rogerson, P., Weng, R., and Lin, G. 1993. The spatial separation between parents and their adult children. Annals of the Association of American Geographers 83: 656–71.

Sachs, L. 1984. Applied statistics: a handbook of techniques. Nova York: SpringerVerlag.

Scheffé, H. 1959. The analysis of variance. Nova York: Wiley.

Slocum, T. 1990. The use of quantitative methods in major geographical journals, 1956–1986. Professional Geographer 42: 84–94.

Staeheli, L., and Clarke, S.E. 2003. The new politics of citizenship: structuring participation by household, work and identity. Urban Geography 24: 103–26.

Standing, L., Sproule, R., and Khouzam, N. 1991. Empirical statistics: IV. Illustrating Meehl's sixth law of soft psychology: everything correlates with everything. Psychological Reports 69: 123–26.

Stouffer, S. 1940. Intervening opportunities: a theory relating mobility and distance. American Sociological Review 5: 845–67.

Tukey, J.W. 1972. Some graphic and semigraphic displays. In Statistical papers in honor of George W. Snedecor. Ed. T.A. Bancroft. Ames, IA: Iowa State University Press.

Velleman, P.F., and Hoaglin, D.G., 1981. Applications, basics, and computing of exploratory data analysis. Belmont, CA: Wadsworth.

Waller, L.A., and Gotway, C.A. 2004. Applied statistics for public health data. Nova York: Wiley.

Webster, G.R. 1996. Partisan shifts in presidential and gubernatorial elections in Alabama, 1932–94. Professional Geographer 48: 379–91.

Weisberg, S. 1985. Applied linear regression. Nova York: Wiley.

Williams, K.R.S., and Parker, K.C. 1997. Trends in interdiurnal temperature variation for the central United States, 1945–1985. Professional Geographer 49: 342–55.

Wyllie, D.S., and Smith, G.C. 1996. Effects of extroversion on the routine spatial behavior of middle adolescents. Professional Geographer 48: 166–80.

Índice

abordagem confirmatória para a geografia, 4, 13
abordagem da seleção para trás para regressão, 241
acessibilidade, medidas de, 35
ajustamento de Bonferroni, 274-275
ajuste
    de um plano em três dimensões, 225-226
    de uma reta de regressão, 204-205
American Statistical Association, 15
amostra sistemática, 134-136
amostragem, 133-134
amostragem aleatória, 17-18, 134-136
amostragem espacial, 134-136
amostras estratificadas, 17-18, 134-136
amostras proporcionais e não proporcionais, 134-135
amplitude dos valores, 30-31
análise de agrupamento, 18-19, 297, 303-311, 318
    métodos hierárquicos e não hierárquicos de, 305-306
    usando SPSS, 311-313
análise de componentes principais, 299, 301-303, 318
análise de regressão, 201-252
    aspectos espaciais da, 281-295
    escores de componentes na, 302-303
    problemas com, 247-248
    seleção de variável na, 241-242
    suposições da, 211-212, 257
    usando SPSS, 217-219
    veja também método da expansão; regressão geograficamente ponderada
análise de variância (ANOVA), 18-19, 157-175, 208
    com duas categorias, 163-164
    espacialmente ajustada, 166
    organização de dados, 158
    suposições, 158, 164-166
    usando Excel, 174-175
    usando SPSS, 172-174

análise fatorial, 18-19, 297-303, 318
    usando o SPSS, 311
análise *quadrat*, 259-263, 274
Anselin, L., 271, 275
assimetria, 32-33, 89
autocorrelação *ver* dependência espacial
autocorrelação espacial, 267-268, 281-282
autovalores, 299-300

Bachi, R., 38
Bailey, A., 260, 284, 317
Beckmann, P., 9-10
Besag, J., 274
Biehl, K., 194
"bigodes", 26-27
Bostrom, N., 13

Casetti, E., 285
caso de contiguidade do tipo rainha, 269
caso de contiguidade do tipo torre, 269
centro médio, 35-37, 138-139
chances a favor e contra um evento, 245-246
Clark, P.J., 263
classes abertas-fechadas, 30-31
Cliff, A., 127-128
Clifford, P., 194
coeficiente de correlação, 184-185, 206, 208
    de Pearson, 184, 191-192
    de Spearman, 191-192, 318
    efeito do tamanho da amostra sobre o, 189-191
    testes de significância para, 189, 192-194
    variação do, 193
coeficiente de correlação por postos, 191
coeficiente de correlação por postos de Spearman, 191-192, 318
coeficiente de determinação, 208
coeficiente de variação, 32
comunalidade na análise fatorial, 301-302
Conde de Buffon, 8-9
conectividade binária, 268-270, 283

contrastes, 170-172
  a posteriori e *post hoc*, 172
convenções matemáticas, 329-330
correlação, 183-197, 201, 318
  usando Excel, 197
  usando SPSS, 195-196
covariância, 183-184
  de uma variável aleatória, 337-338
Cressie, N., 127-128, 317
crud factor, 191
Curtiss, J., 260
curtose, 33-34

dado angular, 39-43
dado de área, padrão geográfico em, 266-274
dado de intervalo, 24, 167
dado de razão, 24-25, 167
dado espacial
  medidas descritivas de, 35-37
  tratamento de 16-18
dado leptocúrtico, 33-34
dado nominal, 24
dado ordinal, 24, 167
dado platicúrtico, 33-34
dados agrupados, 29-32
dados da venda de residências, 19-23
dados de mobilidade, 186-187, 191-192; *veja também* migração, modelos de
dados de mortalidade infantil, 186-188
dados do censo para o Condado de Erie, 23, 195-197, 298-302, 306-311
dados ordenados, 167
Dawson, C.B., 13
decaimento da exponencial negativa, 215-217
deMere, Chevalier, 5
dendrogramas, 310-311
dependência entre observações, 126-134, 166, 192-194, 257
dependência espacial, 17-19, 127-129, 166, 257
  efeito sobre testes de significância para coeficientes de correlação, 192-194
desvio padrão, 31-32, 38
  da distribuição de médias amostrais, 109
desvio padrão amostral, 31
diagrama em caixa (*box plot*), 26
diferença entre médias
  intervalo de confiança para, 111-112
  testes para duas amostras, 120-125, 131-134, 157
dispersão, medidas de, 35, 38-40
distância padrão, 38-40
distância relativa, 38-40
distribuição binomial, 15, 55-59, 61-63, 87-88, 94-95, 118-120, 128-130
distribuição normal, 83-89, 94-95, 108, 114-115, 212
  tabela da, 321
distribuições contínuas de probabilidade, 89-95
distribuições cumulativas, 81-82, 89-91
distribuições de probabilidade, 53, 57-69
  binomial, 57-59, 61-63, 87-88, 94-95
  de Poisson, 61-65, 89, 94-95
  exponencial, 89-95
  geométrica, 59-61, 92, 94-95
  hipergeométrica, 65-69, 94-95
  uniforme, 80-83, 94-95
  veja também distribuição normal
distribuições discretas de probabilidade, 57-69, 94-95
distribuições simétricas, 89
distrito da escola de Amherst, 214-215
doença, agrupamento de, 67-69
Dorling, D., 317

Easterlin, R., 186
efeito do decaimento da distância, 215
Einstein, Albert, 4
erro de especificação, 227-229
erro padrão, 212
erro Tipo I, 113-116, 122, 165-166, 194
erro Tipo II, 113-115
escore z, 33-35, 88, 114-121, 126, 138-139, 226
escores padrão, 33-35, 212
espaços amostrais, 54-55
espécies humanas, sobrevivência de, 100-102
estatística "global", 274-275
estatística "local", 274-276
estatística descritiva, 5-7, 13-14, 24-44
  dado especial na, 35-37
  métodos visuais para, 25-29
  no SPSS, 43-44
  tipos de dados, 24-25
estatística F, 122, 159-160, 164, 209-210
  tabela da, 325-327

estatística G_i, 275-276
estatística inferencial, 5-7, 11-14, 17-19, 53, 94, 107, 134-135, 317
estatística qui-quadrado (χ^2), 169, 260, 266-267, 328
estatística t, 110-111, 210, 212
estimativas imparciais, 31, 108
Evans, F.C., 263
eventos aleatórios, distribuição de tempos entre, 92-93
Excel
    usado para ANOVA fator único, 174-175
    usado para correlação, 197
    usado para teste t de duas amostras, 142-145
expansão, método de regressão, 284, 291-292

faixa ao redor da área (*buffer*), 264
fator de inflação da variância (VIF), 237
Fischer, M., 317
força do sinal de telefone celular, 18-20
Fotheringham, A.S., 16-17, 247, 285-286, 317
frequências relativas, 27-30, 53-55, 57

Gatrell, A., 260, 286, 317
Gehlke, C., 194
generalizaçõess, 3-4
GeoDa software, 271, 277-278, 293-295
geodemografia, 304
Getis, A., 275-276, 317
Gott, R., 100-102
gráfico de variáveis adicionadas, 282-283, 288-290
gráfico radar, 41-42
gráfico ramo e folhas, 27
gráficos de dispersão, 184-185
graus de liberdade, 116-117, 122-124, 127-128, 159, 210, 212
Griffith, D.A., 166, 271

Hadi, A.S., 303
Haining, R., 135-136, 193-194, 247, 282-283, 288, 317
Hammond, R., 5-7
Hasek, Dominik, 273-274
hiperplanos, 226
hipótese alternativa, 113-116
hipótese nula, 14-15, 113-116, 209, 212, 317

hipóteses, 3-4
    a priori, 241
histogramas, 25-29, 39-42, 53
    circular, 41-42
    teórico, 57
Hoaglin, D.G., 26
homocedasticidade, 120-121, 158, 164-165
homogeneidade das probabilidades de sucesso, 128-130, 133-134

Ilhas Galápagos, espécies na, 233-241
independência das observações, 126-134, 166, 192-194, 257
índice de Moran, 268-274
    "local", 275
    usando GeoDa, 277-278
    usando SPSS, 276-277
informação redundante, 135-136, 230
intensidade da força de sinal (RSSI), 18-20
intercepto de uma reta de regressão, 202-203, 206, 230-231
intervalo interquartil, 30-31
intervalos de confiança, 17-18, 317
    e contrastes na ANOVA, 172
    e tamanho da amostra, 136-137
    para a diferença entre duas médias, 111-112
    para a média, 107-111, 118-119
    para dado espacial, 138-139
    para proporções, 112-113

Jones, J.P., 285

Karlin, S., 5-7
Keylock, C.J., 317
Khouzam, N., 191

lançamento de moeda, 14-15, 54-56
Laplace, Marquis de, 9-11
leis científicas, 3-4
"ligação completa", método de análise de agrupamento, 306
limiar crítico de diferença, 11-12
Ling, R.F., 303
Longley, P., 317

Mallows, C., 15-17
matriz de correlação, 299

maximização da utilidade, 8-9
McCullagh, P.S., 5-7
McGrew, Jr., 5-7
McIntosh, R., 260
médias
    intervalos de confiança para a, 107-111
    para dados agrupados, 29-30
    teórica *veja* valores esperados
    testes no SPSS, 141
    veja também diferença entre médias
médias amostrais, 10-12, 28-29
    distribuição de, 88, 108-109
médias de pequenas amostras, intervalos de confiança para, 110-111
Meehl, P., 190-191
melhor ajuste, reta de, 204-207
menor esforço, princípio do, 95
método científico, 2-4, 53, 241, 317
método da máxima verossimilhança, 249-250
método de Ward da análise de agrupamento, 306, 310
métodos aglomerativos e não aglomerativos, 305-306
métodos descritivos visuais, 25-29
métodos exploratórios de análise, 4, 13, 317
migração, modelos de, 8-11, 99-101; *veja também* dados de mobilidade
mineração de dados e dados de arrasto, 317
mínimos quadrados não linear, 245, 249
moda, 29-30
modelo de "erros autocorrelacionados", 283-284, 290-291
modelo de "oportunidades intervenientes", 95-99
modelo de Markov, 99-101
modelos, natureza dos, 3, 53, 95, 201
modelos de probabilidade, 94-102
Monroe, C.B., 5-7
Monte Carlo, método de, 15, 273
multicolinearidade, 212, 226-229, 37, 302

não linearidade intrínseca, 217
necessidades de medidas quantitativas de, 259
Newell, J., 274
níveis de significância, 113-114
notação matemática, 331-333
números aleatórios, lista de, 319

Ord, J., 127-128, 275-276

padrão de pontos, análise do, 258-259
padrão espacial, 257-278
padrões de agrupamento, 257-266, 274-275
parâmetros da reta de regressão, 202
    variando espacialmente, 284-286
Pascal, Blaise, 5
pensamento estatístico, natureza do, 15-17
percentis, 30-31
Plane, D., 196-197
planejamento de recreação, 231-233
polígono de frequência, 26
precipitação, variação diurna na, 161-163, 167-171
primeira lei da geografia de Tobler, 18-19
probabilidade, 5-13, 53-55
    aplicações geográficas da, 8-13
    atribuição de, 54-56
    paradoxos de, 5-9
problema da unidade de área modificável, 16-17, 194-195, 247
problemas de fronteiras, 16-17, 264-265
procedimentos de amostragem, 133-139
    espacial, 17-18
projeção da população, 99-101
proporções
    intervalos de confiança para, 112-113
    teste de duas amostras para, 124-126
    testes de uma única amostra para, 118-121, 128-133
propriedade da falta de memória, 92

Redelmeier, D.A., 11-12-13
redução de dados, 297, 303, 311-313
regiões "contíguas", 268-269
regionalização, 304
regressão, abordagem da seleção para frente, 241
regressão bivariada, 202, 204, 206
regressão espacial, 283-284, 290-291, 318
    usando GeoDa, 293-295
regressão geograficamente ponderada (GWR), 285, 293
regressão gradativa (ou passo a passo), 242
regressão linear, 18-19, 201, 215-217, 286
regressão logística, 243-247, 318
    usando o SPSS, 249-252
regressão múltipla, 202, 212, 217, 225-227
    abordagem *kitchen-sink*, 233-235, 241-242
    e unidades de área, 247
    interpretação dos coeficiente na, 227
    usando SPSS, 247

regressão simples, 202, 210
relacionamentos causais, 185-186
resíduos na análise de regressão, 203-204
Richardson, S., 194
Riggs, T.D., 13
Robinson,W., 194-195
Rogerson, P.A., 16-17, 29-30, 186, 196-197, 317

Scheffé, H., 171
Scientific American, 6-9
scree plots, 300
segregação residencial, 67
sistemas de zoneamento, 16-17
Slocum, T., 2-3
software SPSS
    ANOVA fator único, 172-174
    para análise de agrupamento, 311
    para análise de regressão, 217-219, 247-252
    para análise fatorial, 311
    para correlação, 195-196
    para estatística descritiva, 43-44
    para índice de Moran, 276-277
    para testes binomiais, 69
    teste t para duas amostras, 142-143
    testes das médias para uma única amostra, 141
soma dos quadrados, explicados e não explicados 207-211; *veja também* soma dos quadrados total
soma dos quadrados da regressão, 208-209
soma dos quadrados dentro dos grupos (SQD), 159
soma dos quadrados dos resíduos, 208
soma dos quadrados dos resíduos, minimização da, 204-205, 225, 245
soma dos quadrados entre grupos (SQE), 159
soma dos quadrados total (SQT), 159
    particionamento da, 207-211
Sproule, R., 191
Standing, L., 191
subsídio escolar, 213-215

tabela da análise de variância, 210-211
tabela de, 322-324
tamanho da amostra, 135-139
    efeito sobre o coeficiente de correlação, 189-191
Taylor, H.M., 5-7
tendência central, medidas de, 28-31, 39-40
teorema do limite central, 108, 110, 126-127

teoria da probabilidade
    necessidade de uma, 6-7
    revisão e extensão da, 335-338
termo do erro na análise de regressão, 203
teste da mediana, 169
teste de Kolmogorov-Smirnov, 164
teste de Kruskal-Wallis, 167-168
teste de Levene, 164
teste Shapiro-Wilk, 164
teste t, 120-122, 138-139, 164
    uma amostra, 116-119
    usando Excel, 142-145
    usando SPSS, 142-143
testes binomiais no SPSS, 69
testes de hipóteses, 17-18, 65, 113-126, 317
    bilateral, 118-119
    desvios dos pressupostos dos, 128-134
    para dados espaciais, 138-139
    quando as suposições para a análise da variância não são satisfeitas, 164-166
    testes de duas amostras, para diferenças nas médias, 120-125
    testes de duas amostras, para diferenças nas proporções, 124-126
    testes para proporções de uma única amostra, 118-121
    usando a análise *quadrat*, 261
testes estatísticos, 113-117
    distribuições de, 126-127
testes não paramétricos, 167-169, 191
Tibshirani, R.J., 11-13
tolerância na regressão múltipla, 237
transformação logarítmica, 216-217
transformação logística, 245
Tukey, John, 27

valor mediano, 28-30
valores ausentes, 235-237, 240
valores críticos dos testes estatísticos, 114-117, 127-128, 132-133, 160, 165, 193
valores de influência, 237-238
valores discrepantes nos dados, 26-27, 189, 237-240
    remoção de, 238-240
valores esperados, 57-58, 60, 91, 335-337
valores p, 60, 115-117, 123-126, 210
variabilidade, medidas de, 30-32
variabilidade explicada, 208, 226
variância, 31-32
    circular, 42

de variáveis aleatórias, 337
dentro do grupo e entre grupos, 158-159
do coeficiente de correlação, 193
explicada, 226
teórica, 57, 60, 64
variância amostral, 31
variáveis aleatórias, 54-55
covariância de, 337-338
distribuições de, 126-127
variância de, 337
variáveis categóricas, 229, 242-243
variáveis contínuas, 25, 54-55, 80
variáveis dependentes, 201-203
categóricas, 242-243

variáveis discretas, 25, 54-55, 80
variáveis explicativas, 201-203, 225
seleção de, 241-242
variáveis geométricas, 96-98
variáveis independentes *ver* variáveis explicativas
variáveis resposta *veja* variáveis dependentes
variável *dummy*, 229, 267-268
Velleman, P.F., 26
velocidades de tráfego, percepções de, 11-13
"vizinho mais distante", método de análise de agrupamento, 306
"vizinho mais próximo", análise, 263-266, 274

Wong, D., 247